University Mathematics

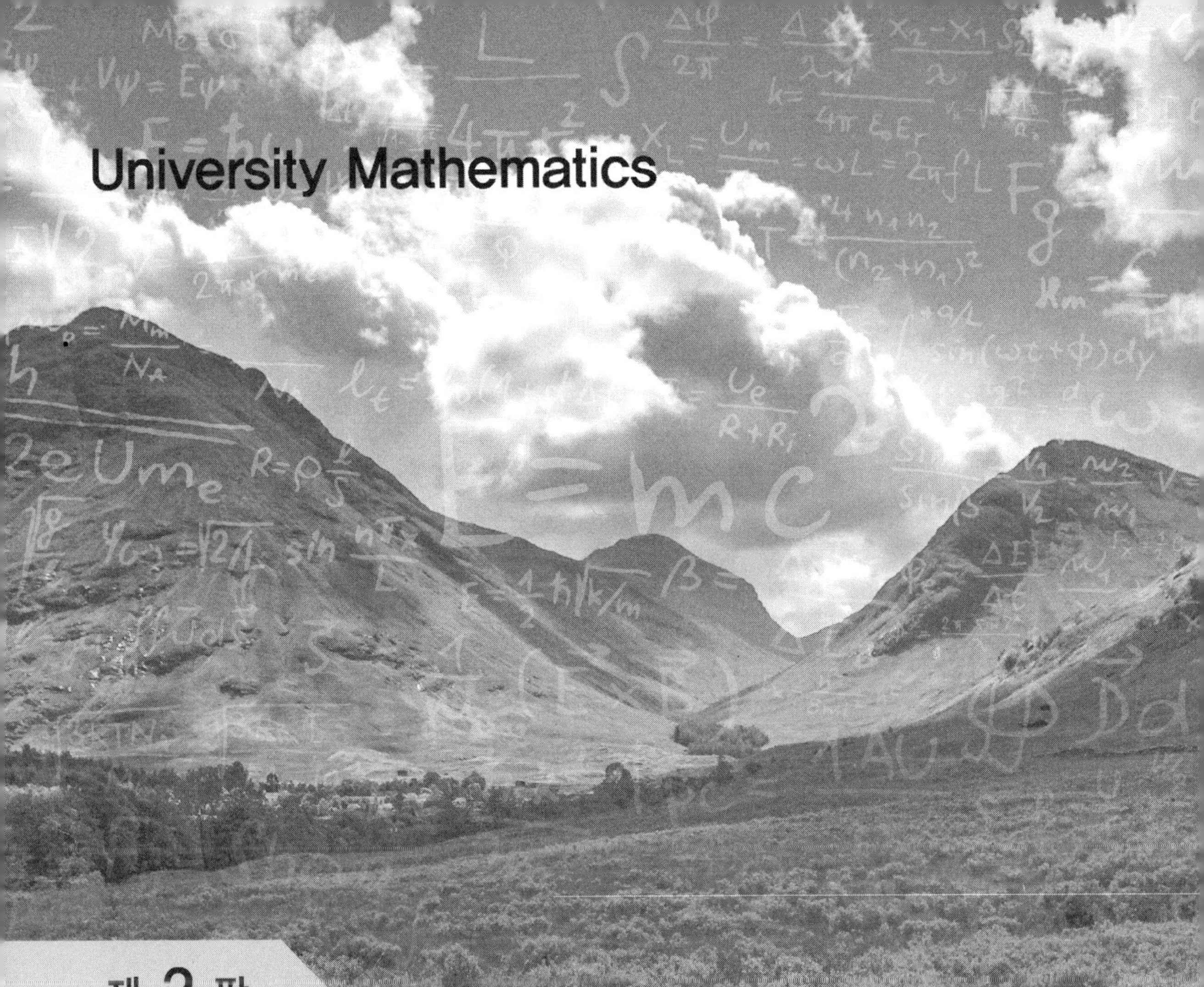

제 2 판

알기쉽게 풀어쓴

대학수학

엄 기 홍

D.B.Info

머리말

다가올 시대는 과학기술의 획기적인 발달로 인하여 전기, 전자, 컴퓨터 등 교과목의 이론과 원리에 입각하여 더욱 진보하는 사회가 될 것이며, 이러한 사회 환경에 능동적으로 대비하기 위하여 철저한 준비를 하여야 한다. 다른 분야와 마찬가지로 과학문명은 개인과 국가사회의 장래와 운명에 지대한 영향을 끼치고 있으며, 과학기술의 발달에 필수 불가결한 선행 조건이 수학이다.

수학은 가장 합리적이고 체계적이며, 객관적이고 논리가 정연한, 그리고 가장 분명한 학문이다. 현대 과학문명의 지식 기반의 사회의 구성원으로서는 반드시 배워서 지식으로 갖추어야할 학문임이 분명하다. 또한 수학은 인간의 사고력과 창의력을 길러 주며, 자연과학, 공학, 경제학, 경영학, 의학, 사회학 등 여러 분야에서 중요하게 사용되고 있는 도구이다. 학생들이 졸업 후 각자의 분야에서 중요한 역할을 다하기 위해 열심히 준비하는 과정에서 문제를 합리적으로 해결하고 논리적인 사고능력을 기르기 위해 수학적 사고능력을 길러야 함은 당연하다.

이러한 필요성을 느끼는 학생들에게 조금이나마 도움을 주기 위해 수학의 여러 분야 중에서 몇 가지 주제를 한데 묶어서 "알기쉽게 풀어 쓴 대학수학"이라는 타이틀로 정리하게 되었다. 고등학교 수준의 수열과 급수, 함수, 미분과 적분 등의 내용을 포함하여 좀 더 폭 넓고 깊이 있게 다룬 것으로 단순한 암기보다는 사고력을 통하여 분석하고 문제에 접근하는 원리를 익히고 활용능력을 향상시킬 수 있도록 하였다.

과목을 학습함에 있어서 이해, 응용, 창조하는 긍정적이고 적극적인 마음가짐으로 학습하기 바라며, 습득함으로써 수학적 원리와 사고방식을 갖게 되기를 바란다. 나아가서 각자 전공과목을 수강하기 위한 기초 실력을 튼튼히 다짐으로써 문제를 보다 쉽게 원리적으로 해결할 수 있는 능력을 기르기를 바란다.

이 책은 강의를 통해서 또는 독자의 조언에 따라 계속 수정 보완해 나갈 것이며, 책을 만드는 과정에서 여러 방면의 배려를 해 주신 복두출판사 담당자들께 고마움을 표시한다.

"Your Attitude Determines Your Altitude (태도가 고도를 결정한다)!!"

2018. 8.
엄기홍

CONTENTS

Chapter 1 기초개념

Chapter 2 수열과 급수

Chapter 3 함수

Chapter 5 미분

Chapter 6 적분

1 CHAPTER

기초개념

1.1 지수의 기듭제곱
1.2 로그

1.1 지수와 거듭제곱

1.1.1 지수의 정의

실수 a를 n번 곱한 것을 a의 n제곱이라 하고 a^n으로 나타낸다. 표현식 a^n에서

a를 밑(base),
n을 지수(exponent)

라 하고, 실수 a에 대하여 a, a^2, a^3, a^4, …을 통틀어 a의 거듭제곱이라고 한다.

지수법칙을 정리하면 다음과 같다.

■ 지수법칙(1)

a, b가 임의의 실수이고 m, n이 양의 정수일 때

(1) $a^m a^n = a^{m+n}$

(2) $(a^m)^n = a^{mn}$

(3) $(ab)^n = a^n b^n$

(4) $\left(\frac{a}{b}\right)^n = \frac{a^n}{b^n}$ (단, $b \neq 0$)

(5) $a^m \div a^n = \begin{cases} a^{m-n} & (m>n) \\ 1 & (m=n) \\ \frac{1}{a^{n-m}} & (m<n) \end{cases}$ (단, $a \neq 0$)

예제 1. 다음 식을 분수 또는 정수로 고쳐라.

(1) $(3^{-5})^0$　(2) $(2^{-3}) \div 2^4$　(3) $\left(\frac{3}{2}\right)^{-3}$　(4) $\left(\frac{1}{-3}\right)^{-2}$

풀이

(1) $(3^{-5})^0 = 1$

(2) $(2^{-3}) \div 2^4$;　$2^{-7} = \frac{1}{128}$

(3) $\left(\dfrac{3}{2}\right)^{-3}$; $\left(\dfrac{3}{2}\right)^{-3} = \dfrac{3^{-3}}{2^{-3}} = \dfrac{\dfrac{1}{3^3}}{\dfrac{1}{2^3}} = \dfrac{8}{27}$

(4) $\left(\dfrac{1}{-3}\right)^{-2}$; $\left(\dfrac{1}{-3}\right)^{-2} = \dfrac{1}{\left(-\dfrac{1}{3}\right)^2} = \dfrac{1}{\dfrac{1}{9}} = 9$ ■

문제 1. 다음 식을 간단히 하여라. (단, $a \neq 0$, $b \neq 0$)

(1) $3a^3b^2 \cdot 2a^4b^2$ (2) $(-4a^5b^3)^2$

(3) $5a^2bc^5 \div 3a^4b^3c$ (4) $(a^2b^3)^2 \div (a^3b^2)^3 \times \left(\dfrac{a}{b^2}\right)^2$ ■

1.1.2 거듭제곱근

제곱하여 실수 a가 되는 수, 곧 $x^2 = a$인 x를 a의 제곱근이라 하고, 세제곱하여 a가 되는 수, 곧 $x^3 = a$인 x를 a의 세제곱근이라고 한다.

일반적으로 n이 양의 정수일 때, n제곱하여 실수 a가 되는 수, 곧 $x^n = a$인 x를 a의 n제곱근이라고 한다.

$$x^n = a \Leftrightarrow x\text{는 } a\text{의 } n\text{제곱근}$$

a의 제곱근, 세제곱근, 네제곱근, …을 통틀어 a의 **거듭제곱근**이라고 한다. 이를테면

$$2^4 = 16,\ (-2)^4 = 16,\ (2i)^4 = 16,\ (-2i)^4 = 16$$

이므로 $2, -2, 2i, -2i$는 모두 16의 네제곱근이다.

예제 1. 다음 거듭제곱근 중에서 실수인 것을 구하여라.

(1) 4의 제곱근 (2) -4의 제곱근

풀이

(1) 4의 제곱근은 $x^2 = 4$를 만족하는 수이므로 $x = \pm 2$

(2) 4의 제곱근은 $x^2 = -4$를 만족하는 수이므로, 실수 근은 존재하지 않는다. ■

문제 1. 다음을 구하여라.

(1) 1의 네제곱근

(2) 8의 세제곱근

(3) -8의 세제곱근 ■

실수 a의 n제곱근 중에서 실수인 것은 방정식 $x^n = a$의 실근이므로, 함수 $y = x^n$의 그래프와 직선 $y = a$의 교점의 x좌표이다. 함수 $y = x^n$의 그래프를 이용하여 a의 n제곱근 중에서 실수인 것을 생각해 보면 다음과 같다.

■ a의 실수인 n제곱근

	$a>0$	$a=0$	$a<0$
n이 짝수	$\sqrt[n]{a}$, $-\sqrt[n]{a}$	0	없다
n이 홀수	$\sqrt[n]{a}$	0	$\sqrt[n]{a}$

예제 2. 다음 거듭제곱근 중에서 실수인 것을 구하여라.

(1) 27의 세제곱근 (2) -27의 세제곱근

풀이

(1) 27의 세제곱근은 $x^3 = 27$을 만족하는 수이므로

$$x^3 - 27 = 0,\quad (x-3)(x^2+3x+9) = 0$$

$$\therefore\ x = 3 \quad \text{또는} \quad x = \frac{-3 \pm 3\sqrt{3}i}{2}$$

따라서 -27의 세제곱근 중에서 실수인 것은 $x = 3$이다.

(2) -27의 세제곱근은 $x^3 = -27$을 만족하는 수이므로

$$x^3 + 27 = 0,\quad (x+3)(x^2-3x+9) = 0$$

$$\therefore\ x = -3 \quad \text{또는} \quad x = \frac{3 \pm 3\sqrt{3}i}{2}$$

따라서 -27의 세제곱근 중에서 실수인 것은 $x = -3$이다. ■

예제 3. 다음 예를 확인하여라.

(1) $(-3)^{-2}\cdot(-3)^5 = (-3)^{(-2)+5} = (-3)^3 = -27$

(2) $(2^{-2})^{-3} = 2^{(-2)\times(-3)} = 2^6 = 64$

(3) $2^{-2}\cdot 3^{-2} = (2\cdot 3)^{-2} = 6^{-2} = \dfrac{1}{6^2} = \dfrac{1}{36}$ ■

문제 2. 다음 거듭제곱근 중에서 실수인 것을 구하여라.

(1) 16의 네제곱근　　(2) -16의 네제곱근 ■

문제 3. 다음 식을 간단히 하여라.

(1) $\sqrt[4]{(-5)^4}$　　(2) $\sqrt[3]{(-27)^5}$

(3) $4^{\frac{3}{2}} \times 8^{-\frac{1}{3}} \times 8^{-\frac{1}{2}}$　　(4) $\dfrac{\sqrt[3]{-81}}{\sqrt[3]{3}}$ ■

1.1.3 거듭제곱근의 성질

임의의 양수 a의 n제곱근은, n제곱하면 a가 되는 양수이므로 다음 식이 성립한다.

$$(\sqrt[n]{a})^n = a$$

$a > 0,\ b > 0$일 때, 다음과 같은 제곱근의 관계식이 성립한다.

$$\sqrt{a}\sqrt{b} = \sqrt{ab},\quad \frac{\sqrt{a}}{\sqrt{b}} = \sqrt{\frac{a}{b}}$$

이와 마찬가지로, 거듭제곱근에 대해서도 다음 성질이 성립한다.

■ 거듭제곱근의 성질

두 수 $a>0$, $b>0$이고, m, n이 양의 정수일 때

(1) $\sqrt[n]{a}\sqrt[n]{b} = \sqrt[n]{ab}$　　(2) $\dfrac{\sqrt[n]{a}}{\sqrt[n]{b}} = \sqrt[n]{\dfrac{a}{b}}$

(3) $\sqrt[n]{a^m} = (\sqrt[n]{a})^m$　　(4) $\sqrt[m]{\sqrt[n]{a}} = \sqrt[mn]{a}$

예제 1. 다음 식을 간단히 하여라.

(1) $\sqrt[3]{2}\cdot\sqrt[3]{4}$　　(2) $\sqrt[3]{\sqrt{5^{12}}}$

(3) $(\sqrt[4]{64})^3$　　(4) $\sqrt{2\sqrt{2\sqrt{2}}}$

풀이

(1) $\sqrt[3]{2}\cdot\sqrt[3]{4}=\sqrt[3]{2\cdot 4}=\sqrt[3]{2^3}=(\sqrt[3]{2})^3=2$

(2) $\sqrt[3]{\sqrt{5^{12}}}=\sqrt[6]{5^{12}}=\sqrt[6]{(5^2)^6}=(\sqrt[6]{5^2})^6=5^2=25$

(3) $(\sqrt[4]{64})^3=(\sqrt[4]{2^6})^3=(2^{\frac{6}{4}})^3=(2^{\frac{3}{2}})^3=2^{\frac{9}{2}}=2^{4+\frac{1}{2}}=2^4\times 2^{\frac{1}{2}}=16\sqrt{2}$

(4) $\sqrt{2\sqrt{2\sqrt{2}}}=\sqrt{2}\times\sqrt{\sqrt{2}}\times\sqrt{\sqrt{2\sqrt{2}}}$

$=\sqrt{2}\times\sqrt[4]{2}\times\sqrt[8]{2}=2^{\frac{1}{2}+\frac{1}{4}+\frac{1}{8}}=2^{\frac{7}{8}}=\sqrt[8]{2^7}$ ■

문제 1. $a>0$, $b>0$이고, n이 양의 정수일 때, 다음을 증명하여라.

$\sqrt[n]{a}\ \sqrt[n]{b}=\sqrt[n]{ab}$ ■

문제 2. 다음 식을 간단히 하여라.

(1) $\sqrt[3]{3}\ \sqrt[3]{9}$　　(2) $\sqrt[3]{2\sqrt{2}}$ ■

1.1.4 지수의 확장

앞에서는 지수가 양의 정수인 경우만 생각하였다. 지수가 0 또는 음의 정수인 거듭제곱은 어떻게 정의하는가?

지수법칙 $a^m a^n=a^{m+n}$을 이용하여 a^m에서 m이 0 또는 음의정수까지 확장할 수 있다.

■ 지수법칙(2)

$a>0$, $b>0$일 때, 임의의 정수 m, n에 대하여

(1) $a^m\cdot a^n=a^{m+n}$　　(2) $(a^m)^n=a^{mn}$

(3) $(a\cdot b)^n=a^n\cdot b^n$　　(4) $(a^m\cdot a^n)^l=a^{ml}\cdot a^{nl}$

(5) $a^m\div a^n=a^{m-n}$

지수가 유리수 $m=\frac{p}{q}$(p은 정수, q은 자연수)인 경우, 제곱근을 이용하여

$$a^m = a^{\frac{p}{q}} = \sqrt[q]{a^p}$$

로 정의할 수 있다. 따라서 지수를 유리수까지 확장하여도 다음 지수법칙이 성립한다. 일반적으로 지수를 유리수까지 확장하여도 다음 지수법칙이 성립한다.

■ **지수법칙(3)**

$a>0$, $b>0$일 때, 임의의 유리수 r, s에 대하여

(1) $a^r a^s = a^{r+s}$　　(2) $(a^r)^s = a^{rs}$

(3) $(ab)^r = a^r b^r$　　(4) $a^r \div a^s = a^{r-s}$

예제 1. 지수법칙을 이용하여 유리수 지수를 포함하는 식을 계산하여라.

(1) $3^{\frac{3}{5}} \times 3^{\frac{2}{3}} = 3^{\frac{3}{5}+\frac{2}{3}} = 3^{\frac{16}{15}}$,

(2) $3^{\frac{3}{5}} \div 3^{\frac{2}{3}} = 3^{\frac{3}{5}-\frac{2}{3}} = 3^{\frac{-1}{15}}$

(3) $(4^{\frac{5}{6}})^{\frac{7}{4}} = 4^{\frac{5}{6}\times\frac{7}{4}} = 4^{\frac{35}{24}} = 4\cdot 4^{\frac{11}{24}} = 4\cdot\sqrt[24]{4^{11}}$ ■

문제 1. 지수법칙을 이용하여 유리수 지수를 포함하는 식을 계산하여라.

(1) $7^{\frac{1}{5}} \times 7^{\frac{1}{10}}$　　(2) $(6^{\frac{1}{3}})^{-3}$

(3) $(3^{\frac{1}{4}} \times 4^{\frac{1}{3}})^6$　　(4) $8^{\frac{5}{4}} \div 8^{-\frac{3}{4}}$ ■

$a>0$일 때, 지수 x가 실수인 경우 a^x의 의미를 생각해 보자.
예를 들어 $2^{\sqrt{2}}$의 경우 $\sqrt{2}=1.41421356\cdots$이므로

$$1,\ 1.4,\ 1.41,\ 1.414,\ 1.4142,\ 1.41421,\ \cdots$$

과 같이 $\sqrt{2}$에 한없이 가까워지는 유리수를 지수로 갖는 수의 열

$$2^1,\ 2^{1.4},\ 2^{1.41},\ 2^{1.414},\ 2^{1.4142},\ 2^{1.41421},\ \cdots$$

은 어떤 일정한 수에 한없이 가까워진다는 것이 알려져 있다. 이때 그 일정한 수를 $2^{\sqrt{2}}$이라고 정의한다.

이와 같은 방법을 이용하면, 임의의 무리수 x에 대해서 2^x을 정의할 수 있다. 일반적으로 $a>0$일 때, 임의의 실수 x에 대해서 a^x을 정의할 수 있다.

지수가 유리수일 때 성립하는 지수법칙은, 지수가 실수일 때에도 지수법칙이 성립한다. 즉 다음 지수법칙이 성립한다.

■ 지수법칙(4)

$a>0$, $b>0$일 때, 임의의 실수 x, y에 대하여

(1) $a^x a^y = a^{x+y}$ (2) $(a^x)^y = a^{xy}$

(3) $(ab)^x = a^x b^x$ (4) $a^x \div a^y = a^{x-y}$

예제 2. 지수법칙을 이용하여 실수 지수를 포함하는 식을 계산하여 보자.

(1) $(5^{\sqrt{2}})^{\sqrt{2}}$ (2) $3^{\sqrt{2}}3^{3\sqrt{2}}$

풀이

(1) $(5^{\sqrt{2}})^{\sqrt{2}} = 5^{\sqrt{2}\times\sqrt{2}} = 5^2$

(2) $3^{\sqrt{2}}3^{3\sqrt{2}} = 3^{\sqrt{2}+3\sqrt{2}} = 3^{4\sqrt{2}}$

■

문제 2. 지수법칙을 이용하여 실수 지수를 포함하는 식을 계산하여라.

(1) $(2^{3\sqrt{2}})^{\sqrt{2}}$ (2) $(2^{-\sqrt{2}} \times 3^{\sqrt{2}})^{\sqrt{2}}$

(3) $2^{3\sqrt{2}} \times 2^{\sqrt{2}}$ (4) $10^{\pi+2} \div 10^{\pi}$

■

1.2 로그

이 절에서는 로그를 학습하고, 상용로그를 이용하여 여러 가지 문제를 해결해 보기로 한다.

1.2.1 로그의 정의

$a>0$, $a \neq 1$일 때, 임의의 양수 N에 대하여

$$a^x = N$$

을 만족하는 실수 x는 오직 하나 존재한다. 이 식에서

"수 x는 a를 **밑(base)**으로 하는 N의 **로그(logarithm)**이다."

라고 하고, 기호로

$$x = \log_a N$$

과 같이 나타내고,

"N은 $x = \log_a N$의 **진수(anti-logarithm)**이다."

라고 한다.

> ■ **로그의 정의**
>
> $a>0$, $a \neq 1$, $N>0$일 때
>
> $$a^x = N \Leftrightarrow x = \log_a N$$
>
> 등식 $\log_a N = x$가 주어졌을 때 a, N, x 중 두 개만 알면 나머지 한 개를 구할 수 있다.

예제 1. 다음 $a^x = N$은 $x = \log_a N$의 꼴로, $x = \log_a N$은 $a^x = N$의 꼴로 나타내어라.

(1) $2^3 = 8$　　(2) $2^x = 32$　　(3) $10^3 = 1000$

(4) $3^4 = 81$　　(5) $2^{-5} = \frac{1}{32}$　　(6) $\log_5 125 = 3$

풀이

(1) $2^3 = 8 \Leftrightarrow 3 = \log_2 8$　　(2) $2^x = 32 \Leftrightarrow x = \log_2 32$

(3) $10^3 = 1000 \Leftrightarrow 3 = \log_{10} 1000$　　(4) $3^4 = 81 \Leftrightarrow \log_3 81 = 4$

(5) $2^{-5} = \frac{1}{32} \Leftrightarrow \log_2 \frac{1}{32} = -5$　　(6) $\log_5 125 = 3 \Leftrightarrow 5^3 = 125$ ■

문제 1. 다음 $a^x = N$은 $x = \log_a N$의 꼴로, $x = \log_a N$은 $a^x = N$의 꼴로 나타내어라.

(1) $5^0 = 1$　　(2) $(16)^{-\frac{1}{4}} = 0.5$　　(3) $\left(\frac{1}{5}\right)^{-2} = 25$

(4) $2 = \log_3 9$　　(5) $4 = \log_{\sqrt{3}} 9$　　(6) $2 = \log_{\frac{1}{4}} \frac{1}{16}$ ■

로그에 의하여 표시된 수식의 값을 구하여 보자. 예를 들어서 $\log_4 8$의 값을 구하여라. $\log_4 8 = x$로 놓으면, 로그의 정의에 의해

$$4^x = 8,\ 2^{2x} = 2^3$$

이다. 밑이 같으므로 지수끼리 같아야 한다.

$$2x = 3 \quad \therefore\ x = \frac{3}{2}$$

이와 같이 지수를 이용하여 로그의 값을 구할 수 있다.

예제 2. 다음 로그의 값을 구하여라.

(1) $\log_2 32$　　(2) $\log_9 243$

(3) $\log_5 \frac{1}{\sqrt{125}}$　　(4) $\log_{\sqrt{2}} 16$

풀이

(1) $\log_2 32 = x$라 놓으면, $2^x = 32 = 2^5$, $x = 5$ $\therefore \log_2 32 = 5$

(2) $\log_9 243 = x$라 놓으면, $9^x = 243$, $(3^2)^x = 3^5$, $2x = 5$, $\therefore \log_9 243 = 5/2$

(3) $\log_5 \frac{1}{\sqrt{125}} = x$라 놓으면, $5^x = \frac{1}{\sqrt{125}}$, $5^x = 5^{-3/2}$, $x = -3/2$, $\therefore \log_5 \frac{1}{\sqrt{125}} = -3/2$

(4) $\log_{\sqrt{2}} 16 = x$라 놓으면, $\sqrt{2}^x = 16$, $2^{x/2} = 2^4$, $x = 8$, $\therefore \log_{\sqrt{2}} 16 = 8$ ■

문제 2. 다음 값을 구하여라.

(1) $\log_4 8$ (2) $\log_3 81$ (3) $\log_5 0.04$

(4) $\log_8 \sqrt{2}$ (5) $\log_{\sqrt{5}} 25$ (6) $\log_{\sqrt{2}} 4$ ■

1.2.2 로그의 성질

로그의 정의와 지수법칙을 이용하여 로그의 성질을 알아보자.

(1) 실수 $a(a>0,\ a \neq 1$을 만족함)에 대하여

$$a^0 = 1,\ a^1 = a$$

가 성립한다. 각각을 로그로 나타내면 다음과 같다.

$$a^0 = 1 \Leftrightarrow \log_a 1 = 0$$
$$a^1 = a \Leftrightarrow \log_a a = 1$$

(2) $x>0,\ y>0$일 때, 로그 관계식을

$$\log_a x = p,\ \log_a y = q$$

라고 하면, 로그의 정의에 의해

$$a^p = x,\ a^q = y$$

이다. 변끼리 곱하면,

$$xy = a^p a^q = a^{p+q}$$

이므로, 로그의 정의에 의해

$$\log_a xy = p + q = \log_a x + \log_a y$$

이다. 위 관계식에 의하여 다음 로그의 성질이 성립한다.

■ 로그의 성질

$a>0$, $a\neq 1$, $x>0$, $y>0$이고, k가 임의의 실수일 때

(1) $\log_a 1=0$ (2) $\log_a a=1$

(3) $\log_a xy=\log_a x+\log_a y$ (4) $\log_a \frac{x}{y}=\log_a x-\log_a y$

(5) $\log_a x^k=k\log_a x$ (6) $\log_a x=\frac{\log_b x}{\log_b a}\ (b>0, b\neq 1)$

(7) $a^{\log_a b}=b$

예제 1. 로그 성질을 이용하여 다음 값을 구하여라.

(1) $\log_2 8$ (2) $\log_2 \frac{16}{2}$ (3) $\log_2 32$ (4) $\log_2 6$

(5) $\log_2 1024$ (6) $\log_4 0.125$ (7) $\log_{10} 0.1$ (8) $\log_{\sqrt{3}} 9$

풀이

(1) $\log_2 8=\log_2(2\times 4)=\log_2 2+\log_2 4=1+2=3$

(2) $\log_2 \frac{16}{2}=\log_2 16-\log_2 2=4-1=3$

(3) $\log_2 32=\log_2 2^5=5\log_2 2=5$

(4) $\log_2 6=\log_2(2\times 3)=\log_2 2+\log_2 3=1+\log_2 3$

(5) $\log_2 1024=\log_2 2^{10}=10\log_2 2=10$

(6) $\log_4 0.125=\log_4\left(\frac{1}{8}\right)=\log_4 \frac{1}{2^3}=\log_4 2^{-3}=-\frac{3}{2}$

(7) $\log_{10} 0.1=\log_{10} 10^{-1}=-1$

(8) $\log_{\sqrt{3}} 9=\log_{\sqrt{3}} 3^2=4$ ■

문제 1. 로그 성질을 이용하여 다음 x의 값을 구하여라.

(1) $\log_{25} x=-\frac{1}{4}$ (2) $\log_x 81=-2$

(3) $\log_{\sqrt{2}} 8=x$ (4) $\log_9 x=\frac{3}{2}$

(5) $\log_x 0.1=-\frac{1}{2}$ ■

예제 2. 다음 식을 간단히 하여라.

(1) $\log_{27}\sqrt{3}$ (2) $\log_2 5 + 2\log_2\sqrt{6} - \log_2 15$

풀이

(1) $\log_{27}\sqrt{3} = \frac{1}{2}\log_{27}3 = \frac{1}{2}\log_{(3^3)}3 = \frac{1}{2}\log_3 3^{1/3} = \frac{1}{6}$

(2) $\log_2 5 + 2\log_2\sqrt{6} - \log_2 15$

$$
\begin{aligned}
&= \log_2 5 + 2\log_2\sqrt{2\cdot 3} - \log_2(3\cdot 5) \\
&= \log_2 5 + 2\log_2(2\cdot 3)^{1/2} - (\log_2 3 + \log_2 5) \\
&= \log_2 5 + \log_2 2 + \log_2 3 - \log_2 3 - \log_2 5 = \log_2 2 = 1
\end{aligned}
$$

■

문제 2. 다음 식을 간단히 하여라.

(1) $\log_2 24 - 2\log_2\sqrt{3}$ (2) $\log_4\sqrt{100} - \frac{1}{2}\log_4\frac{1}{4} - \frac{3}{2}\log_4\sqrt[3]{25}$ ■

1.2.3 로그의 밑의 변환

로그 $\log_a b$는 a를 밑으로 하는 b의 로그이다. 로그 $\log_a b$를 1이 아닌 양수 $c(c \neq 1)$를 밑으로 하는 로그를 사용하여 나타내어 보자. 두 관계식을

$$x = \log_a b,\ y = \log_c a$$

라고 하면, 로그의 정의에 의해

$$
\begin{aligned}
x = \log_a b &\Leftrightarrow b = a^x, \\
y = \log_c a &\Leftrightarrow a = c^y
\end{aligned}
$$

이므로 지수 성질에 의하여 다음 식을 얻는다.

$$b = a^x = (c^y)^x = c^{xy}$$

로그의 정의에 의해 $xy = \log_c b$이므로

$$(\log_a b)(\log_c a) = \log_c b$$

로그의 정의에 의해 $a \neq 1$이므로 $\log_c a \neq 0$이다. 양변을 $\log_c a$로 나누면

$$\log_a b = \frac{\log_c b}{\log_c a}$$

이다. 따라서 다음과 같은 밑의 변환 공식을 얻는다.

■ **로그의 밑의 변환 공식**

$a>0$, $a \neq 1$, $b>0$, $c>0$, $c \neq 1$일 때

$$\log_a b = \frac{\log_c b}{\log_c a}$$

예제 1. 로그의 밑을 변환하여 다음 계산을 하여라. 단, $a^x = a^\wedge x$으로 표시한다.

(1) $\log_{\sqrt{3}} 81$ (2) $\log_3 2 \times \log_4 27$ (3) $\log_a b \times \log_b a$

(4) $x = 7^\wedge \dfrac{\log_{10} 4}{\log_{10} 7}$ (5) $\log_2 \sqrt{10} - \log_4 45 + \log_8 27$

풀이

(1) $$\log_{\sqrt{3}} 81 = \frac{\log_3 81}{\log_3 \sqrt{3}} = \frac{\log_3 3^4}{\log_3 3^{\frac{1}{2}}} = \frac{4\log_3 3}{\frac{1}{2}\log_3 3} = 8$$

(2) $$\log_3 2 \cdot \frac{\log_3 27}{\log_3 4} = \log_3 2 \cdot \frac{3\log_3 3}{2\log_3 2} = \frac{3}{2}$$

$$\log_2 3 \times \log_{27} 32 = \log_2 3 \times \frac{5}{3 \cdot \log_2 3} = \frac{5}{3}$$

(3) $$\log_a b \times \log_b a = \log_a b \times \frac{1}{\log_a b} = 1$$

(4) $$x = 7^\wedge \frac{\log_{10} 4}{\log_{10} 7}$$

등식의 양변에 $\log_{10}(\cdot)$를 취하면,

$$\log_{10} x = \log_{10}\left(7^\wedge \frac{\log_{10} 4}{\log_{10} 7}\right) = \frac{\log_{10} 4}{\log_{10} 7} \cdot \log_{10} 7 = \log_{10} 4$$

$$\log_{10} x = \log_{10} 4, \quad \therefore x = 4$$

(5) $$\log_2\sqrt{10}-\log_4 45+\log_8 27=\frac{1}{2}\log_2 10-\frac{\log_2 45}{\log_2 4}+\frac{\log_2 27}{\log_2 8}$$
$$=\frac{1}{2}\log_2 10-\frac{1}{2}\log_2 45+\frac{1}{3}\log_2 3^3$$
$$=\frac{1}{2}\log_2\frac{10\cdot 9}{45}=\frac{1}{2}\log_2 2=\frac{1}{2}$$ ■

문제 1. 로그의 밑을 변환하여 다음 계산을 하여라(단, $a^x = a^\wedge x$으로 한다.)

(1) $\log_2 3\times\log_{27}32$ (2) $3^\wedge\dfrac{\log_7 2}{\log_7 3}$

(3) $\log_{\sqrt{2}}\sqrt{8}$ (4) $\log_{\frac{1}{4}}8$ ■

예제 2. $\log_5 2 = a$, $\log_5 3 = b$라고 할 때, 다음 로그의 값을 a, b로 나타내어라.

(1) $\log_5\dfrac{32}{9}$ (2) $\log_5\dfrac{8}{\sqrt{12}}$

풀이

(1) $\log_5\frac{32}{9}=\log_5 32-\log_5 9=\log_5 2^5-\log_5 3^2=5\log_5 2-2\log_5 3=5a-2b$

(2) $$\log_5\frac{8}{\sqrt{12}}=\log_5 2^3-\log_5\sqrt{12}=3\log_5 2-\frac{1}{2}\log_5(4\times 3)$$
$$=3\log_5 2-\frac{1}{2}(2\log_5 2+\log_5 3)=3a-a-\frac{1}{2}b=2a-\frac{1}{2}b$$ ■

문제 2. $\log_3 5 = x$ 라고 할 때, 다음 로그의 값을 x로 나타내어라.

(1) $\log_9 15$ (2) $\log_{15}75$ ■

1.2.4 상용로그

일상생활에서 사용하는 수는 십진법으로 나타낸 수이므로, 로그의 계산에서도 10을 밑으로 하는 로그를 사용하는 것이 편리하다. 10을 밑으로 하는 로그를 상용로그(Common logarithm)라고 하며, 상용로그 $\log_{10}N$은 보통 밑 10을 생략하여

$$\log N$$

과 같이 나타낸다. 예를 들어,

$$\log_{10} 2,\ \log_{10} 5,\ \log_{10} 50,\ \log_{10} 2x$$

는 간단히

$$\log 2,\ \log 5,\ \log 50,\ \log 2x$$

로 쓴다. 일반적으로 10의 거듭제곱 꼴의 수에 대한 상용로그의 값은 로그의 성질을 이용하여 쉽게 구할 수 있다.

예제 1. 다음 상용로그의 값을 구하여라.

(1) $\log 10000$　　(2) $\log \sqrt{10}$　　(3) $\log \dfrac{1}{\sqrt{10}}$

풀이

(1) $\log 10000 = \log_{10} 10^4 = 4\log_{10} 10 = 4$

(2) $\log \sqrt{10} = \log_{10} 10^{\frac{1}{2}} = \dfrac{1}{2}\log_{10} 10 = \dfrac{1}{2}$

(3) $\log \dfrac{1}{\sqrt{10}} = \log_{10} 10^{-\frac{1}{2}} = -\dfrac{1}{2}\log_{10} 10 = -\dfrac{1}{2}$ ■

문제 1. 다음 상용로그의 값을 구하여라.

(1) $\log 0.0001$　　(2) $\log 0.001$

(3) $\log 0.01$　　(4) $\log 0.1$ ■

연습문제

1-01 다음 식을 간단히 하여라.

(1) $81^{-\frac{3}{4}}$　　　　(2) $(-x^{-2})^{-3}$

1-02 $a>0$이고 r, s가 모두 유리수일 때, 다음 지수법칙이 성립함을 증명하여라.

(1) $a^r a^s = a^{r+s}$　　　　(2) $(a^r)^s = a^{rs}$

1-03 $a>0, b>0$일 때, $\sqrt{a^3b^4} \div \sqrt[3]{a^5b} \times \sqrt[6]{a^3b^2}$ 을 간단히 하여라.

1-04 다음 식을 간단히 하여라.

(1) $\dfrac{\sqrt[4]{324}}{\sqrt[4]{4}}$　　　　(2) $\sqrt{\sqrt{5} \times \dfrac{5}{\sqrt[3]{5}}}$

(3) $\sqrt{9^2 \cdot \sqrt{9^3 \cdot \sqrt{9^4}}}$　　　　(4) $\sqrt[4]{\sqrt[3]{4 \cdot \sqrt[3]{16}}}$

1-05 다음 식을 간단히 하여라.

(1) $\log_{125}\sqrt{5}$

(2) $\log_2 24 - \log_2 27 + 2\log_2 6$

(3) $\dfrac{1}{2}\log_3\dfrac{1}{2} - \dfrac{3}{2}\log_3\sqrt[3]{12} + \log_3\sqrt{8}$

(4) $\log_x x^5 - 4\log_x\sqrt{x} + 8\log_x\sqrt[4]{x^3}$

1-06 다음 식의 값을 구하여라.

(1) $u = \log_2(\log_2 32 + \log_{\frac{1}{2}}\frac{3}{4} + \log_4 36)$

(2) $v = \dfrac{\log\sqrt{8} + \log 127 - \log\sqrt{1000}}{\log 1.8}$

(3) $w = \log_4 3 \cdot \log_9 25 \cdot \log_5 8$

1-07 $\log_{10}2 = x$, $\log_{10}3 = y$라고 할 때, 다음 로그의 값을 x, y로 나타내어라.

(1) $\log_2 18$　　(2) $\log_3 100$

1-08 다음의 각 쌍의 수의 대소를 비교하여라.

(1) $x = \sqrt{2}$, $y = \sqrt[3]{3}$, $z = \sqrt[4]{5}$

(2) $x = 2^{\frac{1}{2}}$, $y = \dfrac{3}{2}$, $z = 3^{\frac{1}{3}}$, $t = \dfrac{\pi}{2}$

1-09 다음 상용로그의 값을 구하여라.

(1) $\log 1$　　(2) $\log 10$

(3) $\log 100$　　(4) $\log 1000$

1-10 다음 각 물음에 답하여라.

(1) $2^x = 3$일 때, $N = \left(\dfrac{1}{8}\right)^{\frac{x}{2}}$의 값을 구하여라.

(2) $a^{2x} = \sqrt{2} + 1$일 때, $M = \dfrac{a^{3x} + a^{-3x}}{a^x + a^{-x}}$의 값을 구하여라.

2

CHAPTER

수열과 급수

2.1 수열(Sequence)

수를 규칙적으로 나열했을 때의 특징을 살펴보고, 일반적인 규칙을 찾아서 해석하는 방법을 학습하기로 하자.

2.1.1 수열의 정의

수를 규칙적으로 나열한 예를 들어 보자.

① 홀수를 크기 순서대로 나열하면 다음과 같다.

$$1, 3, 5, 7, 9, \cdots$$

② 1차 함수 $y = 2x$를 만족하는 자연수 함숫값은 다음과 같다.

$$2, 4, 6, 8, 10, \cdots$$

위의 예와 같이, 일정하고 객관적인 규칙에 따라 늘어놓은 수의 열을 **수열**이라 하고, 각 수를 그 수열의 **항**이라고 한다. 수열을 일반적으로

$$a_1, a_2, a_3, \cdots, a_n, \cdots$$

과 같이 나타내고, 앞에서부터 차례로

첫째항, 둘째항, 셋째항, ⋯, n째항

또는

제1항, 제2항, 제3항, ⋯, 제n항

이라고 한다.

[1] 유한수열

첫째항부터 제5항까지만 택하여 만든 수열

$$1, 3, 5, 7, 9$$

과 같이, 항의 개수가 유한개인 **유한수열**이라 한다.

[2] 무한수열

수열 $1, 3, 5, 7, 9, \cdots$과 같이, 무한히 많은 항으로 이루어진 수열을 **무한수열**[1]이라고 한다.

2.1.2 수열의 일반항

수열에서 각각의 항들은 차례로 정해진 순번에 대응하여 정해지므로, 무한수열은 정의역이 자연수 전체의 집합 N이고, 공역이 실수 전체의 집합 R인 함수

$$f : N \to R,\ f(n) = a_n$$

이다.

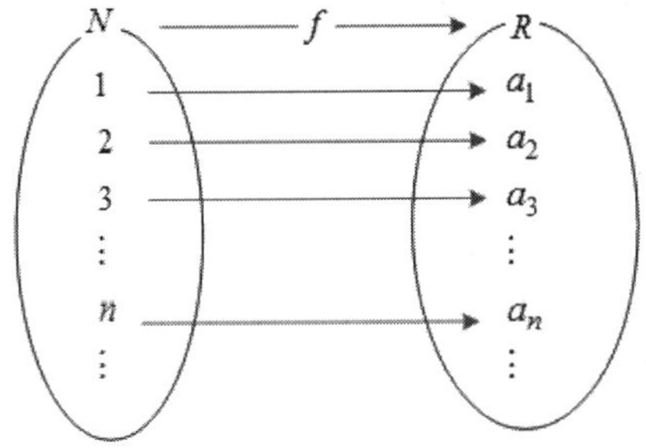

수열의 제n항을 a_n으로 표시하고 a_n이 n에 대한 식으로 주어져 있다면,

$$n = 1,\ 2,\ 3,\ \cdots$$

을 대입하여 수열의 모든 항을 구할 수 있다.

여기서 제n항 a_n은 수열의 각 항을 일반적으로 나타내고 있다는 뜻에서 이 수열의 **일반항**이라고 하고 기호로 $a_1,\ a_2,\ a_3,\ \cdots$ 또는 $\{a_n\}_{n=1}^{\infty}$ 간단히 $\{a_n\}$으로 나타낸다.

문제 1. 다음 수열의 처음 제 5개항을 구하여라.

(1) $\{n+3\}$　　(2) $\{2n^2+1\}$　　(3) $\{2^{n-2}\}$

(4) $\left\{\dfrac{1}{n(n+2)}\right\}$　　(5) $\left\{\dfrac{n}{n+1}\right\}$　　(6) $\{(-3)^{n-1}\}$ ■

---

1) 수열이라고 할 때에는 무한수열을 가리키는 경우가 대부분이다.

문제 2. 다음 수열의 일반항 a_n을 구하여라.

(1) 3, 6, 9, 12, 15 ,

(2) 9, 99, 999, 9999, ⋯

(3) 1, 11, 111, 1111, ⋯

(4) 1·4, 2·5, 3·6, 4·7, ⋯

■

문제 3. 수열 $\{a_n\}$의 일반항이 $a_n = 3n^2 - 1$일 때, 이 수열의 제 1, 2, 3, 4, 5항을 구하여라.

■

2.2 여러 가지 수열

2.2.1 합의 기호 $\sum$

수열 $\{a_n\}$의 첫째항부터 제n항까지의 합을 기호 $\sum$('시그마' 로 읽음) 을 사용하여

$$a_1 + a_2 + a_3 + ... + a_n = \sum_{k=1}^{n} a_k$$

와 같이 나타낸다. 기호 $\sum_{k=1}^{n} a_k$는 수열의 일반항 a_k의 k에 1, 2, 3, ⋯, n을 차례로 대입하여 얻은 a_1, a_2, a_3, ⋯, a_n의 합을 뜻한다. 즉, $\sum_{k=1}^{n} a_k$에서 k 대신에 다른 문자, 예를 들면 i, j, k를 써서

$$\sum_{i=1}^{n} a_i = \sum_{j=1}^{n} a_j = \sum_{k=1}^{n} a_k$$

등과 같이 나타낼 수도 있다.

예제 1. 다음과 같이 나열된 수를 $\sum$로써 표시하여라.

(1) $2 \cdot 3 + 3 \cdot 4 + 4 \cdot 5 \cdots + 9 \cdot 10$

(2) $1 + 2 + 3 + \cdots + 100$

(3) $2 + 4 + 8 + \cdots + 2^n$

(4) $1 + 1 + 1 + 1 + 1$

(5) $3+3+3+3+3+3$

풀이

(1) $2\cdot3+3\cdot4+4\cdot5\cdots+9\cdot10=\sum_{i=2}^{9} i(i+1)$

(2) $1+2+3+\cdots+100=\sum_{k=1}^{100} k$

(3) $2+4+8+\cdots+2^n=\sum_{k=1}^{n} 2^k$

(4) $3+3+3+3+3+3=\sum_{k=1}^{6} 3$ ■

문제 1. 다음과 같이 나열된 수를 Σ로써 표시하여라.

(1) $3\cdot6+5\cdot8+7\cdot10+9\cdot12$

(2) $1+5+9+13\cdots+41$

(3) $3\cdot5+5\cdot7+7\cdot9+\cdots+39\cdot41$ ■

예제 2. 수열 $\{3n-1\}$에 대한 다음 합을 기호 Σ를 사용하여 나타내어라.

(1) 제1항부터 제n항까지

(2) 제3항부터 제10항까지의 합

풀이

(1) $\sum_{k=1}^{n}(3k-1)$

(2) $\sum_{k=3}^{10}(3k-1)$ 또는 $\sum_{k=1}^{10}(3k-1)-\sum_{k=1}^{2}(3k-1)$ ■

예제 3. 다음 $\sum$ 표시를 $\sum$ 표시 없이 나열하여 표현하여라.

$$\sum_{n=1}^{\infty}(4n^2+2)$$

풀이

$$\sum_{n=1}^{\infty}(2n^2+1)=3+9+19+33+\cdots$$ ■

문제 2. 수열 $\{2n-1\}$ 의 합을 기호 Σ를 사용하여 간단히 나타내어라.

(1) 제1항부터 제n항까지

(2) 제3항부터 제12항까지 ■

문제 3. 다음 합을 기호 $\sum$를 사용하지 않은 합의 꼴로 나타내어라.

(1) $\sum_{k=1}^{10}(k^2-1)$ (2) $\sum_{k=1}^{n}k(k+1)$

(3) $\sum_{k=1}^{n}\left(\frac{1}{2}\right)^{k-1}$ (4) $\sum_{k=1}^{n}(2k-1)$ ■

2.2.2 합의 기호 Σ 의 성질

합의 기호 Σ가 포함되어 있는 식의 성질에 대하여 알아보자.

① 두 수열 $\{a_n\}$, $\{b_n\}$의 합은

$$\begin{aligned}\sum_{k=1}^{n}(a_k+b_k) &= (a_1+b_1)+(a_2+b_2)+(a_3+b_3)+\cdots+(a_n+b_n)\\ &= (a_1+a_2+a+\cdots+a_n)+(b_1+b_2+b_3+\cdots+b_n)\\ &= \sum_{k=1}^{n}a_k+\sum_{k=1}^{n}b_k\end{aligned}$$

② 일반항에 상수 c를 곱한 합은

$$\begin{aligned}\sum_{k=1}^{n}ca_k &= ca_1+ca_2+ca_3+\cdots+ca_n\\ &= c(a_1+a_2+a_3+\cdots+a_n)=c\sum_{k=1}^{n}a_k\end{aligned}$$

③ 상수 c를 n개 더한 합은

$$\sum_{k=1}^{n}c=\underbrace{c+c+c+\cdots+c}_{n\text{개}}=cn$$

이 성립한다. 일반적으로 합의 기호 Σ에는 다음과 같은 성질이 있다.

■ Σ의 성질

(1) $\sum_{k=1}^{n}(a_k+b_k)=\sum_{k=1}^{n}a_k+\sum_{k=1}^{n}b_k$ (2) $\sum_{k=1}^{n}(a_k-b_k)=\sum_{k=1}^{n}a_k-\sum_{k=1}^{n}b_k$

(3) $\sum_{k=1}^{n}ca_k=c\sum_{k=1}^{n}a_k$ (단, c는 상수) (4) $\sum_{k=1}^{n}c=cn$ (단, c는 상수)

예제 1. $\sum_{k=1}^{6}a_k=21$, $\sum_{k=1}^{6}b_k=36$일 때, 다음 식의 값을 구하여라.

(1) $\sum_{k=1}^{6}(a_k+b_k)$ (2) $\sum_{k=1}^{6}(3a_k-2b_k)$

(3) $\sum_{k=1}^{6}(3a_k-2)$ (4) $\sum_{k=1}^{6}(-2a_k-3)$

풀이

(1) $\sum_{k=1}^{6}(a_k+b_k)=\sum_{k=1}^{6}a_k+\sum_{k=1}^{6}b_k=21+36=57$

(2) $\sum_{k=1}^{6}(3a_k-2b_k)=3\sum_{k=1}^{6}a_k-2\sum_{k=1}^{6}b_k=3\cdot21-2\cdot36=63-72=-9$

(3) $\sum_{k=1}^{6}(3a_k-2)=\sum_{k=1}^{6}3a_k-\sum_{k=1}^{6}2=3\sum_{k=1}^{6}a_k-2\sum_{k=1}^{6}1=3\cdot21-2\cdot6=63-12=51$

(4) $\sum_{k=1}^{6}(-2a_k-3)=-2\sum_{k=1}^{6}a_k-\sum_{k=1}^{6}3=-2\cdot21-3\cdot6=-42-18=-60$

■

문제 1. $\sum_{k=1}^{n}a_k=8$, $\sum_{k=1}^{n}b_k=10$일 때, $\sum_{k=1}^{n}(3a_k+4b_k)$의 값을 구하여라.

■

2.2.3 여러 가지 수열의 합

[1] 자연수의 거듭제곱의 합

자연수를 차례로 나열한 수열

$$1,\ 2,\ 3,\ 4,\ \cdots\ ,\ n,\ \cdots$$

은 첫째항이 1, 공차가 1인 등차수열이다. 등차수열의 합의 공식을 이용하면

$$\sum_{k=1}^{n} k = 1+2+3+\cdots+n = \frac{n(n+1)}{2}$$

가 된다. 그런데 자연수의 제곱으로 이루어진 수열

$$1^2,\ 2^2,\ 3^2,\ 4^2,\ \cdots\ ,\ n^2,\ \cdots$$

은 등차수열도 아니고 등비수열도 아니다. 이러한 수열의 첫째항부터 제n항까지의 합을 구해 보자.

예제 1. 다음 수열의 첫째항부터 제n항까지의 합을 구하여라.

$$\sum_{k=1}^{n} k^2 = 1^2+2^2+3^2+4^2+\cdots+n^2$$

풀이

항등식 $(k+1)^3-k^3=3k^2+3k+1$의 k에 1, 2, 3, $\cdots$, n을 차례로 대입하면 각각 다음과 같다.

$$\begin{aligned}
&k=1\text{일 때, } 2^3-1^3=3\cdot1^2+3\cdot1+1\\
&k=2\text{일 때, } 3^3-2^3=3\cdot2^2+3\cdot2+1\\
&k=3\text{일 때, } 4^3-3^3=3\cdot3^2+3\cdot3+1\\
&\qquad\qquad\vdots\\
&k=n\text{일 때, } (n+1)^3-n^3=3\cdot n^2+3\cdot n+1
\end{aligned}$$

이들 n개의 등식을 변끼리 더하면

$$(n+1)^3-1^3=3\sum_{k=1}^{n}k^2+3\sum_{k=1}^{n}k+\sum_{k=1}^{n}1$$

이다. 이 식에서

$$\sum_{k=1}^{n} k = \frac{n(n+1)}{2}, \qquad \sum_{k=1}^{n} 1 = n$$

이므로

$$(n+1)^3 - 1^3 = 3\sum_{k=1}^{n} k^2 + 3 \cdot \frac{n(n+1)}{2} + n$$

$$3\sum_{k=1}^{n} k^2 = (n+1)^3 - \frac{3n(n+1)}{2} - (n+1) = \frac{n(n+1)(2n+1)}{2}$$

따라서

$$\sum_{k=1}^{n} k^2 = \frac{n(n+1)(2n+1)}{6}$$

이다. ■

문제 1. $S = 1^2 + 2^2 + 3^2 + \cdots + 10^2$를 구하여라.

■

■ 자연수의 거듭제곱의 합

(1) $\sum_{k=1}^{n} k = 1 + 2 + 3 + \cdots + n = \frac{n(n+1)}{2}$

(2) $\sum_{k=1}^{n} k^2 = 1^2 + 2^2 + 3^2 + \cdots + n^2 = \frac{n(n+1)(2n+1)}{6}$

(3) $\sum_{k=1}^{n} k^3 = 1^3 + 2^3 + 3^3 + \cdots + n^3 = \left\{\frac{n(n+1)}{2}\right\}^2$

예제 2. 다음을 계산하여라.

(1) $S = \sum_{k=1}^{10} k^3$

(2) $S = 6^2 + 7^2 + 8^2 + \cdots + 15^2$

풀이

(1) $S=\sum_{k=1}^{10} k^3=\left\{\frac{10\cdot(10+1)}{2}\right\}^2=3025$

(2) $S=6^2+7^2+8^2+\cdots+15^2$

$=(1^2+2^2+3^2+\cdots+15^2)-(1^2+2^2+3^2+4^2+5^2)$

$=\sum_{k=1}^{15} k^2-\sum_{k=1}^{5} k^2=\frac{15\cdot16\cdot31}{6}-\frac{5\cdot6\cdot11}{6}=1185$

■

문제 2. 일반항이 $a_n=n(n+1)$인 수열의 첫째항부터 제n항까지의 합을 구하여라.

■

[2] 분수꼴로 된 수열의 합

일반항이 분수식이고 분모가 2개 이상의 수의 곱으로 나타내어진 수열의 합을 구할 때는 각 항을 2개의 항의 부분 분수로 분해하여 계산한다.

예제 3. 다음 합을 구하여라.

$$S_n=\frac{1}{1\cdot3}+\frac{1}{2\cdot4}+\frac{1}{3\cdot5}+\cdots+\frac{1}{n(n+2)}$$

풀이

제k항이

$$\frac{1}{k(k+2)}=\frac{1}{2}\left(\frac{1}{k}-\frac{1}{k+1}\right)$$

이므로 구하는 수열의 합은

$$S_n=\sum_{k=1}^{n}\frac{1}{k(k+2)}=\frac{1}{2}\sum_{k=1}^{n}\left(\frac{1}{k}-\frac{1}{k+1}\right)$$

$$=\frac{1}{2}\left\{\left(\frac{1}{1}-\frac{1}{3}\right)+\left(\frac{1}{2}-\frac{1}{4}\right)+\left(\frac{1}{3}-\frac{1}{5}\right)+\cdots\left(\frac{1}{n-1}-\frac{1}{n+1}\right)+\left(\frac{1}{n}-\frac{1}{n+2}\right)\right\}$$

$$=\frac{1}{2}\left(1+\frac{1}{2}-\frac{1}{n+1}-\frac{1}{n+2}\right)=\frac{1}{2}\left(\frac{3}{2}-(\frac{1}{n+1}+\frac{1}{n+2})\right)$$

$$=\frac{1}{2}\left(\frac{3}{2}-\frac{2n+3}{(n+1)(n+2)}\right)=\frac{3n^2+5n}{4(n+1)(n+2)}$$

■

문제 3. 다음 합을 구하여라.

$$S_n = \frac{1}{1\cdot 2} + \frac{1}{2\cdot 3} + \frac{1}{3\cdot 4} + \cdots + \frac{1}{n(n+1)}$$ ■

2.3 무한수열의 극한

2.3.1 무한수열의 극한값

무한수열

$$(1)\ \frac{1}{2},\ \frac{1}{3},\ \frac{1}{4},\ \cdots,\ \frac{1}{n},\ \cdots$$

$$(2)\ \frac{1}{2},\ \frac{4}{3},\ \frac{3}{4},\ \cdots, 1 + \frac{(-1)^{n+1}}{n},\ \ \cdots$$

에서 n이 한없이 증가할 때, 일반항 a_n값이 어떻게 변하는지 조사해 보자.
수열 (1), (2)는 각각 정의역이 자연수 전체의 집합인 함수

$$f(n) = \frac{1}{n},\quad g(n) = 1 + \frac{(-1)^{n+1}}{n}$$

이다. 각각의 그래프를 그려 보면 다음과 같다.

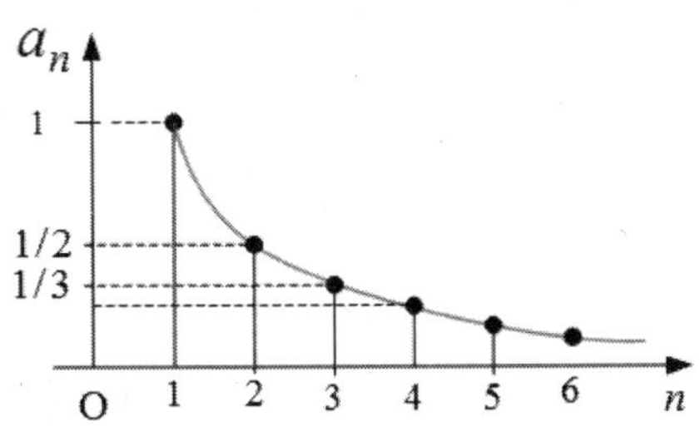

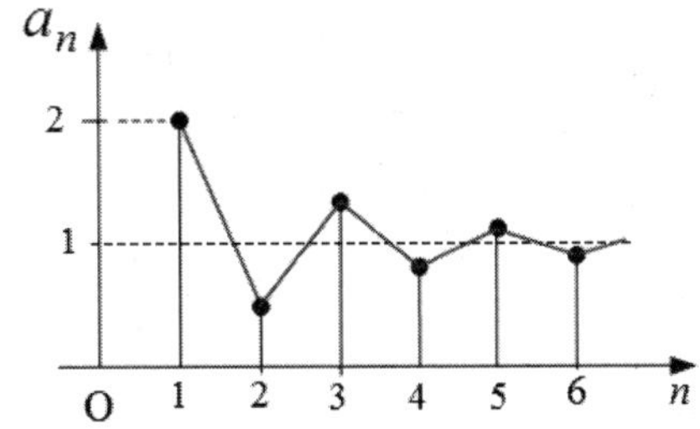

n이 한없이 커질 때, 수열 (1)의 일반항 a_n의 값은 0에 한없이 가까워지고, 수열 (2)의 일반항 a_n의 값은 1에 한없이 가까워진다.

n이 한없이 커지는 것을 기호 ∞를 사용하여 $n \to \infty$로 나타내고 ∞는 **무한대**라고 읽는다.

∞는 한없이 크다는 것을 나타내는 기호이며 수가 아니다.

일반적으로 무한수열 $\{a_n\}$에서 n이 한없이 커질 때, 일반항 a_n의 값이 어떤 일정한 실수값 α에 한없이 가까워지면 수열 $\{a_n\}$은 α에 **수렴**한다고 하고, α를 수열 $\{a_n\}$의 **극한값** 또는 극한이라고 한다. 그리고 이것을 기호로

$$\lim_{n\to\infty} a_n = \alpha \text{ 또는 } n \to \infty \text{일 때 } a_n \to \alpha$$

와 같이 나타낸다. 수열 $\{a_n\}$이 α에 수렴한다는 것은 $n \to \infty$일 때 $|a_n - \alpha|$가 0에 한없이 가까워짐을 뜻한다. 예를 들어 앞의 수열 (1), (2)에서

$$\lim_{n\to\infty} \frac{1}{n} = 0, \quad \lim_{n\to\infty} \left\{1 + \frac{(-1)^{n+1}}{n}\right\} = 1$$

이다. 모든 항이 같은 수로 되어 있는 수열 즉, $\{a_n\}$에서 모든 n에 대하여 $a_n = \alpha$인 경우,

$$\alpha, \ \alpha, \ \alpha, \ \cdots, \alpha$$

도 일정한 값 α에 수렴한다고 하고, 다음과 같이 표시한다.

$$\lim_{n\to\infty} a_n = \lim_{n\to\infty} \alpha = \alpha$$

[참고] lim는 극한을 뜻하는 limit의 약자이며, '리미트'라고 읽는다.

예제 1. 일반항이 다음과 같이 주어진 수열의 극한값 $\lim_{n\to\infty} a_n$을 구하여라.

(1) $a_n = 5$

(2) $a_n = \dfrac{1}{3n+2}$

(3) $a_n = \dfrac{1}{2^{n-1}}$

(4) $a_n = 1 + \left(-\dfrac{1}{5}\right)^n$

풀이

(1) $a_n = 5$일 때,

$$\lim_{n\to\infty} a_n = \lim_{n\to\infty} 5 = 5$$

(2) $a_n = \dfrac{1}{3n+2}$ 일 때,

$$\lim_{n\to\infty} a_n = \lim_{n\to\infty} \frac{1}{3n+2}$$
$$= \lim_{n\to\infty} \frac{\frac{1}{n}}{3+\frac{2}{n}} = \lim_{n\to\infty} \frac{0}{3+0} = 0$$

(3) $a_n = \dfrac{1}{2^{n-1}}$ 일 때, $1,\ \dfrac{1}{2},\ \dfrac{1}{4},\ \cdots,\ \dfrac{1}{2^{n-1}},\ \cdots$

$$\lim_{n\to\infty} a_n = \lim_{n\to\infty} \frac{1}{2^{n-1}} = 0$$

(4) $\left(-\dfrac{1}{5}\right)^n = (-1)^n \dfrac{1}{5^n}$ 에서 $(-1)^n$ 은 $+1$과 -1로 교대값을 가지지만 $n\to\infty$ 일 때, $\dfrac{1}{5^n}\to 0$ 이다.

$$\therefore \left(-\frac{1}{5}\right)^n = (-1)^n \frac{1}{5^n} \to 0$$
$$\therefore \lim_{n\to\infty}\left\{1+\left(-\frac{1}{5}\right)^n\right\} = 1+0 = 1$$

■

문제 1. 일반항이 다음 식으로 주어진 수열의 극한값을 구하여라.

(1) $\dfrac{20}{n+5}$ (2) $\dfrac{1}{n^2-3n}$

(3) $1+\left(\dfrac{4}{3}\right)^n$ (4) $(-1)^n \dfrac{4}{n}$

■

2.3.2 무한수열의 발산

무한수열 $\{a_n\}$이 수렴하지 않을 때, $\{a_n\}$은 발산한다고 한다. n이 한없이 커질 때, 일반항 a_n값도 한없이 커지는 경우에 수열 $\{a_n\}$은 양의 무한대로 발산한다고 하고, 기호로

$$\lim_{n\to\infty} a_n = \infty \qquad \text{또는} \qquad n\to\infty \text{ 일 때 } a_n\to\infty$$

와 같이 나타낸다. 또, n이 한없이 커질 때, 일반항 a_n의 값은 음수이며 그 절댓값이 한없이 커지는 경우에 수열 $\{a_n\}$은 음(negative)의 무한대로 발산한다고 하고, 기호로

$$\lim_{n\to\infty} a_n = -\infty \quad \text{또는} \quad n\to\infty \text{일 때 } a_n \to \infty$$

와 같이 나타낸다. 예를 들면

$$\lim_{n\to\infty} n^2 = \infty, \ \lim_{n\to\infty}(2-n) = -\infty$$

이다.

예제 1. 다음 수열에서 n이 한없이 커질 때 극한값을 구하여라.

(1) 수열 $\{2n-1\}$　　　　(2) 수열 $\{-n^2\}$

풀이

(1) 수열 $\{2n-1\}$에서 n이 한없이 커질 때, 일반항 $a_n = 2n-1$의 값은 한없이 커지므로 $\lim_{n\to\infty}(2n-1) = \infty$이다.

(2) 수열 $\{-n^2\}$에서 n이 한없이 커질 때, 일반항 $a_n = -n^2$의 값은 음수이며 그 절댓값이 한없이 커지므로 $\lim_{n\to\infty}(-n^2) = -\infty$이다. ■

한편, 수열 $\{a_n\}$이 수렴하지도 않고, 양의 무한대나 음의 무한대로 발산하지도 않을 때, 수열 $\{a_n\}$은 진동한다고 한다. 진동하는 수열 $\{a_n\}$은 극한값을 갖지 않는다. 진동하는 수열과 수렴하지 않는 수열을 발산한다고 한다.

수열의 수렴과 발산에 대한 지금까지의 내용을 정리하면 다음과 같다.

■ 수열 a_n의 수렴과 발산

(1) 수렴하는 경우 극한값 α를 갖는다. $\lim_{n\to\infty} a_n = \alpha$

(2) 발산하는 경우 다음 세 가지가 있다.

- 양의 무한대로 발산하는 경우 $\lim_{n\to\infty} a_n = \infty$로 표시한다.
- 음의 무한대로 발산하는 경우 $\lim_{n\to\infty} a_n = -\infty$로 표시한다.
- 발산 진동하는 경우

예제 2. 다음 수열의 수렴, 발산을 조사하고, 수렴하면 그 극한값을 구하여라.

(1) $3-4n$　　(2) $\dfrac{3n+2}{n}$　　(3) $1+(-1)^n$　　(4) $\sin(90^\circ \cdot n)$

풀이

(1) $\lim_{n\to\infty} a_n = \lim_{n\to\infty}(3-4n) = -\infty$, $-\infty$로 발산.

(2) $\lim_{n\to\infty} a_n = \lim_{n\to\infty}\dfrac{3n+4}{n} = \lim_{n\to\infty}\left(3+\dfrac{4}{n}\right) = 3$

(3) $\lim_{n\to\infty} a_n = \lim_{n\to\infty}\{1+(-1)^n\} = \begin{cases} 2, n = \text{짝수일 때} \\ 0, n = \text{홀수일 때} \end{cases}$ 진동한다.

(4) m을 0 또는 양의 정수라고 하면,

$$\lim_{n\to\infty} a_n = \lim_{n\to\infty} \sin\{90^\circ \cdot n\} = \begin{cases} 0 & (n=4m, 4m+2 \text{ 일 때}) \\ 1 & (n=4m+1 \text{ 일 때}) \\ -1 & (n=4m+3 \text{ 일 때}) \end{cases}$$

따라서

$$\lim_{n\to\infty} a_n = \lim_{n\to\infty} \sin(90^\circ \cdot n)$$

은 진동한다. ■

문제 1. 다음 수열의 $n\to\infty$에 대한 수렴, 발산을 조사하고, 수렴하면 그 극한값을 구하여라.

(1) $\dfrac{10^n}{4^n+5^n}$　　(2) $(-2)^n + (-\dfrac{1}{2})^n$

■

문제 2. 수열 $\{(-1)^n\}$에서 n이 한없이 커짐에 따라 일반항 a_n의 값의 수렴 및 발산 여부를 판정하여라.

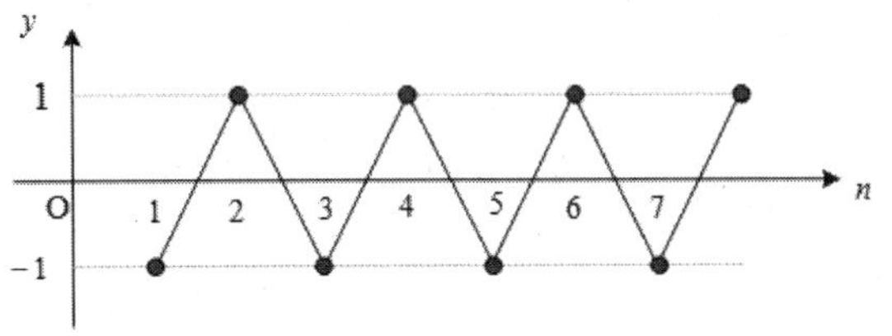

■

문제 3. 아래 수열의 수렴 또는 발산여부를 조사하라.

(1) $0,\ 2,\ 0,\ 2,\ \cdots,\ 1+(-1)^n$

(2) $0,\ \frac{3}{2},\ \frac{2}{3},\ \frac{5}{4},\ \cdots,\ 1+\frac{(-1)^n}{n}$ ■

2.3.3 무한수열의 극한값에 관한 성질

일반적으로 수렴하는 두 수열 $\{a_n\}$, $\{b_n\}$에서

$$\lim_{n\to\infty} a_n=\alpha,\ \lim_{n\to\infty} b_n=\beta$$

일 때, 두 수열의 각 항의 실수배, 합, 차, 곱, 몫을 항으로 갖는 수열의 극한에 대하여 다음 성질이 성립한다.

■ **수열의 극한에 대한 성질**

두 수열 $\{a_n\}$, $\{b_n\}$이 모두 수렴하고

$$\lim_{n\to\infty} a_n=\alpha,\ \lim_{n\to\infty} b_n=\beta$$

일 때,

(1) $\lim\limits_{n\to\infty} ka_n=k\lim\limits_{n\to\infty} a_n=k\alpha$ (단, k는 상수)

(2) $\lim\limits_{n\to\infty}(a_n+b_n)=\lim\limits_{n\to\infty} a_n+\lim\limits_{n\to\infty} b_n=\alpha+\beta$

(3) $\lim\limits_{n\to\infty}(a_n-b_n)=\lim\limits_{n\to\infty} a_n-\lim\limits_{n\to\infty} b_n=\alpha-\beta$

(4) $\lim\limits_{n\to\infty}(a_n b_n)=\lim\limits_{n\to\infty} a_n\lim\limits_{n\to\infty} b_n=\alpha\beta$

(5) $\lim\limits_{n\to\infty}\left(\frac{a_n}{b_n}\right)=\frac{\lim\limits_{n\to\infty} a_n}{\lim\limits_{n\to\infty} b_n}=\frac{\alpha}{\beta}$ (단, $b_n\neq 0$, $\beta\neq 0$)

예제 1. 두 수열에 대하여, $\lim_{n\to\infty} a_n = \alpha$, $\lim_{n\to\infty} b_n = \beta$일 때, 다음 수열의 극한 값을 구하여라.

(1) 수열 $\{4a_n - 3b_n\}$ (2) 수열 $\{2a_n b_n\}$

풀이

(1) 수열 $\{4a_n - 3b_n\}$의 극한값은 다음과 같다.

$$\lim_{n\to\infty}(4a_n - 3b_n) = \lim_{n\to\infty} 4a_n - \lim_{n\to\infty} 3b_n = 4\lim_{n\to\infty} a_n - 3\lim_{n\to\infty} b_n = 4\alpha - 3\beta$$

(2) 수열 $\{2a_n b_n\}$의 극한값은 다음과 같다.

$$\lim_{n\to\infty} 2a_n b_n = 2\lim_{n\to\infty} a_n b_n = 2(\lim_{n\to\infty} a_n)(\lim_{n\to\infty} b_n) = 2\alpha\beta$$

■

수렴하는 수열의 극한에 대한 성질을 이용하여 복잡한 수열의 극한값을 구할 수 있다.

문제 1. 다음 극한값을 구하여라.

(1) $\lim_{n\to\infty} \frac{2n+1}{n}$ (2) $\lim_{n\to\infty} \frac{3n^2+n-2}{n^2-1}$

(3) $\lim_{n\to\infty} \frac{n}{n+1}$ (4) $\lim_{n\to\infty} \frac{2n^2+n}{3n^2-3n+1}$

■

예제 2. 다음 극한값을 구하여라.

$$\mathcal{L} = \lim_{n\to\infty}(\sqrt{n^2+n} - n)$$

풀이

기호로 사용하는 ∞는 실수가 아니므로 $\infty - \infty \neq 0$임에 유의한다.

$$\begin{aligned}\mathcal{L} &= \lim_{n\to\infty}(\sqrt{n^2+n} - n) = \lim_{n\to\infty}\frac{(\sqrt{n^2+n}-n)(\sqrt{n^2+n}+n)}{\sqrt{n^2+n}+n}\\ &= \lim_{n\to\infty}\frac{(n^2+n)-n^2}{\sqrt{n^2+n}+n} = \lim_{n\to\infty}\frac{n}{\sqrt{n^2+n}+n}\\ &= \lim_{n\to\infty}\frac{1}{\sqrt{1+\frac{1}{n}}+1} = \frac{1}{2}\end{aligned}$$

■

문제 2. 다음 극한값을 구하여라.

$$\mathcal{L} = \lim_{n\to\infty} \left(\sqrt{1+2+\cdots n} - \sqrt{1+2+\cdots (n-1)} \right)$$ ■

2.3.4 무한등비수열의 극한

수열 2, 4, 8, $\cdots$, 2^n, $\cdots$과 같이 무한히 많은 항으로 이루어진 등비수열을 무한등비수열이라고 한다. 이와 같이, 등비수열이 유한등비수열이 아니면, 즉, 무한수열이 등비수열일 때, 이 수열을 **무한등비수열**이라고 한다.

부등식을 이용하여 무한등비수열

$$\{r^n\} : \ r,\ r^2,\ r^3,\ \cdots,\ r^n,\ \cdots$$

의 수렴, 발산에 대하여 알아보자.

(i) $r>1$일 때 ;

$r=1+h \ \ (h>0)$로 놓으면 수학적 귀납법에 의하여

$$r^n = (1+h)^n > 1+nh \ \ (n \geq 2)$$

또한, $h>0$이므로

$$\lim_{n\to\infty}(1+nh) = \infty$$

$$\therefore \ \lim_{n\to\infty} r^n = \infty$$

(ii) $r=1$일 때 ;

수열 $\{r^n\}$의 모든 항이 1이므로

$$\lim_{n\to\infty} r^n = \lim_{n\to\infty} 1 = 1$$

(iii) $-1<r<1$일 때 ;

$r=0$이면, 수열의 모든 항이 0이므로

$$\lim_{n\to\infty} r^n = 0$$

$r \neq 0$이면, $\dfrac{1}{|r|} > 1$이므로 (i)에 의하여

$$\lim_{n\to\infty} \frac{1}{|r^n|} = \lim_{n\to\infty} \left(\frac{1}{|r|}\right)^n = \infty$$

따라서,

$$\lim_{n\to\infty} |r^n| = \lim_{n\to\infty} \frac{1}{\frac{1}{|r^n|}} = 0 \text{이므로 } \lim_{n\to\infty} r^n = 0$$

(iv) $r \leq -1$일 때

$r=-1$이면, 수열 $\{r^n\}$은 $-1,\ 1,\ -1,\ 1,\ \cdots$이므로 진동한다.

$r<-1$이면, $|r|>1$이므로 $\lim_{n\to\infty} |r^n| = \lim_{n\to\infty} |r|^n = \infty$이고, r^n의 부호가 교대로 변하므로 수열 $\{r^n\}$은 진동힌다.

■ **등비 수열 $\{r^n\}$의 수렴과 발산**

(1) $r>1$일 때, $\lim_{n\to\infty} r^n = \infty$ (발산)

(2) $r=1$일 때, $\lim_{n\to\infty} r^n = 1$ (수렴)

(3) $|r|<1$일 때, $\lim_{n\to\infty} r^n = 0$ (수렴)

(4) $r \leq -1$일 때, 수열 $\{r^n\}$은 진동한다. (발산)

(1) 무한등비수열 $\left\{\left(-\frac{1}{3}\right)^n\right\}$은 $\left|-\frac{1}{3}\right| < 1$이므로 수렴하고 $\lim_{n\to\infty}\left(-\frac{1}{3}\right)^n = 0$

(2) 무한등비수열 $\{(-3)^n\}$은 $-3 < -1$이므로 발산한다.

예제 1. 다음 수열의 수렴, 발산을 조사하여라.

(1) $\left\{\dfrac{3^n}{4^{n+2}-1}\right\}$ (2) $\left\{\dfrac{6^{n+1}-4^{n+1}}{6^n+4^n}\right\}$

풀이

(1) $\lim\limits_{n\to\infty}\dfrac{3^n}{4^{n+2}-1}=\lim\limits_{n\to\infty}\dfrac{\dfrac{3^n}{4^n}}{4^2-\dfrac{1}{4^n}}=\lim\limits_{n\to\infty}\dfrac{\left(\dfrac{3}{4}\right)^n}{4^2-\left(\dfrac{1}{4}\right)^n}=\dfrac{0}{16-0}=0$ $\therefore$ 수렴

(2) $\lim\limits_{n\to\infty}\dfrac{6^{n+1}-4^{n+1}}{6^n+4^n}=\lim\limits_{n\to\infty}\dfrac{6-4\left(\dfrac{4}{6}\right)^n}{1+\left(\dfrac{4}{6}\right)^n}=\lim\limits_{n\to\infty}\dfrac{6-0}{1+0}=6$ $\therefore$ 수렴 ■

문제 1. 다음 수열의 수렴, 발산을 조사하고, 수렴하면 그 극한값을 구하여라.

(1) $\left\{\dfrac{3^{n+1}}{2+5^n}\right\}$ (2) $\left\{\dfrac{4^{n+1}+3^n}{4^n+3^n}\right\}$ (3) $\left\{\dfrac{-2n^3+n^2-n}{6n^2-3}\right\}$

■

2.4 무한급수

이 절에서는 무한대 개수의 항을 포함하고 있는 수열의 합에 관해 학습한다.

2.4.1 무한급수의 수렴, 발산

첫째항 a_1, 둘째항 a_2, 제n항이 a_n인 무한 수열

$$\{a_n\}_{n=1}^{\infty}=a_1,\ a_2,\ a_3,\ \cdots,\ a_n,\ \cdots$$

의 각 항을 합의 기호 +로 연결한 식

$$a_1+a_2+a_3+\cdots+a_n+\cdots$$

을 **무한급수**(infinite series)라 하고, 기호 Σ를 사용하여 $\sum_{n=1}^{\infty} a_n$과 같이 나타낸다. 무한급수 $\sum_{n=1}^{\infty} a_n$에서 첫째항부터 제n항까지의 합

$$S_n = a_1 + a_2 + a_3 + \cdots + a_n = \sum_{k=1}^{n} a_k$$

을 이 무한급수의 **부분합**이라고 한다.

$$\begin{aligned} S_1 &= a_1 \\ S_2 &= a_1 + a_2 \\ S_3 &= a_1 + a_2 + a_3 \\ &\vdots \\ S_n &= a_1 + a_2 + a_3 + \cdots\ a_n = \sum_{k=1}^{n} a_n \end{aligned}$$

무한급수 $\sum_{n=1}^{\infty} a_n$의 부분합 S_n을 항으로 하는 수열

$$S_1,\ S_2,\ S_3,\ \cdots S_n, \cdots\ ,$$

이 일정한 값 S에 수렴하면, 즉

$$\lim_{n\to\infty} S_n = \lim_{n\to\infty} \sum_{k=1}^{n} a_k = S$$

이면 무한급수 $\sum_{n=1}^{\infty} a_n$은 S에 수렴한다고 한다. 이때 S를 이 **무한급수의 합**이라고 하며, 기호로

$$a_1 + a_2 + a_3 + \cdots + a_n + \cdots = S \quad \text{또는} \quad \sum_{n=1}^{\infty} a_n = S$$

와 같이 나타낸다. 한편, 부분합의 수열 $\{S_n\}$이 발산할 때, 무한급수 $\sum_{n=1}^{\infty} a_n$은 발산한다고 하며, 발산하는 무한급수에 대해서는 그 합을 생각하지 않는다.

(1) 무한급수 $\frac{1}{2} + \frac{1}{4} + \frac{1}{8} + \frac{1}{16} + \frac{1}{32} + \cdots + \frac{1}{2^n} + \cdots$의 첫째항부터 제$n$항까지의 부분합은

$$S_n = \frac{1}{2} + \frac{1}{4} + \frac{1}{8} + \cdots + \frac{1}{2^n} = 1 - \left(\frac{1}{2}\right)^n$$

이고, $\lim_{n\to\infty} S_n = \lim_{n\to\infty}\left\{1-(\frac{1}{2})^n\right\} = 1$이므로 주어진 무한급수는 수렴하고, 그 합은 1이다.

(2) 무한급수 $1+2+3+4+5+\cdots+n+\cdots$의 첫째항부터 제n항까지의 부분합은

$$S_n = 1+2+3+\cdots+n = \frac{n(n+1)}{2}$$

이고,

$$\lim_{n\to\infty} S_n = \lim_{n\to\infty}\frac{n(n+1)}{2} = \infty$$

이므로, 주어진 무한급수는 발산한다.

■ 정의

무한 급수 $\sum_{n=1}^{\infty} a_n$의 부분합의 수열을 $\{S_n\}_{n=1}^{\infty}$라 하자.

수열 $\{S_n\}$이 하나의 극한값 S로 수렴한다면, 무한급수는 수렴한다고 말하고 S를 무합급수의 합이라고 하고 기호로 $S=\sum_{n=1}^{\infty} a_n$로 나타낸다.

급수의 부분합의 수열이 발산하는 경우, 급수는 발산한다고 말하고, 발산하는 급수는 합이 존재하지 않는다.

예제 1. 다음 무한급수의 수렴 발산을 조사하여라. 수렴하는 경우, 합을 구하여라.

(1) $10+7+4+1\cdots$

(2) $3-2+2-2+\cdots$

(3) $\frac{1}{2}-\frac{1}{3}+\frac{1}{3}-\frac{1}{4}+\frac{1}{4}-\frac{1}{5}+\frac{1}{5}+\cdots$

풀이

초항에서 n항까지의 합을 S_n, 수렴하는 급수의 합을 S라 한다.

(1) 초항 $a_1=10$, 공차 $d=-3$

$$S_n = \frac{n}{2}\{10+(n-1)\cdot(-3)\} = \frac{n}{2}(10-3n+3) = \frac{n}{2}(-3n+13)$$

$$= \frac{-3n^2-13n}{2}$$

$$\lim_{n\to\infty} S_n = -\infty$$

(2) $S_{2k-1}=3$, $S_{2k}=1$ 이므로 진동 발산한다.

(3) $S_{2k} = \sum_{r=1}^{k}\left(\frac{1}{r+1} - \frac{1}{r+2}\right) = \frac{1}{2} - \frac{1}{k+2}$, $\quad S_{2k+1} = S_{2k} + \frac{1}{k+2}$

$\therefore S = \lim_{k\to\infty} S_{2k} = \lim_{k\to\infty} S_{2k+1} = \frac{1}{2}$

따라서 준 무한급수는 수렴하고, 급수합은 $\frac{1}{2}$이다. ■

문제 1. 무한급수에서 처음 3개의 부분합을 구하여라.

$$\sum_{n=1}^{\infty} \frac{3}{10^n}$$

■

문제 2. 다음 무한 급수가 주어져 있다.

$$\frac{1}{2} + \frac{1}{4} + \frac{1}{8} + \cdots + \frac{1}{2^n} + \cdots$$

(1) 첫째항은 얼마인가?

(2) 제5항은 얼마인가?

(3) 제 n항은 얼마인가?

(4) 급수를 $\sum$로 표현하여라. ■

예제 2. 다음 무한급수의 수렴, 발산을 조사하고, 수렴하면 그 합을 구하여라.

$$\sum_{n=1}^{\infty} \frac{1}{(2n-1)(2n+1)}$$

풀이

부분 분수로 전개하면

$$\frac{1}{(2n-1)(2n+1)} = \frac{1}{2}\left(\frac{1}{2n-1} - \frac{1}{2n+1}\right)$$

이다. 주어진 무한급수의 첫째항부터 제 n항까지의 부분합을 S_n이라고 하면

$$S_n = \frac{1}{1\cdot 3} + \frac{1}{3\cdot 5} + \cdots + \frac{1}{(2n-1)(2n+1)}$$
$$= \frac{1}{2}\left\{\left(1-\frac{1}{3}\right)+\left(\frac{1}{3}-\frac{1}{5}\right)+\cdots+\left(\frac{1}{2n-1}-\frac{1}{2n+1}\right)\right\} = \frac{1}{2}\left(1-\frac{1}{2n+1}\right)$$

여기서,

$$\lim_{n\to\infty}\frac{1}{2n+1}=0$$

이다.

$$\sum_{n=1}^{\infty}\frac{1}{(2n-1)(2n+1)} = \lim_{n\to\infty}S_n = \frac{1}{2}\lim_{n\to\infty}\left(1-\frac{1}{2n+1}\right) = \frac{1}{2}$$

이므로 주어진 무한급수는 수렴하고, 합은 $\frac{1}{2}$이다. ■

문제 3. 다음 무한급수의 수렴, 발산을 조사하고, 수렴하면 합을 구하여라.

$$\sum_{n=1}^{\infty} n = 1+2+3+\cdots+n+\cdots$$ ■

2.4.2 무한급수의 일반항

수렴하는 무한급수

$$a_1 + a_2 + a_3 + \cdots + a_n + \cdots \qquad (1)$$

의 일반항을 a_n, 합을 S, 첫째항부터 제 n항까지의 부분합을 S_n이라고 하자.

무한급수 $\sum_{n=1}^{\infty} a_n$이 S에 수렴한다고 하면

$$\lim_{n\to\infty} S_n = S \text{ 이고 } \quad \lim_{n\to\infty} S_{n-1} = S$$

이다. 2 이상의 모든 자연수 n에 대하여

$$a_n = S_n - S_{n-1} \ (n \geq 2)$$

이므로

$$\begin{aligned}\lim_{n\to\infty} a_n &= \lim_{n\to\infty}(S_n - S_{n-1}) \\ &= \lim_{n\to\infty} S_n - \lim_{n\to\infty} S_{n-1} = S - S = 0\end{aligned}$$

이다. 그러므로 무한급수 (1)이 수렴하면 $\lim_{n\to\infty} a_n = 0$이다.

따라서 $\lim_{n\to\infty} a_n \neq 0$이면 무한급수 (1)은 발산함을 알 수 있다.

> **■ 무한급수의 일반항에 관한 성질**
>
> (1) 무한급수 $\sum_{n=1}^{\infty} a_n$이 수렴하면 $\lim_{n\to\infty} a_n = 0$이다. (역 성립하지 않음)
>
> (2) $\lim_{n\to\infty} a_n \neq 0$이면 무한급수 $\sum_{n=1}^{\infty} a_n$은 발산한다.

위의 성질 (2)는 (1)의 대우이므로 참이다. (2)을 이용하면 $\lim_{n\to\infty} S_n$을 조사하지 않고도 무한급수가 발산하는지를 판별할 수 있다. 수열의 수렴성을 조사하기 위해서는 $\lim_{n\to\infty} a_n = 0$를 보이는 것만으로는 충분하지 못하다. 그 이유는 이 성질이 수렴하는 급수와 발산하는 급수 모두에서 성립할 수 있기 때문이다. 예를 들어 보자.

예제 1. 발산하는 조화급수 $1 + \frac{1}{2} + \frac{1}{3} + \cdots \frac{1}{n} + \cdots$에서 n번째 항은 $n \to +\infty$ 때 영(0)에 접근한다. 또 수렴하는 급수

$$1 + \frac{1}{2} + \frac{1}{2^2} + \frac{1}{2^3} + \cdots + \frac{1}{2^k} \cdots$$

에서 n번째 항은 $n \to +\infty$일 때 영(0)에 접근한다. ■

예제 2. $$\lim_{n\to\infty} \frac{1}{\sqrt{n+1} + \sqrt{n}} = 0$$

이지만

$$\sum_{n=1}^{\infty} \frac{1}{\sqrt{n+1}+\sqrt{n}}$$

은 발산한다. 실제로 무한급수

$$\sum_{n=1}^{\infty} \frac{1}{\sqrt{n+1}+\sqrt{n}}$$

의 부분합을 S_n이라고 하면

$$S_n = \sum_{k=1}^{n} \frac{1}{\sqrt{k+1}+\sqrt{k}} = \sum_{k=1}^{n} (\sqrt{k+1}-\sqrt{k}) = \sqrt{n+1}-1$$

$$\lim_{n\to\infty} S_n = \lim_{n\to\infty} (\sqrt{n+1}-1) = \infty$$

따라서 주어진 무한급수는 발산한다. ■

문제 1. 다음 무한급수의 수렴, 발산을 조사하여라.

$$1+3+5+\cdots+(2n-1)+\cdots$$

■

2.4.3 무한등비급수

첫째 항이 $a(a \neq 0)$, 공비가 r인 무한등비수열 $\{ar^{n-1}\}$의 각 항을 합의 기호 $+$로 연결한 무한급수

$$\sum_{n=1}^{\infty} ar^{n-1} = a+ar+ar^2+\cdots+ar^{n-1}+\cdots \tag{1}$$

을 첫째항이 a, 공비가 r인 **무한등비급수**(infinite geometric series)라고 한다.

무한등비급수 (1)의 수렴, 발산에 대해 알아보자.
부분합의 수열 $\{S_n\}$이

$$S_n = a + ar + ar^2 + \cdots + ar^{n-1}, \ (a \neq 0)$$ [2]

이므로

$$r \neq 1\text{일 때}, \ S_n = \frac{a(1-r^n)}{1-r}$$
$$r = 1\text{일 때}, \ S_n = a + a + a + \cdots + a = na$$

이다. 따라서 수열 $\{S_n\}$의 수렴과 발산, 곧 무한등비급수

$$\sum_{n=1}^{\infty} ar^{n-1} \ (a \neq 0)$$

의 수렴과 발산은 r의 값에 따라 다음과 같이 결정된다.

(i) $|r| < 1$일 때, $\lim_{n\to\infty} ar^n = 0$이므로 수렴한다.

$$\lim_{n\to\infty} S_n = \lim_{n\to\infty} \frac{a(1-r^n)}{1-r} = \frac{a}{1-r}$$

(ii) $r = 1$일 때, $S_n = na$이므로 (1)은 발산한다.

(iii) $r > 1$일 때, $\lim_{n\to\infty} r^n = \infty$이므로 (1)은 발산한다.

(iv) $r \leq -1$일 때, 수열 $\{r^n\}$은 양, 음의 값으로 진동하면서 크기가 증가하므로, (1)은 발산한다.

이상을 정리하면 다음과 같다.

---

2) $a \neq 0$일 때
무한등비수열 $\{ar^{n-1}\}$의 수렴하기 위해서는 $-1 < r \leq 1$이어야 한다. (역성립)
무한등비급수 $\sum_{n=1}^{\infty} ar^{n-1}$의 수렴하기 위해서는 $-1 < r < 1$이어야 한다. (역성립)

■ 무한등비급수의 성질 – 수렴과 발산

첫째항이 $a(a \neq 0)$이고 공비가 r인 무한등비급수

$$\sum_{n=1}^{\infty} ar^{n-1} = a + ar + ar^2 + \cdots + ar^{n-1} + \cdots$$

(1) $|r| < 1$일 때 수렴하고, 그 합은 $\frac{a}{1-r}$이다.

(2) $|r| \geq 1$일 때 발산한다.

[참고]

$a=0$이면 $\sum_{n=1}^{\infty} ar^{n-1} = 0+0+0+\ldots=0$이므로 수렴하고, 그 합은 0이므로 무한등비급수 $\sum_{n=1}^{\infty} ar^{n-1}$이 수렴할 필요충분조건은 $a=0$ 또는 $-1<r<1$이다.

예제 1. 다음 무한등비급수의 수렴 또는 발산을 조사하고, 수렴하는 것은 그 합을 구하여라.

(1) $1-\frac{1}{2}+\frac{1}{4}-\frac{1}{8}+\cdots$ (2) $1+\sqrt{2}+2+2\sqrt{2}+\cdots$

풀이

(1) 공비가 $-\frac{1}{2}$이고 $\left|-\frac{1}{2}\right|<1$이므로 이 무한등비급수는 수렴한다.

$a=1,\ r=-\frac{1}{2}$이므로, 합은 다음과 같다.

$$S=\frac{1}{1-\left(-\frac{1}{2}\right)}=\frac{2}{3}$$

(2) 공비가 $\sqrt{2}$이므로 그 절댓값은 1보다 크다. 따라서 이 무한등비급수는 발산한다.

■

문제 1. 다음 무한등비급수의 수렴, 발산을 조사하고, 수렴하면 합을 구하여라.

(1) $\frac{1}{3}+\frac{1}{3^2}+\frac{1}{3^3}+\cdots$

(2) $1+2^2+2^3+\cdots$

(3) $1-\frac{1}{2}+\frac{1}{4}-\frac{1}{8}+\cdots$

(4) $1-\sqrt{3}+3-3\sqrt{3}+\cdots$ ■

2.4.4 무한급수의 성질

무한급수의 합은 부분합으로 이루어진 수열의 극한이므로 수렴하는 무한급수에 대하여 다음 성질이 성립한다.

■ 무한급수의 성질

두 무한급수 $\sum_{n=1}^{\infty} a_n$, $\sum_{n=1}^{\infty} b_n$이 수렴하면

(1) $\sum_{n=1}^{\infty}(a_n \pm b_n)$도 수렴하고,

$$\sum_{n=1}^{\infty}(a_n \pm b_n)=\sum_{n=1}^{\infty} a_n \pm \sum_{n=1}^{\infty} b_n$$

(2) $\sum_{n=1}^{\infty} ka_n$도 수렴하고,

$$\sum_{n=1}^{\infty} ka_n = k\sum_{n=1}^{\infty} a_n \quad (\text{단, } k\text{는 상수})$$

(3) 급수의 초반부에서 유한 개수의 항을 제거하여도 수렴 및 발산에는 영향을 주지 않는다. 즉 양의 정수 k에 대하여, 아래의 두 급수

$$\sum_{n=1}^{\infty} a_n = a_n + a_n + a_n + \cdots, \qquad \sum_{n=k}^{\infty} a_n = a_k + a_{k+1} + a_{k+2} + \cdots$$

는 모두 수렴하든지 모두 발산한다.

위의 무한급수의 성질을 이용하여 여러 가지 무한급수의 합을 구할 수 있다.

예제 1. $\sum_{n=1}^{\infty} a_n = 3$, $\sum_{n=1}^{\infty} b_n = 4$일 때, $\sum_{n=1}^{\infty}(3a_n - 2b_n) + 5$ 의 값을 구하여라.

풀이

$$\sum_{n=1}^{\infty}(3a_n - 2b_n) + 5 = 3\sum_{n=1}^{\infty} a_n - 2\sum_{n=1}^{\infty} b_n + 5 = 3\cdot3 - 2\cdot4 + 5 = 6$$ ■

문제 1. 다음 무한급수의 수렴, 발산을 조사하여라.

$$\sum_{n=1}^{\infty} \frac{1}{(k+1)(k+2)}$$ ■

문제 2. 다음 무한급수의 합을 구하여라.

$$\sum_{n=1}^{\infty} \left(\frac{3}{4^k} - \frac{2}{5^{k-1}}\right)$$ ■

2.4.5 무한등비급수의 활용

무한등비급수를 활용하여 여러 가지 문제를 해결하여 보자.

[1] 무한등비급수와 순환소수

분수로 나타낸 유리수를 소수로 고치면 유한소수나 순환소수가 된다. 역으로, 유한소수나 순환소수로 나타낸 유리수는 분수로 고칠 수 있다. 무한등비급수를 이용하여 순환소수로 나타내어진 유리수를 분수로 나타내는 방법을 알아보자.

예제 1. 무한등비급수를 이용하여 순환소수 $0.2\dot{7}$을 분수로 나타내어라.

풀이

$$\begin{aligned} 0.2\dot{7} &= 0.2 + 0.07 + 0.007 + 0.0007 + \cdots \\ &= 0.2 + \left(\frac{7}{100} + \frac{7}{1000} + \frac{7}{10000} + \cdots\right) \\ &= 0.2 + \frac{\frac{7}{100}}{1 - \frac{1}{10}} = \frac{25}{90} = \frac{5}{18} \end{aligned}$$ ■

문제 1. 무한등비급수를 이용하여 다음 순환소수를 분수로 고쳐라.

(1) $0.\dot{3}$　　　　(2) $0.\dot{1}2\dot{3}$

(3) $0.3\dot{2}\dot{1}$　　　　(4) $0.5\dot{7}$ ■

[2] 무한등비급수를 활용한 문제

무한등비급수를 활용하면 동일한 모양이 한없이 반복되는 도형 문제를 해결할 수 있다.

예제 2. 점 P가 xy–평면의 좌표 원점 O $(0, 0)$에 놓여있다. 이 점 P가 원점 O $(0, 0)$를 출발하여 선분을 따라 $\overline{\mathrm{OP}_1} = 1$까지 진행하다가 수직으로 방향을 바꾼다. 점 $\mathrm{P}_1, \mathrm{P}_2, \mathrm{P}_3, \cdots$로 차례로 진행하는 거리가

$$\overline{\mathrm{OP}_1} = 1,\quad \overline{\mathrm{P}_1\mathrm{P}_2} = \frac{1}{2},\quad \overline{\mathrm{P}_2\mathrm{P}_3} = \frac{1}{4},\quad \overline{\mathrm{P}_3\mathrm{P}_4} = \frac{1}{8},\ \cdots$$

이고, 관계식

$$\overline{\mathrm{P}_{n+1}\mathrm{P}_{n+2}} = \frac{1}{2}\,\overline{\mathrm{P}_n\mathrm{P}_{n+1}}$$

가 성립한다. 점 P가 계속 진행하여 접근하는 점 B의 좌표를 구하여라.

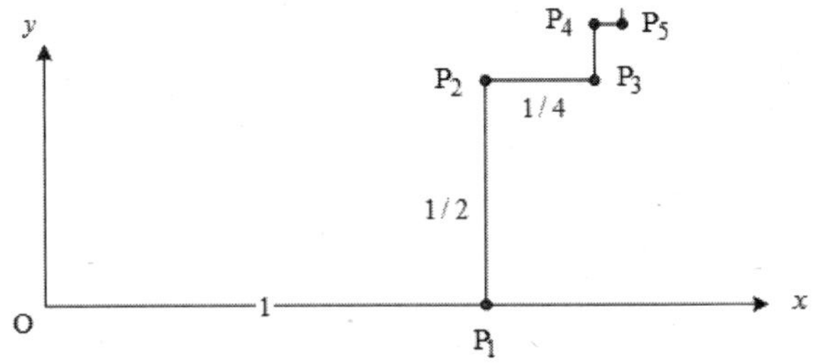

풀이

점 P가 계속 진행하여 접근하는 점 B의 좌표를 (x, y)라고 하면 위의 그림으로부터

$$x = \overline{\mathrm{OP}_1} + \overline{\mathrm{P}_2\mathrm{P}_3} + \overline{\mathrm{P}_4\mathrm{P}_5} + \cdots = 1 + \frac{1}{2^2} + \frac{1}{2^4} + \cdots = \frac{1}{1-\frac{1}{2^2}} = \frac{4}{3}$$

$$y = \overline{\mathrm{P}_1\mathrm{P}_2} + \overline{\mathrm{P}_3\mathrm{P}_4} + \overline{\mathrm{P}_5\mathrm{P}_6} + \cdots = \frac{1}{2} + \frac{1}{2^3} + \frac{1}{2^5} + \cdots = \frac{1}{2}\cdot\frac{1}{1-\frac{1}{2^2}} = \frac{2}{3}$$

$$(x, y) = \left(\frac{4}{3}, \frac{2}{3}\right)$$ ■

예제 3. 연직 높이 h인 곳에서 공을 자유 낙하시키면, $\frac{4}{5}h$만큼 튀어 오른다고 한다. 이 공을 $h=2\,[m]$ 높이에서 낙하시킬 경우, 공이 지면에 정지할 때까지 이동한 거리를 구하여라.

풀이

$$
\begin{aligned}
\text{이동거리 } L &= 2+2\left\{2\cdot\frac{4}{5}+2\cdot\left(\frac{4}{5}\right)^2+2\cdot\left(\frac{4}{5}\right)^4+\cdots\right\} \\
&= 2+2\cdot\frac{4}{5}\left\{1\cdot+\frac{4}{5}+\left(\frac{4}{5}\right)^2+\left(\frac{4}{5}\right)^3+\cdots\right\} \\
&= 2+\frac{16}{5}\cdot\frac{1}{1-\frac{4}{5}}=18\,[m]
\end{aligned}
$$

■

문제 2. 그림과 같이 직각삼각형 ABC 속에 정사각형 $A_1, A_2, A_3, \cdots$ 가 무한대로 배열하고 있다. 모든 정사각형들을 합한 넓이를 구하여라.

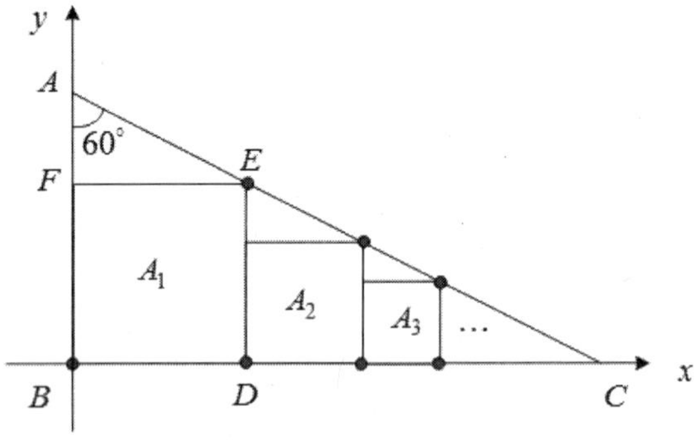

■

연습 문제

2-01 다음 수열의 일반항을 구하여라.

(1) $-1, 1, -1, 1, -1, \cdots$

(2) $1, -1, 1, -1, \cdots$

(3) $4^2, 5^2, 6^2, 7^2, \cdots$

2-02 다음 수열의 항의 개수를 구하여라.

$12,\ 15,\ 18,\ \cdots,\ 60$

2-03 두 자리 자연 수 중에서 7의 배수의 합을 구하여라.

2-04 다음과 같은 수열의 합을 Σ를 써서 표시하여라.

(1) $1+3+5+7\cdots+99$

(2) $2+4+8+\cdots+2^{10}$

(3) $1\cdot4+2\cdot5+3\cdot6\cdots+20\cdot23$

2-05 일반항이 $a_n = n(n+1)$인 수열의 첫째항부터 제n항까지의 합을 구하여라.

2-06 $S = 1^2+2^2+3^2+\cdots+10^2$를 구하여라.

2-07 다음 합을 구하여라.

(1) $S=2\cdot1+3\cdot3+4\cdot5+\cdots+(n+1)(2n-1)$

(2) $S=\sum_{k=1}^{n} k^2(k-2)$

2-08 다음 합을 구하여라.

(1) $S=2\cdot1+3\cdot3+4\cdot5+\cdots+(n+1)(2n-1)$

(2) $S=1^2+4^2+7^2+\cdots+(3n-2)^2$

2-09 수열 1, 3, 7, 15, 31, 63, …의 첫째항부터 제n항까지의 합을 구하여라.

2-10 다음 합을 구하여라.

$$S_n=\frac{1}{1\cdot3}+\frac{1}{3\cdot5}+\frac{1}{5\cdot7}+\cdots+\frac{1}{(2n-1)(2n+1)}$$

2-11 다음 수열의 수렴, 발산을 조사하고, 수렴하면 그 극한값을 구하여라.

$$\frac{3}{2},\ \frac{5}{3},\ \frac{7}{4},\ \frac{9}{5},\ \cdots$$

2-12 다음 수열의 수렴, 발산을 조사하고 수렴하면 그 극한값을 구하여라.

(1) $-1,\ 1,\ -1,\ 1,\ \cdots,\ (-1)^n,\ \cdots$

(2) $\frac{1}{4},\ \frac{2}{7},\ \frac{3}{10},\ \frac{4}{13},\ \cdots,\ \frac{n}{3n+1},\ \cdots$

2-13 다음 극한값을 구하여라.

(1) $\lim_{n\to\infty}(\sqrt{n+1}-\sqrt{n})$ (2) $\lim_{n\to\infty}\dfrac{3n^2+4n-3}{n^2+3}$

2-14 다음 수열의 수렴, 발산을 조사하고, 수렴하면 그 극한값을 구하여라.

$$\left\{\frac{1}{1+r^n}\right\}$$

2-15 다음 급수의 수렴, 발산을 조사하고, 수렴하는 경우에 그 합을 구하여라.

$$\sum_{n=1}^{\infty}\frac{1}{n(n+1)}=\frac{1}{1\cdot 2}+\frac{1}{2\cdot 3}+\frac{1}{3\cdot 4}+\cdots+\frac{1}{n\cdot(n+1)}+\cdots$$

2-16 다음 무한급수의 합을 구하여라.

$$S=\sum_{n=1}^{\infty}\frac{2^n+3^n}{6^n}$$

2-17 다음 급수의 수렴, 발산을 조사하고, 수렴하는 경우에 그 합을 구하여라.

$$\sum_{n=1}^{\infty}(\sqrt{n+1}-\sqrt{n})$$

2-18 무한등비급수를 이용하여 다음 순환소수를 분수로 나타내어라.

(1) 순환소수 $0.\dot{5}1\dot{3}$

(2) 순환소수 $0.09\dot{3}5\dot{1}$

CHAPTER 3

함 수

3.1 함수의 정의

두 집합 X, Y에 대하여 X의 각 원소에 Y의 원소가 오직 하나씩 대응할 때, 이 대응을 X에서 Y로의 **함수**(function)라고 하며, 이것을 기호로

$$f : X \to Y$$

와 같이 나타낸다. 이때 집합 X를 함수 f의 **정의역**(domain), 집합 Y를 함수 f의 **공(변)역**(codomain)이라고 한다.

함수 $f : X \to Y$에 대하여 X의 원소 x에 Y의 원소 y가 대응할 때, 이것을 기호로

$$y = f(x)$$

와 같이 나타내고, $f(x)$를 함수 f에 대한 x의 **함숫값**이라고 한다.

이때 함숫값 전체의 집합, 즉

$$\{f(x) | x \in X\}$$

를 함수 f의 **치역**(range)이라고 한다. 함수 $f : X \to Y$의 치역은 공역 Y의 부분집합이다.

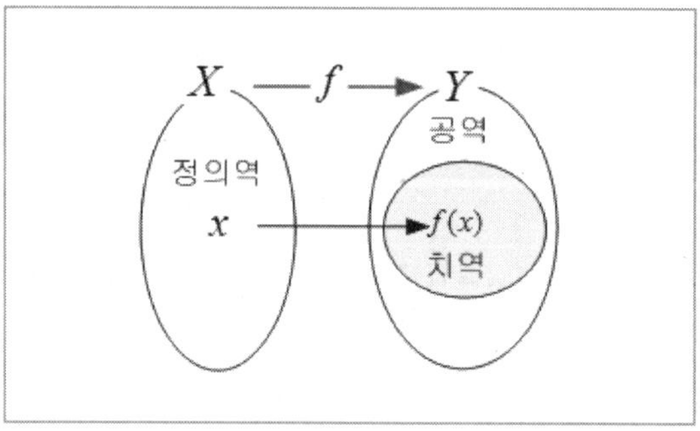

함수 $y = f(x)$의 정의역과 공역이 주어져 있지 않은 경우에는 $f(x)$가 정의되는 x의 값 전체의 집합을 정의역으로 하고, 실수 전체의 집합을 공역으로 생각한다.

예를 들어

1. 함수 $y = 2x + 1$의 정의역과 치역은 실수 전체의 집합이다.
2. 함수 $y = \frac{1}{x}$의 정의역과 치역은 0을 제외한 실수 전체의 집합이다.

두 함수 $f : X \to Y$, $g : X \to Y$에서 정의역의 모든 원소 x에 대하여 $f(x) = g(x)$일 때, 두 함수 f와 g는 서로 같다고 하며, 이것을 기호로

$$f = g$$

와 같이 나타낸다.

예제 1.

(1) 두 함수 $f(x) = |x|$, $g(x) = \begin{cases} x & (x \geq 0) \\ -x & (x < 0) \end{cases}$는 서로 같은 함수이다.

(2) 다음 두 함수는 서로 같은 함수이다.

$$f(x) = x + 1 \ (x \neq 1), \quad g(x) = \frac{x^2 - 1}{x - 1}$$ ■

예제 2. 그림과 같은 함수

$$f : X \to Y$$

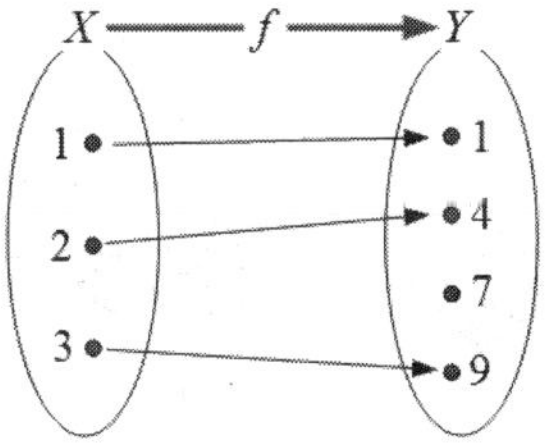

에 의한 정의역 $\{1, 2, 3\}$에 있는 각 원소의 함숫값은 다음과 같다.

$$f(1) = 1, \ f(2) = 4, \ f(3) = 9$$

(1) 공역을 구하여라. (2) 치역을 구하여라.

풀이

치역은 집합은 공역의 부분집합이다.

(1) 치역은 $\{1, 4, 9\}$이다.

(2) 공역은 $\{1, 4, 7, 9\}$이다. ■

문제 1. 두 집합

$$X = \{-2, -1, 0, 1, 2\}, \quad Y = \{0, 1, 2, 3, 4, 5\}$$

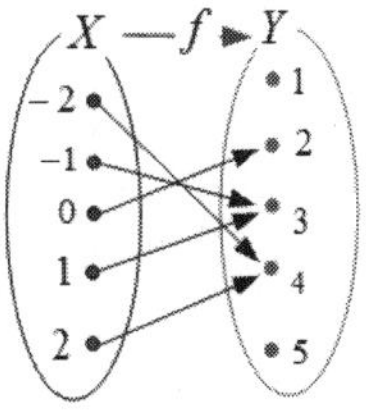

에 대하여 집합 X의 원소 x에 집합 Y의 원소 y가

$$y = |x| + 2$$

인 관계로 대응하고 있다.

(a) 정의구역을 구하여라.
(b) 공변역을 구하여라.
(c) 치역을 구하여라. ■

문제 2. 실수 전체의 집합을 R라고 할 때, 함수는 다음과 같다.

$$f : R \longrightarrow R,\ f(x) = x^2$$

치역과 공역을 구하여라. ■

문제 3. 다음 함수의 정의역과 치역을 구하여라.

(1) $y = -2x + 7$　　(2) $y = |x|$

(3) $y = 2x^2 + 4$　　(4) $y = -\dfrac{1}{x}$ ■

3.2 함수의 그래프

함수 $f : X \rightarrow Y$에서 정의역 X의 원소 x와 이에 대응하는 함숫값 $f(x)$의 순서쌍 $(x,\ f(x))$ 전체의 집합 $\{(x,\ f(x)) | x \in X\}$를 함수 f의 그래프라고 한다.

3.2.1 일대일 함수와 일대일 대응

함수 중에는 아래의 함수 f와 같이 정의역의 서로 다른 두 원소에 대응하는 공역의 원소가 항상 서로 다른 경우가 있고, 함수 g와 같이 그렇지 않은 경우가 있다.

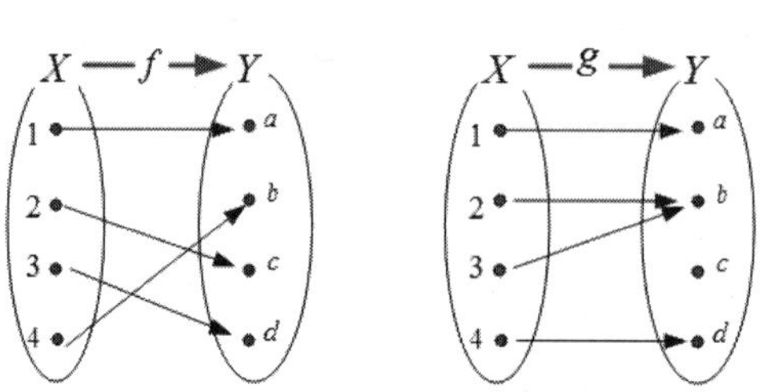

일반적으로 함수 $f : X \to Y$에서 정의역 X의 임의의 원소 x_1, x_2에 대하여

$$x_1 \neq x_2 \text{이면} \quad f(x_1) \neq f(x_2)$$

가 성립할 때, 이 함수 f를 **일대일 함수** 또는 **단사함수**라고 한다.

특히, 함수 $f : X \to Y$ 가 일대일 함수이고, 치역과 공역이 같으면 이 함수 f를 **일대일대응** 또는 **전단사함수**라고 한다. 또 공역을 밝히지 않은 어떤 함수가 일대일 함수이면 치역을 공역으로 보아 이 함수를 일대일 대응으로 볼 수 있다.

■ **일대일 대응의 정의**

함수 $f : X \to Y$에서

(i) 치역과 공역이 같고

(ii) 정의역 X의 임의의 두 원소 x_1, x_2에 대하여

$$x_1 \neq x_2 \text{이면 } f(x_1) \neq f(x_2)$$

일 때, 함수 f를 **일대일 대응**이라고 한다.

예제 1. 다음과 같은 대응 관계를 갖는 f, g 및 h에서 일대일 관계를 확인하여라.

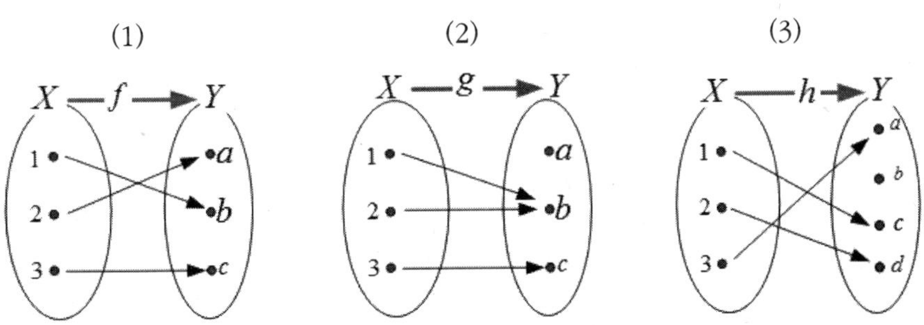

풀이

(1) 함수 f는 치역과 공역이 같고 정의역의 서로 다른 원소에 대하여 공역의 서로 다른 원소가 대응하므로 일대일 대응이다.

(2) 함수 g는 치역과 공역이 같지 않고 정의역의 서로 다른 두 원소가 공역의 한 원소에 대응하므로 일대일 대응도 아니고, 일대일함수도 아니다.

(3) 함수 h는 치역과 공역이 같지 않지만, 정의역의 서로 다른 원소에 대하여 공역의 서로 다른 원소가 대응하므로 일대일함수이다. ■

예제 2. 함수 $f(x) = 2x + 1$는 일대일 대응인가?

풀이

(ⅰ) 치역과 공역이 모두 실수 전체의 집합이므로 치역과 공역이 같다.

(ⅱ) 임의의 두 실수 원소 x_1, x_2에 대하여 $x_1 \neq x_2$이면,

$$2x_1 + 1 \neq 2x_2 + 1$$

이다. 즉, $x_1 \neq x_2$이면 $f(x_1) \neq f(x_2)$이다. 따라서 함수

$$f(x) = 2x + 1$$

는 일대일 대응이다. ■

문제 1. 다음에 주어진 함수가 일대일 대응인지 판단하고, 일대일 대응이 아닌 것이 있으면 그 이유를 설명하여라.

(1) $f(x) = 2x + 1$ (2) $g(x) = 2x^2 + 1$ (3) $h(x) = 2|x| - 1$

■

3.2.2 항등함수와 상수함수

[1] 항등함수

함수 $f : X \to Y$는 정의역과 공역이 같고, 정의역의 임의의 원소에 그 자신이 대응한다. 이와 같이 함수 $f : X \to Y$에서 정의역 X의 임의의 원소 x에 그 자신인 x가 대응할 때, 즉

$$f(x) = x$$

일 때, 이 함수 f를 X에서의 **항등함수**라고 한다.

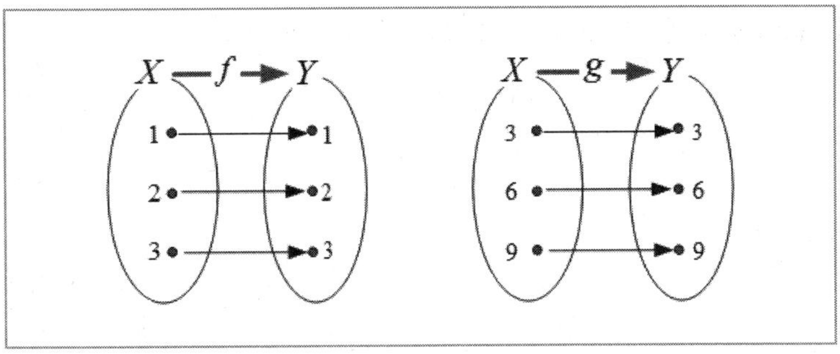

[2] **상수함수**

함수 $f : X \to Y$는 정의역의 임의의 원소 x에 공역의 단 하나의 원소에만 대응한다. 이와 같이 함수 $f : X \to Y$에서 정의역 X의 임의의 원소 x에 집합 Y의 단 하나의 원소 c만 대응할 때, 즉 X의 모든 원소의 함숫값이 같을 때, 이 함수 f를 **상수함수**라고 한다.

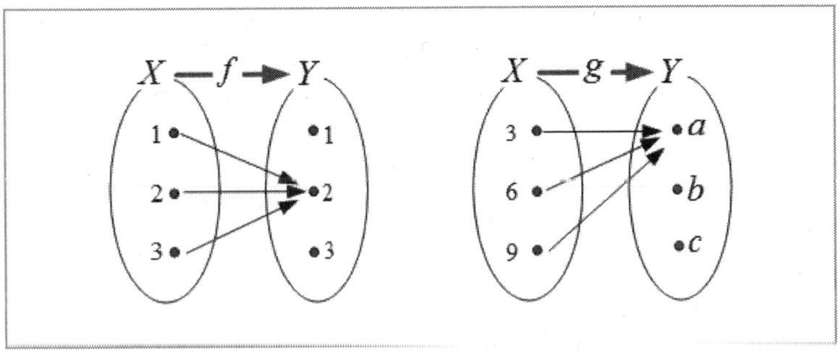

예제 1. 실수 전체의 집합에서 일차함수 $y = x$는 항등함수이고, 함수 $y = 2$는 상수함수이다.

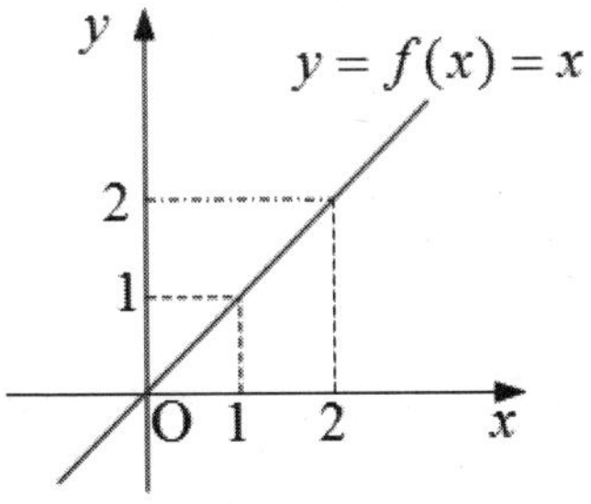

항등함수

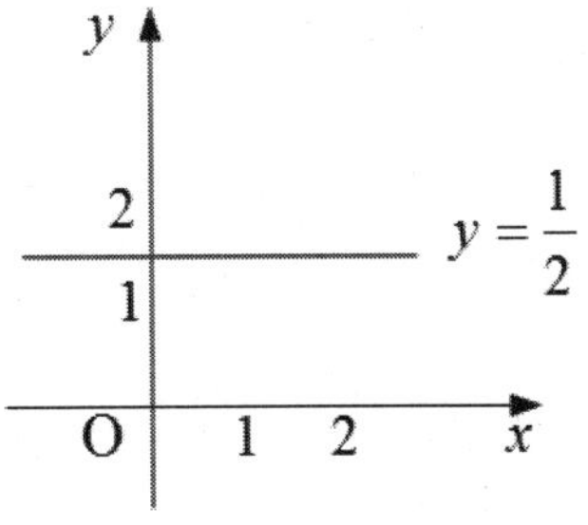

상수함수

■

문제 1. 다음 함수 중에서 항등함수와 상수함수를 찾아라.

(1) $f(x)=x$ (2) $f(x)=x^2-1$ (3) $f(x)=2$ ■

3.2.3 합성함수

세 집합 $X=\{1,\ 2,\ 3\}$, $Y=\{a,\ b,\ c,\ d\}$, $Z=\{p,\ q,\ r\}$에 대하여 두 함수

$$f : X \to Y, \quad g : Y \to Z$$

가 다음 그림과 같이 주어져 있다.

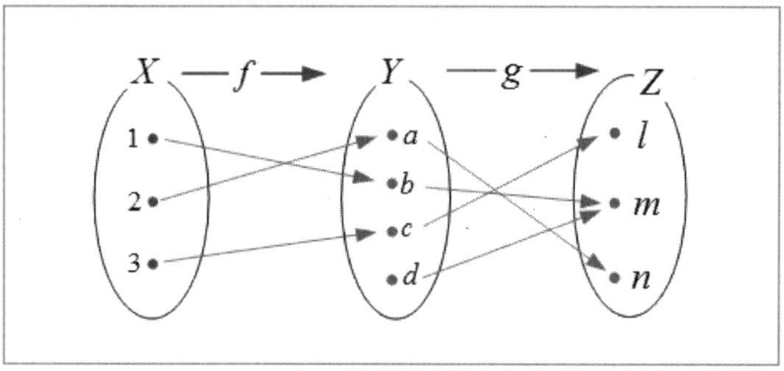

(1) 함수 f에 의하여 X의 원소 1에 Y의 원소 b가 대응하므로 $f(1)=b$이다. 그리고
(2) 함수 g에 의하여 Y의 원소 b에 Z의 원소 m이 대응하므로 $g(b)=m$이다.

따라서 두 함수 f, g에 의하여 X의 원소 1에 Z의 원소 m이 대응하므로 $g(f(1))=m$ 임을 알 수 있다. 같은 방법으로 X의 나머지 원소 2, 3에 Z의 원소

$$g(f(2))=g(a)=n$$
$$g(f(3))=g(c)=l$$

가 각각 대응한다. 이 대응 관계는 그림과 같이 X에서 Z로의 함수가 된다.

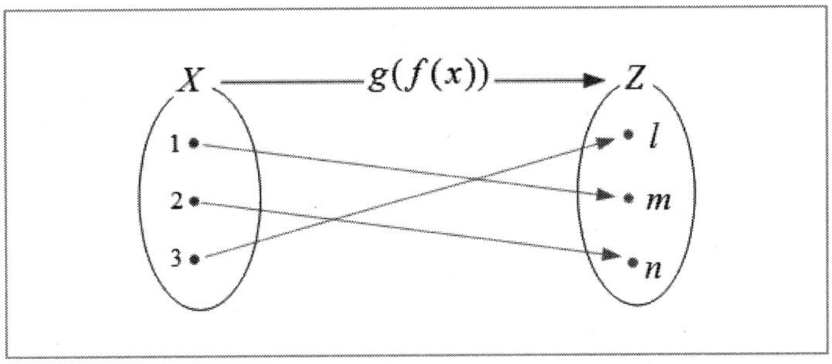

일반적으로 두 함수

$$f : X \rightarrow Y, \quad g : Y \rightarrow Z$$

가 주어졌을 때, 집합 X의 임의의 원소 x에 집합 Z의 원소 $g(f(x))$를 대응시켜서 X를 정의역, Z를 공역으로 하는 새로운 함수를 정의할 수 있다.

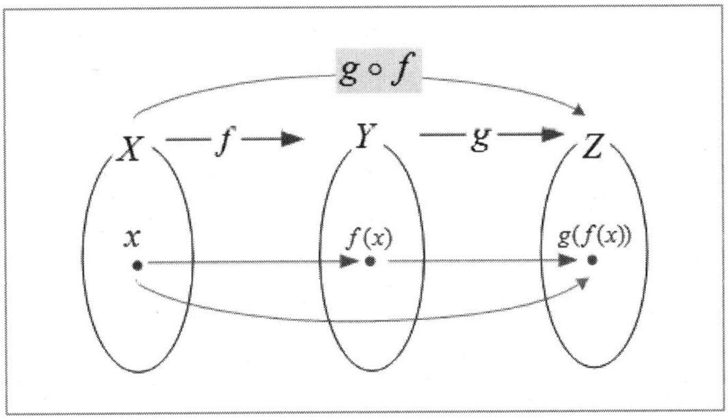

이때, 이 새로운 함수를 f와 g의 **합성함수**라고 하며, 이것을 기호로

$$g \circ f$$

와 같이 나타낸다.

두 함수 $f : X \rightarrow Y$와 $g : Y \rightarrow Z$의 합성함수 $g \circ f : X \rightarrow Z$에서 x의 함숫값을

$$(g \circ f)(x)$$

와 같이 나타낸다. 이때 X의 임의의 원소 x에 Z의 원소 $g(f(x))$가 대응하므로

$$(g \circ f)(x) = g(f(x))$$

가 성립한다. 따라서 f와 g의 합성함수를

$$y=g(f(x))$$

와 같이 나타낸다. 이상을 정리하면 다음과 같다.

■ **합성함수**

두 함수 $f: X \to Y$, $g: Y \to Z$ 의 합성함수는

$$g \circ f: X \to Z, \ (g \circ f)(x) = g(f(x))$$

예제 1. 두 함수 $f(x)=3x$, $g(x)=2x-1$에 대하여 다음을 구하여라.

(1) $(g \circ f)(2)$ (2) $(f \circ g)(-1)$

풀이

(1) $(g \circ f)(2) = g(f(2)) = g(6) = 2 \cdot 6 - 1 = 11$

(2) $(f \circ g)(-1) = f(g(-1)) = f(-3) = 3 \cdot (-3) = -9$ ■

문제 1. 두 함수 $f(x)=2x+1$, $g(x)=x^2$에 대하여 다음을 구하여라.

(1) $(f \circ f)(2)$ (2) $(g \circ f)(2)$

(3) $(g \circ f)(x)$ (4) $(f \circ g)(x)$ ■

[참고] 일반적으로 $g \circ f \neq f \circ g$이다. 즉, 함수의 합성에 대해서는 교환법칙이 성립하지 않는다.

3.2.4 역함수

[1] 역함수의 정의와 성질

함수 $f: X \to Y$ 가 일대일대응일 때, Y의 각 원소 y에 대하여 $f(x)=y$인 X의 원소 x가 오직 하나 존재한다.

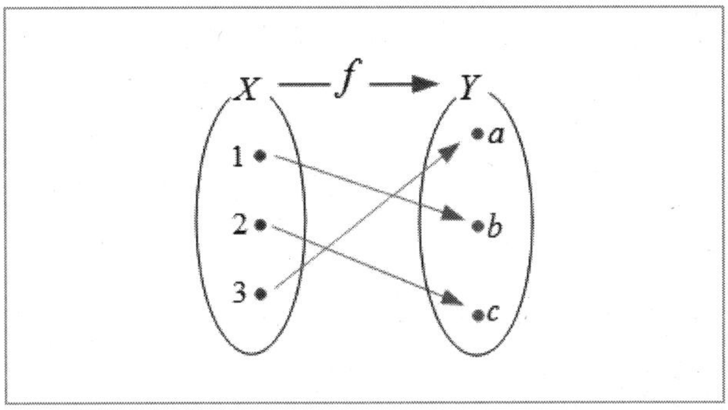

그러므로 Y의 각 원소 y에 $f(x)=y$인 X의 원소 x를 대응시킴으로써, Y를 정의역으로, X를 공역으로 하는 새로운 하나의 함수를 정의할 수 있다. 이와 같이 새로 정의된 함수를 f의 **역함수**(inverse function)라고 하며, 기호로

$$f^{-1}$$

와 같이 나타낸다.

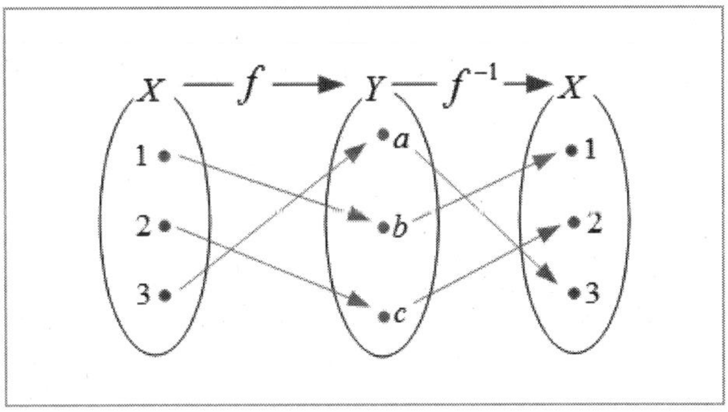

이때, 역함수 f^{-1}의 정의역은 f의 공역, f^{-1}의 공역은 f의 정의역이다.
함수 $f : X \to Y$와 그 역함수 $f^{-1} : Y \to X$ 사이에

$$y=f(x) \iff x=f^{-1}(y)$$

와 같은 관계가 성립하고, 이 관계로부터 다음이 성립한다.

$$(f^{-1} \circ f)(x)=f^{-1}(f(x))=f^{-1}(y)=x \ (x \in X)$$
$$(f \circ f^{-1})(y)=f(f^{-1}(y))=f(x)=y \ (y \in Y)$$

즉 합성함수 $f^{-1} \circ f$와 $f \circ f^{-1}$는 각각 X와 Y에서의 항등함수이다.

이상을 정리하면 다음과 같다.

> **■ 역함수의 성질**
>
> 함수 $f : X \rightarrow Y$가 일대일대응일 때
>
> (1) f의 역함수 $f^{-1} : Y \rightarrow X$가 존재한다.
>
> (2) $y = f(x) \;\Leftrightarrow\; x = f^{-1}(y)$
>
> (3) $(f^{-1} \circ f)(x) = x \, (x \in X)$, $\quad (f \circ f^{-1})(y) = y \, (y \in Y)$

역함수는 어떻게 구하는가?

함수가 일대일 대응이면 $y = f(x)$를 나타낼 때, 정의역에 속하는 원소를 x, 함숫값을 y로 나타내므로 함수 $y = f(x)$의 역함수 $x = f^{-1}(y)$의 경우도 x와 y를 바꾸어

$$y = f^{-1}(x)$$

로 나타낸다. 따라서 함수 $y = f(x)$의 역함수 $y = f^{-1}(x)$는 다음과 같은 방법으로 구할 수 있다.

$$y = f(x) \xrightarrow[x\text{에 대하여 푼다.}]{} x = f^{-1}(y) \xrightarrow[x\text{와 } y\text{를 서로 바꾼다.}]{} y = f^{-1}(x)$$

> **■ 역함수를 구하는 방법**
>
> 함수 $y = f(x)$가 일대일 대응일 때
>
> (1) $y = f(x)$를 x에 대하여 푼다. $\Leftrightarrow$ $x = f^{-1}(y)$
>
> (2) x와 y를 서로 바꾸어 놓는다. $\Leftrightarrow$ $y = f^{-1}(x)$
>
> (3) 주어진 함수의 치역을 역함수의 정의역으로 한다.

예제 1. 함수 $f(x)=2x-1$ 의 역함수를 구하여라.

풀이

함수 $f(x)=2x-1$은 실수 전체의 집합 R에서 R로의 일대일대응이므로 역함수가 존재한다. $y=2x-1$로 놓고 x에 대하여 풀면

$$x=\frac{1}{2}y+\frac{1}{2}$$

이므로 x와 y를 서로 바꾸면 구하는 역함수는

$$y=\frac{1}{2}x+\frac{1}{2}, \quad \text{즉 } f^{-1}(x)=\frac{1}{2}x+\frac{1}{2}$$

■

문제 1. 함수 $f(x)=4x+5$ 의 역함수를 구하여라.

■

[2] 역함수의 그래프

함수 $y=f(x)$의 역함수 $y=f^{-1}(x)$가 존재할 때, 함수 $y=f(x)$의 그래프 위의 임의의 한 점을 $P(a,\ b)$라고 하면 관계식

$$b=f(a) \Leftrightarrow a=f^{-1}(b)$$

가 성립한다. 따라서 점 $P(a,\ b)$가 함수 그래프 $y=f(x)$ 위의 점이면, 점 $Q(b,\ a)$는 역함수 그래프 $y=f^{-1}(x)$ 위의 점이다.

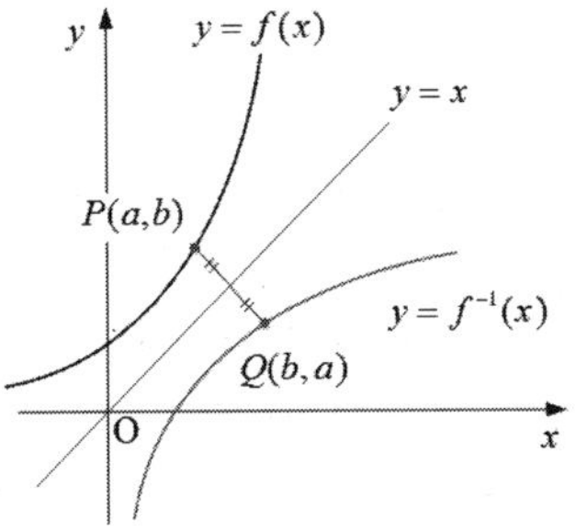

이 경우, 점 $P(a,\ b)$ 와 점 $Q(b,\ a)$는 직선 $y=x$에 대하여 대칭이다.

■ 함수와 그 역함수의 그래프

함수 $y=f(x)$의 그래프와 그 역함수 $y=f^{-1}(x)$의 그래프는 직선 $y=x$에 대하여 대칭이다.

예제 2. 함수 $y=2x-1$와 역함수는 $y=\frac{1}{2}x+\frac{1}{2}$가 $y=x$에 대하여 대칭임을 보여라.

이 두 함수의 그래프는 그림과 같이 직선 $y=x$에 대하여 대칭이다.

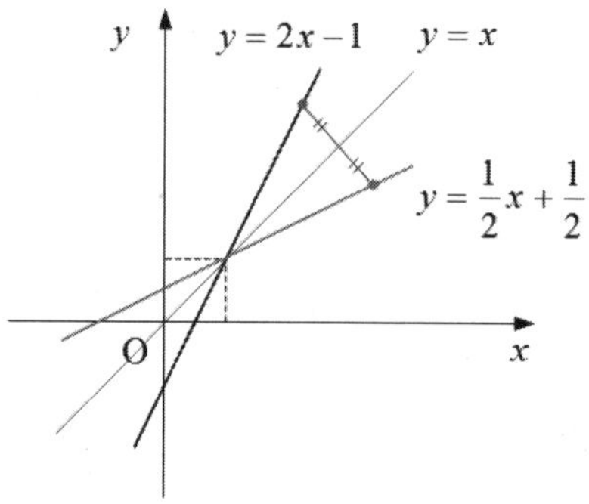

■

문제 2. 다음 함수와 그 역함수의 그래프를 그려라.

(1) $y=3x-4$　　(2) $y=-\frac{2}{3}x+5$ ■

3.3 지수함수

지수에 대한 이해를 바탕으로 지수함수를 학습한다. 지수함수의 그래프를 그리고 성질을 이해하며, 지수방정식과 지수부등식을 풀어 보기로 하자.

[1] 지수함수의 그래프

일반적으로 $a>0$, $a\neq 1$일 때, 함수 $y=a^x$을 a를 밑으로 하는 **지수함수**(exponential function)라고 한다.

이를테면 함수 $y=2^x$은 2를 밑으로 하는 지수함수이다.

지수함수 $y=2^x$의 그래프를 그려 보자.

임의의 실수 x에 2^x을 대응시키는 관계를 생각해 보자. 실수 x에 대응하는 2^x의 값은 단 하나로 정해지므로, 이 대응 관계는 함수이다. 이 함수를 $y=2^x$으로 나타내고, x의 여러 가지 값과 그것에 대응하는 y의 값을 표로 나타내면 다음과 같다.

x	$\cdots$	-4	-3	-2	-1	0	1	2	3	4	$\cdots$
y	$\cdots$	$\frac{1}{16}$	$\frac{1}{8}$	$\frac{1}{4}$	$\frac{1}{2}$	1	2	4	8	16	$\cdots$

서로 대응하는 x, y의 값의 순서쌍 $(x,\ y)$를 좌표로 하는 점을 좌표평면 위에 나타내고, x의 값을 더욱 세분하여 같은 방법으로 계속해 나가면서 매끄러운 곡선으로 연결하면 다음 그림과 같은 함수 $y=2^x$의 그래프를 얻는다.

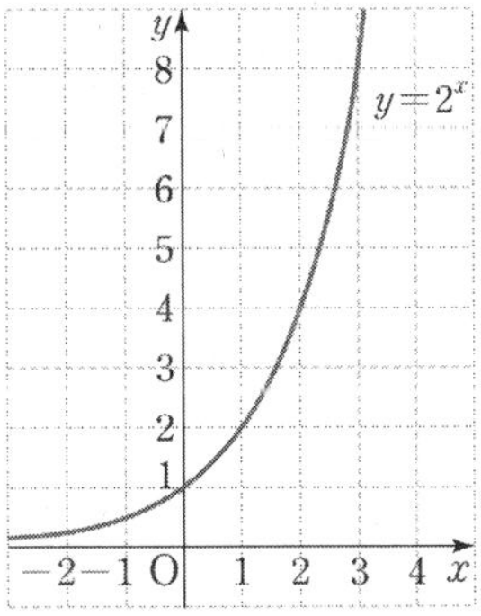

이때 x의 값이 커지면 y의 값도 커지고, x의 값이 작아지면 y의 값은 양수이면서 0에 한없이 가까워지므로, 함수 $y=2^x$의 정의역은 실수 전체의 집합이고, 치역은 양의 실수 전체의 집합이며 점근선은 x축이다.

[참고]

함수 $y=a^x$에서 실수 지수의 정의에 따라 $a>0$인 경우만 생각한다. $a=1$이면 $y=a^x=1$은 상수함수이다.

예제 1. 함수 $y=\left(\frac{1}{2}\right)^x$의 그래프를 그려라.

풀이

지수함수 $y=2^x$의 그래프를 이용하여 그린다.
지수법칙에 의하여

$$y=\left(\frac{1}{2}\right)^x=(2^{-1})^x=2^{-x}$$

이므로, 구하는 지수함수의 그래프는 함수 $y=2^x$의 그래프를 y축에 대하여 대칭 이동한 것과 같다.

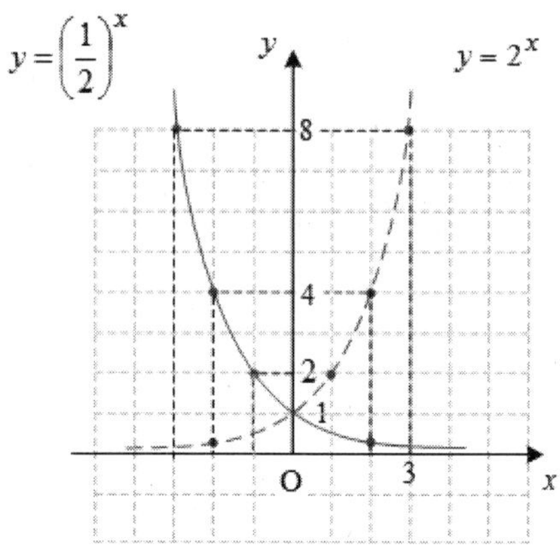

■

문제 1. 다음 지수함수의 그래프를 그려라.

(1) $y=3^x$

(2) $y=(\sqrt{3})^x$

(3) $y=3^{-x}$

(4) $y=3^{\frac{x}{3}}$

■

[참고]

함수 $y=\left(\frac{1}{a}\right)^x$의 그래프는 함수 $y=a^x$의 그래프와 y축에 대하여 대칭이다.

지수함수 $y=a^x\,(a>0,\ a\neq 1)$의 그래프는 a의 값의 범위에 따라 다음 그림과 같이 나타난다.

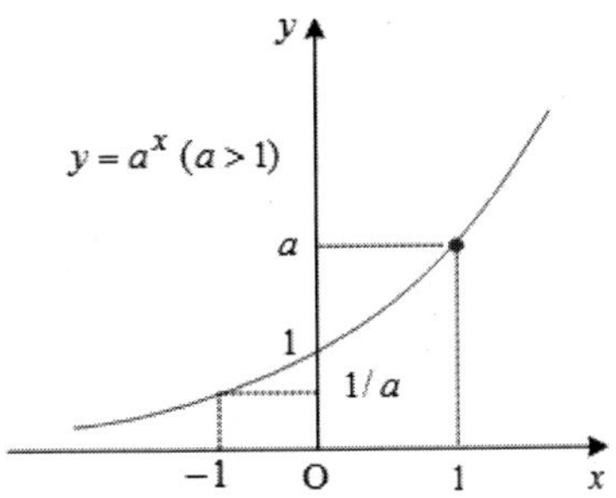

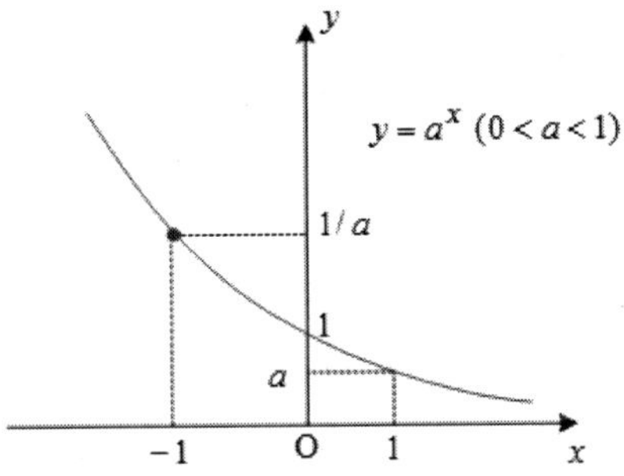

지수함수 $y=a^x$ $(a>0,\ a\neq 1)$은 다음과 같은 성질을 갖는다.

> **■ 지수함수 $y=a^x$ $(a>0,\ a\neq 1)$의 성질**
>
> (1) 정의역은 실수 전체의 집합, 치역은 양의 실수 전체의 집합이다.
>
> (2) 그래프는 점 (0, 1)을 지나고, x축을 점근선으로 갖는다.
>
> (3) $a>1$일 때, x의 값이 증가하면 y의 값도 증가한다.
> $0<a<1$일 때, x의 값이 증가하면 y의 값은 감소한다.

예제 2. 지수함수 $y=2^x$의 그래프를 이용하여 함수 $y=2^{x-1}-2$의 그래프를 그려라.

풀이

함수 $y=2^{x-1}-2$의 그래프는 함수 $y=2^x$의 그래프를 x축의 방향으로 1만큼, y축의 방향으로 -2만큼 평행이동한 것이다. 따라서 점근선은 $y=-2$이다.

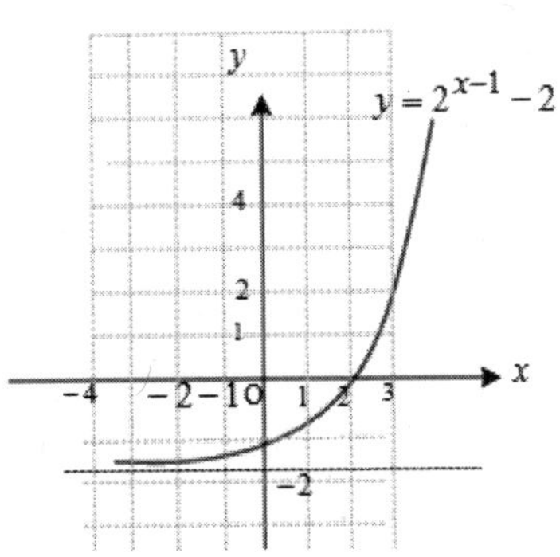

■

문제 2. 다음 지수함수의 그래프를 그려라.

(1) $y = -3^{x-1}$ (2) $y = \left(\frac{1}{3}\right)^{-x} - 2$ ■

지수함수의 밑 a로 사용되는 무리수 e가 있다. 무리수 e의 정의는 다음과 같다.

■ **무리수 e의 정의**

무리수 e는 극한

$$e = \lim_{n\to\infty}(1+\frac{1}{n})^n$$

으로 정의하며 e값은 대략 2.718281⋯ 정도의 무리수이다.

무리수 e를 밑으로 하는 지수함수

$$y = e^x, \ x \in R$$

를 **자연지수함수**(natural exponential function)라 부른다.

[2] 지수방정식

방정식

$$2^x = 4, \ 3^x = 27, \quad 9^{x+1} = \sqrt[3]{81}$$

과 같이 지수에 미지수를 포함하고 있는 방정식을 지수방정식이라고 한다. 지수방정식은 지수함수의 다음 성질을 이용하여 풀 수 있다.

$a > 0$, $a \neq 1$일 때, $a^{x_1} = a^{x_2} \Leftrightarrow x_1 = x_2$

예제 3. 다음 지수방정식을 풀어라.

(1) $\left(\frac{1}{2}\right)^x = 8$　　　(2) $10^x = 0.001$

(3) $2^x = \frac{1}{16}$　　　(4) $\left(\frac{1}{3}\right)^x = 27$

풀이

(1) $\left(\frac{1}{2}\right)^x = (2^{-1})^x = 2^{-x}, \quad 2^{-x} = 2^3, \quad \therefore\ x = 3$

(2) $0.001 = 10^{-3}$이므로, $10^x = 10^{-3}, \quad \therefore\ x = -3$

(3) $2^x = \frac{1}{2^4} = 2^{-4}, \quad \therefore\ x = -4$

(4) $\left(\frac{1}{3}\right)^x = (3^{-1})^x = 3^{-x}, \ 3^{-x} = 3^3, \quad \therefore\ x = -3$ ■

문제 3. 다음 지수방정식을 풀어라.

(1) $8^x = 32$　　　(2) $9^{3x} = 3^{2x+4}$

(3) $8^x = 16$　　　(4) $27^x = \frac{1}{81}$ ■

[3] 지수부등식

부등식

$$2^x < 4, \ 3^x \geq 27, \quad 9^{x+1} \leq \sqrt[3]{81}$$

과 같이 지수에 미지수를 포함하고 있는 부등식을 **지수부등식**이라고 한다. 지수부등식을 풀기 위해서는 다음 지수함수의 성질을 이용한다. 지수부등식을 풀 때에는 밑의 크기에 따라 부등호의 방향이 달라진다는 것에 유의해야 한다.

> ■ **지수부등식**
>
> $a>1$일 때, $a^{x_1} < a^{x_2} \Leftrightarrow x_1 < x_2$
>
> $0<a<1$일 때, $a^{x_1} < a^{x_2} \Leftrightarrow x_1 > x_2$

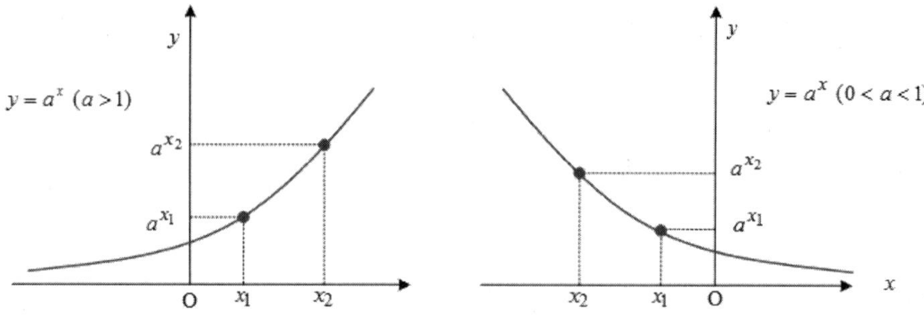

예제 4. 다음 지수부등식을 풀어라.

(1) $81^x > 27$ (2) $\left(\frac{1}{3}\right)^{x-2} \le \frac{1}{81}$

풀이

(1) $81^x = (3^4)^x = 3^{4x}$, $27 = 3^3$이므로, 주어진 지수부등식은

$$3^{4x} > 3^3$$

밑 3은 1보다 크므로 $4x > 3$ $\therefore x > \frac{3}{4}$

(2) $\frac{1}{81} = \left(\frac{1}{3}\right)^4$이므로, 주어진 지수부등식은 $\left(\frac{1}{3}\right)^{x-2} \le \left(\frac{1}{3}\right)^4$

밑 $\frac{1}{3}$은 1보다 작은 양수이므로 $x \ge 6$

[별해]

$\left(\frac{1}{3}\right)^{x-2} = (3^{-1})^{x-2} = 3^{-x+2}$이고 $\frac{1}{81} = 3^{-4}$이므로, 주어진 지수부등식은

$$3^{-x+2} \le 3^{-4}$$

밑 3은 1보다 크므로 $-x+2 \le -4$ $\therefore x \ge 6$ ■

문제 4. 다음 지수부등식을 풀어라.

(1) $8^x \ge 64$ (2) $\left(\frac{1}{9}\right)^{3x+1} > \frac{1}{27}$ (3) $2^{x^2-3x} \le 4^{3x-4}$ ■

3.4 로그함수

지수함수로부터 얻어지는 로그함수를 학습하고, 그래프를 그리고 성질을 이해하며, 로그방정식과 로그부등식을 풀어 보기로 하자.

[1] 로그함수의 그래프

지수함수 $y=2^x$은 실수 전체의 집합에서 양의 실수 전체의 집합으로의 일대일 대응이므로 역함수를 가진다. $y=2^x$에서 x, y를 바꾸어 쓰면 $x=2^y$이고 이것을 y에 대하여 풀면 $y=2^x$의 역함수는 $y=\log_2 x$임을 알 수 있다.

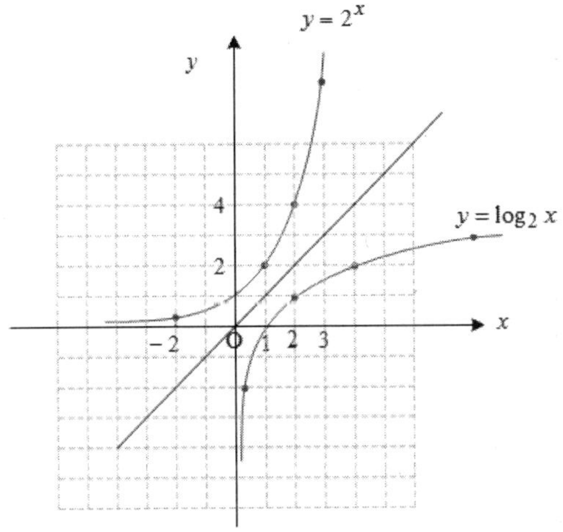

지수함수 $y=\left(\frac{1}{2}\right)^x$는 실수 전체의 집합에서 양(positive)의 실수 전체의 집합으로의 일대일 대응이므로 역함수를 가진다. $y=\left(\frac{1}{2}\right)^x$에서 x, y를 바꾸어 쓰면 $x=\left(\frac{1}{2}\right)^y$이고 이것을 y에 대하여 풀면 $y=\left(\frac{1}{2}\right)^x$의 역함수는 $y=\log_{\frac{1}{2}} x=-\log_2 x$임을 알 수 있다.

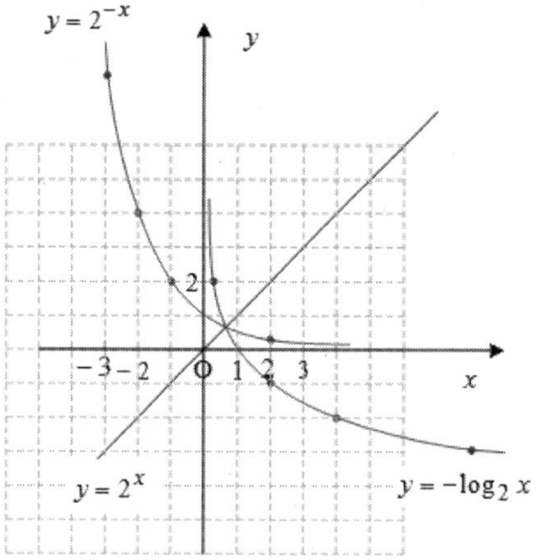

지수함수 $y=a^x$ $(a>0,\ a\neq 1)$은 실수 전체의 집합에서 양(positive)의 실수 전체의 집합으로의 일대일 대응이 되므로 그 역함수가 존재한다.

지수함수 $y=a^x$에서 x와 y를 바꾸어 놓으면 $x=a^y$이다. 이것은 로그의 정의에 의하여

$$x=a^y \quad \Leftrightarrow \quad y=\log_a x \ \ (a>0,\ a\neq 1)$$

이다. 이 지수함수 $y=a^x$의 역함수 $y=\log_a x$를 a를 밑으로 하는 **로그함수**(logarithmic function)라고 한다.

로그함수 $y=\log_a x$는 다음과 같은 성질을 가짐을 알 수 있다.

■ **로그함수 $y=\log_a x$ $(a>0, a\neq 1)$의 성질**

(1) 정의역은 양의 실수 전체집합이고, 치역은 실수 전체의 집합이다.

(2) $a>0$일 때, x의 값이 증가하면, y의 값도 증가한다.

$0<a<1$일 때, x의 값이 증가하면, y의 값은 감소한다.

(3) 그래프는 점$(1,0)$을 지나고 y축을 점근선으로 갖는다.

로그함수와 지수함수의 관계를 정리하면 다음과 같다.

■ 로그함수와 지수함수의 관계

$a>0$, $a \neq 1$일 때

(1) $y=\log_a x \iff x=a^y$

(2) 로그함수 $y=\log_a x$는 지수함수 $y=a^x$의 역함수이다.

로그함수 $y=\log_a x$ $(a>0,\ a\neq 1)$는 지수함수 $y=a^x\,(a>0,\ a\neq 1)$의 역함수이므로, 로그함수 $y=\log_a x$의 정의역은 양의 실수 전체의 집합이고, 치역은 실수 전체의 집합이다. 또, 역함수의 성질로부터 로그함수 $y=\log_a x$의 그래프는 $y=a^x$의 그래프와 직선 $y=x$에 대하여 대칭이다.

따라서 $y=\log_a x$의 그래프는 a의 값의 범위에 따라 다음과 같다.

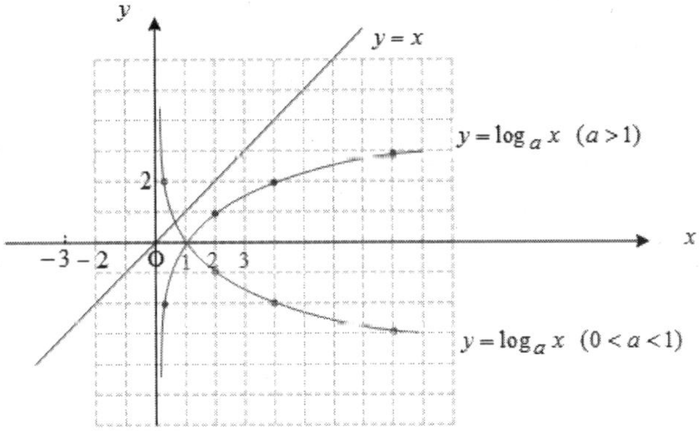

예제 1. 로그함수 $y=\log_2 x$의 그래프를 이용하여 다음 로그함수의 그래프를 그려라.

(1) $y=\log_2(-x)$ (2) $y=\log_2 \dfrac{1}{x}$

풀이

(1) $y=\log_2(-x)$의 그래프는 $y=\log_2 x$의 그래프를 y축에 대하여 대칭 이동한 그래프이다.

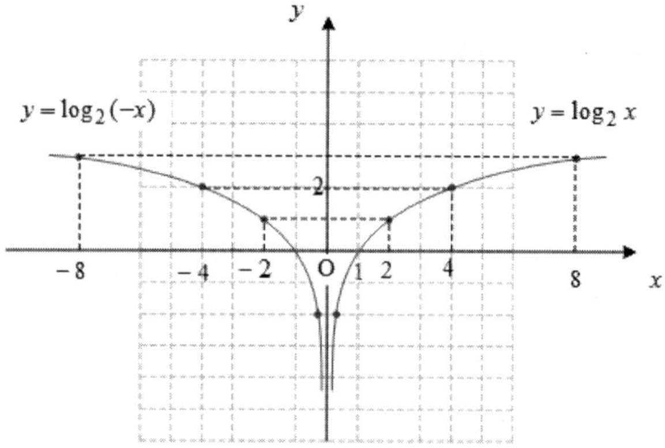

(2) $y=\log_2 \frac{1}{x}=-\log_2 x$ 에서 $-y=\log_2 x$ 이므로 $y=\log_2 \frac{1}{x}$ 의 그래프는 $y=\log_2 x$ 의 그래프를 x축에 대하여 대칭 이동한 그래프이다.

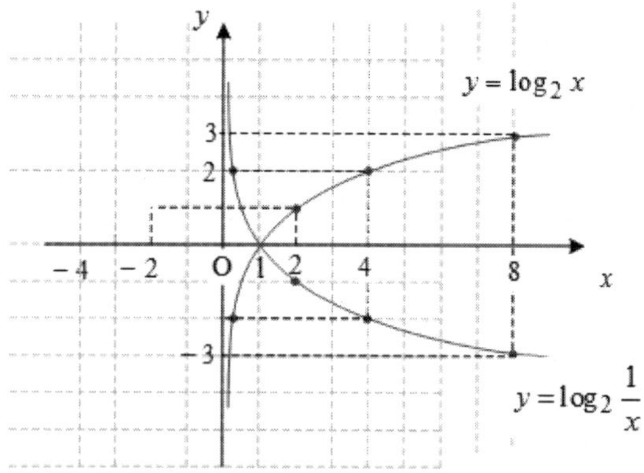

■

문제 1. 로그함수 $y=\log_2 x$ 의 그래프를 이용하여 다음 함수의 그래프를 그려라.

(1) $y=\log_2(x-3)$　　(2) $y=\log_{0.5}(x-2)+3$

■

로그함수의 성질을 이용하여 수의 크기를 비교하여 보자.

예제 2. 세 수 $\log_2 5$, 2, $2\log_2 3$의 크기를 비교하여라.

풀이

세 수를 $\log_2 x$ 의 꼴로 나타내면,

$$\log_2 5$$
$$2 = \log_2 2^2 = \log_2 4,$$
$$2\log_2 3 = \log_2 3^2 = \log_2 9$$

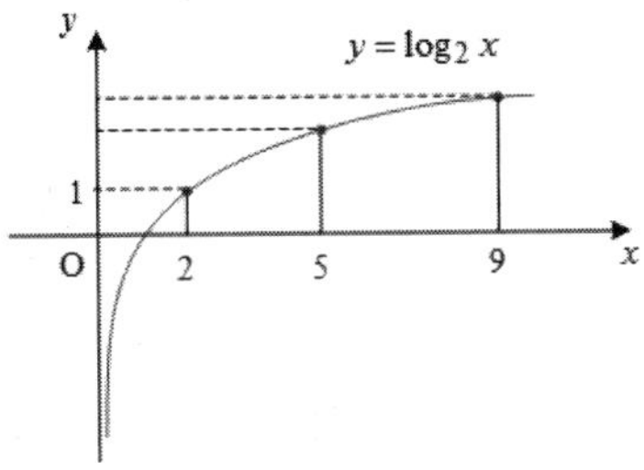

이고, 함수 $y = \log_2 x$에서는 x의 값이 증가하면 y의 값도 증가하므로

$$\log_2 4 = 2 < \log_2 5 < \log_2 9 = 2\log_2 3$$

이다.

$$\therefore\ 2 < \log_2 5 < 2\log_2 3$$ ■

자연지수함수의 역함수로서, 자연로그함수를 정의해보자.

> **■ 자연로그함수의 정의**
>
> a를 밑으로 하는 로그함수 $\log_a x$에서 $a = e$인 경우를 자연로그함수(natural logarithm function)라 부르며 기호
>
> $$\log_e x = \ln x$$
>
> 로 나타낸다.

따라서 다음과 같은 성질을 갖는다.

(1) 모든 실수 x에 대하여

$$\ln e^x = x, \quad \ln e = 1$$

(2) 모든 양의 실수 x에 대하여

$$e^{\ln x} = x$$

(3) 로그 밑의 변환에 의하여

$$\log_a x \equiv \frac{\log_e x}{\log_e a} = \frac{\ln x}{\ln a} .$$

[2] 로그방정식

방정식

$$\log_3(x-1) = 1, \quad \log_x 16 = 2, \quad \log_2(2x+1) = 16, \quad \log_{(x-1)} 8 = 3$$

과 같이, 로그의 진수 또는 밑에 미지수를 포함하고 있는 방정식을 **로그방정식**이라고 한다. 로그 방정식을 풀기 위해서는 다음 성질을 이용한다.

> **■ 로그방정식**
>
> 진수 X, 밑 a인 로그방정식에서 세 조건, (진수) >0, (밑) >0, (밑) $\neq 1$일 때
>
> (1) $\log_a X = b \quad \Leftrightarrow \quad X = a^b$
>
> (2) $\log_a X_1 = \log_a X_2 \quad \Leftrightarrow \quad X_1 = X_2$

예제 3. 다음 로그 방정식을 풀어라.

(1) $\log_2(x-1) = -2$ (2) $\log_4(2x-1) = 2$

풀이

(1) 로그의 정의에 의하여

$$x - 1 = 2^{-2} = \frac{1}{4} \qquad \therefore\ x = \frac{5}{4}$$

(2) 로그의 정의에 의하여 주어진 방정식은

$$2x-1=4^2 \ , \ 2x=17$$
$$\therefore \ x=17/2$$

진수는 양수이어야 하므로

$$2x-1>0 \qquad \therefore \ x>\frac{1}{2}$$

따라서 방정식의 해는 $x=17/2$이다. ■

문제 2. 다음 로그방정식을 풀어라.

(1) $\log_5(3x+1)=2$ (2) $2\log_2 x-\log_2(x+14)=-2$

(3) $\log_{10}(4x-3)+\log_{10}(3x-4)=1$ ■

문제 3. 다음 로그방정식을 풀어라.

(1) $\log_2 x+\log_2(x-6)=4$ (2) $2(\log_2 x)^2-\log_2 x-1=0$

■

[3] 로그 부등식

부등식

$$\log_2 x \geq 9,\ \log_x 4>-2, \log(x+5)<2, \log_{(x-2)}27<3$$

과 같이, 로그의 진수 또는 밑에 미지수를 포함하고 있는 부등식을 **로그부등식**이라고 한다. 로그 부등식을 풀기 위해서는 다음 성질을 이용한다.

■ **로그 부등식**

로그 부등식에서 (진수)>0, (밑)>0, (밑)$\neq$1일 때,

(1) $a>1$일 때, $\log_a x_1<\log_a x_2 \Leftrightarrow x_1<x_2$

(2) $0<a<1$일 때, $\log_a x_1<\log_a x_2 \Leftrightarrow x_1>x_2$

로그 부등식을 풀 때에는 밑의 크기에 따라 부등호의 방향이 달라진다는 것에 주의해야 한다.

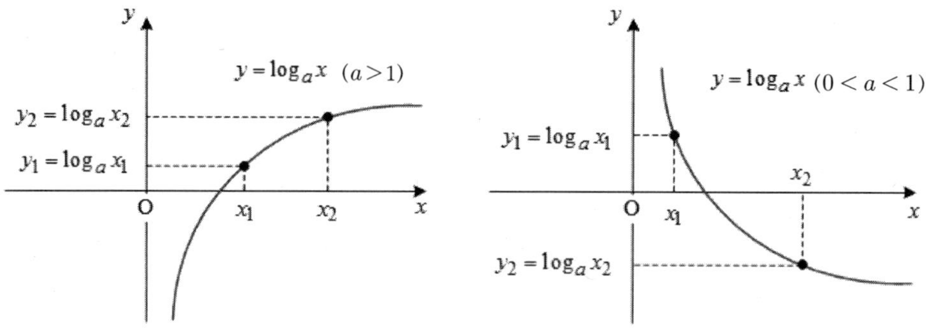

예제 4. 다음 로그부등식을 풀어라.

(1) $\log_5 5x \geq \log_5(2x-1)$ (2) $\log_{\frac{1}{2}}(x+1) < \log_{\frac{1}{2}}(2x-3)$

풀이

(1) 밑이 1보다 크므로

$$5x \geq 2x-1 \quad \therefore\ x \geq -\frac{1}{3} \qquad \cdots\cdots ①$$

진수는 양수이어야 하므로

$$5x>0,\ 2x-1>0 \quad \therefore\ x>\frac{1}{2} \qquad \cdots\cdots ②$$

따라서 ①, ②를 모두 만족하는 x의 값의 범위는

$$x>\frac{1}{2}$$

(2) $\log_{\frac{1}{2}}(x+1) < \log_{\frac{1}{2}}(2x-3)$

밑이 1보다 작으므로

$$x+1>2x-3 \quad \therefore\ x<4 \qquad \cdots\cdots ①$$

진수는 양수이어야 하므로

$$x+1>0,\ 2x-3>0 \quad \therefore\ x>\frac{3}{2} \qquad \cdots\cdots ②$$

따라서 ①, ②를 모두 만족하는 x의 값의 범위는

$$\frac{3}{2} < x < 4$$ ■

문제 4. 다음 로그부등식을 풀어라.

(1) $\log_2(x-1) \leq 1$ (2) $\log_3(x+1) + \log_3(x-5) < 3$

(3) $\log_2 x + \log_2(x-3) \leq 2$ (4) $(\log_3 x)^2 + \log_3 x - 12 < 0$ ■

3.5 삼각함수

3.5.1 일반각

평면 XY 위에 원점 O 에서 그은 반직선 OX 가 있고, 원점 O 를 중심으로 OX 로부터 회전시켜 얻은 반직선 OP 가 있을 때, 두 반직선이 낀 각을 ∠XOP 라고 한다. 각 ∠XOP 의 크기는 $\overrightarrow{OP}$ 가 한 점 O 를 중심으로 $\overrightarrow{OX}$ 의 위치에서 $\overrightarrow{OP}$ 의 위치까지 회전한 값으로 정의한다. 그림에서 $\overrightarrow{OX}$ 를 시초선(initial ray), $\overrightarrow{OP}$ 를 동경(radius)이라고 한다.

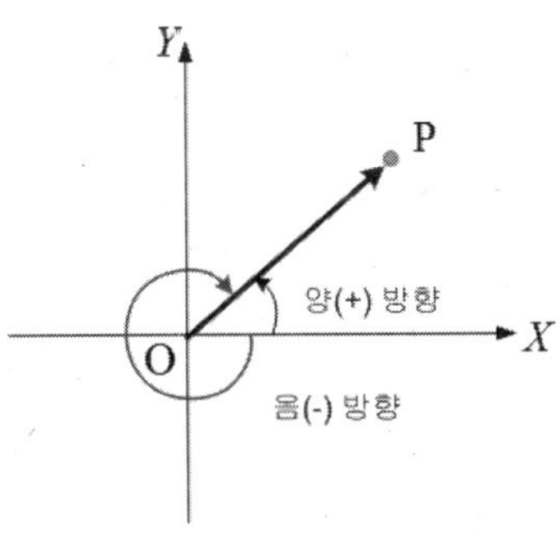

동경 $\overrightarrow{OP}$ 가 점 O 를 중심으로 회전할 때,

(1) 시곗바늘이 도는 방향과 반대인 방향을 양의 방향이라고 하고,
(2) 시곗바늘이 도는 방향과 같은 방향을 음의 방향이라고 한다.

동경 $\overrightarrow{OP}$ 가 양의 방향으로 회전하여 생기는 각의 크기는 양의 부호 +를 붙여 나타내고,

음의 방향으로 회전하여 생기는 각의 크기는 음의 부호 $-$를 붙여 나타낸다. 이때 양의 부호 $+$는 보통 생략한다. $\angle XOP$의 동경 $\overrightarrow{OP}$는 점 O를 중심으로 양 또는 음의 방향으로 한 바퀴 이상 회전할 수 있으므로 $360°$보다 더 큰 각 또는 $-360°$보다 더 작은 각을 표시할 수 있다.

평면에서 $\overrightarrow{OX}$는 고정되어 있으므로 $\angle XOP$의 크기가 정해지면 동경 $\overrightarrow{OP}$의 위치는 하나로 정해진다. 그러나 $\overrightarrow{OP}$의 위치가 하나로 결정되었더라도 동경 $\overrightarrow{OP}$가 나타내는 각을 나타내는 방법의 개수는 무한대 개수이다.

예를 들어, 다음 그림과 같이 시초선 $\overrightarrow{OX}$와 $30°$의 위치에 있는 동경 $\overrightarrow{OP}$가 나타내는 각을 나타내는 방법의 개수는 무한대 개수이다.

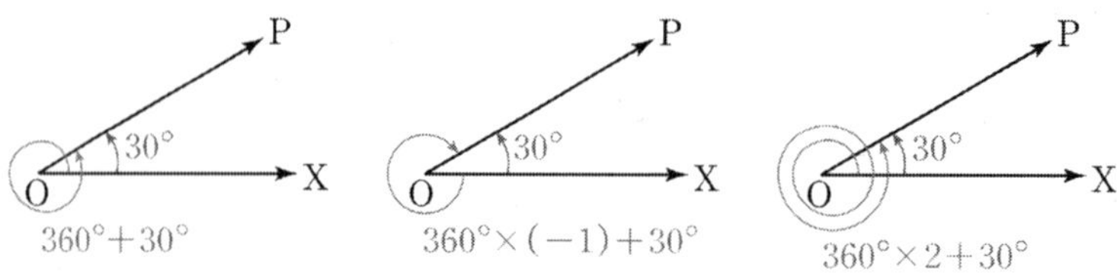

일반적으로 동경 $\overrightarrow{OP}$가 나타내는 한 각의 크기를 $\alpha°$라고 하면 $\angle XOP$의 크기는

$$\angle XOP = 360° \times n + \alpha° \quad (n\text{은 정수})$$

의 꼴로 나타낼 수 있다. 이것을 동경 $\overrightarrow{OP}$가 나타내는 **일반각(general angle)**이라고 한다.

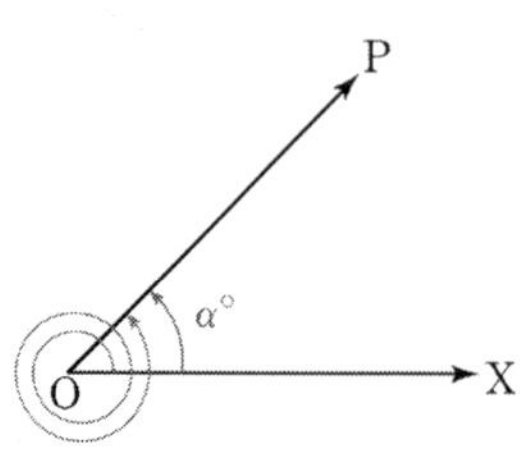

좌표평면을 도입하자. 원점 O에서 x축의 양의 방향을 $0°$로 정했을 때, $\overrightarrow{OP}$가 제1사분면, 제2사분면, 제3사분면, 제4사분면에 있으면 동경 $\overrightarrow{OP}$가 나타내는 각을 각각 제1사분면의 각, 제2사분면의 각, 제3사분면의 각, 제4사분면의 각이라고 한다.

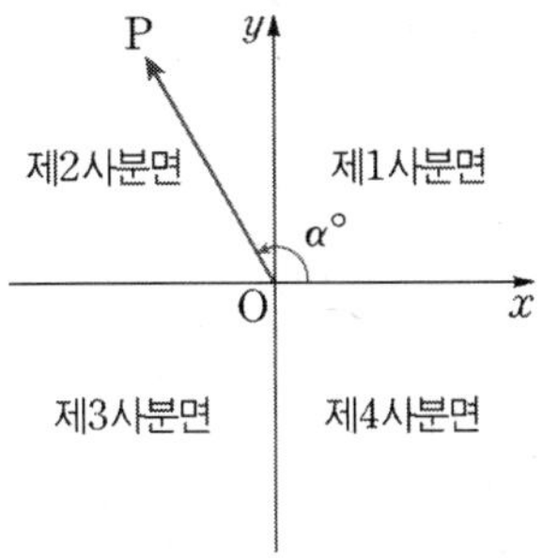

예제 1. 다음 각은 제 몇 사분면의 각인지 말하여라.

(1) 1200° (2) −300° (3) −620° (4) 430°

풀이

(1) $1200° = 360° \times 3 + 120°$이므로 1200°는 제2사분면의 각이다.

(2) $-300° = 360° \times (-1) + 60°$이므로 −300°는 제1사분면의 각이다.

(3) $-620° = 360° \times (-1) - 260°$이므로 −620°는 제2사분면의 각이다.

(4) $430° = 360° \times (1) + 70°$이므로 430°는 제1사분면의 각이다. ■

문제 1. 다음의 각 ∠XOP의 크기를 일반각으로 나타내어라.

(1) 60° (2) 750° (3) −930° (4) −130°

■

3.5.2 호도법

각의 크기를 나타낼 때, 30°, 90°, −150°와 같이 도(°)를 단위로 하는 방법을 육십분법이라고 한다. 각의 크기를 나타내는 새로운(또 다른) 방법으로서 호도법에 대하여 알아보자.

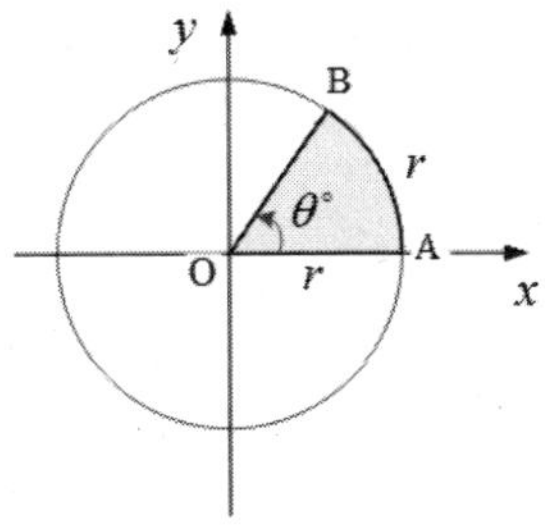

그림과 같이 반지름의 길이가 r인 원에서 길이가 r인 호 AB에 대한 중심각의 크기를 $\theta°$라고 하면, 호의 길이는 중심각의 크기에 비례하므로

$$r : 2\pi r = \theta^\circ : 360^\circ$$

이다. 따라서

$$\theta^\circ = \frac{180^\circ}{\pi}$$

이다. 값 $\frac{180^\circ}{\pi}$는 원의 반지름의 길이 r에 관계없이 항상 일정하다. 이 일정한 각의 크기 $\frac{180^\circ}{\pi}$를 1**라디안**(radian)이라고 하며, 라디안(radian)을 단위로 사용하여 각의 크기를 나타내는 방법을 **호도법**이라고 한다.

[참고]
호도법을 사용할 때에는 보통 단위인 '라디안'을 생략하고

$$1, \frac{\pi}{3}, \frac{\pi}{4}, \frac{\pi}{6}, \frac{\pi}{2}, \pi, \cdots,$$

와 같이 표시한다. 호도법에서 동경을 나타내는 한 각을 θ라고 할 때, 일반각은

$$2n\pi + \theta \quad (n\text{은 정수})$$

이다. 이때 θ는 일반적으로 $0 \le \theta < 2\pi$ 또는 $-\pi < \theta \le \pi$의 범위의 값을 사용한다.

■ **호도법과 육십분법**

$$1\text{라디안} = \frac{180^\circ}{\pi}, \quad 1^\circ = \frac{\pi}{180}\text{라디안}, \quad \pi\ \text{라디안} = 180^\circ$$

예제 1. 다음에서 육십분법으로 나타낸 각을 호도법으로 나타내어라.

(1) 30° (2) 45° (3) 60°

(4) 90° (5) -60° (6) 180°

풀이

(1) $30^\circ = 30 \times \frac{\pi}{180} = \frac{\pi}{6}$

(2) $45^\circ = 45 \times \frac{\pi}{180} = \frac{\pi}{4}$

(3) $60^\circ = 60 \times \frac{\pi}{180} = \frac{\pi}{3}$

(4) $90° = 90 \times \frac{\pi}{180} = \frac{\pi}{2}$

(5) $-60° = -60 \times \frac{\pi}{180} = -\frac{\pi}{3}$

(6) $180° = 180 \times \frac{\pi}{180} = \pi$ ■

문제 1. 다음에서 육십분법으로 나타낸 각을 호도법으로 나타내어라.

(1) $-120°$　(2) $150°$　(3) $75°$

(4) $135°$　(5) $300°$ ■

예제 2. 다음 빈칸에 알맞은 값을 써 넣어라.

육십분법	30°	( )	60°	( )	120°	( )	180°	( )	360°
호도법	( )	$\frac{\pi}{4}$	( )	$\frac{\pi}{2}$	( )	$\frac{5\pi}{6}$	( )	$\frac{3\pi}{2}$	( )

풀이

육십분법	30°	(45°)	60°	(90°)	120°	(150°)	180°	(270°)	360°
호도법	$(\frac{\pi}{6})$	$\frac{\pi}{4}$	$(\frac{\pi}{3})$	$\frac{\pi}{2}$	$(\frac{2\pi}{3})$	$\frac{5\pi}{6}$	(π)	$\frac{3\pi}{2}$	(2π)

■

문제 2. 각 $\frac{17\pi}{4}$의 크기를 일반각으로 나타내어라.

■

문제 3. 중심각의 크기가 $\frac{\pi}{3}$, 반지름의 길이가 6 cm인 부채꼴이 있다.

(a) 호의 길이 l을 구하여라.

(b) 넓이 S를 구하여라.

■

문제 4. 호의 길이가 $\frac{\pi}{2}$, 넓이가 $\frac{4}{3}\pi$인 부채꼴의 중심각을 구하여라.

■

3.5.3 일반각 θ의 삼각함수

직각 삼각형 ABC에서 각 θ의 삼각비는 다음과 같이 정의한다.

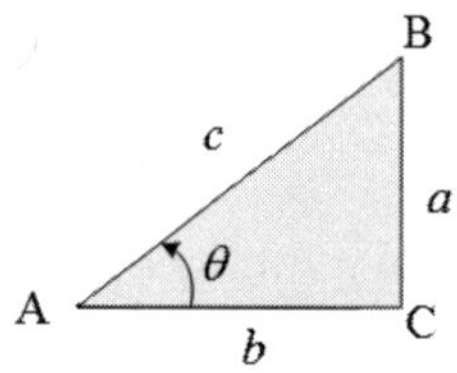

$$\sin\ \theta = \frac{a}{c},\ \cos\ \theta = \frac{b}{c},\ \tan\ \theta = \frac{a}{b}\ (b \neq 0)$$

$$\mathrm{cosec}\,\theta = \frac{c}{a},\ \sec\theta = \frac{c}{b},\ \mathrm{cotan}\ \theta = \frac{b}{a}(a \neq 0)$$

삼각비의 정의를 일반각의 경우로 확장하여 보자.

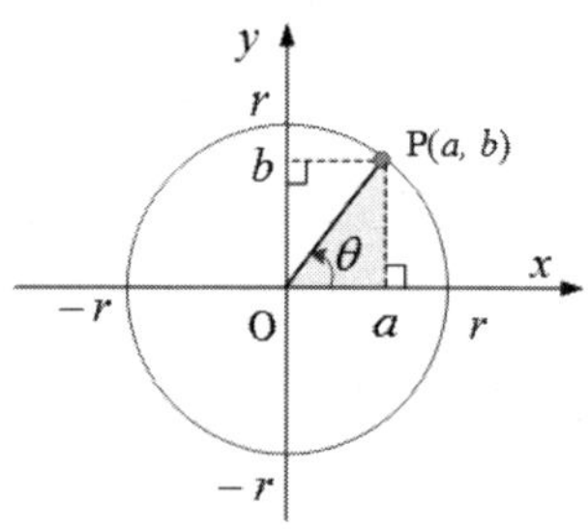

그림과 같이 좌표평면 위에서 Ox축을 기준으로 하고, 일반각 θ가 나타내는 동경과 원점 O를 중심으로 하고 반지름의 길이가 r인 원이 만나는 점 P의 좌표를 $(a,\ b)$라고 하면

$$\frac{b}{r},\ \frac{a}{r},\ \frac{b}{a}$$

의 값은 r의 값에 관계없이 θ의 값에 따라 각각 하나씩 결정된다. 따라서 임의의 실수 θ와 위의 비의 값 사이의 대응 관계

$$\theta \Rightarrow \frac{b}{r},\quad \theta \Rightarrow \frac{a}{r},\quad \theta \Rightarrow \frac{b}{a}$$

는 함수이다. 이들 함수 관계를 각각

θ의 사인함수(sine function)
코사인함수(cosine function)

탄젠트함수(tangent function)

라고 하며, 기호로 각각

$$\sin\theta = \frac{b}{r}, \quad \cos\theta = \frac{a}{r}, \quad \tan\theta = \frac{b}{a}(a \neq 0)$$

와 같이 나타낸다. 이와 같은 함수들을 일반각 θ에 대한 **삼각함수(trigonometric function)**라고 한다.

■ 삼각함수의 정의

$$\sin\ \theta = \frac{b}{r}, \quad \cos\ \theta = \frac{a}{r}, \quad \tan\ \theta = \frac{b}{a}\ (a \neq 0)$$

$$\text{cosec}\theta = \frac{r}{b}, \quad \sec\theta = \frac{r}{a}, \quad \text{cotan}\ \theta = \frac{a}{b}(b \neq 0)$$

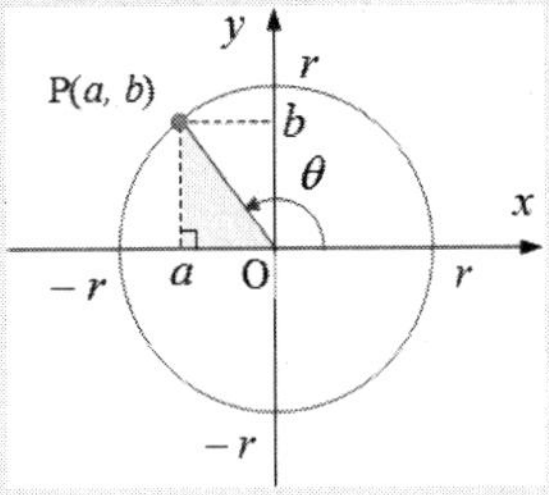

예제 1. 그림과 같이 원점 O와 점 P(3, −4)를 잇는 지선 OP가 나타내는 각을 θ라고 할 때, $\sin\ \theta$, $\cos\ \theta$, $\tan\ \theta$의 값을 구하여라.

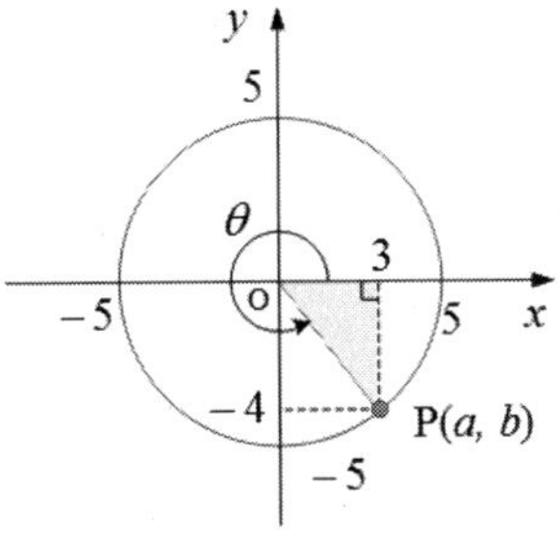

풀이

$\overline{OP}=5$이므로 삼각함수의 정의에 의하여

$$\sin\theta = -\frac{4}{5}, \quad \cos\theta = \frac{3}{5}, \quad \tan\theta = -\frac{4}{3}$$

■

문제 1. 그림과 같이 $\theta = \frac{2\pi}{3}$일 때, $\sin\theta$, $\cos\theta$, $\tan\theta$의 값을 구하여라.

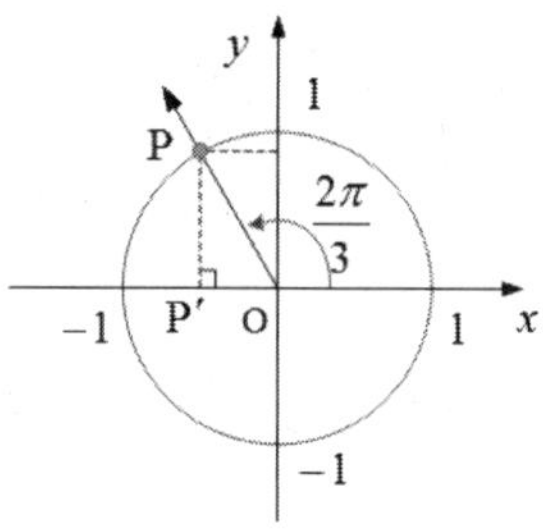

■

3.5.4 삼각함수 값의 부호

각 θ를 갖는 선분 OP와 단위원의 교점을 $P(a,\ b)$라고 하면

$$\sin\theta = b,\ \cos\theta = a,\ \tan\theta = \frac{b}{a}(a \neq 0)$$

이다.

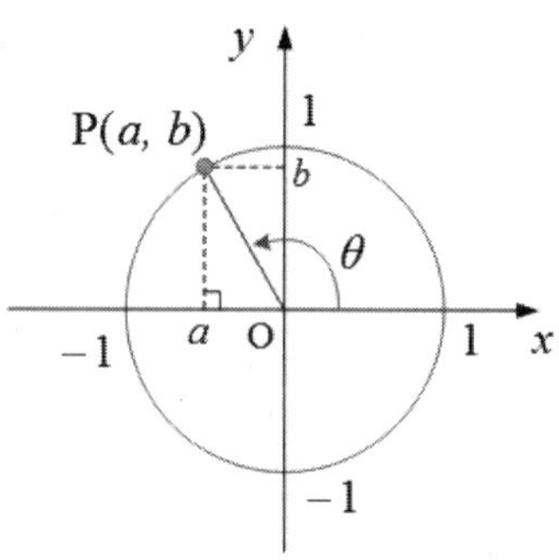

이것을 이용하면 θ가 제 몇 사분면의 각인가에 따라 a, b의 부호로 $\sin\theta$, $\cos\theta$, $\tan\theta$의 부호를 결정할 수 있다.

예를 들어, θ가 제2사분면의 각이면 $a < 0$, $b > 0$이므로

$$\sin\ \theta > 0,\quad \cos\ \theta < 0,\quad \tan\ \theta < 0$$

이다. 따라서 각 θ를 나타내는 동경이 어느 사분면에 있는가에 따라 다음 표와 같이 삼각함수의 값의 부호가 정해진다.

육십분법	1사분면	2사분면	3사분면	4사분면
$\sin\ \theta$	$+$	$+$	$-$	$-$
$\cos\ \theta$	$+$	$-$	$-$	$+$
$\tan\ \theta$	$+$	$-$	$+$	$-$

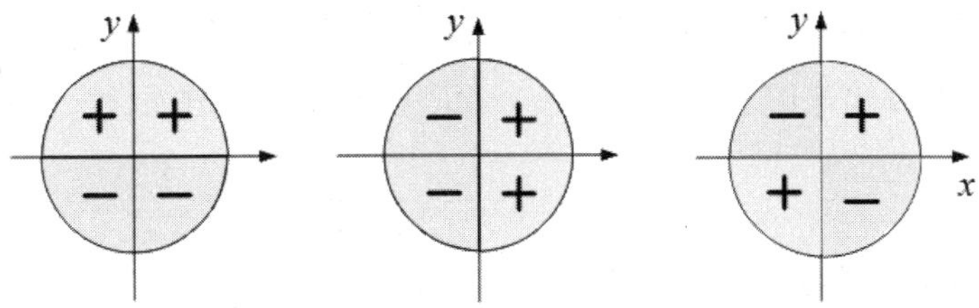

$\sin\theta$의 부호　　$\cos\theta$의 부호　　$\tan\theta$의 부호

사분면에서 값의 부호가 $+$인 삼각함수를 나타내면 다음과 같다.

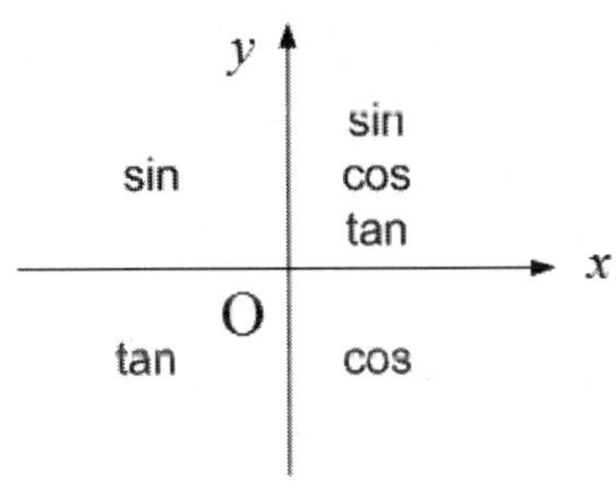

예제 1. 다음 θ의 값에 대하여 $\sin\theta$, $\cos\theta$, $\tan\theta$의 값의 부호를 말하여라.

(1) $300°$　　(2) $\dfrac{2\pi}{3}$　　(3) $75°$　　(4) $250°$

풀이

(1) 각 $\theta = 300°$ 제4사분면의 각이므로

$\sin\ 300° < 0,\quad \cos\ 300° > 0,\quad \tan 300° < 0,$

(2) $\dfrac{2\pi}{3} = 120°$ 제2사분면의 각이므로

$\sin\ 120° > 0,\quad \cos\ 120° < 0,\quad \tan 120° < 0,$

(3) $75° = 75 \times \frac{\pi}{180} = \frac{5\pi}{12}$ 제1사분면의 각이므로

$\sin 75° > 0, \ \cos 75° > 0, \ \tan 75° > 0$

(4) 각 $\theta = 250°$ 제3사분면의 각이므로

$\sin 250° < 0, \ \cos 250° < 0, \ \tan 250° > 0$ ■

문제 1. 다음 두 조건을 동시에 만족하는 θ는 제 몇 사분면의 각인지 말하여라.

(1) $\sin\theta\cos\theta > 0$ (2) $\sin\theta\tan\theta < 0$

■

3.5.5 삼각함수의 성질

삼각함수들 끼리에는 어떤 관계가 있는지 알아보자.

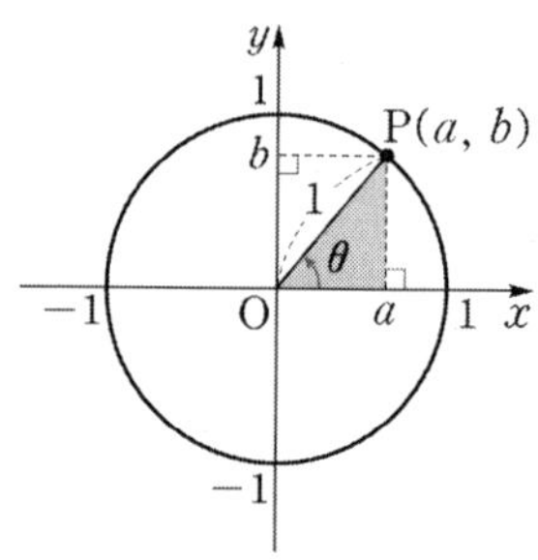

그림과 같이 각 θ를 나타내는 OP와 단위원과의 교점을 $P(a, b)$라고 하자. 삼각함수의 정의에 의하여

$$\sin\theta = b, \ \cos\theta = a, \ \tan\theta = \frac{b}{a}$$

이고 점 $P(a, b)$는 단위원 위의 점이므로 $a^2 + b^2 = 1$를 만족한다. 그런데

$$\cos\theta = a, \ \sin\theta = b$$

이므로

$$\cos^2\theta + \sin^2\theta = 1$$

이다.

■ 삼각함수 사이의 관계

(1) $\sin^2\theta + \cos^2\theta = 1$

(2) $1 + \tan^2\theta = \sec^2\theta$

(3) $1 + \cot^2\theta = \mathrm{cosec}^2\theta$

예제 1. θ가 제2사분면의 각이고 $\sin\theta = \dfrac{3}{5}$일 때, $\cos\theta$, $\tan\theta$의 값을 구하여라.

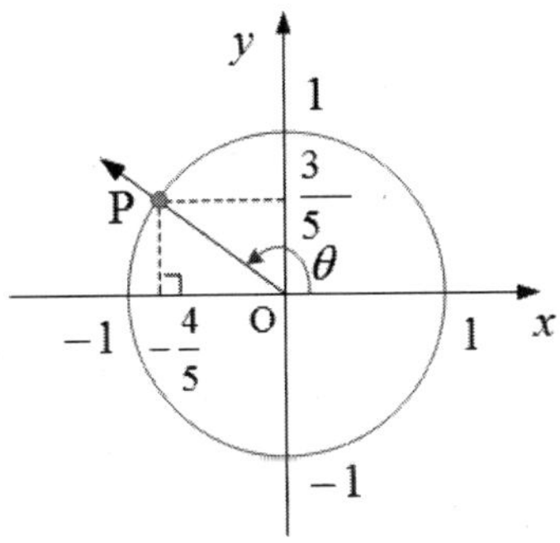

풀이

관계식 $\sin^2\theta + \cos^2\theta = 1$이므로

$$\cos^2\theta = 1 - \sin^2\theta = 1 - \left(\frac{3}{5}\right)^2 = \left(\frac{4}{5}\right)^2$$

이다. 각 θ는 제2사분면의 각이므로 $\cos\theta < 0$이다. 따라서

$$\cos\theta = -\frac{4}{5}$$

또한 $\tan\theta = \dfrac{\sin\theta}{\cos\theta}$이므로

$$\tan\theta = \frac{3}{5} \div \left(-\frac{4}{5}\right) = -\frac{3}{4}$$

■

문제 1. θ가 제2사분면의 각이고 $\sin\theta = \frac{4}{5}$일 때, $\cos\theta$, $\tan\theta$의 값을 구하여라.

■

[1] 각 $2n\pi+\theta$ 의 삼각함수 (단, n은 정수)

각 θ와 각 $2\pi+\theta$가 나타내는 동경은 일치한다.

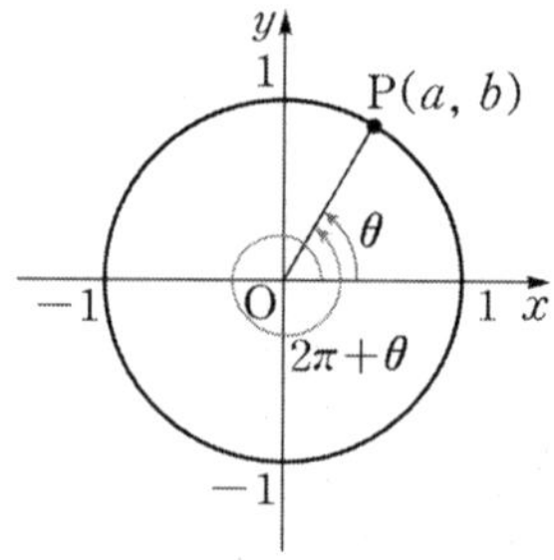

따라서 각 θ와 각 $2\pi+\theta$의 삼각함수의 값은 같다. 일반적으로 임의의 정수 n에 대하여 각 θ와 각 $2n\pi+\theta$가 나타내는 동경은 일치하므로 각 θ와 각 $2n\pi+\theta$의 삼각함수의 값은 같다. 따라서, 다음의 성질이 성립한다.

■ 각 $2n\pi+\theta$ 의 삼각함수 (단, n은 정수)

$\sin(2n\pi+\theta) = \sin\theta$

$\cos(2n\pi+\theta) = \cos\theta$

$\tan(2n\pi+\theta) = \tan\theta$

예제 2. 다음 삼각함수의 값을 구하여라.

(1) $\sin\frac{16}{3}\pi$ (2) $\sin\frac{25}{6}\pi$

(3) $\cos(-300^\circ)$ (4) $\tan\frac{17}{4}\pi$

풀이

(1) $\sin\frac{13}{6}\pi = \sin\left(2\pi+\frac{\pi}{6}\right) = \sin\frac{\pi}{6} = \frac{1}{2}$

(2) $\sin \frac{25}{6}\pi = \sin\left(2\pi \cdot 2 + \frac{\pi}{6}\right) = \sin \frac{\pi}{6} = \frac{1}{2}$

(3) $\cos(-300°) = \cos\{360° \times (-1) + 60°\} = \cos 60° = \frac{1}{2}$

(4) $\tan \frac{17}{4}\pi = \tan\left(2\pi \cdot 2 + \frac{\pi}{4}\right) = \tan \frac{\pi}{4} = 1$ ■

문제 2. 다음 삼각함수의 값을 구하여라.

(1) $\sin \frac{13}{3}\pi$　　(2) $\cos \frac{11}{4}\pi$　　(3) $\tan\left(-\frac{11}{3}\pi\right)$

(4) $\sin\left(-\frac{11}{3}\pi\right)$　　(5) $\cos\left(-\frac{21}{4}\pi\right)$　　(6) $\tan 600°$ ■

[2] 각 $-\theta$의 삼각함수

그림과 같이 각 θ와 각 $-\theta$를 나타내는 동경과 단위원과의 교점을 각각 $\mathrm{P}(a,\ b)$, $\mathrm{P}'(a',\ b')$이라고 하면, 두 점 P와 P′은 x축에 대하여 서로 대칭이므로

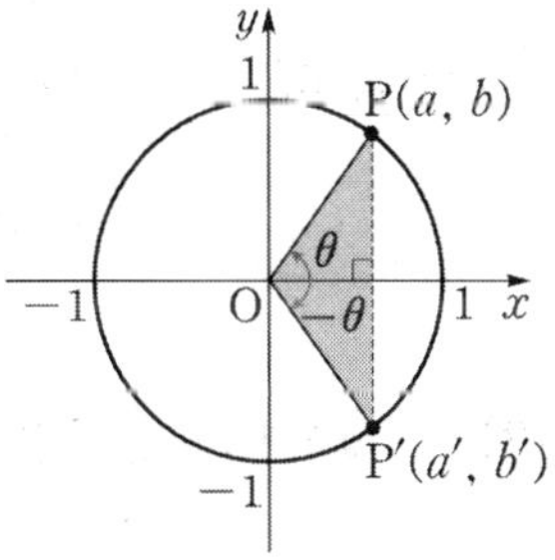

$$a' = a,\ b' = -b$$

이다. 각 θ 는

$$a = \cos\theta,\quad b = \sin\theta$$

이므로

$$\sin(-\theta) = b' = -b = -\sin\theta$$
$$\cos(-\theta) = a' = a = \cos\theta$$
$$\tan(-\theta) = \frac{b'}{a'} = \frac{-b}{a} = -\tan\theta$$

따라서 다음과 같은 성질이 성립한다.

■ 각 $-\theta$의 삼각함수

$\sin(-\theta) = -\sin\theta$

$\cos(-\theta) = \cos\theta$

$\tan(-\theta) = -\tan\theta$

예제 3. 다음 삼각함수의 값을 구하여라.

(1) $\sin(-60°)$ (2) $\cos(-60°)$ (3) $\tan(-60°)$

풀이

(1) $\sin(-60°) = -\sin 60° = -\dfrac{\sqrt{3}}{2}$

(2) $\cos(-60°) = \cos 60° = \dfrac{1}{2}$

(3) $\tan(-60°) = -\tan 60° = -\sqrt{3}$ ■

문제 3. 다음 삼각함수의 값을 구하여라.

(1) $\sin\left(-\dfrac{\pi}{4}\right)$ (2) $\cos\left(-\dfrac{7}{3}\pi\right)$ (3) $\tan\left(-\dfrac{13}{3}\pi\right)$ ■

문제 4. 다음 삼각함수의 값을 구하여라.

(1) $\sin(-120°)$ (2) $\cos\left(-\dfrac{25}{6}\pi\right)$ (3) $\tan(-1140°)$ ■

[3] 각 $\pi \pm \theta$ 의 삼각함수

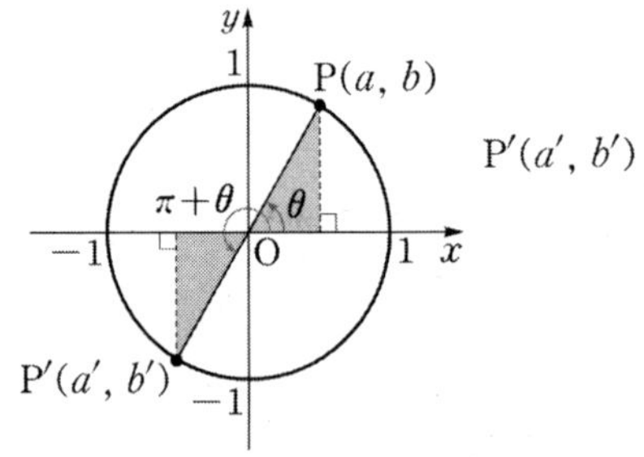

그림과 같이 각 θ와 각 $\pi+\theta$를 나타내는 동경과 단위원과의 교점을 각각

$$P(a,\ b),\quad P'(a',\ b')$$

이라고 하면, 두 점 P와 P′은 원점에 대하여 서로 대칭이므로

$$a' = -a,\quad b' = -b$$

이다. 관계식

$$a = \cos\theta,\ b = \sin\theta$$

이므로

$$\sin(\pi+\theta) = b' = -b = -\sin\theta$$
$$\cos(\pi+\theta) = a' = -a = -\cos\theta$$
$$\tan(\pi+\theta) = \frac{b'}{a'} = \frac{-b}{-a} = \frac{b}{a} = \tan\theta$$

또 $\pi-\theta = \pi+(-\theta)$이므로 위의 식에서

$$\sin(\pi-\theta) = -\sin(-\theta) = \sin\theta$$
$$\cos(\pi-\theta) = -\cos(-\theta) = -\cos\theta$$
$$\tan(\pi-\theta) = \tan(-\theta) = -\tan\theta$$

따라서 다음과 같은 성질이 성립한다.

■ 각 $\pi\pm\theta$ 의 삼각함수

$\sin(\pi+\theta) = -\sin\theta$, $\sin(\pi-\theta) = \sin\theta$

$\cos(\pi+\theta) = -\cos\theta$, $\cos(\pi-\theta) = -\cos\theta$

$\tan(\pi+\theta) = \tan\theta$, $\tan(\pi-\theta) = -\tan\theta$

예제 4. 다음 삼각함수의 값을 구하여라.

(1) $\sin 210°$ (2) $\cos 210°$ (3) $\tan 210°$

풀이

(1) $\sin 210° = \sin(180° + 30°) = -\sin 30° = -\frac{1}{2}$

(2) $\cos 210° = \cos(180° + 30°) = -\cos 30° = -\frac{\sqrt{3}}{2}$

(3) $\tan 210° = \tan(180° + 30°) = \tan 30° = -\frac{1}{\sqrt{3}}$ ■

예제 5. 다음 삼각함수의 값을 구하여라.

(1) $\sin \frac{7}{6}\pi$ (2) $\cos 135°$

풀이

(1) $\sin \frac{7}{6}\pi = \sin\left(\pi + \frac{\pi}{6}\right) = -\sin \frac{\pi}{6} = -\frac{1}{2}$

(2) $\cos 135° = \cos(180° - 45°) = -\cos 45° = -\frac{\sqrt{2}}{2}$ ■

문제 5. 다음 삼각함수의 값을 구하여라.

(1) $\sin\left(-\frac{3}{4}\pi\right)$ (2) $\cos 240°$

(3) $\tan 225°$ (4) $\tan \frac{7}{6}\pi$ ■

[4] 각 $\frac{\pi}{2} \pm \theta$ 의 삼각함수

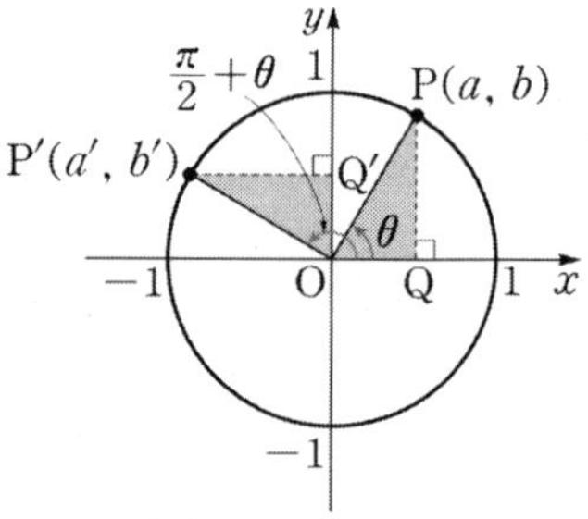

오른쪽 그림과 같이 각 θ와 각 $\frac{\pi}{2}+\theta$를 나타내는 동경과 단위원과의 교점을 각각

$$\mathrm{P}(a,\ b),\ \mathrm{P}'(a',\ b')$$

이라 하고, 점 P에서 x축에 내린 수선의 발을 Q, 점 P′에서 y축에 내린 수선의 발을 Q′이라고 하면 $\triangle \mathrm{POQ} \equiv \triangle \mathrm{P'OQ'}$이므로

$$a' = -b,\ b' = a$$

이다. 그런데

$$a = \cos\theta,\ b = \sin\theta$$

이므로

$$\sin\left(\frac{\pi}{2}+\theta\right)=b'=a=\cos\theta$$

$$\cos\left(\frac{\pi}{2}+\theta\right)=a'=-b=-\sin\theta$$

$$\tan\left(\frac{\pi}{2}+\theta\right)=\frac{b'}{a'}=\frac{a}{-b}=\frac{\cos\theta}{-\sin\theta}=-\cot\theta$$

또 $\frac{\pi}{2}-\theta=\frac{\pi}{2}+(-\theta)$이므로 위의 식에서

$$\sin\left(\frac{\pi}{2}-\theta\right)=\cos(-\theta)=\cos\theta$$

$$\cos\left(\frac{\pi}{2}-\theta\right)=-\sin(-\theta)=\sin\theta$$

$$\tan\left(\frac{\pi}{2}-\theta\right)=-\frac{1}{\tan(-\theta)}=\cot\theta$$

■ 각 $\frac{\pi}{2}\pm\theta$ 의 삼각함수

$$\sin\left(\frac{\pi}{2}+\theta\right)=\cos\theta,\qquad \sin\left(\frac{\pi}{2}-\theta\right)=\cos\theta$$

$$\cos\left(\frac{\pi}{2}+\theta\right)=-\sin\theta,\qquad \cos\left(\frac{\pi}{2}-\theta\right)=\sin\theta$$

$$\tan\left(\frac{\pi}{2}+\theta\right)=-\frac{1}{\tan\theta}=-\cot\theta,\qquad \tan\left(\frac{\pi}{2}-\theta\right)=\frac{1}{\tan\theta}=\cot\theta$$

예제 5. 다음 삼각함수의 값을 구하여라.

(1) $\sin 120°$　　(2) $\cos 120°$　　(3) $\tan 120°$

풀이

(1) $\sin 120°=\sin(90°+30°)=\cos 30°=\frac{\sqrt{3}}{2}$

(2) $\cos 120°=\cos(90°+30°)=\sin 30°=-\frac{1}{2}$

(3) $\tan 120°=\tan(90°+30°)=\cot 30°=\sqrt{3}$ ■

예제 6. 다음 삼각함수의 값을 구하여라.

(1) $\sin\frac{2}{3}\pi$ (2) $\cos\frac{5}{6}\pi$ (3) $\cos(-480°)$

(4) $\tan(-1200°)$ (5) $\tan 135°$

풀이

(1) $\sin\frac{2}{3}\pi=\sin\left(\frac{\pi}{2}+\frac{\pi}{6}\right)=\cos\frac{\pi}{6}=\frac{\sqrt{3}}{2}$

(2) $\cos\frac{5}{6}\pi=\cos\left(\frac{\pi}{2}+\frac{\pi}{3}\right)=-\sin\frac{\pi}{3}=-\frac{\sqrt{3}}{2}$

(3) $\cos(-480°)=\cos 480°=\cos\{360°\times 1+120°\}$
$=\cos(90°+30°)=-\sin 30°)=-\frac{1}{2}$

(4) $\tan(-1200°)=-\tan 1200°=-\tan\{360°\times 3+120°\}$
$=-\tan 120°=-\tan(90°+30°)=\cot 30°=\sqrt{3}$

(5) $\tan 135°=\tan(90°+45°)=-\frac{1}{\tan 45°}=-1$ ■

예제 7. 다음 삼각함수의 값을 구하여라.

$\sin(-1560°)$

풀이

$\sin(-1560°)=-\sin 1560°=-\sin(360°\times 4+120°)$
$=-\sin 1560°=-\sin 120°=-\sin(90°+30°)$
$=-\cos 30°=-\frac{\sqrt{3}}{2}$ ■

문제 6. 다음 삼각함수를 1사분면의 값으로 나타내어라.

(1) $\sin 735°$ (2) $\cos\frac{19\pi}{6}$ (3) $\tan(-2120°)$

■

3.5.6 삼각함수의 그래프

[1] 삼각함수 $y=\sin x$ 의 그래프

그림과 같이 각 θ를 나타내는 동경과 단위원과의 교점을 $\mathrm{P}(a,\ b)$라고 하면

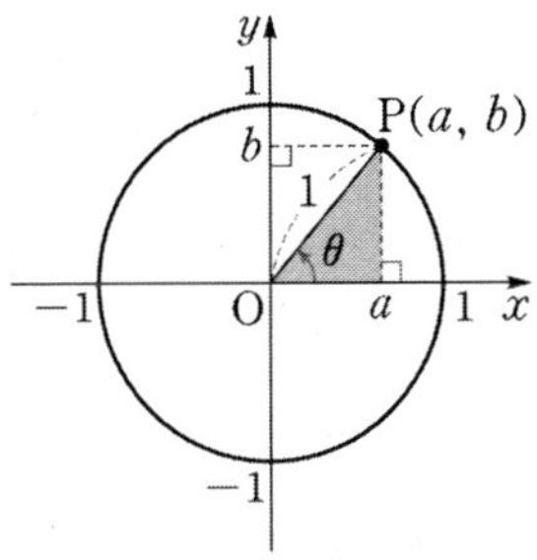

$$\sin\theta = b$$

이다. 따라서 점 P가 단위원 위를 움직일 때, $\sin\theta$의 값은 점 P의 y좌표에 의하여 정해진다. 이러한 사실을 이용하여 사인함수의 그래프를 그려 보자.

단위원을 이용하여 θ의 크기의 변화에 따른 $\sin\theta$의 값의 변화 상태를 알아보고, θ의 값을 가로축에, 그에 대응하는 $\sin\theta$의 값을 세로축에 나타내어 사인함수 $y=\sin\theta$의 그래프를 그리면 다음과 같다.

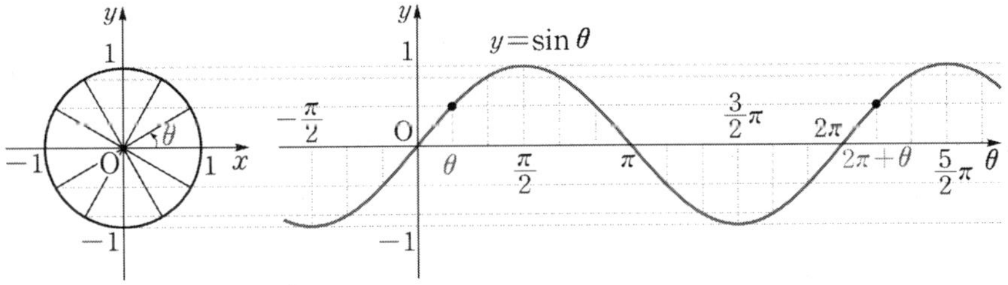

삼각함수 $y=\sin\theta$의 그래프에서 알 수 있듯이 이 함수의 정의역은 실수 전체의 집합이고, 치역은 $\{y \mid -1 \le y \le 1\}$이다.

또한 $\sin(-\theta) = -\sin\theta$이므로 $y=\sin\theta$의 그래프는 원점에 대하여 대칭이다.

함수 $y=\sin\theta$두 실수 x, θ 의 대응규칙을 나타낸다. 한편 $y=\sin\theta$의 그래프에서 함숫값의 변화 상태를 살펴보면 2π 간격으로 같은 모양이 반복됨을 알 수 있다.

두 실수 x, y 의 대응 규칙의 함수로 나타내기 위하여 삼각함수 $y=\sin\theta$에서 θ를 x로 바꾸면

$$y=\sin x$$

가 된다.

함수 $y=f(x)$에서 정의역에 속하는 임의의 실수 x에 대하여

$$f(x+p)=f(x)$$

를 만족하는 0이 아닌 상수 p가 존재할 때, 함수 $y=f(x)$를 **주기함수**(periodic function)라고 하고, 상수 p 중에서 최소인 양수를 그 함수의 **주기**(period)라고 한다.

이를테면 함수 $y=\sin x$는 $\sin(x+2n\pi)=\sin x$이므로 주기가 2π인 주기함수이다.

> ■ 삼각함수 $y=\sin x$ 의 성질
>
> (1) 정의역은 실수 전체의 집합이다.
> 치역은 $\{y \mid -1 \le y \le 1\}$, 즉 $-1 \le \sin x \le 1$이다.
>
> (2) 그래프가 원점에 대하여 대칭인 기함수이다. 즉
> $$\sin(-x)=-\sin x$$
>
> (3) 주기가 2π인 주기함수이다.

예제 1. 다음 삼각함수의 주기를 구하고, 그래프를 그려라.

(1) $y=\sin 2x$　　　　(2) $y=2\sin x$

풀이

$y=\sin(ax+b)$의 주기는 $\dfrac{2\pi}{|a|}$이다.

(1) $y=\sin 2x$의 그래프는 $y=\sin x$의 그래프를 x축의 방향으로 $\dfrac{1}{2}$배 축소한 것이다.

(2) $y=2\sin x$의 그래프는 $y=\sin x$의 그래프를 y축의 방향으로 2배 확대한 것이다.

(1) $\sin 2x=\sin(2x+2\pi)=\sin 2(x+\pi)$

따라서 $y=\sin 2x$의 주기는 π이고, 그래프는 아래 그림과 같다.

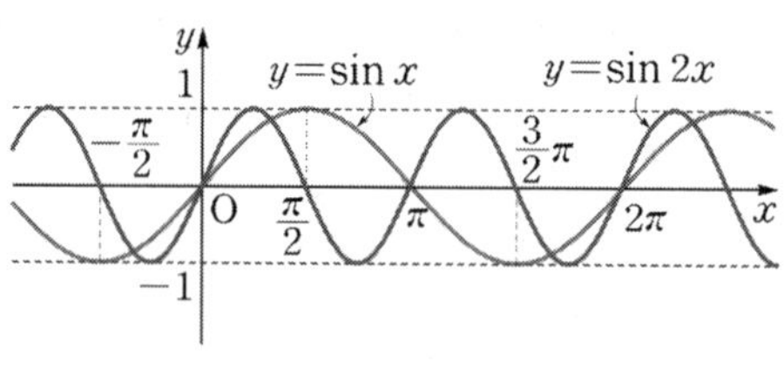

(2) $2\sin x=2\sin(x+2\pi)$

따라서 $y=2\sin x$의 주기는 2π이고, 그래프는 아래 그림과 같다.

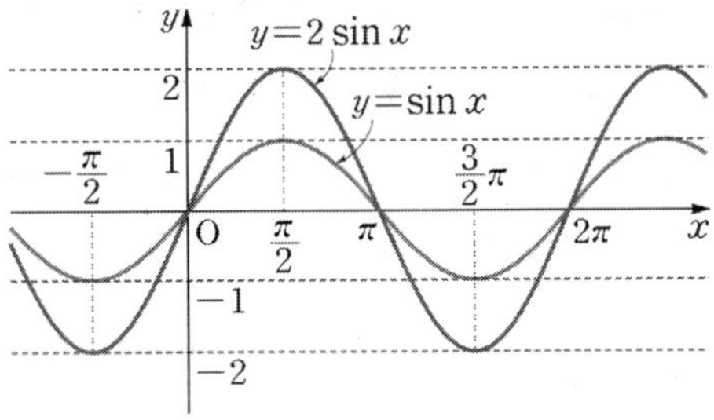

문제 1. 다음 함수의 주기와 치역을 구하고, 그 그래프를 그려라.

$$y = \sin\left(x - \frac{\pi}{2}\right)$$

■

문제 2. 다음 함수의 그래프를 그리고, 주기와 최댓값, 최솟값을 구하여라.

$$y = 2\sin\left(2x - \frac{\pi}{3}\right)$$

■

[2] 삼각함수 $y = \cos x$ 의 그래프

삼각함수 $y = \cos\theta$ 에서 θ를 x로 바꾸어

$$y = \cos x$$

로 쓴다. 또 사인함수와 코사인함수 사이에는

$$\sin\left(x + \frac{\pi}{2}\right) = \cos x$$

인 관계가 있으므로 $y = \cos x$의 그래프는 $y = \sin x$의 그래프를 x축의 방향으로 $-\frac{\pi}{2}$만큼 평행 이동한 것과 같다.

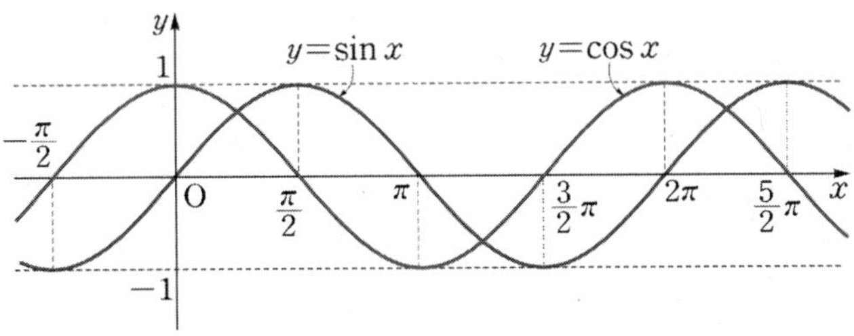

삼각함수 $y=\cos x$도 $y=\sin x$와 마찬가지로 정의역은 실수 전체의 집합이고, 치역은 $\{y|-1 \le y \le 1\}$이다. 또한 주기도 2π임을 알 수 있다.

한편 $\cos(-x)=\cos x$이므로 $y=\cos x$의 그래프는 y축에 대하여 대칭이다.

■ **삼각함수 $y=\cos x$ 의 성질**

(1) 정의역은 실수 전체의 집합이다.
치역은 $\{y|-1 \le y \le 1\}$, 즉 $-1 \le \cos x \le 1$이다.

(2) 그래프가 y축에 대하여 대칭인 우함수이다. 즉

$$\cos(-x)=\cos x$$

(3) 주기가 2π인 주기함수이다.

(4) $y=\cos x$의 그래프는 $y=\sin x$의 그래프를 x축의 방향으로 $-\frac{\pi}{2}$만큼 평행 이동한 것과 같다.

예제 2. 다음 삼각함수의 주기를 구하고, 그래프를 그려라.

(1) $y=\cos\frac{x}{2}$ (2) $y=\frac{1}{2}\cos x$

풀이

(1) $$\cos\frac{x}{2}=\cos\left(\frac{1}{2}x+2\pi\right)=\cos\frac{1}{2}(x+4\pi)$$

따라서 $y=\cos\frac{x}{2}$의 주기는 4π이고, 그래프는 다음과 같다.

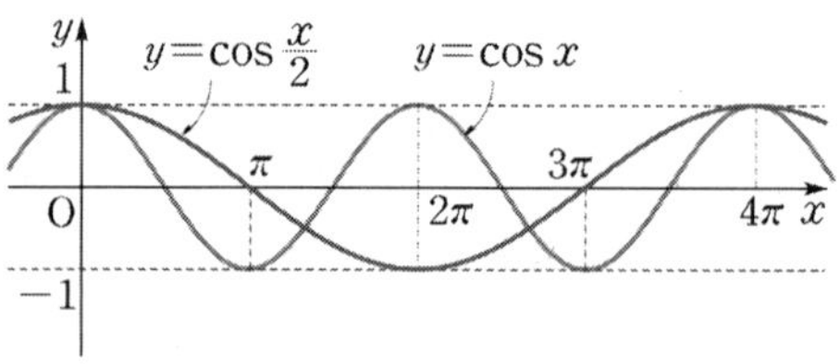

(2) $$\frac{1}{2}\cos x=\frac{1}{2}\cos(x+2\pi)$$

따라서 $y=\frac{1}{2}\cos x$의 주기는 2π이고, 그래프는 다음과 같다.

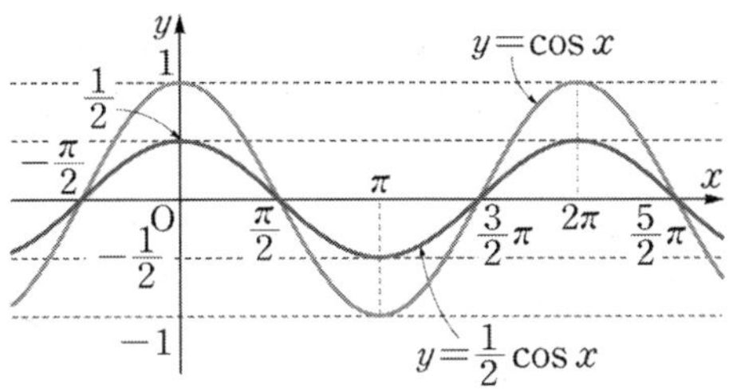

■

문제 3. 함수 $y=2\cos 2x$의 주기와 치역을 구하고, 그래프를 그려라.

■

[3] 삼각함수 $y=\tan x$ 의 그래프

그림과 같이 각 θ를 나타내는 동경과 단위원과의 교점을 $\mathrm{P}(a,\ b)$, 단위원 위의 점 $\mathrm{A}(1,\ 0)$에서의 접선 l과 동경 OP의 연장선과 만나는 점을 $\mathrm{T}(1,\ t)$라고 하면

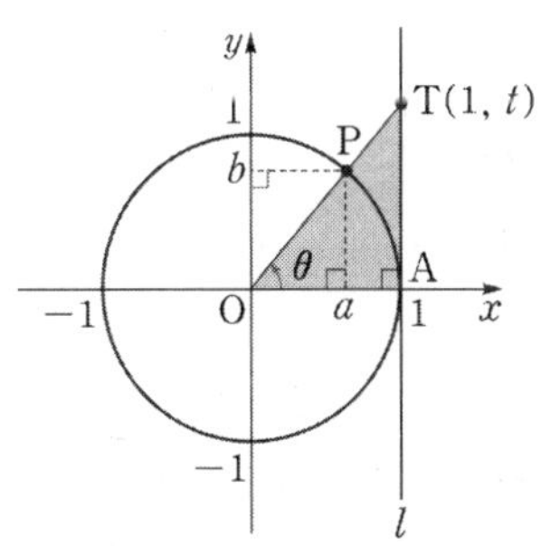

$$\tan\theta=\frac{b}{a}=\frac{t}{1}=t$$

이다.

따라서 점 P가 단위원 위를 움직일 때, $\tan\theta$의 값은 점 T의 y좌표로 정해진다. 이것을 이용하여 탄젠트함수의 그래프를 그려 보자. 단위원을 이용하여 θ의 크기의 변화에 따른 $\tan\theta$의 값의 변화 상태를 알아보고, θ의 값을 가로축에, 그에 대응하는 $\tan\theta$의 값을 세로축에 나타내어 탄젠트함수 $y=\tan\theta$의 그래프를 그리면 다음과 같다.

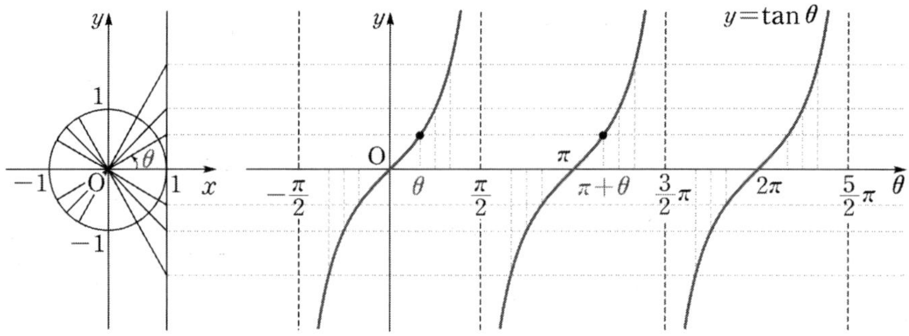

그림에서 알 수 있듯이 각 θ가 $n\pi+\frac{\pi}{2}$(n은 정수)일 때, 각 θ를 나타내는 동경 OP는 y축 위에 있다. 이때 점 P의 x좌표는 0이므로 $\tan\theta$의 값은 정의되지 않으며, 직선 $\theta=n\pi+\frac{\pi}{2}$($n$은 정수)는 모두 $y=\tan\theta$의 그래프의 점근선이다.

한편 삼각함수 $y=\tan\theta$에서 θ를 x로 바꾸어

$$y=\tan x$$

로 쓴다.

또한 $x\neq n\pi+\frac{\pi}{2}$(n은 정수)인 임의의 실수 x에 대하여

$$\tan(x+m\pi)=\tan x \quad (m\text{은 정수})$$

이므로 $y=\tan x$는 주기가 π인 주기함수이다.

한편 $\tan(-x)=-\tan x$이므로 그래프는 원점에 대하여 대칭임을 알 수 있다.

■ 삼각함수 $y=\tan x$ 의 성질

(1) 정의역은 $n\pi+\frac{\pi}{2}$(n은 정수)를 제외한 실수 전체의 집합이고, 치역은 실수 전체의 집합이다.

(2) 그래프가 원점에 대하여 대칭인 기함수이다. 즉

$$\tan(-x)=-\tan x$$

(3) 주기가 π인 주기함수이다.

(4) 그래프의 점근선은 직선 $x=n\pi+\frac{\pi}{2}$(n은 정수)이다.

예제 3. 다음 함수의 주기를 구하고, 그래프를 그려라.

(1) $y = \tan 2x$ (2) $y = 2\tan x$

풀이

(1) $$\tan 2x = \tan(2x+\pi) = \tan 2\left(x+\frac{\pi}{2}\right)$$

따라서 $y=\tan 2x$의 주기는 $\frac{\pi}{2}$이고, 그래프는 다음 그림과 같다.

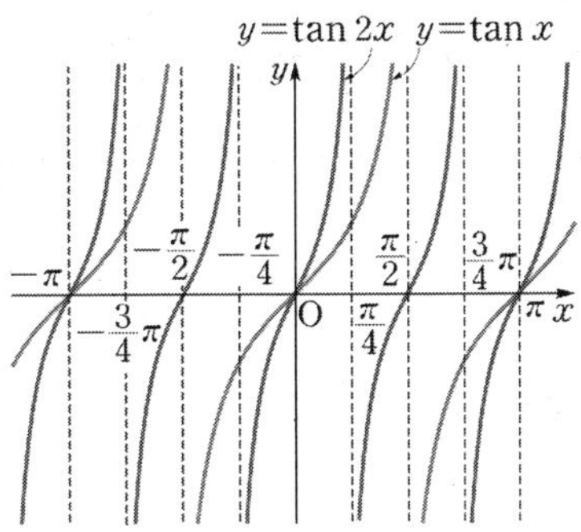

(2) $$2\tan x = 2\tan(x+\pi)$$

따라서 $y=2\tan x$의 주기는 π이고, 그래프는 다음 그림과 같다.

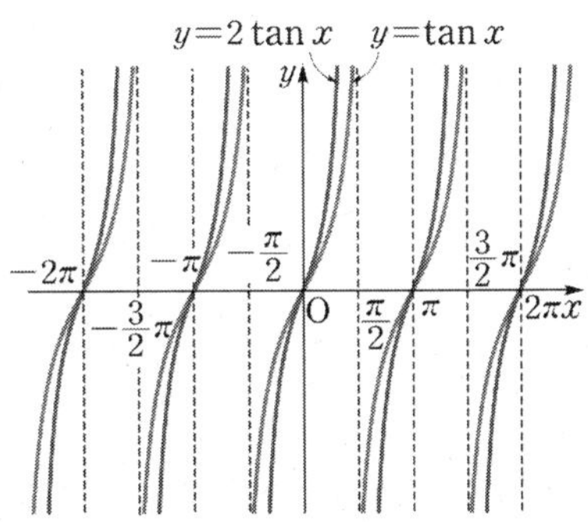

■

문제 4. 함수 $y=\tan\frac{x}{2}$의 주기를 구하고, 그래프를 그려라. 또, 점근선의 방정식을 구하여라.

■

3.5.7 삼각방정식과 삼각부등식

각의 크기가 미지수인 삼각함수를 포함하는 방정식과 부등식을 각각 삼각방정식, 삼각부등식이라고 한다.

이를테면, $\sin x = \frac{1}{2}$은 삼각방정식이고, $2\cos x - \sqrt{3} > 0$은 삼각부등식이다.

삼각방정식과 삼각부등식은 그래프나 단위원을 이용하여 풀 수 있다.

[1] 삼각방정식

예제 1. 범위 $0 \leq x < 2\pi$에서 삼각방정식 $\sin x = \frac{1}{2}$을 풀어라.

[힌트] 방정식 $f(x)=g(x)$의 실근은 함수 $y=f(x)$와 $y=g(x)$의 그래프의 교점의 x좌표이다.

풀이 1.

함수 $y=\sin x$의 그래프와 직선 $y=\frac{1}{2}$과의 교점을 P, Q라고 하면, 두 점 P, Q의 x좌표가 구하는 해이다.

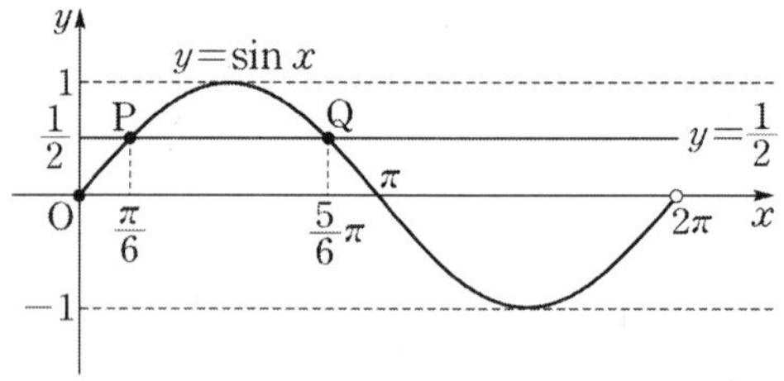

따라서 구하는 해는 $x=\frac{\pi}{6}$ 또는 $x=\frac{5}{6}\pi$이다.

풀이 2.

[힌트] $\sin x$의 값은 각 x를 나타내는 동경과 단위원과의 교점의 y좌표와 같다.

오른쪽 그림과 같이 직선 $y=\frac{1}{2}$과 단위원과의 교점을 P, Q라 하면, 동경 OP와 OQ가 나타내는 각 $\frac{\pi}{6}$, $\frac{5}{6}\pi$가 구하는 해이다.

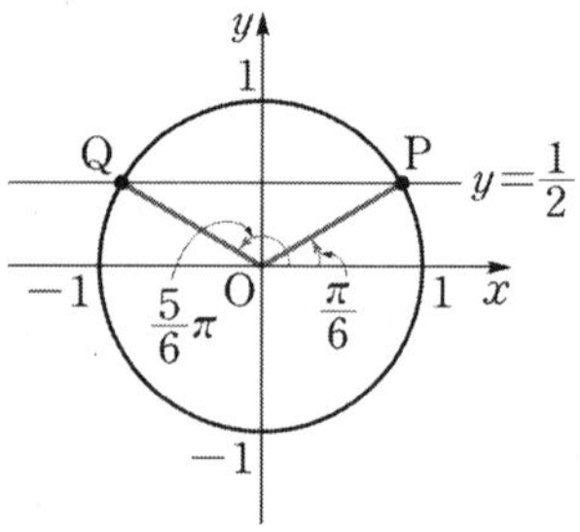

■

[2] 삼각부등식

예제 2. 삼각부등식 $\cos x < \frac{1}{2}$을 풀어라. (단, $0 \le x \le 2\pi$)

풀이 1.

아래 그림과 같이 함수 $y=\cos x$의 그래프가 직선 $y=\frac{1}{2}$보다 아래쪽에 있는 x의 값의 범위가 구하는 해이다. 따라서 구하는 해는

$$\frac{\pi}{3} < x < \frac{5}{3}\pi$$

이다.

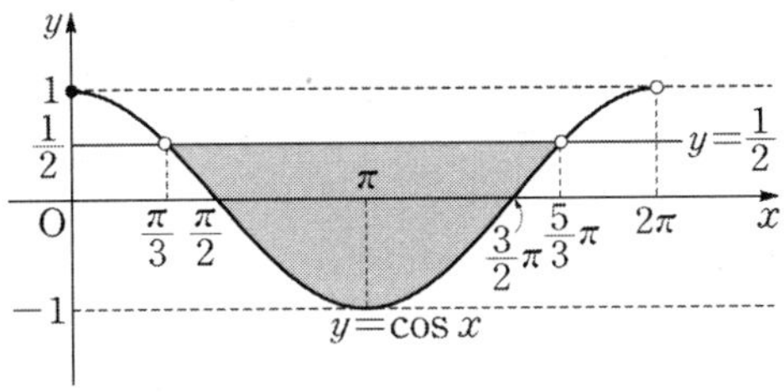

풀이 2.

아래 그림과 같이 직선 $y=\frac{1}{2}$과 단위원과의 교점을 P, Q라고 하면, 동경 OP와 OQ가 나타내는 각은 각각 $\frac{\pi}{3}$, $\frac{5}{3}\pi$이므로 구하는 해는

$$\frac{\pi}{3} < x < \frac{5}{3}\pi$$

이다.

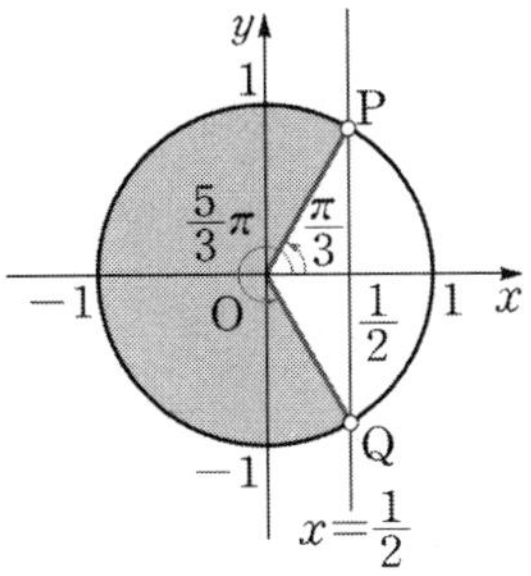

■

문제 1. 삼각방정식 $\sin x = \frac{\sqrt{2}}{2}$를 풀어라. (단, $\pi \leq x < 3\pi$)

■

문제 2. 삼각방정식 $\sin 2x = \sin x$를 풀어라. (단, $-\pi \leq x < \pi$)

■

3.5.8 그 밖의 삼각함수의 성질

[1] 삼각함수의 덧셈정리

■ 삼각함수의 덧셈정리

(1) $\sin(\alpha+\beta) = \sin\alpha\cos\beta + \cos\alpha\sin\beta$

$\sin(\alpha-\beta) = \sin\alpha\cos\beta - \cos\alpha\sin\beta$

(2) $\cos(\alpha+\beta) = \cos\alpha\cos\beta - \sin\alpha\sin\beta$

$\cos(\alpha-\beta) = \cos\alpha\cos\beta + \sin\alpha\sin\beta$

(3) $\tan(\alpha+\beta) = \dfrac{\tan\alpha + \tan\beta}{1-\tan\alpha\tan\beta}$

$\tan(\alpha-\beta) = \dfrac{\tan\alpha - \tan\beta}{1+\tan\alpha\tan\beta}$

예제 1. 각 α, β가 다음 식을 만족한다.

$$\sin\alpha = \frac{3}{5},\ \cos\beta = -\frac{5}{13}\ \left(단\ 0<\alpha<\frac{\pi}{2},\ \pi<\beta<\frac{3\pi}{2}\right)$$

다음의 값을 구하여라.

(1) $\sin(\alpha+\beta)$　　　　(2) $\cos(\alpha-\beta)$

풀이

$$\cos^2\alpha = 1-\sin^2\alpha = 1-\left(\frac{3}{5}\right)^2 = \left(\frac{4}{5}\right)^2,\quad 0<\alpha<\frac{\pi}{2}\text{에서}\quad \cos\alpha = \frac{4}{5}$$

$$\sin^2\beta = 1-\cos^2\beta = 1-\left(-\frac{5}{13}\right)^2 = \left(\frac{12}{13}\right)^2, \quad \pi < \beta < \frac{3}{2}\pi \text{에서} \quad \sin\beta = -\frac{12}{13}$$

(1) $\sin(\alpha+\beta) = \sin\alpha\cos\beta + \cos\alpha\sin\beta$

$$= \frac{3}{5}\cdot\left(-\frac{5}{13}\right) + \frac{4}{5}\cdot\left(-\frac{12}{13}\right) = -\frac{63}{65}$$

(2) $\cos(\alpha-\beta) = \cos\alpha\cos\beta + \sin\alpha\sin\beta$

$$= \frac{4}{5}\cdot\left(-\frac{5}{13}\right) + \frac{3}{5}\cdot\left(-\frac{12}{13}\right) = \frac{-20}{65} + \frac{-36}{65} = -\frac{56}{65}$$

■

문제 1. 각 α, β가 다음 식을 만족한다.

$$\sin\alpha = \frac{3}{5}, \ \cos\beta = -\frac{12}{13} \quad \left(\text{단 } 0 < \alpha < \frac{\pi}{2}, \ \frac{\pi}{2} < \beta < \pi\right)$$

다음의 값을 구하여라.

(1) $\sin(\alpha+\beta)$　　　　(2) $\cos(\alpha-\beta)$ ■

[2] 삼각함수의 배각 공식

■ **배각의 공식**

각 x에 대하여 성립하는 삼각함수의 배각공식은 다음과 같다.

(1) $\sin 2x = 2\sin x\cos x$

(2) $\cos 2x = \cos^2 x - \sin^2 x = 1 - 2\sin^2 x = 2\cos^2 x - 1$

(3) $\tan 2x = \dfrac{2\tan x}{1-\tan^2 x}$

예제 2. $\sin\alpha = \dfrac{2}{3}$일 때, 다음 삼각함수의 값을 구하여라. (단 $\dfrac{\pi}{2} < \alpha < \pi$)

(1) $\sin 2\alpha$　　　　(2) $\cos 2\alpha$

풀이

$\dfrac{\pi}{2} < \alpha < \pi$이므로 $\cos\alpha < 0$

$$\therefore \cos\alpha = -\sqrt{1-\sin^2\alpha} = -\sqrt{1-\left(\frac{2}{3}\right)^2} = -\frac{\sqrt{5}}{3}$$

(1) $\sin 2\alpha = 2\sin\alpha\cos\alpha = 2\cdot\frac{2}{3}\cdot\left(-\frac{\sqrt{5}}{3}\right) = -\frac{4\sqrt{5}}{9}$

(2) $\cos 2\alpha = 1-2\sin^2\alpha = 1-2\cdot\left(\frac{2}{3}\right)^2 = \frac{1}{9}$ ■

문제 2. 각 α가 제2사분면의 각이고, $\sin\alpha = \frac{4}{5}$일 때, 다음 삼각함수의 값을 구하여라. (단, $\frac{\pi}{2} < \alpha < \pi$)

(1) $\sin 2\alpha$ (2) $\cos 2\alpha$ (3) $\tan 2\alpha$ ■

[3] 삼각함수의 반각 공식

■ 반각의 공식

각 x에 대하여 성립하는 삼각함수의 반각공식은 다음과 같다.

(1) $\sin^2\frac{x}{2} = \frac{1-\cos x}{2}$, $\sin^2 x = \frac{1-\cos 2x}{2}$

(2) $\cos^2\frac{x}{2} = \frac{1+\cos x}{2}$, $\cos^2 x = \frac{1+\cos 2x}{2}$

(3) $\tan^2\frac{x}{2} = \frac{1-\cos x}{1+\cos x}$, $\tan^2 x = \frac{1-\cos 2x}{1+\cos 2x}$

예제 3. 다음 삼각함수의 값을 각각 구하여라.

(1) $\sin 22.5^\circ$ (2) $\cos 22.5^\circ$

풀이

(1) sine의 반각공식을 이용하면

$$\sin^2 22.5^\circ = \frac{1-\cos 45^\circ}{2} = \frac{1-(\sqrt{2}/2)}{2} = \frac{2-\sqrt{2}}{4}$$

(2) cosine의 반각공식을 이용하면

$$\cos^2 22.5^\circ = \frac{1+\cos 45^\circ}{2} = \frac{1+(\sqrt{2}/2)}{2} = \frac{2+\sqrt{2}}{4}$$

$$\therefore \cos 22.5^\circ = \frac{\sqrt{2+\sqrt{2}}}{2}$$ ■

문제 3. $\sin\alpha = -\frac{1}{3}$일 때 $\sin\frac{\alpha}{2}$의 값을 구하여라. (단, $\pi < \alpha < \frac{3}{2}\pi$)

■

3.6 역삼각함수(inverse trigonometric functions)

삼각함수는 주기함수이므로 일대일 대응함수가 아니다. 따라서, 역함수가 존재하지 않는다. 필요에 의하여 삼각함수의 역함수를 구하기 위해서는 삼각함수의 정의역을 의도적으로 제한해야 한다.

3.6.1 역사인함수 (inverse sine function)

함수 $y = \sin x$의 정의역을 $\left\{x \mid -\frac{\pi}{2} \le x \le \frac{\pi}{2}\right\}$로 제한하자. 그러면 함수 $y = \sin x$는 $\left\{x \mid -\frac{\pi}{2} \le x \le \frac{\pi}{2}\right\}$에서 $\{y \mid -1 \le y \le 1\}$로의 **일대일 대응함수**이다. 따라서 역함수가 존재하고 그 역함수를 **역사인함수**라고 하고

$$y = \sin^{-1}x \quad \text{또는} \quad y = \arcsin x$$

로 쓰며 다음과 같이 정의한다.

$$y = \sin^{-1}x \Leftrightarrow x = \sin y, \quad y \in \left[-\frac{\pi}{2}, \frac{\pi}{2}\right], \ x \in [-1, 1]$$

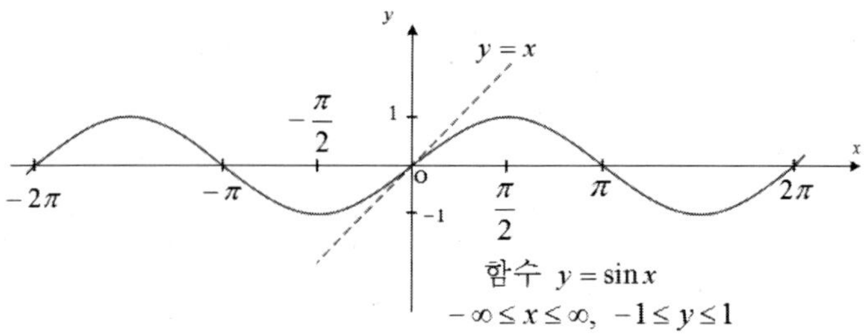

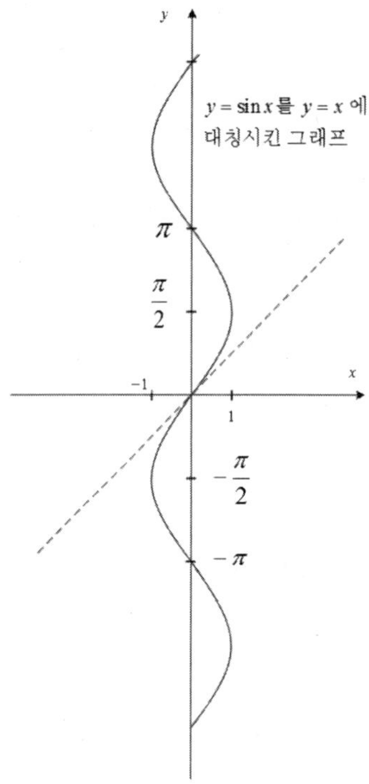

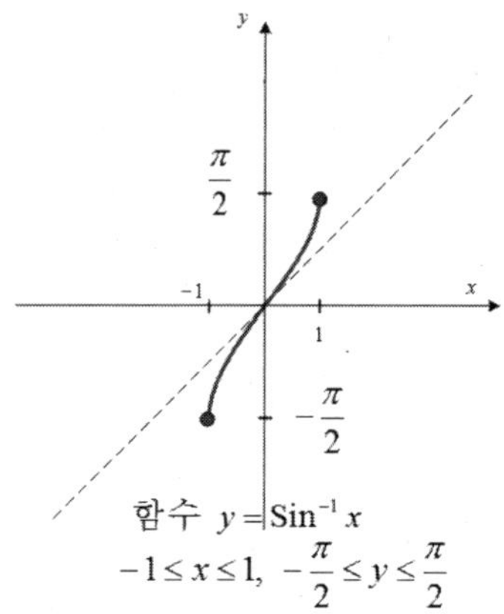

예제 1. 다음 값을 구하여라.

(1) $\sin^{-1}(-\dfrac{\sqrt{3}}{2})$ (2) $\sin^{-1}(3)$ (3) $\sin\left[\sin^{-1}(\dfrac{\sqrt{3}}{2})\right]$

풀이

(1) $\sin^{-1}(-\dfrac{\sqrt{3}}{2}) = -\dfrac{\pi}{3}$

(2) $y = \sin^{-1}(3)$, $-1 \le \sin y \le 1$의 범위를 벗어나므로 만족하는 값이 없다.

(3) $\sin\left[\sin^{-1}(\dfrac{\sqrt{3}}{2})\right] = \sin\dfrac{\pi}{3} = \dfrac{\sqrt{3}}{2}$ ■

문제 1. 다음 값을 구하여라.

(1) $\sin^{-1}(1)$ (2) $\sin^{-1}(\frac{3}{5})+\sin^{-1}(\frac{4}{5})$ (3) $\sin^{-1}\left[\sin(\frac{7\pi}{4})\right]$ ■

3.6.2 역코사인함수 (inverse cosine function)

함수 $y=\cos x$의 정의역을 $\{x|0 \le x \le \pi\}$로 제한하자. 그러면 함수 $y=\cos x$는 $\{x|0 \le x \le \pi\}$에서 $\{y|-1 \le y \le 1\}$로의 일대일 대응함수이다. 따라서 역함수가 존재하고 그 역함수를 **역코사인함수**라고 하고,

$$y=\cos^{-1}x \text{ 또는 } y=\arccos x$$

로 쓰며 다음과 같이 정의한다.

$$y=\cos^{-1}x \Leftrightarrow x=\cos y \ , \quad y\in[0,\pi],\ x\in[-1,1]$$

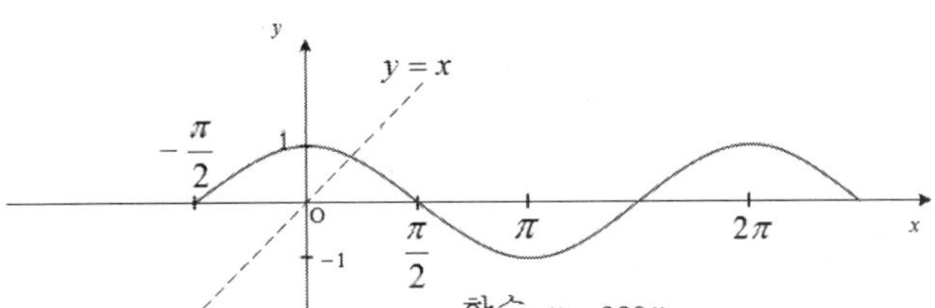

함수 $y=\cos x$
$-\infty \le x \le \infty,\ -1 \le y \le 1$

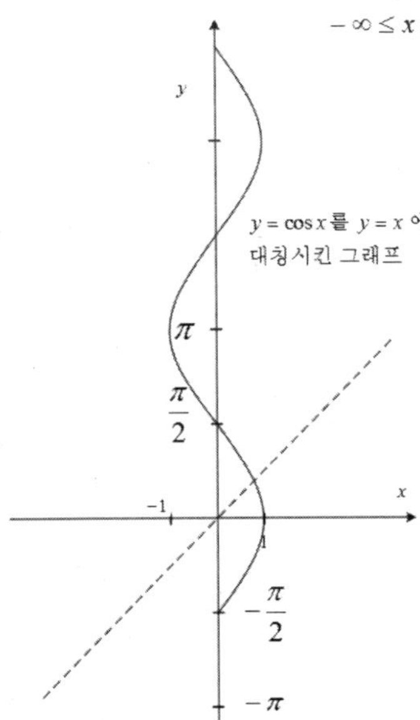

$-\infty \le y \le \infty,\ -1 \le x \le 1$

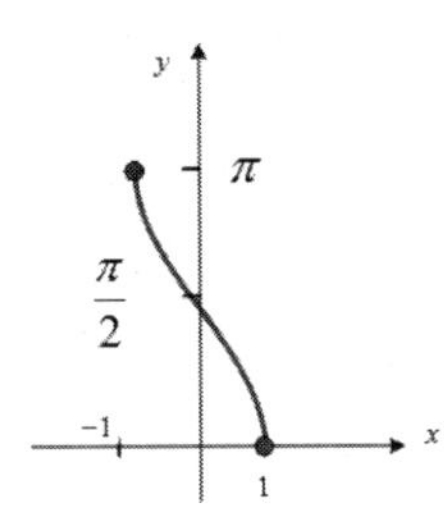

함수 $y=\mathrm{Cos}^{-1}x$
$-1 \le x \le 1,\ 0 \le y \le \pi$

예제 1. 다음 값을 구하여라.

(1) $\cos^{-1}(\frac{3}{2})$ (2) $\cos^{-1}(-\frac{1}{2})$ (3) $\cos^{-1}(\frac{\sqrt{3}}{2})$

풀이

(1) $\cos^{-1}(\frac{3}{2})$, 답이 존재하지 않음

$\therefore y = \frac{3\pi}{4}$

(2) $y = \cos^{-1}(-\frac{1}{2})$, $\cos y = -\frac{1}{2}$, $0 \le y \le \pi$

$\therefore y = \frac{2\pi}{3}$

(3) $y = \cos^{-1}(\frac{\sqrt{3}}{2})$, $\cos y = \frac{\sqrt{3}}{2}$, $0 \le y \le \pi$

$\therefore y = \frac{\pi}{6}$ ■

문제 2. 다음 값을 구하여라.

(1) $\cos^{-1}(-\frac{\sqrt{2}}{2})$ (2) $\cos^{-1}1$ (3) $\cos^{-1}0$ (4) $\cos^{-1}\frac{1}{2}$

■

3.6.3 역탄젠트 함수 (inverse tangent function)

함수 $y = \tan x$의 정의역을 $\left\{x \mid -\frac{\pi}{2} < x < \frac{\pi}{2}\right\}$로 제한하자. 그러면 함수 $y = \tan x$는 $\left\{x \mid -\frac{\pi}{2} < x < \frac{\pi}{2}\right\}$에서 $\{y \mid -\infty < y < \infty\}$로의 일대일 대응함수이다. 따라서 역함수가 존재하고 그 역함수를 **역탄젠트함수**라고 하고

$$y = \tan^{-1}x \text{ 또는 } y = \arctan x$$

로 쓰며 다음과 같이 정의한다.

$$y = \tan^{-1}x \Leftrightarrow x = \tan y \ , \quad y \in \left(-\frac{\pi}{2}, \frac{\pi}{2}\right),\ x \in (-\infty, \infty)$$

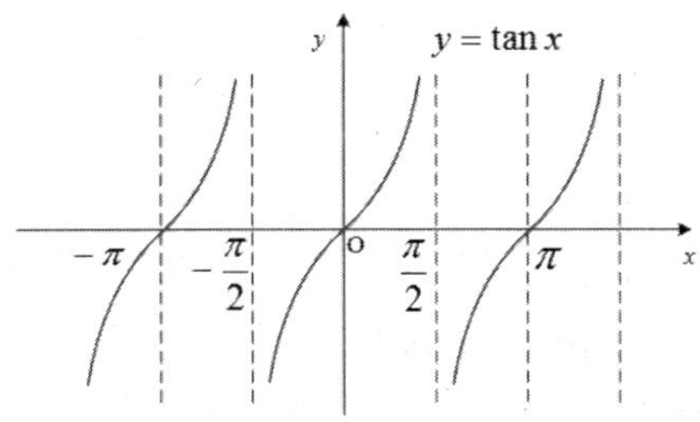

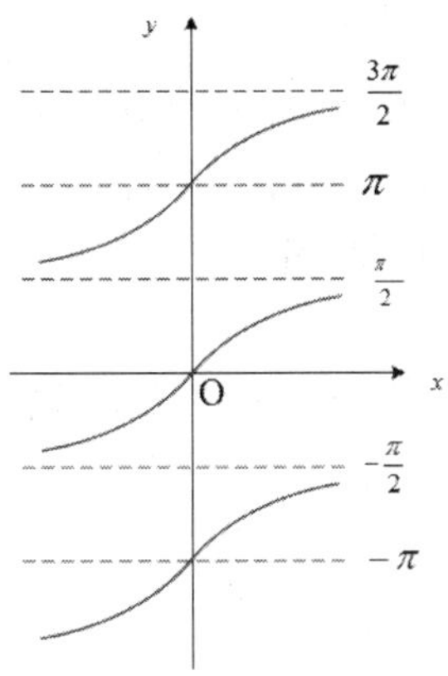

$y=\tan x$ 를 $y=x$에
대칭시킨 그래프

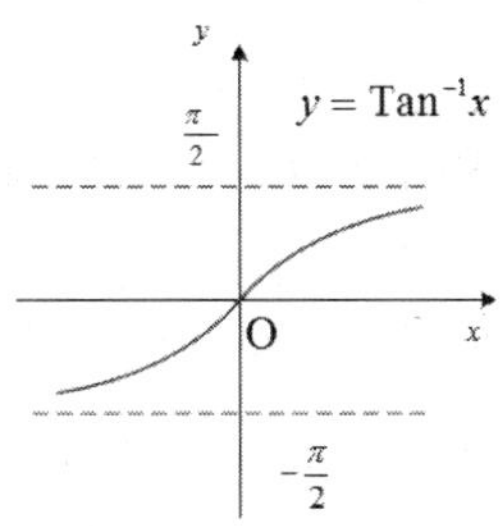

함수 $y=\mathrm{Tan}^{-1}x$

$-\infty \le x \le \infty,\ -\frac{\pi}{2} \le y \le \frac{\pi}{2}$

예제 1. 다음 값을 구하여라.

(1) $\tan^{-1}\left(\frac{-1}{\sqrt{3}}\right)$ (2) $\sin\left[\tan^{-1}(\sqrt{3})\right]$

풀이

(1) $y=\tan^{-1}\left(\frac{-1}{\sqrt{3}}\right)=-\frac{\pi}{6}$

(2) $y=\sin\left[\tan^{-1}(\sqrt{3})\right]=\sin\left[\frac{\pi}{3}\right]=\frac{\sqrt{3}}{2}$ ■

문제 3. 다음 값을 구하여라.

(1) $\tan^{-1}(-1)$ (2) $\tan\left[\sin^{-1}(\sqrt{3})\right]$ (3) $\sin^{-1}\left[\tan\left(\frac{\pi}{6}\right)\right]$

■

3.7 쌍곡선 함수

두 지수함수 e^x와 e^{-x}를 중첩하여 얻은 함수는 물리현상과 공학적 문제에서 유용하게 이용되고 있어서 쌍곡선 함수(hyperbolic functions)라는 특별한 이름으로 정의되어 있다. 쌍곡선(hyperbola)의 특성을 유사하게 가지므로 쌍곡선 함수(hyperbolic functions)라고 부른다. 삼각함수와 유사한 특징을 갖는다. 함수 $y=\frac{1}{x}$은 쌍곡선 함수의 간단한 예이다.

이 절에서는 쌍곡선 함수(hyperbolic functions)에 관해 학습하기로 한다.

3.7.1 쌍곡 sine 함수와 cosine 함수의 정의

■ 쌍곡 sine 함수와 쌍곡 cosine 함수는 각각 다음과 같이 정의한다.

(1) 쌍곡 sine 함수(hyperbolic sine functions)

$$\sinh x = \frac{e^x - e^{-x}}{2} = \frac{e^{2x}-1}{2e^x} = \frac{1-e^{-2x}}{2e^{-x}}$$

(2) 쌍곡 cosine 함수(hyperbolic cosine functions)

$$\cosh x = \frac{e^x + e^{-x}}{2} = \frac{e^{2x}+1}{2e^x} = \frac{1+e^{-2x}}{2e^{-x}}$$

그래프는 다음과 같다.

(1) 쌍곡 sine 함수(hyperbolic sine functions)

$$\sinh x = \frac{e^x - e^{-x}}{2}$$

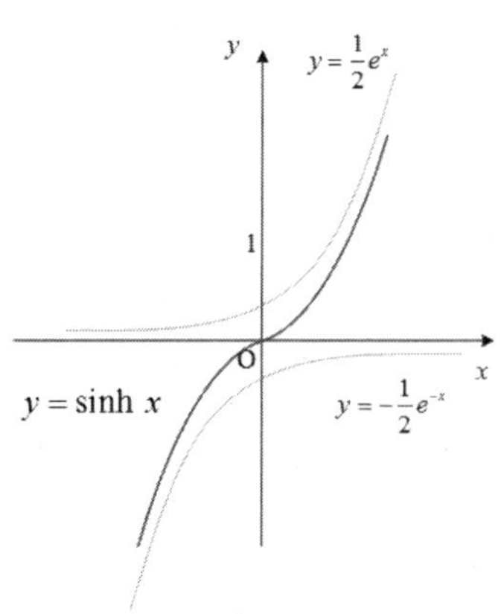

(2) 쌍곡 cosine 함수(hyperbolic cosine functions)

$$\cosh x = \frac{e^{x} + e^{-x}}{2}$$

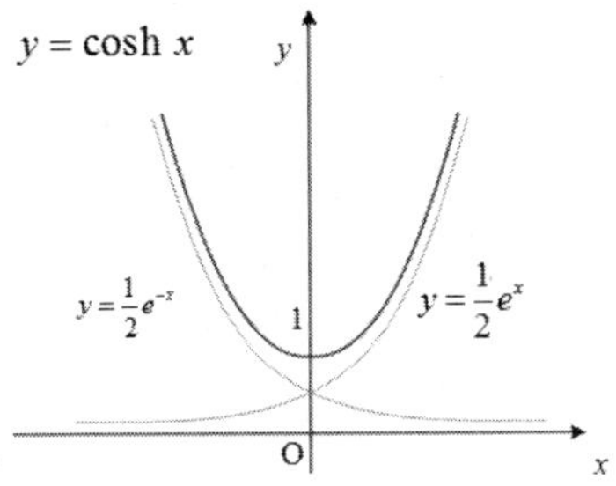

3.7.2 쌍곡선 함수의 예

실생활에서 쌍곡선 함수의 예를 들어 보자. 균일하고 유연한 케이블이 교량위의 두 지점 사이에 매달려있는 경우를 보자. 이 케이블은 현수선(catenary)를 나타내고 있다. 현수선의 최소점을 y-축 위에 위치시키면, 현수선의 방정식은 다음과 같다.

$$y = a \cdot \cosh\left(\frac{x}{a}\right), \quad a > 0$$

여기서 a는 케이블의 장력과 물리적 특성에 따라 달라지는 값이다.

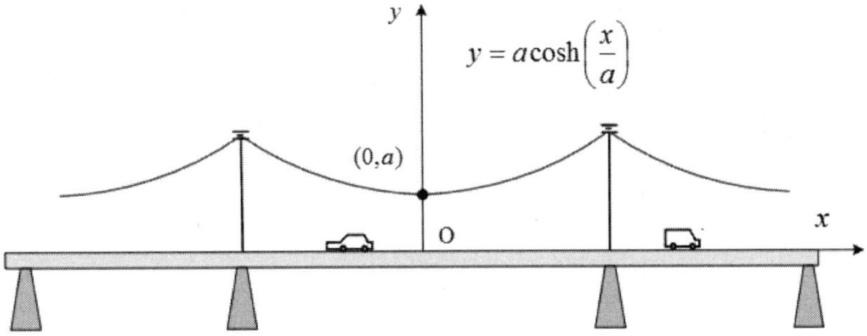

3.7.3 기타 쌍곡선 함수의 정의

기타 쌍곡선 함수들은 다음과 같이 정의한다.

(1) $\tanh x = \dfrac{\sinh x}{\cosh x} = \dfrac{e^x - e^{-x}}{e^x + e^{-x}} = \dfrac{e^{2x} - 1}{e^{2x} + 1} = \dfrac{1 - e^{-2x}}{1 + e^{-2x}}$

(2) $\coth x = \dfrac{\cosh x}{\sinh x} = \dfrac{e^x + e^{-x}}{e^x - e^{-x}} = \dfrac{e^{2x} + 1}{e^{2x} - 1} = \dfrac{1 + e^{-2x}}{1 - e^{-2x}},\ x \neq 0$

(3) $\operatorname{sech} x = \dfrac{1}{\cosh x} = \dfrac{2}{e^x + e^{-x}} = \dfrac{2e^x}{e^{2x} + 1} = \dfrac{2e^{-x}}{1 + e^{-2x}}$

(4) $\operatorname{csch} x = \dfrac{1}{\sinh x} = \dfrac{2}{e^x - e^{-x}} = \dfrac{2e^x}{e^{2x} - 1} = \dfrac{2e^{-x}}{1 - e^{-2x}},\ x \neq 0$

이들 각각의 그래프는 다음과 같다.

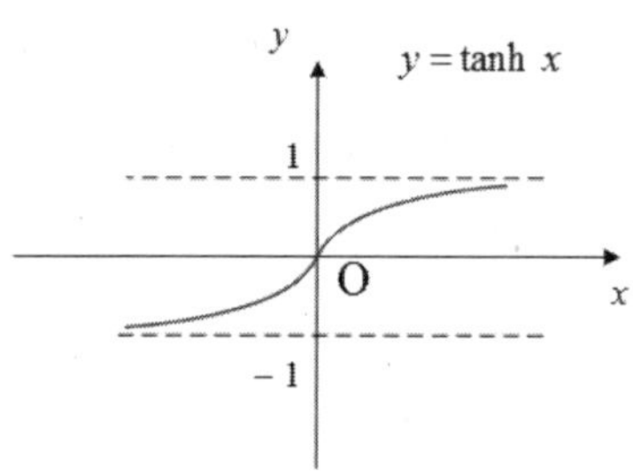

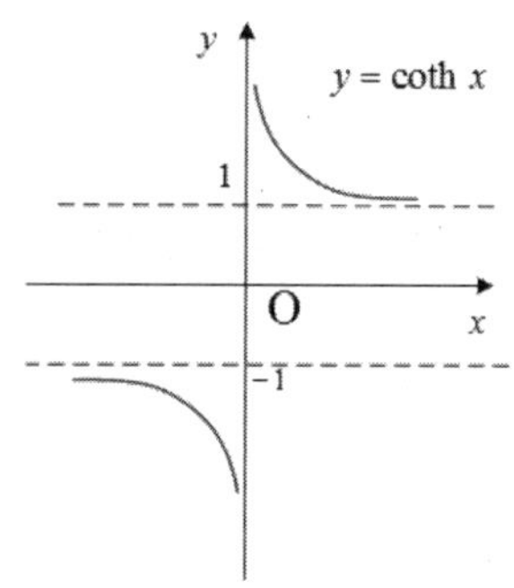

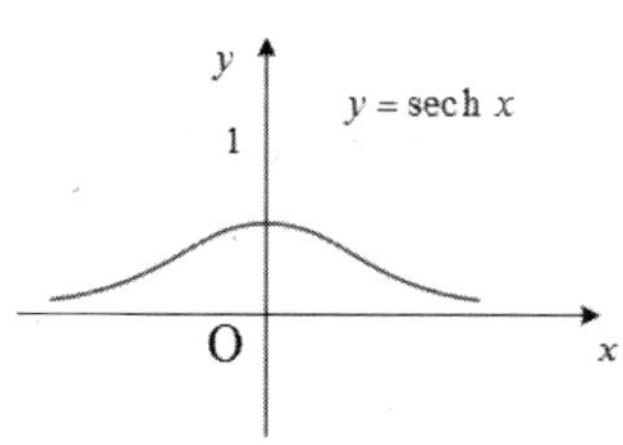

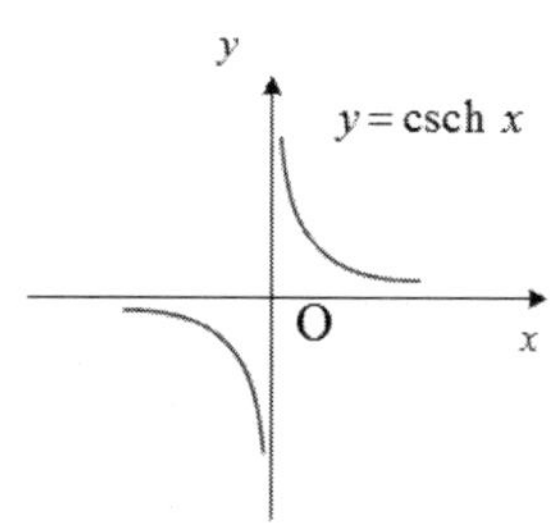

예제 1. 다음 등식을 증명하여라.

$$\cosh^2 x - \sinh^2 x = 1$$

풀이

$$\cosh x = \frac{e^x + e^x}{2}, \quad \sinh x = \frac{e^x - e^x}{2}$$

이므로 이들을 대입하면,

$$\cosh^2 x - \sinh^2 x = \left(\frac{e^x + e^x}{2}\right)^2 - \left(\frac{e^x - e^x}{2}\right)$$

$$= \frac{e^{2x} + 2 + e^{-2x}}{4} - \frac{e^{2x} - 2 + e^{-2x}}{4} = 1$$

■

문제 1. 다음 등식을 증명하여라.

$$1 - \tanh^2 x = \operatorname{sech}^2 x$$

■

위 그림에서 보는 바와 같이 함수 $\sinh x$와 $\tanh x$는 일대일 대응함수이므로 역함수가 존재하고 기호로 $\sinh^{-1} x$, $\tanh^{-1} x$로 쓸 수 있다. 함수 $\cosh x$는 정의역을 $[0, \infty)$로 제한하면 일대일 대응이 되므로 역함수가 존재하고 기호로 $\cosh^{-1} x$로 쓴다. 역쌍곡선함수는 다음과 같이 정의할 수 있다.

$$y = \sinh^{-1} x \quad \Leftrightarrow \quad \sinh y = x$$
$$y = \cosh^{-1} x \quad \Leftrightarrow \quad \cosh y = x,\ y \geq 0$$
$$y = \tanh^{-1} x \quad \Leftrightarrow \quad \tanh y = x$$

예제 2. 쌍곡선함수가 지수함수로 정의되므로, 역쌍곡선함수는 로그함수로 정의된다. 다음을 증명하여라.

$$\sinh^{-1} x = \ln\left(x + \sqrt{x^2 + 1}\right), \quad x \in R$$

풀이

$y = \sinh^{-1} x$라 하자. 그러면 $x = \sinh y = \dfrac{e^y - e^{-y}}{2}$이므로 양변에 $2e^y$를 곱하여 정리하면

$$(e^y)^2 - 2xe^y - 1 = 0$$

이다. 2차 방정식의 근의 공식에 의해

$$e^y = \frac{2x \pm \sqrt{4x^2 + 4}}{2} = x \pm \sqrt{x^2 + 1}$$

을 얻을 수 있다. $e^y > 0$이고 $x - \sqrt{x^2 + 1} < 0$이므로

$$e^y = x + \sqrt{x^2+1}$$

이고 따라서 $y = \ln e^y = \ln (x + \sqrt{x^2+1})$이다. ■

문제 2. 다음을 증명하여라.

$$\cosh^{-1} x = \ln (x + \sqrt{x^2 - 1}),\ \ x \geq 1$$

■

연습문제

3-01 집합 $X = \{-1, 0, 1\}$에 대하여 X에서 X로의 두 함수 f, g가 다음과 같다.

$$f(x) = x^2,\ g(x) = |x|$$

$f = g$임을 보여라.

3-02 다음 함수의 정의역과 치역을 구하여라.

(1) $y = -2x + 7$ (2) $y = |x|$

(3) $y = 2x^2 + 4$ (4) $y = -\dfrac{1}{x}$

3-03 Gauss 함수의 한 종류로서 최대정수 함수(바닥함수, floor function)는 내림함수 또는 버림함수라고도 하며 기호로 $[x]$ 또는 $\lfloor x \rfloor$를 사용한다.

정의 : floor(x)$=x$보다 크지 않은 최대 정수 (x와 같거나 작은 최대정수)

$[x]$는 $a \le x < a+1$이 되는 정수 a를 나타낸다.

다음 함수의 그래프를 그려라.

(1) $y = [x]$ (2) $y = [x+1]$ (3) $y = x - [x]$

(4) $y = \sqrt{x - [x]}$ (5) $y = [-x^2 + 1]$ (6) $y = [\cos 2x]$

3-04 지수방정식 $4^x - 2^{x+2} - 32 = 0$을 풀어라.

3-05 지수부등식 $4^x - 3 \cdot 2^{x+1} - 16 \le 0$을 풀어라.

3-06 다음 지수부등식을 풀어라.

(1) $3^{2x} - 12 \cdot 3^x + 27 \le 0$　　(2) $4^x - 6 \cdot 2^x + 8 < 0$

3-07 로그방정식을 풀어라.

(1) $\log_2 (x-1) + \log_2 (x+3) = 5$

(2) $\log_2 (x+2) + \log_2 (x-4) = 4$

3-08 다음 로그부등식을 풀어라.

(1) $\log_2 x \le 3$　　(2) $\log_2 x + \log_2 (x-1) < 0$

(3) $2\log_{1/2}(x-4) > \log_{1/2}(x-2)$　　(4) $\log x^2 + (\log x)^2 \ge 3$

3-09 다음 호도법으로 나타낸 각을 육십분법으로 나타내어라.

(1) $\frac{\pi}{4}$　　(2) $\frac{3\pi}{2}$　　(3) $\frac{3\pi}{4}$　　(4) $-\frac{\pi}{6}$

(5) $\frac{4\pi}{3}$　　(6) $\frac{\pi}{12}$　　(7) $\frac{10\pi}{3}$

3-10 부채꼴의 호의 길이가 $2\pi\,\text{cm}$이고 넓이가 $3\pi\,\text{cm}^2$일 때, 부채꼴의 반지름의 길이와 중심각의 크기를 구하여라.

3-11 $\theta = \frac{7}{6}\pi$일 때, $\sin\theta$, $\cos\theta$, $\tan\theta$의 값을 구하여라.

4 CHAPTER

함수의 극한과 연속

4.1 함수의 극한

미분적분학을 학습하기 위해서 필요한 기본 개념은 함수의 극한(limit)이다. 극한이란 특정한 값에 점점 가까이 접근한다는 의미이다. 예를 들어 반지름이 x[cm]인 원에서, 반지름이 시간에 따라 일정하게 증가한다고 하자. 원의 면적은

$$S(t) = \pi \cdot x^2(t)\ [\text{cm}^2] \text{ 또는 간단히 } S = \pi x^2 [\text{cm}^2]$$

이다. 반지름이 10[cm]로 한없이 접근하는 값을 갖는다면, 원의 면적은 100π[cm^2]에 점점 더 접근하게 된다. 이 경우

"x가 10에 접근하면, πx^2은 극한값 100π에 접근한다."

고 하고, 기호로

$$\lim_{x \to 10} \pi x^2 = 100\pi$$

로 나타낸다.

4.1.1 함수 극한의 정의

[1] 함수의 극한

그림과 같이, 함수 $y = f(x)$에서, x가 a와 다른 값을 가지면서 a에 한없이 가까워질 때, 함숫값 $f(x)$가 일정한 값 α에 한없이 가까워지면, $f(x)$는 α에 **수렴**한다고 한다. 이때, α을 $x \to a$일 때의 함수 $f(x)$의 **극한** 또는 **극한값**이라 하고, 기호로 다음과 같이 나타낼 수 있다.

1. $x \to a$일 때 $f(x) \to \alpha$
2. $\lim\limits_{x \to a} f(x) = \alpha$
3. $\lim\limits_{x \to a} f(x) = \alpha \Leftrightarrow \lim\limits_{x \to a^-} f(x) = \alpha,\ \lim\limits_{x \to a^+} f(x) = \alpha$

여기서 일정한 값 α를 x가 a로 수렴할 때의 $f(x)$의 극한값이라고 한다.

극한 $\lim_{x \to a} f(x) = \alpha$일 때 함수 $f(x)$가 $x=a$에서 반드시 정의될 필요는 없으며, x가 a에 가까워지는 방법에 관계없이 언제나 $f(x) \to \alpha$이다.

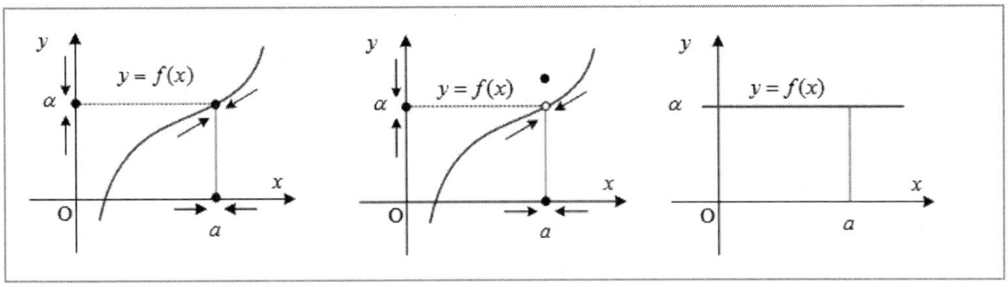

예제 1. 함수 $f(x) = \dfrac{x^2-4x+3}{x-3}$, $x \neq 3$의 그래프에서 $x \to 3$일 때, 함수 $f(x) \to 2$에 한없이 접근함을 확인하라.

풀이

$$f(x) = \frac{x^2-4x+3}{x-3} = \frac{(x-3)(x-1)}{x-3} = x-1,\ x \neq 3$$

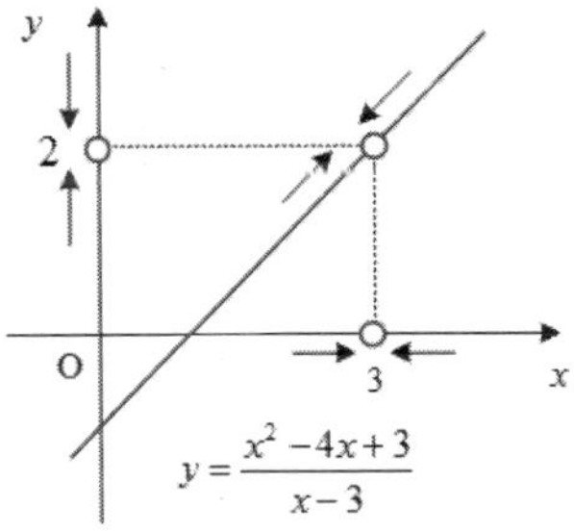

■

함수 $f(x)$에서 $x \to a$일 때, $f(x) \to \alpha$인 실수 α가 존재할 경우

'x가 a에 한없이 **접근**할 때, $f(x)$는 α에 수렴한다'

고 한다. 이때, α을 $x \to a$일 때의 함수 $f(x)$의 극한 또는 극한값이라 하고, 기호로

$$\lim_{x \to a} f(x) = \alpha \quad \text{또는} \quad x \to a\text{일 때 } f(x) \to \alpha$$

과 같이 나타낸다.

극한 $\lim_{x \to a} f(x) = \alpha$일 때 함수 $f(x)$가 $x = a$에서 반드시 정의되는 것은 아니다. 정의되지 않더라도, x가 a에 가까워지기만 하면 방법에 관계없이 언제나 $f(x) \to \alpha$이다.

문제 1. 다음 극한값을 구하여라.

(1) $\lim_{x \to 2}(x^2 - 2)$　　　　(2) $\lim_{x \to 2} \dfrac{x^2 - 4}{x - 2}$, $x \neq 2$

■

함수 $f(x)$에서 $x \to a$일 때, 함수가 수렴하지 않는 경우를 살펴보자.

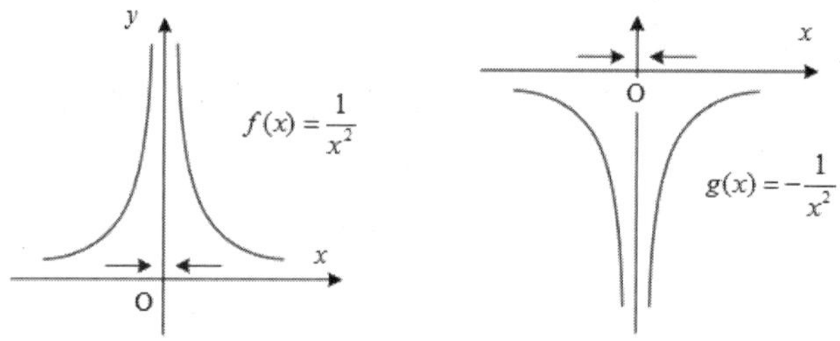

(1) 함수 $f(x) = \dfrac{1}{x^2}, x \neq 0$에서 $\lim_{x \to 0} \dfrac{1}{x^2} = \infty$　　(2) 함수 $g(x) = -\dfrac{1}{x^2}, x \neq 0$에서 $\lim_{x \to 0}\left(-\dfrac{1}{x^2}\right) = -\infty$

[2] 좌극한과 우극한

함수 $y = f(x)$에서 극한값 $\lim_{x \to a} f(x)$가 하나로 정해지지 않고, 독립변수 x의 값에 따라 서로 다른 두 가지 값을 갖는 경우가 있다.

(1) $x \to a - 0$일 때의 극한값을 **좌극한**이라 하고, 기호로

$$\lim_{x \to a - 0} f(x) = \lim_{x \to a^-} f(x) = \alpha$$

과 같이 나타낸다.

(2) $x \to a + 0$일 때의 극한값을 **우극한**이라 하고, 기호로

$$\lim_{x \to a + 0} f(x) = \lim_{x \to a^+} f(x) = \alpha$$

과 같이 나타낸다.

문제 2. 다음 극한을 조사하여라.

(1) $\lim\limits_{x \to 0} \dfrac{1}{x^2}$ (2) $\lim\limits_{x \to -1} \left\{ -\dfrac{1}{(x+1)^2} \right\}$

■

[3] 극한값의 존재

실수값 $x = a$에서 함수 $f(x)$의 좌극한과 우극한이 모두 존재하고 그 값이 α일 경우에는

"함수 $f(x)$는 $x = a$에서의 극한값 α가 존재한다."

라고 하고 기호로 다음과 같이 표시한다.

$$\lim_{x \to a-0} f(x) = \lim_{x \to a+0} f(x) = \alpha \Leftrightarrow \lim_{x \to a} f(x) = \alpha$$

예제 2. 함수 $f(x) = \dfrac{|x|}{x}$, $x \neq 0$에서 $x = 0$의 좌극한과 우극한을 구하여라.

풀이

함수의 그래프를 그리면, 좌극한 -1, 우극한 1이다.

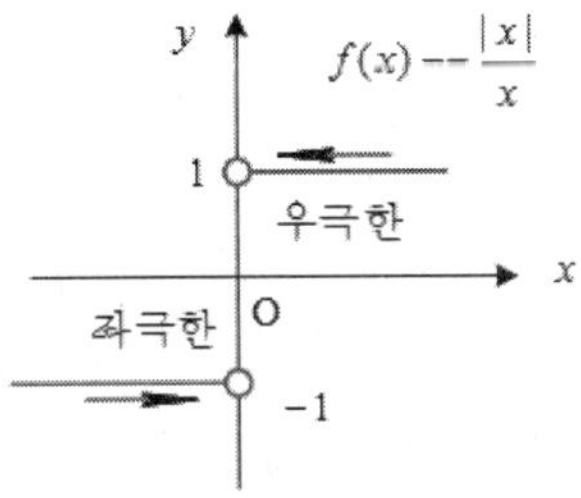

■

문제 3. 다음 함수의 주어진 점에서 우극한과 좌극한을 각각 구하여라.

$$f(x) = \frac{x^2 - 1}{|x - 1|}, \ x \neq 1$$

■

4.1.2 함수의 극한에 관한 성질

함수의 극한에 관하여 위에서 살펴본 바와 같이 다음 성질이 성립함이 알려져 있다. 함수 $f(x)$가 다항함수일 때, 임의의 실수 a에 대하여 다음과 같이 나타낸다.

$$\lim_{x \to a} f(x) = f(a)$$

극한의 기호 $\lim\limits_{x \to a^{\pm}}$, $\lim\limits_{x \to a}$, $\lim\limits_{x \to \pm\infty}$ 를 $\lim$로 나타내기로 한다.

$\lim f(x) = \alpha$, $\lim g(x) = \beta$(단, α , β는 상수)일 때, 다음 성질이 성립한다.

1. $\lim\{c \cdot f(x)\} = c \cdot \lim f(x) = c\alpha$ (단 c는 상수)
2. $\lim\{f(x) \pm g(x)\} = \lim f(x) \pm \lim g(x) = \alpha \pm \beta$
3. $\lim\{f(x) \cdot g(x)\} = \lim f(x) \cdot \lim g(x) = \alpha \cdot \beta$
4. $\lim \dfrac{f(x)}{g(x)} = \dfrac{\lim f(x)}{\lim g(x)} = \dfrac{\alpha}{\beta}$ (단, $\beta \neq 0$) (단, $\lim\limits_{x \to a} g(x) \neq 0$)
5. $\lim \sqrt{f(x)} = \sqrt[n]{\lim f(x)} = \sqrt[n]{\alpha}$, (단, $f(x) \geq 0, \lim\limits_{x \to a} f(x) = f(a)$ 일 때)
6. a에 가까운 모든 x에 대하여, $f(x) \leq h(x) \leq g(x)$이고, 그와 동시에

   $\lim\limits_{x \to a} f(x) = \lim\limits_{x \to a} g(x) = \alpha$ 이면, $\lim\limits_{x \to a} h(x) = \alpha$이다.
7. a에 가까운 모든 x값에 대하여 $f(x) \leq g(x)$이면 $\alpha \leq \beta$

[참고] 성질 2, 3, 4를 말로 표현하면 다음과 같다.
2. "함수의 합, 차의 극한은 각 함수의 극한의 합, 차와 같다."
3. "함수의 곱의 극한은 각 함수의 극한의 곱과 같다."
4. "함수의 몫의 극한은 각 함수의 극한의 몫과 같다."

예제 1. 다음 극한값을 구하여라.

(1) $\lim\limits_{x \to 1} \dfrac{x^2 - 1}{x - 1}$ (2) $\lim\limits_{x \to 2} \dfrac{\sqrt{x+2} - 2}{x - 2}$

풀이

(1) $\lim_{x\to1}\frac{x^2-1}{x-1}=\lim_{x\to1}\frac{(x+1)(x-1)}{x-1}=\lim_{x\to1}(x+1)=2$

(2) $\lim_{x\to2}\frac{\sqrt{x+2}-2}{x-2}=\lim_{x\to2}\frac{(\sqrt{x+2}-2)(\sqrt{x+2}+2)}{(x-2)(\sqrt{x+2}+2)}$

$=\lim_{x\to2}\frac{x-2}{(x-2)(\sqrt{x+2}+2)}=\lim_{x\to2}\frac{1}{\sqrt{x+2}+2}=\frac{1}{4}$ ■

문제 1. 다음 극한값을 구하여라.

(1) $\lim_{x\to-1}\frac{x^3+1}{x^2-x-2}$　　(2) $\lim_{x\to\infty}\frac{x^2+2x}{2x^2+x-1}$

■

두 함수 $f(x)$, $g(x)$ $(g(x)\neq0)$로부터 관계식

$$f(x)=\frac{f(x)}{g(x)}\cdot g(x)$$

을 얻을 수 있다. 몫이 극한값 α를 가지고, $g(x)$가 극한값 0을 갖는다면, 즉

$$\lim_{x\to a}\frac{f(x)}{g(x)}=\alpha\,(\alpha\text{는 실수}),\quad \lim_{x\to a}g(x)=0$$

일 때, 함수의 극한에 관한 성질 (3)에 의하여

$$\lim_{x\to a}f(x)=\lim_{x\to a}\frac{f(x)}{g(x)}\cdot\lim_{x\to a}g(x)=\alpha\cdot0=0$$

이다. 그러므로 $x\to a$일 때, 몫의 함수 $\frac{f(x)}{g(x)}$가 수렴하고 $\lim_{x\to a}g(x)=0$이면 $\lim_{x\to a}f(x)=0$, 또는 $\lim_{x\to a}f(x)=0$이면 $\lim_{x\to a}g(x)=0$임을 알 수 있다.

예제 2. 다음 등식이 성립하도록 상수 a, b의 값을 정하여라.

(1) $\lim_{x\to2}\frac{ax+b}{x-2}=1$　　(2) $\lim_{x\to1}\frac{x-1}{\sqrt{x+a}-b}=6$

풀이

(1) $\lim_{x\to2}\frac{ax+b}{x-2}=1$에서 $\lim_{x\to2}(x-2)$이므로 $\lim_{x\to2}(ax+b)=0$이다.

즉, $2a+b=0$이다. $\therefore b=-2a$

이를 주어진 식에 대입하면

$$\lim_{x\to2}\frac{ax-2a}{x-2}=\lim_{x\to2}\frac{a(x-2)}{x-2}=a$$

$a=1$ 이므로, $b=-2a=-2$

(2) $\lim_{x\to1}\frac{x-1}{\sqrt{x+a}-b}=6$에서 $\lim_{x\to-1}(\sqrt{x+a}-b)=0$이므로

$$\sqrt{1+a}-b=0,\ \therefore b=\sqrt{a+1}$$

$$\lim_{x\to1}\frac{x-1}{\sqrt{x+a}-\sqrt{a+1}}=\lim_{x\to1}\frac{(x-1)(\sqrt{x+a}+\sqrt{a+1})}{x-1}=6$$

$$\lim_{x\to1}(\sqrt{x+a}+\sqrt{a+1})=6$$

$$\therefore\ 2\sqrt{a+1}=6 \quad a=8,\ b=3$$

■

문제 2. 다음 등식이 성립하도록 상수 a, b의 값을 정하여라.

(1) $\lim_{x\to-1}\frac{x^2-a}{x+1}=b$ (2) $\lim_{x\to1}\frac{x^2-1}{x^2+ax+b}=2$ ■

4.1.3 지수 및 로그함수의 극한

[1] 지수함수의 극한

그래프를 이용하면 지수함수$y=a^x$ $(a>0,\ a\neq1)$, $y=a^x$ $(a<0,\ a\neq1)$의 극한값을 알 수 있다.

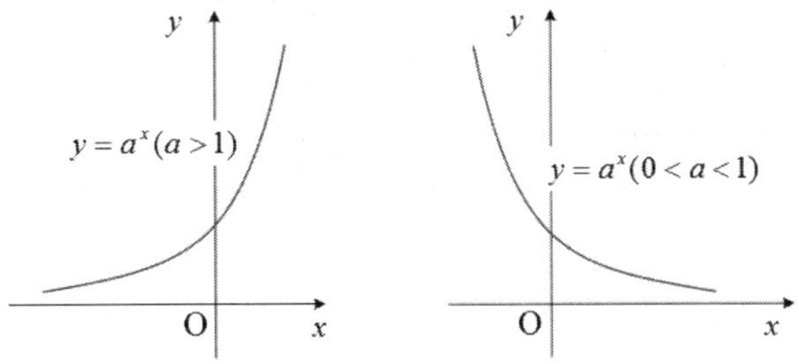

(i) $a>1$일 때, $\lim_{x\to\infty} a^x = \infty$, $\lim_{x\to-\infty} a^x = 0$

(ii) $0<a<1$일 때, $\lim_{x\to\infty} a^x = 0$, $\lim_{x\to-\infty} a^x = \infty$

예제 1. 다음 극한값을 구하여라.

(1) $\lim_{x\to\infty}\dfrac{3^x}{5^x}$ (2) $\lim_{x\to\infty}\dfrac{2^x-5^x}{2^x+5^x}$

풀이

(1) $\lim_{x\to\infty}\dfrac{3^x}{5^x}=\lim_{x\to\infty}\left(\dfrac{3}{5}\right)^x=0$

(2) $\lim_{x\to\infty}\dfrac{2^x-5^x}{2^x+5^x}=\lim_{x\to\infty}\dfrac{\left(\dfrac{2}{5}\right)^x-1}{\left(\dfrac{2}{5}\right)^x+1}=\dfrac{0-1}{0+1}=-1$ ■

문제 1. 다음 극한값을 구하여라.

(1) $\lim_{x\to\infty}\left(\dfrac{1}{3}\right)^x$ (2) $\lim_{x\to\infty}\dfrac{5^x}{5^x-1}$

(3) $\lim_{x\to\infty}(a^x+b^x)^{\frac{1}{x}}$ (단, $0<a<b$)

■

[2] 로그함수의 극한

로그함수 $y=\log_a x(a>0,\ a\neq 1)$의 극한값은 로그함수의 그래프로부터 알 수 있다.

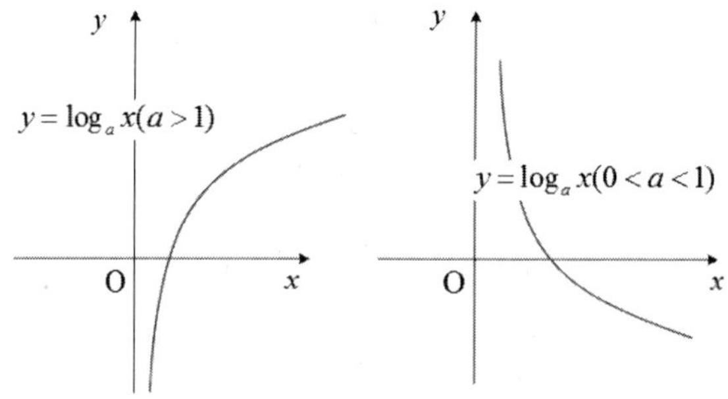

(i) $a > 1$일 때, $\lim_{x \to +0} \log_a x = -\infty$, $\lim_{x \to \infty} \log_a x = \infty$

(ii) $0 < a < 1$일 때, $\lim_{x \to +0} \log_a x = \infty$, $\lim_{x \to \infty} \log_a x = -\infty$

예제 2. 다음 극한값을 구하여라.

(1) $\lim_{x \to \infty} \{\log_2 (3x+1) - \log_2 x\}$

(2) $\lim_{x \to 3+0} \{\log_2 (x^2 - 9) - \log_2 (x-3)\}$

풀이

(1) $$\log_2 (3x+1) - \log_2 x = \log_2 \frac{3x+1}{x} = \log_2 \left(3 + \frac{1}{x}\right)$$

이므로,

$$\lim_{x \to \infty} \{\log_2 (3x+1) - \log_2 x\} = \lim_{x \to \infty} \log_2 \left(3 + \frac{1}{x}\right) = \log_2 3.$$

(2) $$\lim_{x \to 3+0} \{\log_2 (x^2-9) - \log_2 (x-3)\} = \lim_{x \to 3+0} \log_2 \frac{x^2-9}{x-3}$$

$$= \lim_{x \to 3+0} \log_2 (x+3) = \log_2 6$$ ■

문제 2. 다음 극한값을 구하여라.

(1) $\lim_{x \to \infty} \{\log 2x - \log(x - 1)\}$

(2) $\lim_{x \to 3+0} \{\log_3 (x^3 - 27) - \log_3 (x-3)\}$

(3) $\lim_{x \to 0} \{\log \sqrt{1 + x^2 + x^4} + 1) - \log(\sqrt{1+x^3} - \sqrt{1-x^2})$

■

4.2 함수의 연속

연속이란 끊어지지 않고 이어져 있다는 의미이다. 함수는 어느 구간 또는 어느 특정 지점에서 연속되어 있든지, 불연속 되어있다. 연속이기 위해서는 어떠한 조건이 필요한지를 살펴보고, 연속 또는 불연속인 함수의 형태를 살펴보고, 또 유한 또는 무한 구간의 정의역에서 존재하는 함수의 특성을 살펴보기로 하자.

4.2.1 연속의 조건

함수 $f(x)$가 실수 a에 대하여 세 조건을 모두 만족할 때, 함수 $f(x)$는 $x=a$에서 **연속**이라고 한다.

(1) 함수 $f(x)$는 $x=a$에서 정의되어 있다.

(2) 극한값 $\lim_{x\to a} f(x)$가 존재한다.

(3) $\lim_{x\to a} f(x)=f(a)$

함수 $f(x)$가 $x=a$에서 연속이 아닐 때, '함수 $f(x)$는 $x=a$에서 **불연속**'이라고 한다. 위의 연속성의 세 조건 모두를 만족해야만 '함수 $f(x)$는 $x=a$에서 연속'이다. 즉, 셋 중에 어느 하나라도 만족하지 못하는 함수 $f(x)$는 $x=a$에서 불연속이다.

예제 1. 다음 함수들의 불연속점을 구하여라.

(1) $f(x)=\dfrac{2x-6}{x^2+5x+2}$　　　(2) $f(x)=\cot x$

풀이

(1) $x=\dfrac{-5\pm\sqrt{5^2-4(1)(2)}}{2}=\dfrac{-5\pm\sqrt{13}}{2}$

(2) $x=n\pi,\ n=0,\ \pm1,\ \pm2,\ \pm3,\ \cdots$ ■

문제 1. 다음 함수들의 불연속점을 구하여라.

(1) $f(x)=\sec x$　　　(2) $f(x)=\csc x$

■

4.2.2 연속함수

연속의 조건을 만족하지 않은 함수의 예를 들어 보자.

(1) 그림 1의 함수

$$f(x)=\frac{|x-1|}{x-1},\ x\neq 1$$

이 함수는 $x=1$에서 정의되어 있지 않고, $x=1$에서 그래프가 연결되어 있지 않다.

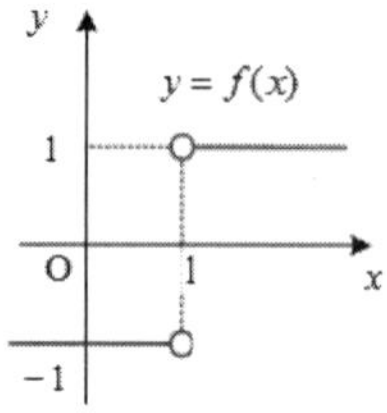

[그림 1]

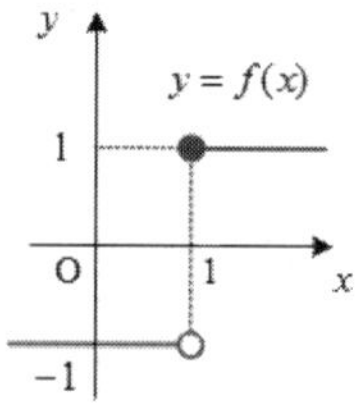

[그림 2]

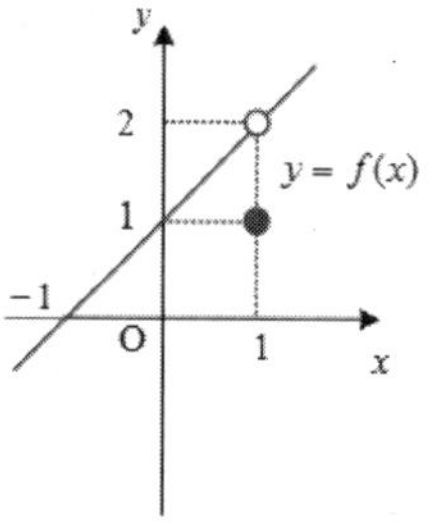

[그림 3]

(2) 그림 2의 함수

$$f(x)=\begin{cases}\dfrac{|x-1|}{x-1} & (x\neq 1)\\ 1 & (x=1)\end{cases}$$

이 함수는 $f(1)=1$이지만 극한값 $\lim_{x\to 1}f(x)$가 존재하지 않고, $x=1$에서 그래프가 연결되어 있지 않다.

(3) 그림 3의 함수

$$f(x)=\begin{cases}\dfrac{x^2-1}{x-1} & (x\neq 1)\\ 1 & (x=1)\end{cases}$$

이 함수는 $f(1)=1$이고, $\lim_{x\to 1}f(x)=2$이지만, $f(1)\neq\lim_{x\to 1}f(x)$이고, $x=1$에서 연결되어 있지 않다.

예제 1. 다음 함수는 $x=0$에서 불연속인가?

$$f(x)=\begin{cases} \dfrac{x^2-3x}{x} & (x \neq 0) \\ -2 & (x=0) \end{cases}$$

풀이

$$\lim_{x\to 0} f(x) = \lim_{x\to 0} \frac{x(x-3)}{x} = \lim_{x\to 0}(x-3) = -3, \quad f(0) = -2$$

이므로 $\lim_{x\to 0} f(x) \neq f(0)$, 따라서 함수 $f(x)$는 $x=0$에서 불연속이다. ■

문제 1. 다음 함수가 $x=1$에 연속인지 불연속인지를 판단하고 이유를 설명하라.

(1) $f(x)=x^2-4x$ (2) $f(x)=\begin{cases} \dfrac{x^2-1}{x-1} & (x \neq 1\text{일 때}) \\ 3 & (x=1\text{일 때}) \end{cases}$ ■

4.2.3 두 실수 $a, b(a<b)$ 로써 구성되는 집합

함수가 정의되기 위해서는 일정한 구간이 먼저 정의되어야만 한다. 실수 함수를 정의하기 위해 필요한 구간을 다음과 같이 정의한다. 두 실수 $a, b(a<b)$로써 구성되는 집합을 각각 기호로 나타내면 다음과 같다.

$$\{x | a \leq x \leq b\} \Leftrightarrow [a, b]$$
$$\{x | a < x < b\} \Leftrightarrow (a, b)$$
$$\{x | a < x \leq b\} \Leftrightarrow (a, b]$$
$$\{x | a \leq x < b\} \Leftrightarrow [a, b)$$

구간 $[a, b]$를 **닫힌 구간**, (a, b)를 **열린 구간**, $(a, b]$, $[a, b)$를 **반닫힌 구간** 또는 **반열린 구간**이라고 한다. 실수 축에서 그림으로 나타내면 다음과 같다.

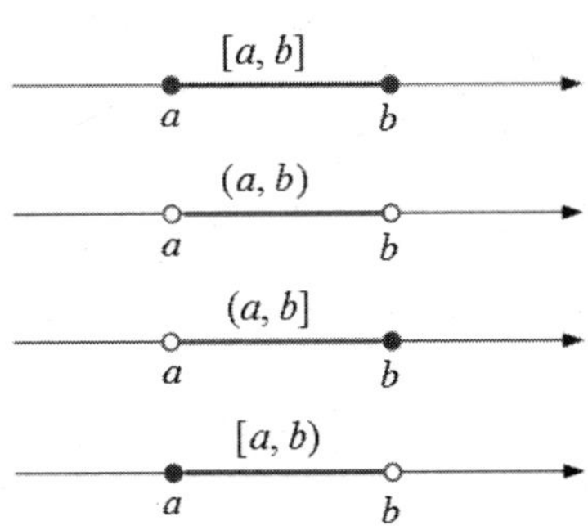

실수 a에 대하여 다음 집합으로 표시되는 구간은

$$\{x|x \le a\},\ \{x|x < a\},\ \{x|x \ge a\},\ \{x|x > a\}$$

각각 다음과 같이 나타낸다.

$$(-\infty,\ a],\ (-\infty,\ a),\ [a,\ \infty),\ (a,\ \infty)$$

실수 전체의 집합은 $(-\infty,\ \infty)$와 같이 나타낸다.

예제 1. 다음 구간을 기호로 나타내어라.

(1) $\{x|-1 \le x \le 2\}$ (2) $\{x|x \le 1\}$

풀이

(1) $[-1,\ 2]$ (2) $(-\infty,\ 1]$ ■

주어진 구간에 속해 있는 모든 x값에서 함수 $f(x)$가 연속일 때, "함수 $f(x)$는 그 구간에서 연속이다."라 한다. 주어진 구간에서 연속인 함수를 그 구간에서 **연속함수**라고 한다. 또, 열린 구간 $(a,\ b)$에서 함수 $f(x)$가 연속이고,

$$\lim_{x\to a+0} f(x) = f(a),\quad \lim_{x\to b-0} f(x) = f(b)$$

일 때, $f(x)$는 닫힌 구간 $[a,\ b]$에서 연속이라고 한다.

예제 2.

(1) 함수 $y = x+2$은 구간 $(-\infty,\ \infty)$에서 연속이다.

(2) 함수 $y = 1-\dfrac{1}{x-1}$은 각 구간 $(-\infty,\ 1)$, $(1,\ \infty)$에서 연속이다.

(3) 함수 $y = \sqrt{4-x}$은 구간 $(-\infty, 4]$에서 연속이다.

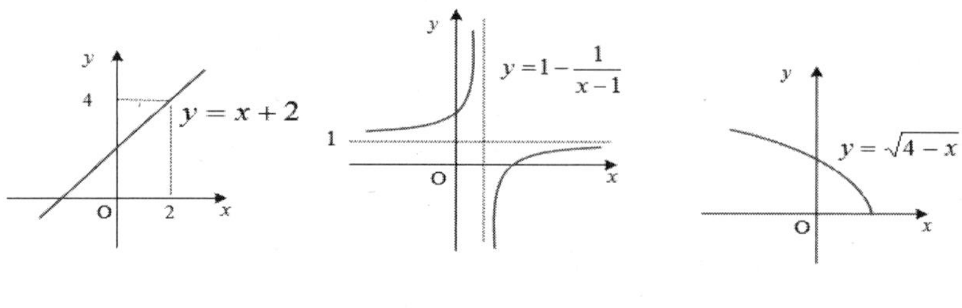

■

문제 1. 다음의 함수가 연속인 구간을 구하여라.

(1) $y=\ln(x+1)$ (2) $y=\sqrt{5-x}$ (3) $f(x)=\dfrac{1}{\sqrt{x-5}}$

■

4.2.4 연속함수의 성질

[1] 연속함수의 실수배, 합, 차, 곱, 몫으로 정의되는 함수

두 함수 $f(x)$와 $g(x)$가 각각 $x=a$에서 연속인 경우 함숫값 $f(a)$, $g(a)$ 및 극한값 $\lim_{x\to a} f(x)$, $\lim_{x\to a} g(x)$가 존재하므로 관계식

$$\lim_{x\to a} f(x)=f(a)\,,\ \lim_{x\to a} g(x)=g(a)$$

가 성립한다.

(1) 함수 $f(x)+g(x)$는 $x=a$에서 함숫값 $f(a)+g(a)$를 가지며, 함수의 극한에 대한 성질에 의하여 다음이 성립한다.

$$\lim_{x\to a}\{f(x)+g(x)\}=\lim_{x\to a} f(x)+\lim_{x\to a} g(x)=f(a)+g(a)$$

따라시 함수 $f(x)+g(x)$는 $x=a$에서 연속이다.

(2) 곱의 함수 $f(x)\cdot g(x)$도 $x=a$에서 함숫값 $f(a)\cdot g(a)$를 가지며, 함수의 극한의 성질에 의하여

$$\lim_{x\to a} f(x)g(x)=\lim_{x\to a} f(x)\cdot\lim_{x\to a} g(x)=f(a)\cdot g(a)$$

따라서 함수 $f(x)\cdot g(x)$는 $x=a$에서 연속이다.

■ 연속함수의 성질

두 함수 $f(x)$와 $g(x)$가 모두 특정구간에 속하는 $x=a$에서 연속이면 다음 함수도 $x=a$에서 연속이다.

(1) $c\cdot f(x)$ (단, c는 상수)

(2) $f(x)\pm g(x)$

(3) $f(x)\cdot g(x)$

(4) $\dfrac{f(x)}{g(x)}$ (단, $g(a)\neq 0$)

예제 1. 연속함수의 성질 (1)과 (4)가 성립함을 증명하여라.

풀이

연속인 두 함수 $f(x)$, $g(x)$에 대하여 주어진 구간의 임의의 한 점의 x좌표를 $x=a$라 하면 $f(x)$, $g(x)$가 $x=a$에서 연속이므로

$$\lim_{x\to a}f(x)=f(a),\quad \lim_{x\to a}g(x)=g(a)$$

가 성립한다. 이 때 함수의 극한의 성질에 따라 다음 성질이 성립한다.

(1)에 의하여 $\lim_{x\to a}\{cf(x)\}=c\lim_{x\to a}f(x)=cf(a)$

$\therefore$ 함수 $cf(x)$는 $x=a$에서 연속이다.

(4)에 의하여 $\lim_{x\to a}\dfrac{f(x)}{g(x)}=\dfrac{\lim_{x\to a}f(x)}{\lim_{x\to a}g(x)}=\dfrac{f(a)}{g(a)}\ (g(a)\neq 0)$

$\therefore$ 함수 $f(x)/g(x)$는 $x=a$에서 연속이다. ■

일차함수 $y=x$는 주어진 구간 $(-\infty,\ \infty)$에서 연속이다. (3)에 의하여 함수

$$y=x,\ y=x^2,\ y=x^3,\ \cdots,\ y=x^n,\ \cdots$$

도 모두 구간$(-\infty,\ \infty)$에서 연속이다.

따라서 (1), (2)에 의하여, 이들 함수에 상수를 곱하여 더한 함수

$$f(x)=a_nx^n+a_{n-1}x^{n-1}+\cdots+a_1x+a_0$$

도 모두 연속이다.

문제 1. 두 함수 $f(x)=x-2$, $g(x)=x^2+1$에 대하여 다음 함수의 연속을 조사하여라.

(1) $3f(x)-g(x)$　　　　(2) $g(f(x))$

■

4.2.5 최대·최소의 정리

정의역과 치역의 범위에서 함수가 갖는 최솟값, 최솟값을 갖는 경우를 예를 들어보자.

예제 1. 함수 $f(x)=-\dfrac{1}{x}$은

(1) $(-\infty,\ 0)(0,\ \infty)$에서 정의된다.

(2) 구간 $[1,\ 3]$에서 연속이므로 최댓값과 최솟값을 가진다.

(3) 구간 $[1,\ 3]$에서 이 함수는 $x=1$일 때, 최솟값 -1 , $x=2$일 때, 최댓값 $-\dfrac{1}{3}$을 가진다.

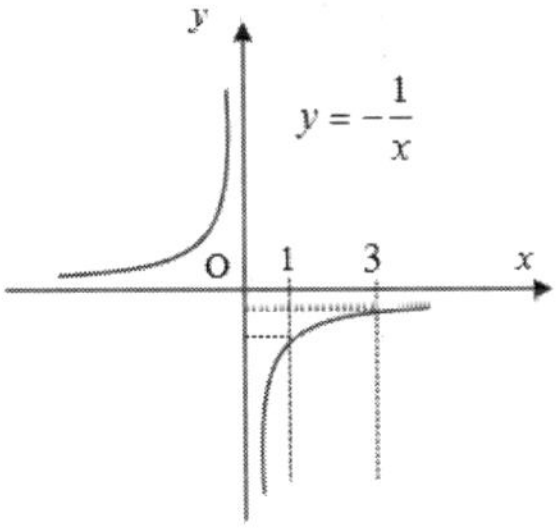

■

문제 1. 함수 $f(x)=-\sqrt{4-x}$의 구간 $[-2,\ 4]$ 에서 최댓값과 최솟값을 구하여라.

■

닫힌 구간에서 연속인 함수는 다음 최대·최소의 정리를 만족한다.

> **■ 최대·최소의 정리**
>
> 함수 $f(x)$가 구간 $[a,\ b]$에서 연속이면 $f(x)$는 이 구간에서 반드시 최댓값과 최솟값을 가진다.

4.2.6 중간값의 정리(Intermediate Value Theorem)

닫힌구간 $[a,\ b]$에서 연속인 함수 $y=f(x)$는 점 $\mathrm{P}(a,\ f(a))$와 점 $\mathrm{Q}(b,\ f(b))$에서 연속이다.

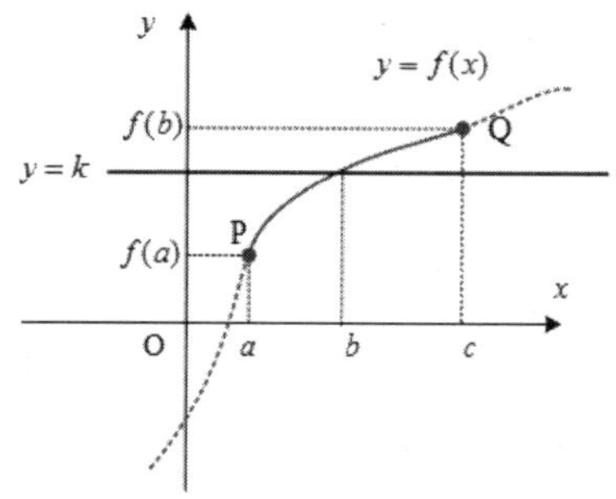

함숫값 $f(a)$와 함숫값 $f(b)$는 각각 음, 영, 또는 양의 값을 가질 수 있다. 함숫값 $f(a) \neq f(b)$일 때, $f(a)$와 $f(b)$ 사이에 존재하는 임의의 실수값을 k라 했을 때, 직선 $y=k$는 좌표 평면을 상하 두 부분으로 나누고, 두 점 P, Q는 서로 다른 부분에 각각 포함된다. 따라서 $y=f(x)$의 그래프를 따라 점 P에서 점 Q까지 변동하는 도중 적어도 한 번은 직선 $y=k$와 만나게 된다. 그러므로 닫힌 구간에서 연속인 함수에 대하여 다음을 얻는다. 이것을 **중간값의 정리**라고 한다.

> ■ **중간값의 정리**
>
> 함수 $f(x)$가 닫힌구간 $[a,\ b]$에서 연속이라 하자. 만약 k가 $f(a)$와 $f(b)$ 사이의 임의의 수라고 하면
>
> $$f(c)=k$$
>
> 를 만족하는 점 c가 a와 b사이에 적어도 하나는 존재한다.

함수 $f(x)$가 닫힌 구간 $[a,\ b]$에서 연속이고, 함숫값 $f(a)$와 $f(b)$의 부호가 서로 다른 부호를 갖는 경우, $f(x)=0$은 $f(a)$와 $f(b)$ 사이의 값이므로 중간값의 정리에 의하여 $f(c)=0$인 c가 구간 $(a,\ b)$ 에 적어도 하나 존재한다. 따라서 방정식 $f(x)=0$의 실근이 a와 b 사이에 적어도 하나 존재한다.

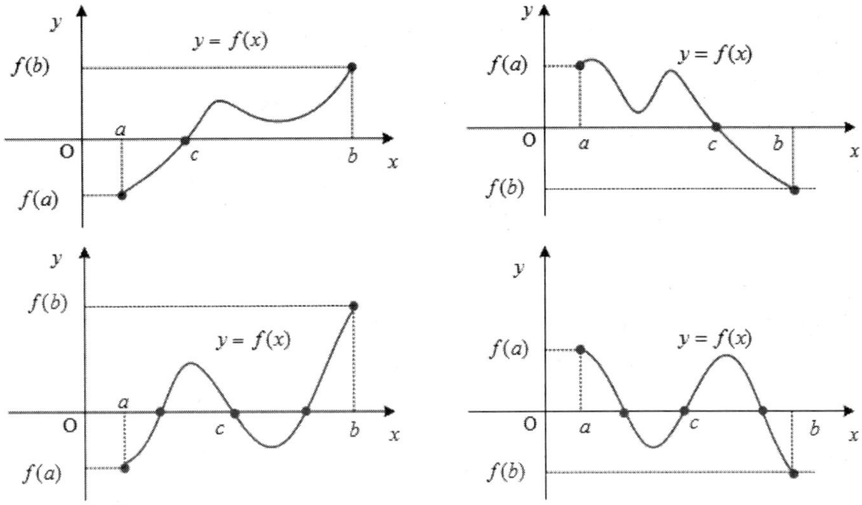

예제 1. 삼차 방정식 $x^3+2x-1=0$이 구간 $(0,\ 1)$에서 적어도 하나의 실근을 가짐을 확인하여라.

풀이

$f(x)=x^3+2x-1$라면, 삼차함수 $f(x)$는 구간 $[0,\ 1]$에서 연속이고

$$f(0)=\ -1<0,\quad f(1)=2>0$$

이므로 중간값의 정리에 의하여 $f(c)=0$을 만족하는 c가 0과 1 사이에 적어도 하나 존재한다. 따라서 방정식

$$x^3+2x-1=0$$

의 실근이 0과 1 사이에 적어도 하나 존재한다. ■

문제 1. 방정식 $x^2+2x-5=0$는 구간 $(-1,\ 2)$에서 적어도 하나의 실근을 가짐을 보여라.

■

연습문제

4-01 다음 극한을 조사하여라.

(1) $\displaystyle\lim_{x\to\infty}\frac{-1}{(x-1)^2}$　　(2) $\displaystyle\lim_{x\to 0}\left\{3-\frac{1}{x^2}\right\}$

(3) $\displaystyle\lim_{x\to 1}\frac{1}{(x-1)^2}$　　(4) $\displaystyle\lim_{x\to\infty}\left(3-\frac{1}{x}\right)$

4-02 다음 함수의 $x=3$에서의 좌극한과 우극한을 각각 구하고, $\displaystyle\lim_{x\to 3}f(x)$의 값이 존재하는지 말하여라.

(1) $f(x)=3x$　　(2) $f(x)=x^2+1$　　(3) $f(x)=\dfrac{|x-3|}{x-3}$

4-03 다음 극한을 조사하여라.

(1) $\displaystyle\lim_{x\to 4}\frac{1}{5}$　　(2) $\displaystyle\lim_{x\to -\infty}5$

(3) $\displaystyle\lim_{t\to -1}|3t^3-2t^2+5t-1|$　　(4) $\displaystyle\lim_{y\to 1}\frac{\sqrt{4-y^2}}{2+y}$

4-04 다음과 같은 그래프를 가지는 함수는 $x=3$에서 연속이 아닌 이유를 설명하여라.

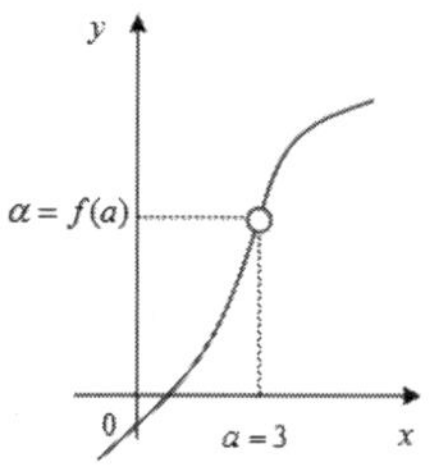

(1) $y=f(x)$

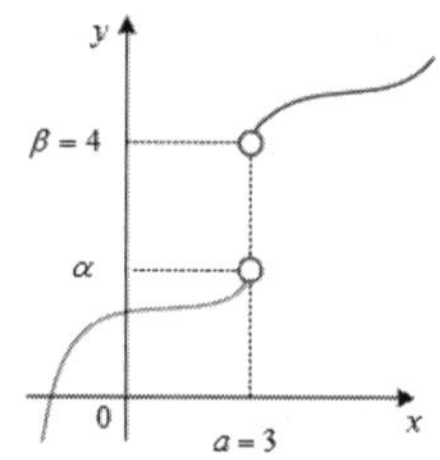

(2) $y=g(x)$

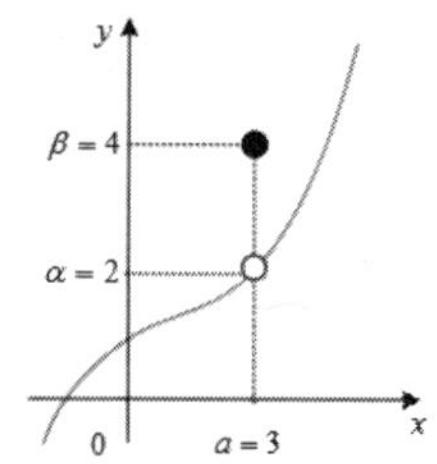

(3) $y=h(x)$

4-05 함수 $f(x)=-\sqrt{4-x}$ 의 구간 $[-2, 4]$에서 최댓값과 최솟값을 구하여라.

4-06 함수 $f(x)=\lim_{n\to\infty}\frac{x^{2n}-1}{x^{2n}+1}$ 의 연속성을 조사하여라.

4-07 방정식 $x^2+2x-5=0$는 구간 $(-1, 2)$에서 적어도 하나의 실근을 가짐을 보여라.

4-08 함수 $f(x)=2x,\ g(x)=x^2-1$로부터 유도한 다음 함수가 연속인 구간을 구하여라.

(1) $f(x)+g(x)$ (2) $2f(x)-g(x)$

(3) $f(x)\cdot g(x)$ (4) $\frac{f(x)}{g(x)}$

4-09 다음 극한 값을 구하여라.

(1) $\mathcal{L}=\lim_{x\to\infty}x\cdot\sin\left(\frac{1}{x}\right)$ (2) $\mathcal{L}=\lim_{x\to\infty}\frac{\pi-2\cdot\tan^{-1}x}{e^{3/x}-1}$

(3) $\mathcal{L}=\lim_{x\to 0}\frac{\tan x}{x}$

4-10 다음 극한 값을 구하여라.

(1) $\mathcal{L}=\lim_{x\to+\infty}\frac{e^x}{x^n}$ $(n=\text{정수})$ (2) $\mathcal{L}=\lim_{x\to 0^+}\frac{\ln(\cot x)}{\ln x}$

5 CHAPTER

미 분

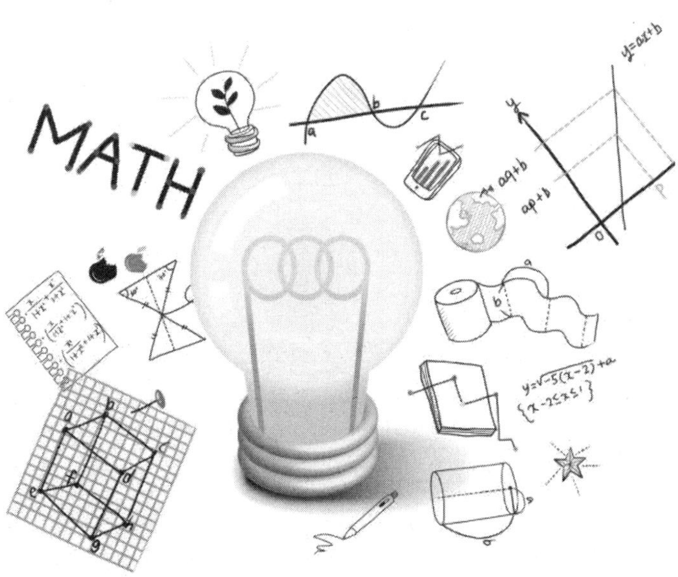

5.1 함수의 변화율

함수 $y=f(x)$의 그래프를 따라서 한 점이 점 P에서 점 Q까지 이동할 때, 각 좌표값의 증감 변화값을 증분이라고 한다. 한 점이 점 P에서 점 Q까지 움직일 때

x좌표의 변화량을 'x의 증분'
y좌표의 변화량을 'y의 증분'

이라 부르고 각각 기호로

$$\Delta x,\ \Delta y$$

와 같이 나타낸다.

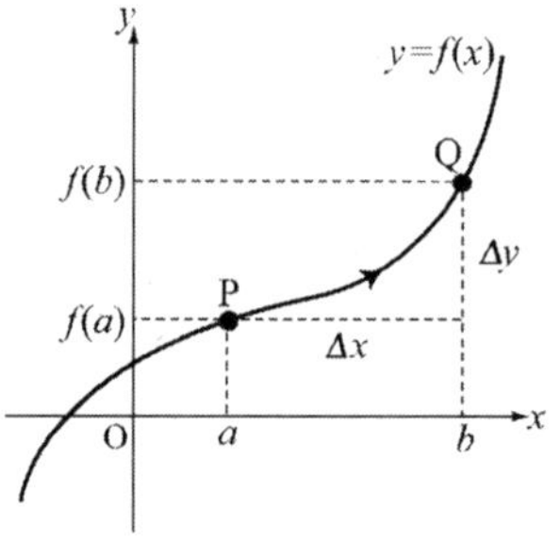

시작점 P, 끝점 Q의 좌표가 각각 $(a,\ f(a))$, $(b,\ f(b))$일 때, 한 점이 P에서 Q까지 움직일 때의 증분 (즉, x가 a에서 b까지 변할 때 의 증분)은 각각 다음과 같다.

x의 증분; $\Delta x = b-a$
y의 증분; $\Delta y = f(b)-f(a)$

[참고]
'차이'를 뜻하는 영어는 Difference 이다. 첫 글자 D에 해당하는 그리스 문자는 '델타'(delta)인데, 대문자 delta는 기호 Δ, 소문자 delta는 기호 δ이다. Δx의 Δ는 '작은 차이'를 뜻한다.

예제 1. 함수 $f(x)=x^2-x$이 다음을 만족할 때, $\dfrac{\Delta y}{\Delta x}$를 각각 구하여라.

(1) 함수 $y=f(x)$의 그래프 위의 한 점이 $(1,\ 0)$에서 $(3,\ 6)$까지 움직일 때

(2) x가 -2에서 -1까지 변할 때

(3) x가 x에서 $x+2$까지 변할 때

풀이

(1) $\dfrac{\Delta y}{\Delta x}=\dfrac{f(3)-f(1)}{3-1}=\dfrac{6-0}{3-1}=3$

(2) $\dfrac{\Delta y}{\Delta x}=\dfrac{f(-1)-f(-2)}{(-1)-(-2)}=\dfrac{2-6}{1}=-4$

(3) $\dfrac{\Delta y}{\Delta x}=\dfrac{f(x+2)-f(x)}{(x+2)-(x)}=\dfrac{[(x+2)^2-(x+2)]-[(x+2)^2-(x+2)]}{2}$

$=\dfrac{[(x+2)^2-(x+2)]-[x^2-x]}{2}=\dfrac{[(x^2+4x+4)-(x+2)]-[x^2-x]}{2}$

$=\dfrac{[(x^2+4x+4)-x-2]-[x^2-x]}{2}$

$=\dfrac{[(4x+4)-2]}{2}=2x-1$ ■

문제 1. 함수 $f(x)=3x+1$이 다음을 만족할 때, $\dfrac{\Delta y}{\Delta x}$를 각각 구하여라.

(1) 함수 $y=f(x)$의 그래프 위의 한 점이 $\mathrm{P}(0,\ 1)$에서 $\mathrm{Q}(4,\ 13)$까지 움직일 때

(2) 함수 $y=f(x)$의 그래프 위의 한 점이 2에서 $2+\Delta x$까지 변할 때

■

5.1.1 평균변화율

함수 그래프 $y=f(x)$ 위에 놓여 있는 한 점이 그래프를 따라 점 $\mathrm{P}(a,\ f(a))$에서 점 $\mathrm{Q}(b,\ f(b))$까지 움직일 때, Δx에 대한 Δy의 비(ratio)

$$\frac{\Delta y}{\Delta x}=\frac{f(b)-f(a)}{b-a}$$

를

"x가 a에서 b까지 변할 때의 함수 $y=f(x)$의 **평균변화율**"

이라고 한다. 그래프에서 평균변화율은 두 점 P, Q를 지나는 직선의 기울기를 나타낸다.

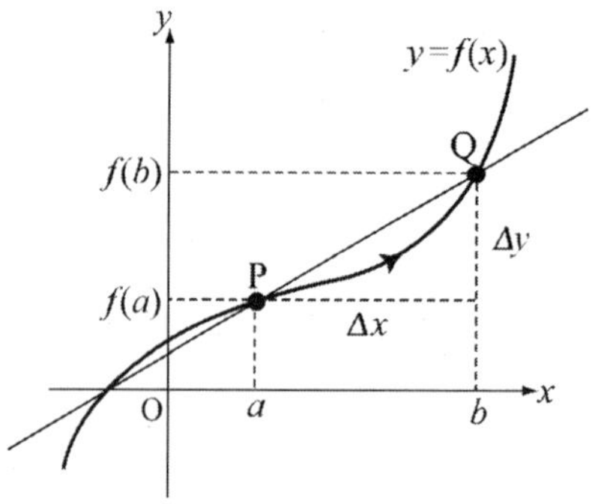

예제 1. 함수 $y=x^2$에서 x가 1에서 2까지 변할 때 즉, P(1, 1)에서 Q(2, 4)까지 변할 때,

(1) 평균변화율은 $\frac{\Delta y}{\Delta x}=\frac{f(2)-f(1)}{2-1}=\frac{2^2-1^2}{2-1}=3$ 이다.

(2) 두 점 P(1, 1), Q(2, 4)를 지나는 직선의 기울기는 3이다. ■

예제 2. 함수 $f(x)=x^2$에서 x가 a에서 $b=a+\Delta x$까지 변할 때,

(1) $f(x)$의 평균변화율은

$$\frac{\Delta y}{\Delta x}=\frac{(a+\Delta x)^2-a^2}{\Delta x}=\frac{(a^2+2a\cdot\Delta x+\Delta x^2)-a^2}{\Delta x}=2a+\Delta x$$

(2) 두 점 $(a,\ a^2)$, $(b,\ b^2)$를 지나는 직선의 기울기는 $2a+\Delta x$이다. ■

문제 1. 함수 $y=2x^2+x$에서 x가 다음과 같이 변할 때 평균변화율을 구하여라.

(1) 0에서 3까지 (2) -1에서 1까지

■

문제 2. 다음 $f(x)$에서 x가 -1에서 3까지 변할 때, 평균변화율을 구하여라.

(1) $f(x)=x+2$ (2) $f(x)=x^2+3x$

■

5.1.2 순간변화율(=미분계수)

함수 $f(x)$에서 x가 a부터 b $(b=a+\Delta x)$까지 변할 때의 평균변화율은

$$\frac{\Delta y}{\Delta x}=\frac{f(b)-f(a)}{b-a}$$

로 표시한다. 이 식에서 $\Delta x \to 0$일 때 평균변화율의 극한값

$$\lim_{\Delta x \to 0}\frac{\Delta y}{\Delta x}=\lim_{b \to a}\frac{f(b)-f(a)}{b-a}$$

가 존재한다면, 이 때의 극한값을 함수 $y=f(x)$의 $x=a$에서의 **순간변화율** 또는 **미분계수**라 하고 기호로

$$f'(a)$$

와 같이 나타낸다. 따라서

$$f'(a)=\lim_{b \to a}\frac{f(b)-f(a)}{b-a}=\lim_{x \to a}\frac{f(x)-f(a)}{x-a}$$

이다. 이 식에서 $\Delta x=b-a$ 즉, $b=a+\Delta x$으로 놓으면, $b \to a$일 때, $\Delta x \to 0$이므로 다음과 같이 표현할 수 있다.

■ 미분계수의 정의

함수 $f(x)$의 $x=a$에서의 미분계수는 다음과 같다.

$$f'(a)=\lim_{x \to a}\frac{f(x)-f(a)}{x-a}=\lim_{\Delta x \to 0}\frac{f(a+x)-f(a)}{\Delta x}$$

[참고]

함수 $f(x)$의 미분계수 $f'(a)$를 구할 때 Δx 대신 h를 사용하여

$$f'(a)=\lim_{h \to 0}\frac{f(a+h)-f(a)}{h}$$

로 나타내기도 한다.

예제 1. 다음 함수의 $x=1$에서의 미분계수를 구하여라.

(1) $f(x)=-3x^3+6x+1$ (2) $f(x)=x+2$

풀이

(1) $f'(1)=\lim_{\Delta x\to 0}\frac{f(1+\Delta x)-f(1)}{\Delta x}$

$=\lim_{\Delta x\to 0}\frac{\{-3(1+\Delta x)^3+6(1+\Delta x)+1\}-(-3+6+1)}{\Delta x}$

$=\lim_{\Delta x\to 0}\frac{-3\Delta x-9(\Delta x)^2-3(\Delta x)^3}{\Delta x}$

$=\lim_{\Delta x\to 0}\{-3-9\Delta x-3(\Delta x)^2\}=-3$

(2) $f'(1)=\lim_{\Delta x\to 0}\frac{f(1+\Delta x)-f(1)}{\Delta x}$

$=\lim_{\Delta x\to 0}\frac{\{(1+\Delta x)+2\}-(1+2)}{\Delta x}$

$=\lim_{\Delta x\to 0}\frac{\Delta x}{\Delta x}=1$ ■

문제 1. 함수 $f(x)=x^2+3x$가 주어져 있다.

(1) 특정값 $x=-3$에서의 미분계수를 구하여라.

(2) 특정값 $x=1$에서의 미분계수를 구하여라.

(3) 특정값 $x=2$에서의 미분계수를 구하여라. ■

문제 2. 다음 함수의 주어진 점에서의 미분계수를 구하여라.

(1) $f(x)=3x^2;\ x=2$ (2) $f(x)=5x-2;\ x=3$

(3) $f(x)=4x^2+x+1;\ x=-2$ (4) $f(x)=\frac{1}{x+1};\ x=1$

■

5.1.3 미분계수의 기하학적 의미

함수 $y=f(x)$에서 x가 a에서 $a+\Delta x$까지 변할 때 함수 $y=f(x)$의 평균변화율

$$\frac{\Delta y}{\Delta x}=\frac{f(a+\Delta x)-f(a)}{(a+\Delta x)-a}=\frac{f(a+\Delta x)-f(a)}{\Delta x}$$

는 함수 $y=f(x)$ 그래프 위의 두 점 $\mathrm{P}(a, f(a))$, $\mathrm{Q}(a+\Delta x, f(a+\Delta x))$를 지나는 직선의 기울기를 나타낸다고 하였다.

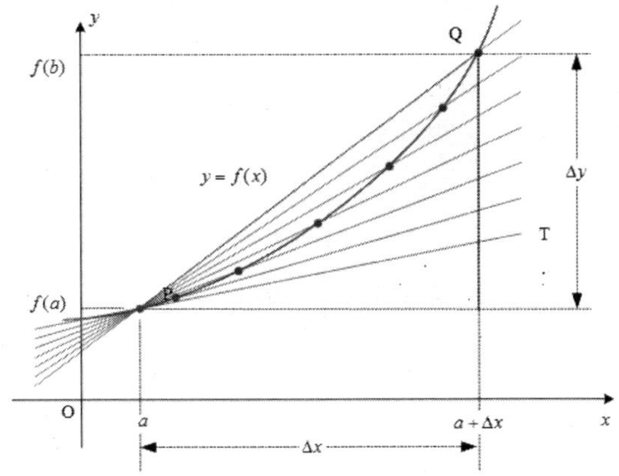

점 P를 고정시키고, $\Delta x \to 0$일 때 점 Q는 $y=f(x)$의 그래프 위를 이동하면서 점 P에 한없이 가까워지고, 직선 PQ는 점 P를 지나는 일정한 직선 PT에 한없이 가까워진다. 이 직선 PT는 $y=f(x)$ 위의 점 P에서의 접선이 된다. 점 P를 접점이라고 한다. 따라서 함수 $y=f(x)$의 $x=a$에서의 미분계수

$$f'(a)=\lim_{\Delta x \to 0} \frac{f(a+\Delta x)-f(a)}{\Delta x}$$

는 곡선 위의 점 $\mathrm{P}(a, f(a))$에서 그은 접선 PT의 기울기를 나타낸다.

■ **미분계수의 기하학적 의미**

함수 $y=f(x)$의 $x=a$에서의 미분계수

$$f'(a)=\lim_{\Delta x \to 0} \frac{f(a+\Delta x)-f(a)}{\Delta x}$$

는 점 $\mathrm{P}(a, f(a))$에서의 곡선 $y=f(x)$ 위의 접선의 기울기를 나타낸다.

예제 1. 이차 곡선 $f(x)=x^2$ 위의 다음 각 점에서의 접선의 기울기를 구하여라.

(a) (2, 4) (b) (3, 9)

풀이

(a) (2, 4)

$$f'(2)=\lim_{x\to2}\frac{f(x)-f(2)}{x-2}=\lim_{x\to2}\frac{x^2-4}{x-2}=\lim_{x\to2}\frac{(x+2)(x-2)}{x-2}=4$$

또는

$$\begin{aligned}f'(2)&=\lim_{\Delta x\to0}\frac{f(2+\Delta x)-f(2)}{\Delta x}\\&=\lim_{\Delta x\to0}\frac{(4+4\Delta x+\Delta x^2)-4}{\Delta x}\\&=\lim_{\Delta x\to0}\frac{4\Delta x+\Delta x^2}{\Delta x}=4\end{aligned}$$

(b) (3, 9)

$$f'(3)=\lim_{x\to3}\frac{f(x)-f(3)}{x-3}=\lim_{x\to3}\frac{x^2-9}{x-3}=\lim_{x\to3}\frac{(x+3)(x-3)}{x-3}=6$$

또는

$$\begin{aligned}f'(3)&=\lim_{\Delta x\to0}\frac{f(3+\Delta x)-f(3)}{\Delta x}\\&=\lim_{\Delta x\to0}\frac{(9+6\Delta x+\Delta x^2)-9}{\Delta x}\\&=\lim_{\Delta x\to0}\frac{6\Delta x+\Delta x^2}{\Delta x}=6\end{aligned}$$

■

문제 1. 곡선 $f(x)=2x^2$ 위의 점 P에서의 접선의 기울기를 구하여라.

(1) P(−2, 8) (2) P(1, 2)

■

5.1.4 미분가능성과 연속성 사이의 관계

실수 $x=a$에서 함수 $y=f(x)$의 미분계수 $f'(a)$가 존재할 때, 함수 $y=f(x)$는 $x=a$에서 미분가능하다고 한다. 또, 함수 $f(x)$가 어떤 구간에 속하는 모든 x의 값에서 미분가능할 때, 함수 $f(x)$는 그 구간에서 미분가능하다고 한다.

예제 1. 함수 $f(x)=x^2$은 임의의 실수 a에서

$$f'(a)=\lim_{x\to a}\frac{x^2-a^2}{x-a}=\lim_{x\to a}\frac{(x+a)(x-a)}{x-a}=2a$$

즉, $f'(a)$가 존재하므로 모든 실수 x의 값에서 미분가능하다. ■

어떤 함수는 특정 구간에서 미분가능하고, 어떤 함수는 미분가능하지 않다. 함수가 미분가능한 경우와 함수가 연속적이라는 두 특성 사이에 어떤 관계가 성립하는지를 살펴보자.

함수 $y=f(x)$가 $x=a$에서 미분가능하면 미분계수 $f'(a)$

$$f'(a)=\lim_{\Delta x\to 0}\frac{f(a+\Delta x)-f(a)}{\Delta x}$$

가 존재한다. 이 식에서 $x=a+\Delta x$로 놓으면, 극한 $\Delta x\to 0$일 때 $x\to a$이므로 이 식을 다음과 같이 나타낼 수 있다.

$$f'(a)=\lim_{x\to a}\frac{f(x)-f(a)}{x-a}$$

따라서

$$\begin{aligned}\lim_{x\to a}\{f(x)-f(a)\}&=\lim_{x\to a}\frac{f(x)-f(a)}{x-a}\cdot(x-a)\\&=\lim_{x\to a}\frac{f(x)-f(a)}{x-a}\cdot\lim_{x\to a}(x-a)\\&=f'(a)\cdot 0=0\end{aligned}$$

$$\therefore\ \lim_{x\to a}f(x)=f(a)$$

따라서 $\lim_{x\to a}f(x)=f(a)$이므로 $y=f(x)$는 $x=a$에서 연속이다.

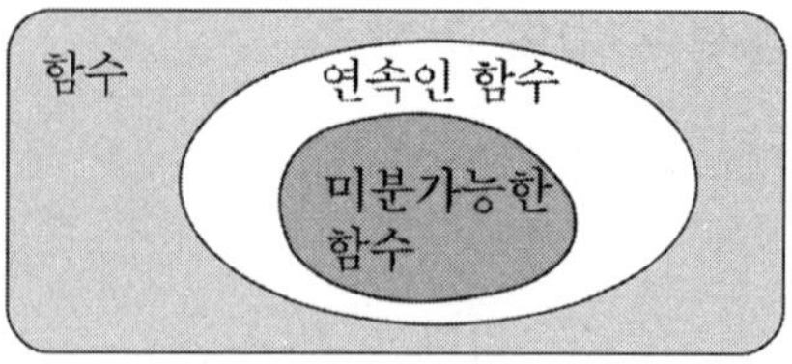

> ■ **함수의 미분가능성과 연속성 사이의 관계**
>
> 함수 $y=f(x)$가 $x=a$에서 미분가능하면, 함수 $y=f(x)$는 $x=a$에서 연속이다. 그러나 역은 성립하지 않는다.

예제 2. 함수 $f(x)=2\cdot|x|$는 $x=0$에서 연속이지만 미분가능하지 않음을 보여라.

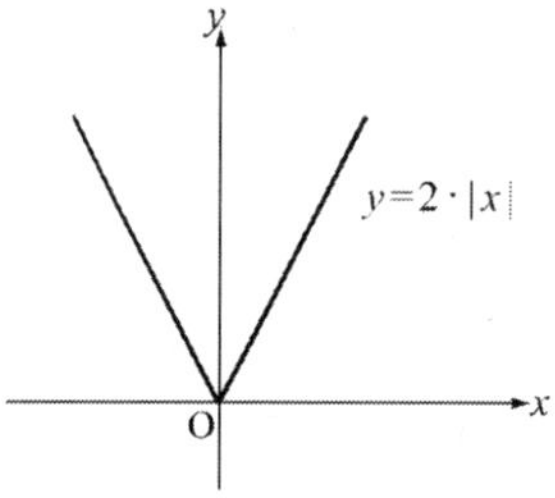

풀이

(i) $\lim_{x\to 0} f(x)=\lim_{x\to 0} 2\cdot|x|=0=f(0)$이므로 함수 $f(x)=|x|$는 $x=0$에서 연속이다.

(ii) 극한값 ;

$$x=0\text{에서의 좌극한 } \lim_{\Delta x\to -0}\frac{f(0+\Delta x)-f(0)}{\Delta x}=\lim_{\Delta x\to -0}\frac{-2\Delta x}{\Delta x}=-2$$

$$x=0\text{에서의 우극한 } \lim_{\Delta x\to +0}\frac{f(0+\Delta x)-f(0)}{\Delta x}=\lim_{\Delta x\to +0}\frac{2\Delta x}{\Delta x}=2$$

이므로, 극한값

$$f'(x)=\lim_{\Delta x\to 0}\frac{f(0+\Delta x)-f(0)}{\Delta x}$$

이 존재하지 않는다.

따라서 함수 $f(x)=2|x|$는 $x=0$에서 연속이지만 미분가능하지 않다. ■

문제 1. 다음 함수는 모든 실수 x의 값에서 미분가능함을 보여라.

(1) $y = x^2 - 2x$　　　(2) $y = x^3$　　　(3) $y = x^3 + 4$

■

문제 2. 함수 $f(x) = |x^2 - 1|$은 두 점 $x = \pm 1$에서 연속이지만 미분가능하지 않다. 이 함수가 $x = 1$에서 연속이지만 미분가능하지 않음을 보여라.

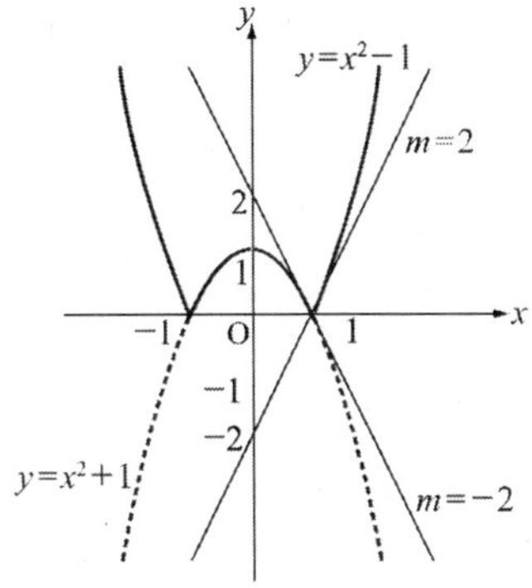

■

5.2 도함수

5.2.1 도함수의 정의

정의역에 속하는 각각의 실수 a에서 함수 $y = f(x)$가 미분가능할 때, 각각의 a에 대하여 미분계수 $f'(a)$를 대응시키면 새로운 함수

$$f' :\quad a \to f'(a)$$

를 얻는다. 이 함수를 함수 $f(x)$의 도함수라 하고, 기호로 $\boldsymbol{f'(x)}$ 와 같이 나타낸다. 따라서 미분계수

$$f'(a) = \lim_{\Delta x \to 0} \frac{f(a + \Delta x) - f(a)}{\Delta x}$$

에서 a 대신에 x를 사용한 식이 도함수 $\boldsymbol{f'(x)}$ 이다.

예제 1. 임의의 a에 대하여 $x=a$일 때, 함수 $f(x)=x^2$의 미분계수가 $f'(a)=2a$이므로 $f(x)=x^2$의 도함수는 $f'(x)=2x$이다. ■

예제 2. 임의의 a에 대하여 $x=a$일 때, 함수 $f(x)=3x^2-2$의 미분계수가 $f'(a)=6a$이므로 $f(x)=3x^2-2$의 도함수는 $f'(x)=6x$이다. ■

도함수는 다음과 같이 정의한다.

■ **함수 $y=f(x)$의 도함수 $f'(x)$**

$$f'(x)=\lim_{\Delta x\to 0}\frac{f(x+\Delta x)-f(x)}{\Delta x}$$

함수 $y=f(x)$의 도함수를 구하는 것을 함수 $y=f(x)$를 x에 관하여 미분한다고 한다. 따라서 다음 두 문장은 같은 뜻이다.

(i) 다음 함수의 도함수를 구하여라.

(ii) 다음 함수를 미분하여라

미분 기호는 다음과 같은 기호를 사용한다.

$$f',\ f'(x),\ y',\ y'(x),\qquad \frac{d}{dx}y,\ \frac{dy}{dx},\ \frac{d}{dx}f(x),\ \frac{df(x)}{dx},\ D_xf(x),\ Df(x)$$

예제 3. 여러 가지 기호의 예를 써서 다음 함수를 미분한 표현식을 써라.

(1) 함수 $f(x)=x^2$ (2) 함수 $f(x)=3x^2-2$

풀이

(1) $f'(x)=2x,\quad y'=(x^2)'=2x,\quad \frac{dy}{dx}=2x,\quad \frac{d}{dx}x^2=2x,\quad Dx^2=2x$

(2) $f'(x)=6x,\quad y'=(3x^2-2)'=6x,\quad \frac{dy}{dx}=6x,\quad \frac{d}{dx}(3x^2-2)=6x,\quad D(3x^2-2)=6x$ ■

예제 4. 다음 함수의 $x=2$에서의 미분계수를 구하여라.

(1) $f(x)=2x+4$ (2) $f(x)=x^2-x$

(3) $f(x)=-x^3$

풀이

(1) $$f'(2)=\lim_{\triangle x\to 0}\frac{f(2+\triangle x)-f(2)}{\triangle x}$$

$$=\lim_{\triangle x\to 0}\frac{\{2(2+\triangle x)+4\}-(4+4)}{\triangle x}$$

$$=\lim_{\triangle x\to 0}\frac{2\triangle x}{\triangle x}=2$$

(2) $$f'(2)=\lim_{\triangle x\to 0}\frac{f(2+\triangle x)-f(2)}{\triangle x}$$

$$=\lim_{\triangle x\to 0}\frac{\{2(2+\triangle x)^2-(2+\triangle x)\}-(2^2-2)}{\triangle x}$$

$$=\lim_{\triangle x\to 0}\frac{3\triangle x+(\triangle x)^2}{\triangle x}=\lim_{\triangle x\to 0}(3+\triangle x)=3$$

(3) $$f'(2)=\lim_{\triangle x\to 0}\frac{f(2+\triangle x)-f(2)}{\triangle x}$$

$$=\lim_{\triangle x\to 0}\frac{\{-(2+\triangle x)^3\}-(-2^3)}{\triangle x}$$

$$=\lim_{\triangle x\to 0}\frac{12\triangle x-6(\triangle x)^2-(\triangle x)^3}{\triangle x}$$

$$=\lim_{\triangle x\to 0}\{-12-6\triangle x-(\triangle x)^2\}=-12$$

■

문제 1. 함수 $f(x)=x^2+2x$에 대하여 다음 물음에 답하여라.

(1) 도함수 $f'(x)$를 구하여라.

(2) $x=2$에서의 미분계수 $f'(2)$을 구하여라.

■

문제 2. 다음 함수의 $x=1$에서의 미분계수를 구하여라.

(1) $f(x)=x+2$ (2) $f(x)=-x^2+2x$

(3) $f(x)=-3x^3+6x+1$

■

5.2.2 미분 공식

[1] 상수함수와 x^n의 도함수

함수 $f(x)=x^n$과 상수함수의 도함수는 다음과 같다.

(1) $f(x)=c$ (c는 상수)이면 $f'(x)=0$

(2) $f(x)=x^n$ (n은 자연수)이면 $f'(x)=nx^{n-1}$

이를 증명해 보자.

(1) 상수함수 $f(x)=c$ (c는 상수)의 도함수

$$
\begin{aligned}
f'(x) &= \lim_{\Delta x \to 0} \frac{f(x+\Delta x)-f(x)}{\Delta x} \\
&= \lim_{\Delta x \to 0} \frac{c-c}{\Delta x} = 0
\end{aligned}
$$

(2) 함수 $f(x)=x^n$ (n은 자연수)의 도함수

$$
\begin{aligned}
\Delta y &= f(x+\Delta x)-f(x) = (x+\Delta x)^n - x^n \\
&= \Delta x\{(x+\Delta x)^{n-1}+(x+\Delta x)^{n-2}x+\cdots+(x+\Delta x)x^{n-2}+x^{n-1}\}
\end{aligned}
$$

$$
\begin{aligned}
\therefore f'(x) &= \lim_{\Delta x \to 0} \frac{\Delta y}{\Delta x} \\
&= \lim_{\Delta x \to 0} \{(x+\Delta x)^{n-1}+(x+\Delta x)^{n-2}x+\cdots+(x+\Delta x)x^{n-2}+x^{n-1}\} \\
&= nx^{n-1}
\end{aligned}
$$

예제 1. 정의에 의하여 $y=x^4$의 도함수를 구하여라.

풀이

$$
\begin{aligned}
f'(x) &= \lim_{\Delta x \to 0} \frac{f(x+\Delta x)-f(x)}{\Delta x} \\
&= \lim_{\Delta x \to 0} \frac{(x+\Delta x)^4-x^4}{\Delta x}
\end{aligned}
$$

분자를 인수분해하면

$$
(x+\Delta x)^4-x^4 = (x+\Delta x-x)\{(x+\Delta x)^3+(x+\Delta x)^2x+(x+\Delta x)x^2+x^3\}
$$

과 같다. 따라서,

$$f'(x)=\lim_{h\to 0}\{(x+\triangle x)^3+(x+\triangle x)^2 x+(x+\triangle x)x^2+x^3\}=4x^3$$

이다. ■

예제 2.

(1) 함수 $f(x)=45^\circ$ 의 도함수는 $f'(x)=0$

(2) 함수 $f(x)=x^7$의 도함수는 $f'(x)=7x^{7-1}=7x^6$

(3) 함수 $f(x)=\sin\pi$의 도함수는 $f'(x)=0$

(4) 함수 $g=9.8\ [\mathrm{m/s^2}]$의 도함수는 $g'=0$

(5) 함수 $v=6\ [\mathrm{V}]$의 도함수는 $v'=0$

(6) 함수 $i=15\ [\mathrm{A}]$의 도함수는 $i'=0$ ■

문제 1. 다음 함수를 미분하여라.

(1) $y=3$ (2) $y=105$

(3) $y=\pi$ (4) $y=-90$

■

[2] 함수의 실수배, 합, 차, 곱의 도함수

미분 가능한 두 함수 $f(x)$, $g(x)$에 대하여 다음 공식이 성립한다.

(1) $y=cf(x)$ 이면 $y'=cf'(x)$ (단, c는 상수)

(2) $y=f(x)\pm g(x)$ 이면 $y'=f'(x)\pm g'(x)$

(3) $y=f(x)\cdot g(x)$ 이면 $y'=f'(x)\cdot g(x)+f(x)\cdot g'(x)$

이를 증명해 보자.

(1) 함수 $y=f(x)$가 미분 가능할 때, 함수 $y=cf(x)$ (c는 상수)의 도함수는

$$y'=\lim_{\Delta x\to 0}\frac{cf(x+\Delta x)-cf(x)}{\Delta x}$$
$$=c\lim_{\Delta x\to 0}\frac{f(x+\Delta x)-f(x)}{\Delta x}$$
$$=cf'(x)$$
$$\therefore \{cf(x)\}'=cf'(x)$$

(2) 두 함수 $f(x)$, $g(x)$가 각각 미분 가능할 때, 함수 $y=f(x)\pm g(x)$의 도함수는

$$\begin{aligned}
y' &= \lim_{\Delta x\to 0}\frac{\Delta y}{\Delta x}\\
&= \lim_{\Delta x\to 0}\frac{\{f(x+\Delta x)\pm g(x+\Delta x)\}-\{f(x)\pm g(x)\}}{\Delta x}\\
&= \lim_{\Delta x\to 0}\frac{\{f(x+\Delta x)-f(x)\}\pm\{g(x+\Delta x)-g(x)\}}{\Delta x}\\
&= \lim_{\Delta x\to 0}\frac{f(x+\Delta x)-f(x)}{\Delta x}\pm\lim_{\Delta x\to 0}\frac{g(x+\Delta x)-g(x)}{\Delta x}\\
&= f'(x)\pm g'(x)
\end{aligned}$$

$$\therefore \{f(x)\pm g(x)\}' = f'(x)\pm g'(x)$$

(3) 두 함수 $f(x)$, $g(x)$가 각각 미분 가능할 때, 함수 $y=f(x)g(x)$의 도함수는

$$\begin{aligned}
y' &= \lim_{\Delta x\to 0}\frac{\Delta y}{\Delta x}\\
&= \lim_{\Delta x\to 0}\frac{f(x+\Delta x)g(x+\Delta x)-f(x)g(x)}{\Delta x}\\
&= \lim_{\Delta x\to 0}\frac{\{f(x+\Delta x)-f(x)\}g(x+\Delta x)+f(x)\{g(x+\Delta x)-g(x)\}}{\Delta x}\\
&= \lim_{\Delta x\to 0}\frac{\{f(x+\Delta x)-f(x)\}}{\Delta x}\cdot\lim_{\Delta x\to 0}g(x+\Delta x)\\
&\qquad +\lim_{\Delta x\to 0}f(x)\cdot\lim_{\Delta x\to 0}\frac{\{g(x+\Delta x)-g(x)\}}{\Delta x}\\
&= f'(x)g(x)+f(x)g'(x)
\end{aligned}$$

$$\therefore \{f(x)g(x)\}' = f'(x)g(x)+f(x)g'(x)$$

세 함수의 곱의 미분의 경우는 다음과 같다.

$$\{f(x)g(x)h(x)\}' = f'(x)g(x)h(x)+f(x)g'(x)h(x)+f(x)g(x)h'(x)$$

예제 3. 다음 함수를 미분하여라.

(1) x^3+2x^2 (2) x^3+4

(3) x^4+x^2+3 (4) x^6-5x^4+2x

풀이

(1) $(x^3+2x^2)' = 3x^2+4x$ (2) $(x^3+4)' = 3x^2$

(3) $(x^4+x^2+3)' = 4x^3+2x$ (4) $(x^6-5x^4+2x) = 6x^5-20x^3+2$ ■

문제 2. 다음 함수를 미분하여라.

(1) $y = x^{10}$ (2) $y = x^{2n-1}$ (3) $y = x^{-3/2}$

(4) $y = x^{n+2}$ (5) $y = x^{-3m}$ (6) $y = x^{n+m\sqrt{3}}$

(7) $y = x^{-2\pi}$ (8) $y = x^{-2n+\pi}$ ■

문제 3. 다음 함수를 미분하여라.

(1) $y = 3x-2$ (2) $y = -5x-2$

(3) $y = \frac{1}{2}x^2+x$ (4) $y = x^2+2x+2$

(5) $y = \frac{1}{3}x^3-2x^2+6x+5$ (6) $y = -7x^5-2x^3+5$

(7) $y = (x-2)(x+1)$ (8) $y = (x-3)(x+3)$

(9)$y = (2x-1)(x+3)$ (10) $y = (x+1)(2x+1)(3x+1)$ ■

문제 4. 다음 함수를 미분하어라.

(1) $y = x^9$ (2) $y = x^3+4$

(3) $y = x^4+x^2+3$ (4) $y = x^3+2x^2$

(5) $y = x^6-5x^4+2x$ (6) $y = \pi x^{\pi}$ ■

5.3 여러가지 함수의 미분법

5.3.1 몫의 미분법

미분 가능한 두 함수 $f(x)$, $g(x)$가 있을 때, 함수 $y = \frac{f(x)}{g(x)}$ $(g(x) \neq 0)$의 도함수를 구하여 보자.

[1] $f(x)=1$인 경우 함수 $y=\dfrac{1}{g(x)}$의 도함수

$$\Delta y=\frac{1}{g(x+\Delta x)}-\frac{1}{g(x)}=\frac{g(x)-g(x+\Delta x)}{g(x+\Delta x)g(x)}$$

$$\begin{aligned}D\left\{\frac{1}{g(x)}\right\}&=\lim_{\Delta x\to 0}\frac{\Delta y}{\Delta x}=\lim_{\Delta x\to 0}\frac{g(x)-g(x+\Delta x)}{g(x+\Delta x)\cdot g(x)}\cdot\frac{1}{\Delta x}\\&=-\lim_{\Delta x\to 0}\frac{g(x+\Delta x)-g(x)}{\Delta x}\cdot\lim_{\Delta x\to 0}\frac{1}{g(x+\Delta x)\cdot g(x)}\\&=-\frac{g'(x)}{\{g(x)\}^2}\end{aligned}$$

[2] $f(x)\neq 1$인 경우

함수 $\dfrac{f(x)}{g(x)}=f(x)\cdot\dfrac{1}{g(x)}$이므로 두 함수의 곱의 미분법

$$\{f(x)\cdot g(x)\}'=f'(x)\cdot g(x)+f(x)\cdot g'(x)$$

을 이용하면 다음과 같다.

$$\begin{aligned}D\left\{\frac{f(x)}{g(x)}\right\}&=f'(x)\cdot\frac{1}{g(x)}+f(x)\cdot\left\{\frac{1}{g(x)}\right\}'\\&=\frac{f'(x)}{g(x)}-f(x)\cdot\frac{g'(x)}{\{g(x)\}^2}\\&=\frac{f'(x)\cdot g(x)-f(x)\cdot g'(x)}{\{g(x)\}^2}\end{aligned}$$

■ 함수의 몫의 미분법

미분 가능한 두 함수 $f(x)$, $g(x)$ $(g(x)\neq 0)$에 대하여

(1) $\left\{\dfrac{1}{g(x)}\right\}'=-\dfrac{g'(x)}{\{g(x)\}^2}$

(2) $\left\{\dfrac{f(x)}{g(x)}\right\}'=\dfrac{f'(x)g(x)-f(x)g'(x)}{\{g(x)\}^2}$

예제 1. 다음 함수를 미분하여라.

(1) $\dfrac{x}{x^2+4}$ (2) $\dfrac{x^2-2x+2}{x+1}$

풀이

(1) $D\left(\dfrac{x}{x^2+4}\right)=\dfrac{(x)'\cdot(x^2+4)-x\cdot(x^2+4)'}{(x^2+4)^2}=\dfrac{(x^2+4)-2x^2}{(x^2+4)^2}=\dfrac{-x^2+4}{(x^2+4)^2}$

(2) $D\left(\dfrac{x^2-2x+2}{x+1}\right)=\dfrac{(x^2-2x+2)'\cdot(x+1)-(x^2-2x+2)\cdot(x+1)'}{(x+1)^2}$

$=\dfrac{x^2+2x-4}{(x+1)^2}$ ■

문제 1. 다음 함수를 미분하여라.

(1) $y=-\dfrac{1}{x^3}$ (2) $y=\dfrac{2x}{x^2+1}$ (3) $y=\dfrac{x^2+1}{x-2}$

(4) $y=\dfrac{x^2}{x-1}$ (5) $y=\dfrac{3}{x^3-3}$ (6) $y=\sqrt[3]{x^4}$ ■

지수 n이 음의 정수일 때, $y=x^n$의 도함수는 $D(x^n)=nx^{n-1}$이다. 이를 증명해 보자. $n=-m$으로 놓으면 m은 양의 정수이다. 몫의 미분법에 의하여

$$D(x^n)=D\left(\frac{1}{x^m}\right)=-\frac{(x^m)'}{(x^m)^2}=-\frac{mx^{m-1}}{x^{2m}}=-mx^{-m-1}=nx^{n-1}$$

이다. 따라서 공식 $(x^n)'=nx^{n-1}$은 n이 음의 정수일 때도 성립한다.

> ■ x^n(n은 정수)의 도함수
>
> n이 정수일 때 $(x^n)'=nx^{n-1}$

5.3.2 합성함수의 미분법(연쇄법칙)

함수 $y=f(u)$가 u로 미분가능하고 $u=g(x)$가 x로 미분 가능할 때, 합성함수 $y=f(g(x))$의 도함수를 구하여 보자.

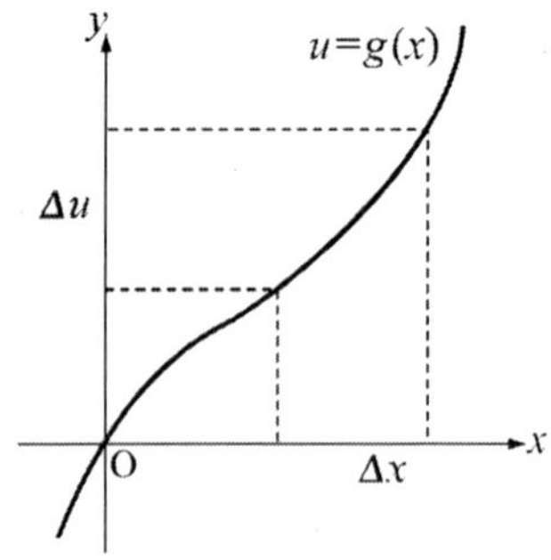

증분 Δx에 대한 u의 증분을 Δu, 증분 Δu에 대한 y의 증분을 Δy라고 하면

$$\frac{\Delta y}{\Delta x}=\frac{\Delta y}{\Delta u}\cdot\frac{\Delta u}{\Delta x}\ (\text{단, } \Delta u\neq 0)$$

이다. $u=g(x)$가 연속함수이므로 $\Delta x\to 0$일 때, $\Delta u\to 0$이다.

두 함수 $y=f(u)$, $u=g(x)$가 각각 미분가능하므로

$$\lim_{\Delta u\to 0}\frac{\Delta y}{\Delta u}=\frac{dy}{du},\ \lim_{\Delta x\to 0}\frac{\Delta u}{\Delta x}=\frac{du}{dx}$$

한편 미분가능한 함수 $u=g(x)$는 연속인 함수이므로 Δx가 0에 한없이 가까워지면 Δu도 0에 한없이 가까워진다.

$$\begin{aligned}\therefore \frac{dy}{dx}&=\lim_{\Delta x\to 0}\frac{\Delta y}{\Delta x}=\lim_{\Delta x\to 0}\left(\frac{\Delta y}{\Delta u}\cdot\frac{\Delta u}{\Delta x}\right)\ (\Delta u\neq 0)\\&=\lim_{\Delta u\to 0}\frac{\Delta y}{\Delta u}\cdot\lim_{\Delta x\to 0}\frac{\Delta u}{\Delta x}\\&=\frac{dy}{du}\cdot\frac{du}{dx}=f'(g(x))\cdot g'(x)\end{aligned}$$

■ **합성함수의 미분법**

미분가능한 두 함수 $y=f(u)$, $u=g(x)$에 대하여 합성함수 $y=f(g(x))$도 미분가능하며, 그 도함수는

$$\frac{dy}{dx}=\frac{dy}{du}\cdot\frac{du}{dx}\ \text{또는}\ y'=f'(g(x))\cdot g'(x)$$

이다. 말로 하면, "(겉미분) · (속미분)"이다.

예제 1. 다음 함수의 Dy를 구하여라.

(1) $y=(x^3+x^2)^5$　　(2) $y=(x^2+4)^3$

(3) $y=(x+1)^3(2x-1)^2$　　(4) $y=\dfrac{1}{(5x+2)^3}$

풀이

(1) 치환 $u=x^3+x^2$으로 놓으면 $y=u^5$이다.

$\dfrac{dy}{du}=5u^4$이고 $\dfrac{du}{dx}=3x^2+2x$이므로

$$\frac{dy}{dx}=\frac{dy}{du}\cdot\frac{du}{dx}=5u^4\cdot(3x^2+2x)=5(x^3+x^2)^4\cdot(3x^2+2x)$$

다음과 같이 "(겉미분)·(속미분)"으로 구할 수도 있다.

$$\{(x^3+x^2)^5\}'=5(x^3+x^2)^4\cdot(x^3+x^2)'=5(x^3+x^2)^4\cdot(3x^2+2x)$$

(2) 치환 $u=x^2+4$로 놓으면 $y=u^3$이므로

$$\frac{dy}{du}=3u^2,\quad \frac{du}{dx}=2x$$

따라서 합성함수의 미분법에 의하여

$$\frac{dy}{dx}=\frac{dy}{du}\cdot\frac{du}{dx}=3u^2\cdot 2x=6x(x^2+4)^2$$

(3)
$$\begin{aligned}y'&=D(x+1)^3(2x-1)^2\\&=\{(x+1)^3\}'\cdot(2x-1)^2+(x+1)^3\cdot\{(2x-1)^2\}'\\&=3(x+1)^2\cdot(2x-1)^2+4(x+1)^3\cdot(2x-1)\\&=(x+1)^2(2x-1)(10x+1)\end{aligned}$$

(4) 치환 $u=5x+2$로 놓으면 $y=u^{-3}$이므로

$$\frac{dy}{du}=-3u^{-4}=-\frac{3}{u^4},\quad \frac{du}{dx}=5$$

따라서 합성함수의 미분법에 의하여

$$\frac{dy}{dx}=\frac{dy}{du}\cdot\frac{du}{dx}=-\frac{3}{u^4}\cdot 5=-\frac{15}{(5x+2)^4}$$

또는

$$D\frac{1}{(5x+2)^3}=D(5x+2)^{-3}$$
$$=-3(5x+2)^{-4}\cdot 5$$
$$=-15(5x+2)^{-4}$$
$$=\frac{-15}{(5x+2)^4}$$

■

문제 1. 다음 함수를 미분하여라.

(1) $y=(x^2+x+1)^5$ (2) $y=\frac{1}{(x^3+2x+3)^3}$

(3) $y=(2x^3+2x-1)^4$ (4) $y=\sqrt{x^2-x+1}$ ■

5.3.3 음함수의 미분법

변수 x, y가 관계식으로 표시될 때 편의상 양함수 표현, 음함수 표현으로 구별한다.

(1) **양함수** 표현이란, $y=f(x)$의 꼴로 나타낸 관계식이고
(2) 그 외의 표현식을 **음함수** 표현식이라 한다. 흔한 표현은

$$f(x, y)=0, \ f(x, y)=\text{상수}, \ f(x)=g(y)$$

등이다.

예를 들면 다음과 같다.

(1) 양함수 표현식

$$y=\sqrt{1-x^2} \ (0 \le x \le 1)$$

(2) 음함수 표현식

$$x^2+y^2-1=0 \ (0 \le x \le 1, y \ge 0), \quad x^2+y^2=1, \quad y^2=1-x^2$$

원의 방정식 $x^2+y^2=1$은 구간 $(-1, 1)$에 속하는 임의의 x의 값에 대하여 대응되는 y의 값이 두 개이므로 y는 x에 대한 함수가 아니다. 그러나

(1) y값의 범위를 $y \geq 0$으로 정하면 y는 x에 대한 함수가 된다.

$$y = \sqrt{1-x^2}\ (0 \leq x \leq 1)$$

(2) y값의 범위를 $y \leq 0$으로 정하면 y는 x에 대한 함수가 된다.

$$y = -\sqrt{1-x^2}\ (0 \leq x \leq 1)$$

따라서 방정식 $f(x,\ y) = 0$은 x와 y가 정의되는 구간을 정하면 y는 x에 대한 함수가 된다. y가 x의 함수이고 x, y 사이의 관계가 음함수표현 $x^2 + y^2 - 1 = 0$으로 주어졌을 때, y의 도함수 $\frac{dy}{dx}$를 구하여 보자.

$$x^2 + y^2 - 1 = 0$$

의 양변을 x에 대하여 미분하면

$$\frac{d}{dx}(x^2) + \frac{d}{dx}(y^2) - \frac{d}{dx}(1) = 0$$

합성함수의 미분법에 의하여

$$2x + \frac{d}{dy}(y^2) \cdot \frac{dy}{dx} = 0,\ 2x + 2y\frac{dy}{dx} = 0$$

$$\therefore \frac{dy}{dx} = -\frac{x}{y}\ \ (\text{단},\ y \neq 0)$$

를 얻는다. 이를

$$(x^2)' + (y^2)' - (1)' = (0)',\ \text{즉}\ 2x + 2yy' - 0 = 0$$

$$\therefore\ y' = -\frac{x}{y}$$

와 같이 표현하기도 한다. 음함수의 미분법은 $f(x,\ y) = 0$을 $y = f(x)$의 꼴로 고치기 어려울 때, 유용하게 사용된다.

■ 음함수의 미분법

음함수 $f(x, y)=0$로 주어졌을 때, y를 x에 대한 함수로 보고, 각 항을 x에 대해 미분하여 $\frac{dy}{dx}$를 구한다.

예제 1. 다음 음함수 표현에서 y는 x의 함수이다. 이 함수를 $y=f(x)$꼴로 나타내어라.

(1) $2x+y-1=0$　　(2) $2x-y^2=0$ $(y \geq 0)$

(3) $4x^2=y^2$ $(y \geq 0)$

풀이

(1) $y=-2x+1$　　(2) $y=\sqrt{2x}$　　(3) $y=2x$ ■

예제 2. 다음에서 $\frac{dy}{dx}$를 구하여라.

(1) $x^2+y^2-1=0$　　(2) $x^2-\frac{y^2}{2}-1=0$

(3) $x^3-y^2+2xy-3=0$　　(4) $x^3+y^3-4=0$

풀이

(1) $x^2+y^2=1$의 양변을 x에 대해 미분하면

$$2x+2y\frac{dy}{dx}=0 \qquad \therefore \frac{dy}{dx}=-\frac{x}{y} \ (y \neq 0)$$

(2) $x^2-\frac{y^2}{2}=1$ 의 양변을 x에 대해 미분하면

$$2x-y\frac{dy}{dx}=0 \qquad \therefore \frac{dy}{dx}=\frac{2x}{y} \ (y \neq 0)$$

(3) $x^3-y^2+2xy-3=0$의 양변을 x에 대해 미분하면

$$3x^2-2y\frac{dy}{dx}+2y+2x\frac{dy}{dx}=0$$

$$(2x-2y)\frac{dy}{dx}=-3x^2-2y$$

$$\therefore \frac{dy}{dx} = \frac{-3x^2-2y}{2x-2y}$$

(4) $x^3+y^3-4=0$의 양변을 x에 대해 미분하면

$$3x^2+3y^2\frac{dy}{dx}=0 \qquad \therefore \frac{dy}{dx}=-\frac{x^2}{y^2}\ (y\neq 0)$$ ■

음함수의 미분법을 이용하여 함수 $y=x^r$(r는 유리수)의 도함수를 구하여 보자.

지수 n이 정수일 때, 함수 $y=x^n$의 도함수 $y'=nx^{n-1}$이다. 두 정수 m, n $(m\neq 0)$에 대하여 $r=\dfrac{n}{m}$으로 놓으면

$$y=x^r=x^{\frac{n}{m}}$$

양변을 m제곱하면 $y^m=x^n$. 다시 양변을 x에 대하여 미분하면

$$my^{m-1}y'=nx^{n-1}$$

을 얻는다. 이 등식을 y'에 대하여 풀면

$$y'=\frac{nx^{n-1}}{my^{m-1}}=\frac{nx^{n-1}}{m\cdot\left(x^{n/m}\right)^{m-1}}=\frac{nx^{n-1}}{mx^{n-n/m}}=\frac{n}{m}\cdot x^{n/m-1}=rx^{r-1}$$

$$y'=\frac{nx^{n-1}}{my^{m-1}}=\frac{nx^{n-1}}{m\cdot(x^{n/m})^{m-1}}=\frac{nx^{n-1}}{m\cdot x^{n(1-1/m)}}=\frac{n}{m}\cdot x^{\frac{n}{m}-1}=r\cdot x^{r-1}$$

이다.

■ x^r (r은 유리수)의 도함수

r가 유리수일 때, $y'=(x^r)'=rx^{r-1}$

예제 3.

(1) $D(\sqrt{x})=D(x^{1/2})=\dfrac{1}{2}x^{1/2-1}=\dfrac{1}{2}x^{-1/2}=\dfrac{1}{2\sqrt{x}}$

(2) $D(\sqrt[3]{x})=\left(x^{1/3}\right)'=\dfrac{1}{3}x^{\frac{1}{3}-1}=\dfrac{1}{3}x^{-\frac{2}{3}}=\dfrac{1}{3\sqrt[3]{x^2}}$

(3) $D\frac{1}{\sqrt{x^3}} = D(x^{-3/2}) = -\frac{3}{2}x^{-3/2-1} = -\frac{3}{2}x^{-5/2} = -\frac{3}{2\sqrt{x^5}}$

(4) $\left(\frac{1}{\sqrt[3]{x}}\right)' = -\frac{1}{3}x^{-\frac{4}{3}} = -\frac{1}{3\sqrt[3]{x^4}}$ ■

문제 1. 다음에서 $\frac{dy}{dx}$를 구하여라.

(1) $x^2 + y^2 = 4$ (2) $y^2 = 4px$

(3) $x^2 - 2xy - 1 = 0$ (4) $xy = 1$ ■

문제 2. 다음 각 함수에서 $\frac{dy}{dx}$를 구하여라.

(1) $\sqrt{x} + \sqrt{y} = 1$ (2) $2x^2 + 4xy + 5y^2 = 1$

(3) $\frac{x^2}{4} + \frac{y^2}{9} = 1$ (4) $x^2 - y^2 = 1$ ■

5.3.4 역함수의 미분법

미분가능한 함수 $f(x)$의 역함수 $f^{-1}(x)$가 존재하고, 그 역함수가 미분가능할 때, $y = f^{-1}(x)$의 도함수를 구하여 보자. $y = f^{-1}(x)$로 놓으면

$$x = f(y) \qquad \cdots\cdots ①$$

식 ①의 양변을 x에 대하여 미분하면

$$1 = \frac{d}{dx}f(y) = \frac{d}{dy}f(y) \cdot \frac{dy}{dx} = f'(y) \cdot \frac{dy}{dx}$$

이다.

$$\therefore \frac{dy}{dx} = \frac{1}{f'(y)} = \frac{1}{\frac{dx}{dy}}$$

■ 역함수의 미분법

미분가능한 함수 $f(x)$의 역함수 $f^{-1}(x)$가 존재하고 미분가능할 때, $y=f^{-1}(x)$의 도함수는

$$\frac{dy}{dx}=\frac{1}{\frac{dx}{dy}}$$

예제 1. 역함수의 미분법을 이용하여 다음에서 dy/dx를 구하여라.

(1) $y=\sqrt{x}\ (x>0)$ (2) $y=\sqrt[3]{x}$ (3) $y=\sqrt[4]{x}\ (x>0)$

풀이

(1) $y=\sqrt{x}\ (x>0)$에서 $x=y^2\ (y>0)$이므로,

$$\frac{dx}{dy}=2y,\quad \therefore \frac{dy}{dx}=\frac{1}{\frac{dx}{dy}}=\frac{1}{2y}=\frac{1}{2\sqrt{x}}$$

(2) $y=\sqrt[3]{x}$ 에서 $x=y^3$ 이므로,

$$\frac{dx}{dy}=3y^2,\quad \therefore \frac{dy}{dx}=\frac{1}{\frac{dx}{dy}}=\frac{1}{3y^2}=\frac{1}{3(\sqrt[3]{x})^2}=\frac{1}{3\cdot\sqrt[3]{x^2}}$$

(3) $y=\sqrt[4]{x}\ (x>0)$에서 $x=y^4\ (y>0)$ 이므로,

$$\frac{dx}{dy}=4y^3$$

$$\therefore \frac{dy}{dx}=\frac{1}{\frac{dx}{dy}}=\frac{1}{4y^3}=\frac{1}{4(\sqrt[4]{x})^3}=\frac{1}{4\cdot\sqrt[4]{x^3}}\ (x>0)$$ ■

예제 2. 역함수의 미분법을 이용하여 다음에서 dy/dx를 구하여라.

(1) $2x = y^5$　　(2) $4x = (y+1)^{\frac{1}{3}}$　　(3) $y = x^{\frac{1}{3}}\ (x > 0)$

풀이

(1) $2\dfrac{dx}{dy} = 5y^4$이므로

$$\frac{dy}{dx} = \frac{1}{\frac{dx}{dy}} = \frac{1}{\frac{5}{2}y^4} = \frac{2}{5y^4}$$

(2) $4\dfrac{dx}{dy} = \dfrac{1}{3}(y+1)^{-\frac{2}{3}}$이므로

$$\frac{dy}{dx} = \frac{1}{\frac{dx}{dy}} = \frac{1}{\frac{1}{12}(y+1)^{-\frac{2}{3}}} = 12(y+1)^{\frac{2}{3}}$$

(3) $y = x^{\frac{1}{3}}\ (x > 0)$

$y = x^{\frac{1}{3}}$의 양변을 세제곱하면 $x = y^3$이다.

$$\frac{dy}{dx} = \frac{1}{\frac{dx}{dy}} = \frac{1}{3y^2} = \frac{1}{3}(x^{\frac{1}{3}})^{-2} = \frac{1}{3}x^{-\frac{2}{3}}$$

■

문제 1. 역함수의 미분법을 이용하여 다음에서 $\dfrac{dy}{dx}$를 구하여라.

(1) $y = \sqrt[4]{x+1}$　　(2) $y = x\sqrt{1+x}$

(3) $x = y^3$　　(4) $x = y^2 + 2y + 1$

■

5.3.5 매개변수로 표시된 함수의 미분법

두 변수 x, y가 변수 t를 공통 변수로 하여 $x = f(t)$, $y = g(t)$의 함수 꼴로 주어질 때, 공통변수 t를 **매개변수(parameter)**라 하고, 함수 $x = f(t)$, $y = g(t)$ 를 매개변수로 나타낸 함수라고 한다. 매개변수로 나타낸 함수의 미분법을 알아보자.

예를 들어, 좌표평면에서 시간에 따라 움직이는 점 P의 시각 t에서의 좌표 $\mathrm{P}(x, y)$가

$$x = 2t,\ \ y = 4t^2 \qquad \cdots\cdots \text{①}$$

$$y = x^2 \qquad \cdots\cdots \text{②}$$

이라고 하자. 식 ①은 매개변수 t로 나타낸 식이고, ②는 두 변수 x, y로 직접 나타낸 식이다. 식(1)에서 x의 값이 주어지면 t의 값은 하나의 값 $t = x/2$로 정해지고, 따라서 y의 값도 하나로 결정되므로 y는 x의 함수이다. ①에서 t를 소거하면 식②$y = x^2$을 얻으므로 ①은 이차함수 ② $y = x^2$의 매개변수 표현이다. 즉 ①과 ②는 형식은 다르지만 내용은 같은 수식이다.

매개변수 t로 나타낸 두 함수 $x = 2t$, $y = 4t^2$에서 dy/dx를 구하여 보자.

두 함수를 각각 t에 대하여 미분하면 다음과 같다.

$$\frac{dx}{dt} = 2,\ \ \frac{dy}{dt} = 8t$$

이때

$$\frac{dy}{dx} = 2x = 2\cdot(2t) = 4t\,, \qquad \frac{\dfrac{dy}{dt}}{\dfrac{dx}{dt}} = \frac{8t}{2} = 4t$$

이므로 다음 등식이 성립한다.

$$\frac{dy}{dx} = \frac{\dfrac{dy}{dt}}{\dfrac{dx}{dt}}$$

매개변수 t로 나타낸 두 함수 $x = f(t)$, $y = g(t)$가 미분가능하고, $f'(t) \neq 0$일 때 $\dfrac{dy}{dx}$를 구하여 보자.

$$\lim_{\Delta t \to 0} \frac{\Delta x}{\Delta t} = \frac{dx}{dt}, \qquad \lim_{\Delta t \to 0} \frac{\Delta y}{\Delta t} = \frac{dy}{dt}$$

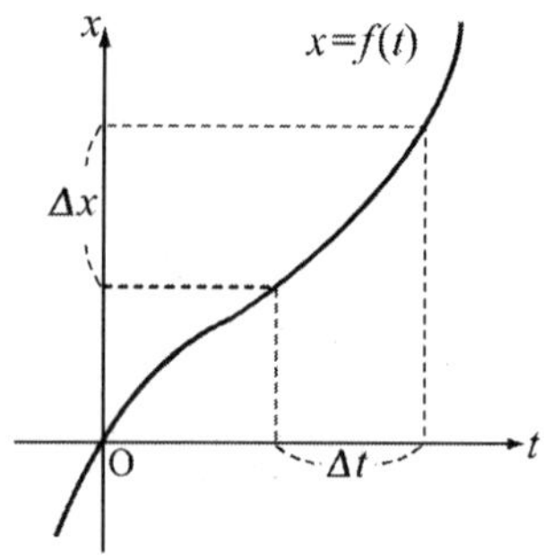

미분가능한 함수 $x=f(t)$는 연속인 함수이므로 $\Delta t \to 0$이면 $\Delta x \to 0$이다. 조건 $f'(t) \neq 0$이므로 그 역도 성립한다. 따라서 $f'(t) \neq 0$일 때

$$\frac{dy}{dx} = \lim_{\Delta x \to 0} \frac{\Delta y}{\Delta x} = \lim_{\Delta t \to 0} \frac{\frac{\Delta y}{\Delta t}}{\frac{\Delta x}{\Delta t}} = \frac{\lim_{\Delta t \to 0} \frac{\Delta y}{\Delta t}}{\lim_{\Delta t \to 0} \frac{\Delta x}{\Delta t}} = \frac{\frac{dy}{dt}}{\frac{dx}{dt}} = \frac{g'(t)}{f'(t)}$$

■ **매개변수로 나타낸 함수의 미분법**

미분 가능한 두 함수 $x=f(t)$, $y=g(t)$에 대하여 $f'(t) \neq 0$이면

$$\frac{dy}{dx} = \frac{\frac{dy}{dt}}{\frac{dx}{dt}} = \frac{g'(t)}{f'(t)}$$

예제 1. $x = \cos t, \quad y = \sin t \, (0 \le t \le \pi)$는 그래프가 반원인 함수 $y = \sqrt{1-x^2}$ $(-1 \le x \le 1)$의 매개변수 표현임을 보여라.

풀이

$x = \cos t \, (0 \le t \le \pi)$를 제곱하고 $y = \sin t \, (0 \le t \le \pi)$를 제곱하여 더한다.

$$x^2 + y^2 = \cos^2 t + \sin^2 t \ (0 \le t \le \pi) = 1$$

$$x^2 + y^2 = 1, \quad y = \sqrt{1-x^2} \ (-1 \le x \le 1)$$

$$x = \cos t, \quad y = \sin t \, (0 \le t \le \pi)$$

$0 \le t \le \pi$인 범위에서 $-1 \le \cos t \le 1$이므로 $-1 \le x \le 1$이다. ■

예제 2. 함수 관계식 $x=5t-3,\ y=4-2t^2$일 때,

(1) $\dfrac{dy}{dx}$를 t의 식으로 나타내어라.

(2) $\dfrac{dy}{dx}$를 x의 식으로 나타내어라.

풀이

(1) $\dfrac{dy}{dx}=\dfrac{dy/dy}{dx/dt}=\dfrac{-4t}{5}=-\dfrac{4}{5}t$이다.

(2) 매개 변수를 소거하기 위해 $t=\dfrac{1}{5}(x+3)$를 대입하면 $\dfrac{dy}{dx}=-\dfrac{4}{25}(x+3)$이다. ■

예제 3. 매개변수 t로 나타난 함수에서 $\dfrac{dy}{dx}$를 구하여라.

(1) $\begin{cases} x=2t \\ y=2t^2+t \end{cases}$　　　(2) $\begin{cases} x=t^2 \\ y=t^3+1 \end{cases}$

풀이

(1) $\dfrac{dx}{dt}=6,\ \dfrac{dy}{dt}=4t+1 \quad \therefore \dfrac{dy}{dx}=\dfrac{\frac{dy}{dt}}{\frac{dx}{dt}}=\dfrac{4t+1}{2}$

이 식에 $x=2t,\ t=\dfrac{x}{2}$를 대입하면,

$$\therefore \frac{dy}{dx}=\frac{2x+1}{2}$$

(2) $\dfrac{dx}{dt}=2t,\ \dfrac{dy}{dt}=3t^2$

$$\therefore \frac{dy}{dx}=\frac{\frac{dy}{dt}}{\frac{dx}{dt}}=\frac{3t^2}{2t}=\frac{3t}{2}$$

■

문제 1. 매개변수 t로 나타난 함수에서 $\dfrac{dy}{dx}$를 구하여라.

(1) $\begin{cases} x=2t^3+3 \\ y=2-3t^3 \end{cases}$　　　(2) $\begin{cases} x=\sqrt{t+2} \\ y=t^2+1 \end{cases}$

■

문제 2. 함수 관계식 $x = 7t - 1,\ y = 2t^2$이 주어져 있다.

(1) $\dfrac{dy}{dx}$를 t의 식으로 나타내어라.

(2) $\dfrac{dy}{dx}$를 x의 식으로 나타내어라. ■

5.3.6 지수함수 $y = e^x$ 의 미분법 3)

e의 정의는 다음과 같다.

(1) $\lim\limits_{x\to\infty}\left(1+\dfrac{1}{x}\right)^x = e$ (2) $\lim\limits_{x\to 0}(1+x)^{\frac{1}{x}} = e$

■ e^x의 미분법

함수 e^x는 미분 가능하고, $\dfrac{d}{dx}e^x = e^x$이다.

[증명]

도함수의 정의에 의하여 $f(x) = e^x$이라 할 때

$$f'(x) = \lim_{h\to 0}\frac{f(x+h)-f(x)}{h} = \lim_{h\to 0}\frac{e^{x+h}-e^x}{h} = e^x\lim_{h\to 0}\frac{e^h-1}{h}$$

$e^h - 1 = t$라 하면 $h = \ln(1+t)$이고 $h\to 0$일 때, $t\to 0$이므로

$$\lim_{h\to 0}\frac{e^h-1}{h} = \lim_{t\to 0}\frac{t}{\ln(1+t)} = \lim_{t\to 0}\frac{1}{\ln(1+t)^{1/t}} = \frac{1}{\ln e} = 1$$

따라서

$$f'(x) = e^x$$

합성함수 미분법에 의하면

3) R. E. Johnson and F. L. Kiokemeister, E. L. Wolk; *Calculus and Analytic Geometry,* p.267-269, Allyn and Bacon, ISBN:0-206-05917-1, Boston (1978).

$$\frac{d}{dx}e^{f(x)} = f'(x) \cdot e^{f(x)}$$

이다. ■

> **■ 지수함수의 도함수**
>
> (1) $y = e^x$ 이면 $y' = e^x$ 이다.
>
> (2) $y = e^{f(x)}$ 이면 $y' = e^{f(x)} \cdot f'(x)$ 이다.

예제 1. 다음 함수를 미분하여라.

(1) $y = e^{3x}$ (2) $y = e^{-3x}$ (3) $y = x^2e^x$

풀이

(1) $y = e^{3x}$ 에서 $u = 3x$ 로 놓으면 $y = e^u$ 이므로

$$\frac{dy}{dx} = \frac{dy}{du} \cdot \frac{du}{dx} = e^u \cdot 3 = 3e^{3x}$$

(2) $y' = e^{-3x}(-3x)' = -3e^{-3x}$

(3) $y' = 2xe^x + x^2e^x$ ■

문제 1. 다음 함수를 미분하여라.

(1) $y = e^{5x}$ (2) $y = e^{-x^3}$

(3) $y = 2^{3x-1}$ (4) $y = 3^{-6x+1}$

■

문제 2. 다음 함수를 미분하여라.

(1) $y = e^{(x^2+5x+4)}$ (2) $y = 3^{(4x+2)}$

■

5.3.7 로그함수의 미분법

로그함수의 미분법을 살펴보자.

■ 공식

1. $y = \ln x \quad \Rightarrow \quad y' = \frac{1}{x}$
2. $y = \log_a x \quad \Rightarrow \quad y' = \frac{1}{x}\frac{1}{\ln a} = \frac{1}{x}\log_a e$
3. $y = \ln f(x) \quad \Rightarrow \quad y' = \frac{f'(x)}{f(x)}$
4. $y = \log_a f(x) \quad \Rightarrow \quad y' = \frac{f'(x)}{f(x)}\frac{1}{\ln a} = \frac{f'(x)}{f(x)}\log_a e$

예제 1. $y = \ln x$일 때 $y' = \frac{1}{x}$임을 보여라.

풀이

$y = \ln x$ 이면 $x = e^y$이고 음함수 미분법과 합성함수 미분법에 의하여 양변을 x에 대하여 미분하면 $1 = \frac{d}{dx}e^y = e^y\frac{dy}{dx}$ 이고 따라서 $\frac{dy}{dx} = \frac{1}{e^y} = \frac{1}{x}$ 이다. ■

예제 2. 함수 $y = \ln|x|$의 도함수를 구하여라.

풀이

(i) $x > 0$일 때, $y = \ln x$이므로 $y' = \frac{1}{x}$

(ii) $x < 0$일 때, $y = \ln(-x)$이므로 $y' = \frac{(-x)'}{-x} = \frac{1}{x}$

(i), (ii)에 의하여 다음을 알 수 있다.

$$(\ln|x|)' = \frac{1}{x}$$

■

예제 3. 함수의 도함수를 구하여라.

(1) $y = \ln 2x$ (2) $y = \log_2 3x$

풀이

(1) $t=2x$로 놓으면 $y=\ln t$이므로

$$\frac{dy}{dx}=\frac{dy}{dt}\cdot\frac{dt}{dx}=\frac{1}{t}\cdot 2=\frac{1}{2x}\cdot 2=\frac{1}{x}$$

(2) $u=3x$로 놓으면 $y=\log_2 u$이므로

$$\frac{dy}{dx}=\frac{dy}{du}\cdot\frac{du}{dx}=\frac{1}{u\ln 2}\cdot 3=\frac{1}{3x\cdot\ln 2}\cdot 3=\frac{1}{x\ln 2}$$

■

문제 1. 함수 $y=\log|x|$에 대하여 $y'=\frac{1}{x}$임을 보여라.

■

문제 2. 다음 함수를 미분하여라.

(1) $y=\ln(x^3+x^2-6)$ (2) $y=\ln(2x^3+x^2)^5$

■

로그함수의 도함수와 합성함수의 미분법을 이용하면 $y=\ln|f(x)|$에 대하여 다음이 성립한다.

$$y'=\{\ln|f(x)|\}'=\frac{f'(x)}{f(x)}$$

로그함수의 미분법을 이용하여 a가 실수일 때, 함수 $y=x^a$의 도함수를 구하여 보자. $y=x^a$의 양변의 절댓값에 자연로그를 취하면

$$\ln|y|=\ln|x^a|,\quad 즉\ \ln|y|=a\ln|x|$$

위 식의 양변을 x에 대하여 미분하면

$$\frac{y'}{y}=a\cdot\frac{1}{x}\quad 즉\quad y'=\frac{a}{x}\cdot y=\frac{a}{x}\cdot x^a=ax^{a-1}$$

■ 로그함수의 도함수와 활용

(1) $(\ln|x|)' = \dfrac{1}{x}$ (단, $x > 0$)

(2) $(\log_a|x|)' = \dfrac{1}{x\ln a}$ (단, $a > 0,\ a \neq 1$)

(3) $(\ln|f(x)|)' = \dfrac{f'(x)}{f(x)}$ (단, $f(x) \neq 0$) (합성함수의 미분법에 의하여)

(4) $(x^a)' = ax^{a-1}$ (단, a는 실수)

예제 3. 다음 함수를 미분하여라.

(1) $y = \ln|2x^2 + 1|$ (2) $y = \log_5(x^2 + 5x + 6)$

풀이

(1) $y' = \dfrac{d}{dx}(\ln|2x^2+1|) = \dfrac{(2x^2+1)'}{2x^2+1} = \dfrac{4x}{2x^2+1}$

(2) $y' = \dfrac{d}{dx}\left\{\dfrac{\ln(x^2+5x+6)}{\ln 5}\right\}$

$= \dfrac{(x^2+5x+6)'}{(x^2+5x+6)\cdot\ln 5}$

$= \dfrac{2x+5}{(x^2+5x+6)\cdot\ln 5}$ ■

예제 4. 로그함수의 미분법을 이용하면 복잡한 함수의 도함수를 쉽게 구할 수 있다. 함수 $y = (x^2 + 2)^5 \cdot (2x^3 + 4)^7$을 미분하여라.

풀이

양변의 절대값에 자연로그를 취하면

$$\ln|y| = 5\ln|x^2+2| + 7\ln|2x^3+4|$$

이다. 양변을 x에 대하여 미분하면

$$\frac{y'}{y} = \frac{10x}{x^2+2} + \frac{42x^2}{2x^3+4}$$

따라서

$$y' = y\left(\frac{10x}{x^2+2} + \frac{42x^2}{2x^3+4}\right) = (x^2+2)^5(2x^3+4)^7\left(\frac{10x}{x^2+2} + \frac{42x^2}{2x^3+4}\right)$$ ■

문제 3. 다음 함수를 미분하여라.

(1) $y = \dfrac{(x+2)^2}{(x+3)^3(x+4)^4}$ (2) $y = x^{x^2+1}$

■

이제는 $a(a>0,\ a\neq 1)$를 밑으로 하는 지수함수 a^x의 도함수를 유도하고자 한다.

■ **$y = a^x\,(a>0, a\neq 1)$의 도함수**

$$\frac{d}{dx}a^x = a^x \ln a$$

[증명]

$y = a^x$의 양변에 자연로그를 취하면,

$$\ln y = x\ln a$$

x에 관하여 미분하면,

$$\frac{y'}{y} = \ln a,\quad \therefore y' = y\ln a = a^x \ln a$$ ■

따라서, 합성함수 미분법을 사용하여 다음을 얻을 수 있다.

$$(a^{f(x)})' = a^{f(x)}\cdot f'(x)\ln a$$

예제 5. 다음 함수를 미분하여라.

(1) $y = 3^{-5x}$ (2) $y = 3^{(4x+2)}$

풀이

(1) $y=3^{-5x}$에서 $t=-5x$로 놓으면 $y=3^t$이므로

$$\frac{dy}{dx}=\frac{dy}{dt}\cdot\frac{dt}{dx}=(3^t\cdot\ln 3)\cdot(-5)=(-5)\cdot 3^{-5x}\cdot\ln 3$$

(2) $y'=3^{(4x+2)}\cdot 4\cdot\ln 3$ ■

문제 4. 다음 함수를 미분하여라.

(1) $y=\log(3x+2)$ (2) $y=\log(x^2+1)$

(3) $y=\log_a(4x-1)$ (4) $y=x\log\frac{1}{x}$

■

5.3.8 삼각함수의 미분법

삼각함수가 x의 함수일 때, 도함수는 다음과 같다.

■ 삼각함수의 미분법

$(\sin x)'=\cos x$ $(\csc x)'=-\csc x\cot x$

$(\cos x)'=-\sin x$ $(\sec x)'=\sec x\tan x$

$(\tan x)'=\sec^2 x$ $(\cot x)'=-\csc^2 x$

[참고] 도함수공식에서 쓰이는 x는 라디안(radian)임을 유의하여라.

예제 1. $f(x)=\sin x$의 도함수가 $\cos x$임을 증명하여라.

[증명]

$$\begin{aligned}f'(x)&=\lim_{h\to 0}\frac{f(x+h)-f(x)}{h}=\lim_{h\to 0}\frac{\sin(x+h)-\sin x}{h}\\&=\lim_{h\to 0}\frac{\sin x\cos h+\cos x\sin h-\sin x}{h}\\&=\sin x\lim_{h\to 0}\frac{\cos h-1}{h}+\cos x\lim_{h\to 0}\frac{\sin h}{h}\end{aligned}$$

$$= \sin x \cdot 0 + \cos x \cdot 1 = \cos x$$

위의 증명에서 $\lim_{\theta \to 0} \frac{\sin\theta}{\theta} = 1$, $\lim_{\theta \to 0} \frac{\cos\theta - 1}{\theta} = 0$임을 사용하였다. ■

예제 2. 다음 함수를 미분하여라.

(1) $y = \sin x + \tan x$　　　(2) $y = \sin x - \cos x$

(3) $y = \sin x \cdot \cos 2x$　　　(4) $y = \sin x^\circ + \cos x^\circ$

풀이

(1) $y' = \cos x + \sec^2 x$

(2) $y' = \cos x + \sin x$

(3) $y' = \cos x \cdot \cos 2x - 2\sin x \cdot \sin 2x = \cos x(1 - 6\sin^2 x)$

(4) $y = \sin \frac{\pi}{180} x + \cos \frac{\pi}{180} x$

$$y' = \frac{\pi}{180} \cos \frac{\pi}{180} x + (-\frac{\pi}{180}) \cdot \sin \frac{\pi}{180} x$$

$$= \frac{\pi}{180} (\cos x^\circ - \sin x^\circ)$$

■

문제 1. 다음 함수를 미분하여라.

(1) $y = \sin^3 x$　　　(2) $y = \sin(\cos x)$

■

예제 3. 다음 식에서 $\frac{dy}{dx}$를 구하여라.

(1) $y = \sin(x+y)$　　　(2) $y = \cos(x+y)$　　　(3) $y = \cos(x+2y)$

풀이

(1) $\frac{dy}{dx} = \frac{d}{dx}(x+y) \cdot \cos(x+y) = \left(1 + \frac{dy}{dx}\right) \cdot \cos(x+y)$

$$= \cos(x+y) + \frac{dy}{dx} \cdot \cos(x+y)$$

$$\frac{dy}{dx}\{1 - \cos(x-y)\} = \cos(x+y)$$

$$\therefore \frac{dy}{dx} = \frac{\cos(x+y)}{1 - \cos(x+y)}$$

(2) $\frac{dy}{dx} = -\sin(x+y) \cdot \frac{d}{dx}(x+y) = -\sin(x+y)\left(1+\frac{d}{dx}y\right)$

$\because \frac{dy}{dx}(1+\sin(x+y)) = -\sin(x+y)$

$\because \frac{dy}{dx} = \frac{-\sin(x+y)}{1+\sin(x+y)}$

(3) $y' = -\sin(x+2y) \cdot (1+2y') = -\sin(x+2y) - 2y' \cdot \sin(x+2y)$

$\therefore y' \cdot [1+2 \cdot \sin(x+2y)] = -\sin(x+2y)$

$\therefore \frac{dy}{dx} = \frac{-\sin(x+2y)}{1+2 \cdot \sin(x+2y)}$ ■

문제 2. 다음 함수의 dy/dx를 구하여라.

(1) $y = \frac{\sin x - \cos x}{\sin x + \cos x}$ (2) $y = \frac{\sin x - x \cdot \cos x}{\cos x + x \cdot \sin x}$ ■

5.3.9 역삼각함수의 미분법

역삼각 함수의 도함수는 다음과 같다.

■ 역삼각함수의 미분법

(1) $\frac{d}{dx}\sin^{-1}x = \frac{1}{\sqrt{1-x^2}}$ (2) $\frac{d}{dx}\cos^{-1}x = -\frac{1}{\sqrt{1-x^2}}$

(3) $\frac{d}{dx}\tan^{-1}x = \frac{1}{1+x^2}$ (4) $\frac{d}{dx}\cot^{-1}x = -\frac{1}{1+x^2}$

(5) $\frac{d}{dx}\sec^{-1}x = \frac{1}{x\sqrt{x^2-1}}$ (6) $\frac{d}{dx}\csc^{-1}x = -\frac{1}{x\sqrt{x^2-1}}$

함수 $u(x)$가 미분가능한 함수인 경우, 역삼각 함수의 도함수는 다음과 같다.

(1) $\frac{d}{dx}\sin^{-1}u = \frac{1}{\sqrt{1-x^2}} \cdot \frac{du}{dx}$ (2) $\frac{d}{dx}\cos^{-1}u = -\frac{1}{\sqrt{1-x^2}} \cdot \frac{du}{dx}$

(3) $\dfrac{d}{dx}\tan^{-1}u = \dfrac{1}{1+x^2}\cdot\dfrac{du}{dx}$　　　(4) $\dfrac{d}{dx}\cot^{-1}x = -\dfrac{1}{1+x^2}\cdot\dfrac{du}{dx}$

(5) $\dfrac{d}{dx}\sec^{-1}u = \dfrac{1}{x\sqrt{x^2-1}}\cdot\dfrac{du}{dx}$　　　(6) $\dfrac{d}{dx}\csc^{-1}u = -\dfrac{1}{x\sqrt{x^2-1}}\cdot\dfrac{du}{dx}$

예제 1. 다음을 증명하여라.

$$\frac{d}{dx}\sin^{-1}x = \frac{1}{\sqrt{1-x^2}}$$

[증명]

$$y=\sin^{-1}x \quad \left(-\frac{\pi}{2}\le y\le\frac{\pi}{2}\right)$$

에서 $x=\sin y$ 양변을 x에 관하여 미분하면,

$$1=\cos y\cdot\frac{dy}{dx}, \qquad \frac{dy}{dx}=\frac{1}{\cos y}$$

분모의 $\cos y$를 x로 나타내기 위하여 다음 삼각형을 고려한다.

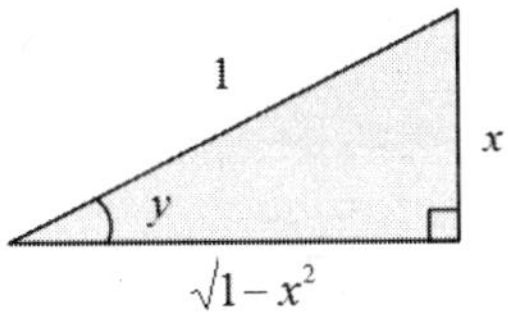

삼각형에서 $x=\sin y$이므로 $\cos y=\sqrt{1-x^2}$이다.

$$y=\sin^{-1}x, \qquad -\frac{\pi}{2}\le y\le\frac{\pi}{2}$$

이므로 각은 1, 4 사분면각이다.

$$\therefore \frac{dy}{dx}=\frac{1}{\cos y}=\frac{1}{\sqrt{1-x^2}}$$ ■

예제 2. 다음 함수의 y'을 구하여라.

(1) $y=\sin^{-1}(4x^2-1)$　　　(2) $y=\tan^{-1}\sqrt{x+2}$

풀이

$$(1)\ y' = \frac{8x}{\sqrt{1-(4x^2-1)^2}} = \frac{8x}{\sqrt{-16x^4+8x^2}}$$

$$= \frac{8x}{\sqrt{8x^2-16x^4}} = \frac{8x}{\sqrt{8x^2(1-2x^2)}}$$

$$= \frac{8x}{2\sqrt{2}\cdot|x|\cdot\sqrt{1-2x^4}} = \frac{4x}{\sqrt{2}\cdot|x|\cdot\sqrt{1-2x^2}}$$

$$(2)\ y' = \frac{(\sqrt{x+2})'}{1+(\sqrt{x+2})^2} = \frac{1}{1+(\sqrt{x+2})^2}\cdot\frac{1}{2\sqrt{x+2}}$$

$$= \frac{1}{1+x+2}\cdot\frac{1}{2\sqrt{x+2}} = \frac{1}{2(x+3)\sqrt{x+2}}$$

■

문제 1. 다음 함수의 y'을 구하여라.

(1) $y = x^2 \cdot \cos^{-1}(3x-1)$ (2) $y = (\sec^{-1}\sqrt{x})^2$

■

5.3.10 쌍곡선함수의 미분법

쌍곡선함수의 도함수는 지수함수의 미분법을 이용하여 구할 수 있다.

■ 쌍곡선함수의 미분법

$(\sinh x)' = \cosh x$ $(\cosh x)' = \sinh x$

$(\tanh x)' = \text{sech}^2 x$ $(\text{csch}x)' = -\text{csch}x\coth x$

$(\text{sech}x)' = \text{sech}x\cdot\tanh x$ $(\coth x)' = -\text{csch}^2 x$

예제 1. $(\sinh x)' = \cosh x$ 임을 보여라.

풀이

$y = \sinh x$라 하면 $\sinh x = \dfrac{e^x - e^{-x}}{2}$ 이므로

$$y' = \frac{d}{dx}(\sinh x) = \frac{d}{dx}\left(\frac{e^x-e^{-x}}{2}\right) = \frac{e^x+e^{-x}}{2} = \cosh x$$

■

문제 1. 다음 등식을 증명하여라.

(1) $\cosh^2 x - \sinh^2 = 1$ (2) $\operatorname{sech}^2 x + \tanh^2 = 1$

(3) $\sin(x-y) = \sinh x \cdot \cosh y - \cosh x \cdot \sinh y$

(4) $\cos(x-y) = \cosh x \cdot \cosh y - \sinh x \cdot \sinh y$ ■

문제 2. 다음 함수의 y'을 구하여라.

(1) $y = \sinh(e^{2x}+1)$ (2) $y = \cosh(\ln x + 1)$

(3) $y = \ln(\tanh x^2)$ (4) $y = e \wedge \tanh(x^2+1)$

■

역쌍곡선함수의 도함수는 다음과 같다.

■ **역쌍곡선함수의 도함수**

$$(\sinh^{-1} x)' = \frac{1}{\sqrt{1+x^2}} \qquad (\cosh^{-1} x)' = \frac{1}{\sqrt{x^2-1}}$$

$$(\tanh^{-1} x)' = \frac{1}{1-x^2}$$

예제 2. $(\sinh^{-1} x)' = \dfrac{1}{\sqrt{1+x^2}}$ 임을 보여라

풀이

$y = \sinh^{-1} x$라 하자. 그러면 $\sinh y = x$이다. 음함수 미분법에 의하여 미분하면

$$\cosh y \cdot \frac{dy}{dx} = 1$$

이다. $\cosh^2 y - \sinh^2 y = 1$이고 $\cosh y > 0$이므로 다음을 얻을 수 있다.

$$\frac{dy}{dx} = \frac{1}{\cosh y} = \frac{1}{\sqrt{1+\sinh^2 y}} = \frac{1}{\sqrt{1+x^2}}$$ ■

문제 3. 다음 함수의 y'을 구하여라.

(1) $y=\sinh^{-1}(\frac{1}{3}x)$ (2) $y=\cosh^{-1}(2x+1)$

■

5.3.11 고계도함수

함수 $y=f(x)$를 한 번 미분하여 얻은 함수 즉, 도함수가 $f'(x)$이다. 함수 $y=f(x)$의 도함수가 $f'(x)$인 경우, 도함수 $f'(x)$의 변화율을 알기 위해서는 $f'(x)$의 도함수를 구해야 한다. 미분가능한 함수 $y=f(x)$의 도함수 $f'(x)$가 미분가능할 때, 다음과 같은 $f'(x)$의 도함수를 생각할 수 있다.

$$\lim_{\Delta x \to 0} \frac{f'(x+\Delta x)-f'(x)}{\Delta x}$$

이 극한을 함수 $f(x)$의 **이계도함수**라 한다. **이계도함수란 원래의 함수를 두 번 미분한 함수이다.** 기호로는 다음과 같이 나타낸다.

$$y'',\ f''(x),\ \frac{d^2y}{dx^2},\ \frac{d^2}{dx^2}f(x),\ D_x^2 f(x),\ D^2 f(x)$$

함수 $f''(x)$가 미분가능할 때 $f''(x)$를 미분하여 얻은 함수를 $y=f(x)$의 **3계도함수**라한다. **삼계도함수란 원래의 함수를 세 번 미분한 함수이다.**

따라서 함수 $y=f(x)$가 n번 미분 가능할 때, n계도함수를 생각할 수 있고, 기호로는 다음과 같이 나타낼 수 있다.

$$y^{(n)},\ f^{(n)}(x),\ \frac{d^ny}{dx^n},\ \frac{d^n}{dx^n}f(x),\ D^{(n)}f(x)\ \cdots$$

두 번 이상 이분하여 얻은 함수, 즉 $n \geq 2$일 때의 $f^{(n)}(x)$를 $y=f(x)$의 **고계도함수**라고 한다.

예제 1. 다음 함수의 이계도함수를 구하여라.

(1) $f(x)=2x^4$ (2) $y=2x^3+9x^2-4x+1$

(3) $y=x^n$ (4) $y=(x^2-3)(x^4+3x^2+9)$

풀이

(1) $f(x)=2x^4$의 도함수는 $f'(x)=8x^3$이고, 이 함수 $f'(x)=8x^3$는 미분가능한 함수이다.

$$\{f'(x)\}' = (8x^3)' = 24x^2$$

(2) $y=2x^3+9x^2-4x+1,\quad y'=6x^2+18x-4,$

$$\therefore\ y''=12x+18$$

(3) $y''=(x^n)''=(nx^{n-1})'=n(n-1)x^{n-2}$

(4) $y=x^6-27,\quad y'=6x^5,\quad y''=30x^4$ ■

문제 1. 다음 함수의 이계도함수를 구하여라.

(1) $y=\sqrt{x}$ (2) $y=e^{-3x}$

(3) $y=\ln x$ (4) $y=\sqrt{9+x^2}$

■

문제 2. 다음 함수의 3계도함수를 구하여라.

(1) $y=\log x\,(n=3)$; (2) $y=\log_a x\,(n=3)$;

(3) $y=x^3\sin x\,(n=3)$

■

5.4 미분의 응용 I

5.4.1 접선의 방정식 4)

도함수를 이용하면 특정한 곡선 위의 한 점에서 그은 접선과 법선을 구할 수가 있다. 접선기울기 m과 법선기울기 m'는 $m\cdot m'=-1$의 관계가 있다.

이차평면 xy-평면에서 주어진 곡선 $y=f(x)$가 있다. 이 곡선 위의 한 점에서 곡선과 접하는 직선 즉, **접선**을 그었을 때 접선을 표시하는 방정식을 구해보자.

4) 엄기홍 ; 대학수학, p.140-142, 한맥출판사, ISBN:978-89-97487-09-7, 서울 (2013).

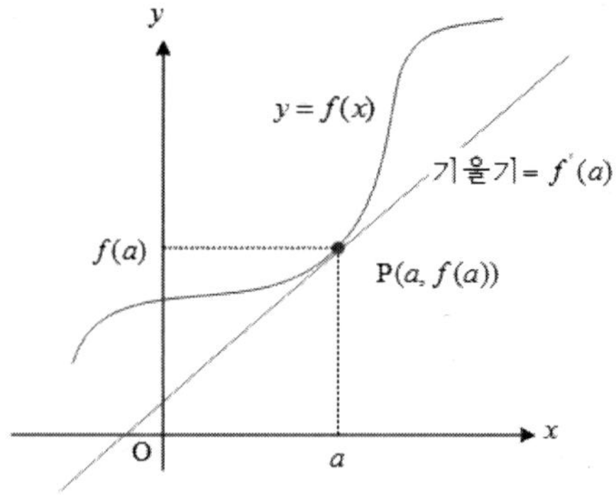

함수 $y=f(x)$가 $x=a$에서 미분가능할 때, 곡선 $y=f(x)$의 $x=a$에서의 접선의 기울기는 $x=a$에서의 미분계수 즉, $f'(a)$와 같다.

따라서 곡선 $f(x)$ 위의 한 점 $\mathrm{P}(a,\ f(a))$에서의 접선의 방정식은 다음과 같이 구할 수 있다.

■ 접선의 방정식

함수 $f(x)$가 $x=a$에서 미분가능 할 때, 곡선 $y=f(x)$ 위의 점 $(a,\ f(a))$에서의 접선의 방정식은 다음과 같다.

$$y-f(a)=f'(a)\cdot(x-a)$$

예제 1. 기울기가 m이고 점 $P(x_1,\ y_1)$를 지나는 접선의 방정식을 구하여라.

풀이

기울기가 m인 직선은 $y=mx+b$이다. $P(x_1,\ y_1)$를 지나므로 대입하면,

$$y_1=mx_1+b,\quad b=y_1-mx_1$$

이다. 대입하면,

$$y=mx+(y_1-mx_1),$$

즉,

$$y-y_1=m\,(x-mx_1),\ y=m\,(x-mx_1)+y_1$$

이다. ■

예제 2. 함수 곡선위의 한 점에서 그은 접선의 방정식을 구하여라.

(1) 곡선 $f(x)= x^2$, $P(1,\ 1)$

(2) 곡선 $y = 2x^2$, $R(1,\ 2)$

풀이

(1) 함수 $f(x)=x^2$의 도함수는 $y'(x)=2x$이므로 곡선 $f(x)=x^2$ 위의 점 $P(1,\ 1)$에서의 접선의 기울기는 $y'(1)=2x=2\cdot 1=2$이다. 따라서 기울기가 2이고 점 $P(1,\ 1)$를 지나는 접선의 방정식은 다음과 같다.

$$y-1=2(x-1)$$

즉,

$$y=2x-1$$

(2) 함수 $y=2x^2$의 도함수는 $y'=4x$이므로 곡선 $y=2x^2$ 위의 점 $R(1,\ 2)$에서의 접선의 기울기는 $-\dfrac{1}{-4}=\dfrac{1}{4}$이다. 따라서 기울기가 4이고 점 $P(1,\ 2)$를 지나는 접선의 방정식은 다음과 같다.

$$y-2=4(x-1)$$

즉,

$$y=4x-2$$

■

문제 1. 다음 곡선위의 점에서 곡선에 그은 접선의 방정식을 구하여라.

(1) $y=x^2-3x$, $P(2,\ -2)$ (2) $y= x^3-2x^2+1$, $P(1,\ 0)$

(3) $y=x\sqrt{x}$, $P(1,\ 1)$

■

5.4.2 법선의 방정식 5)

이차평면 xy-평면에서 주어진 곡선 $y=f(x)$가 있다. 이 곡선 위의 한 점에서 그은 **접선이 있을 때, 이 접선과** 직교하는 직선이 법선이다. 법선을 표시하는 방정식을 구해보자. 도함수를 이용하면, 특정한 곡선 위의 한 점에서 그은 접선을 구할 수 있고, 그 결과를 이용하여 법선을 구할 수가 있다. 아래 그림을 이용하여 법선을 표시하는 방정식을 구해보자.

5) 엄기홍 ; 대학수학, p.140-142, 한맥출판사, ISBN:978-89-97487-09-7, 서울 (2013).

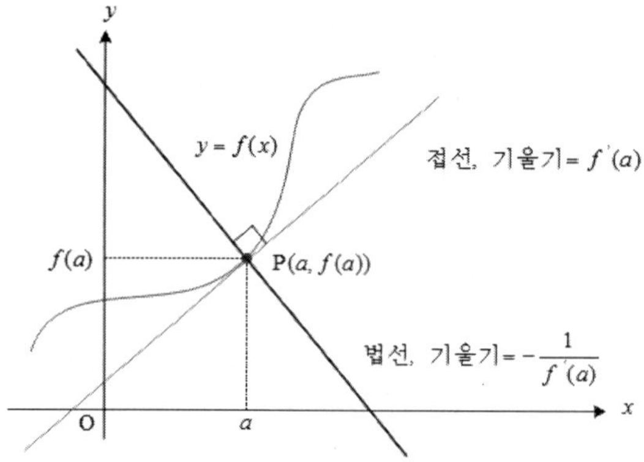

함수 $y=f(x)$가 $x=a$에서 미분 가능할 때, 곡선 $y=f(x)$의 $x=a$에서의 접선의 기울기는 $x=a$에서의 미분계수 즉, $f'(a)$와 같다.

따라서 곡선 $f(x)$ 위의 한 점 $\mathrm{P}(a,\ f(a))$에서의 법선의 방정식은 다음과 같이 구할 수 있다.

■ **법선의 방정식**

법선은 접선과 수직을 이루는 직선이다. 함수 $f(x)$가 $x=a$에서 미분 가능할 때, 곡선 $y=f(x)$ 위의 점 $(a,\ f(a))$에서의 법선의 방정식은 다음과 같다.

$f'(a)\neq 0$일 때,

$$y-f(a)=-\frac{1}{f'(a)}\cdot(x-a)$$

$f'(a)=0$일 때,

$$x=a$$

예제 1. 함수 $y=\sqrt{x}$와 점 $P(4,\ 2)$가 있다.

(1) 점 P에서의 접선의 방정식 T를 구하여라.

(2) 점 P에서의 법선의 방정식 N을 구하여라.

풀이

(1) 점 $x=4$에서의 기울기는

$$y'=\frac{1}{2\sqrt{x}},\quad y'(4)=\frac{1}{4}$$

이고, $P(4,\ 2)$를 지나는 직선 T이다.

$$y-2=\frac{1}{4}\cdot(x-4),\quad y=\frac{1}{4}x+1$$

(2) 점 $x=4$에서의 기울기는 -4이고, $P(4,\ 2)$를 지나는 직선 N이다.

$$y-2=-4\cdot(x-4),\quad y=-4x+18$$

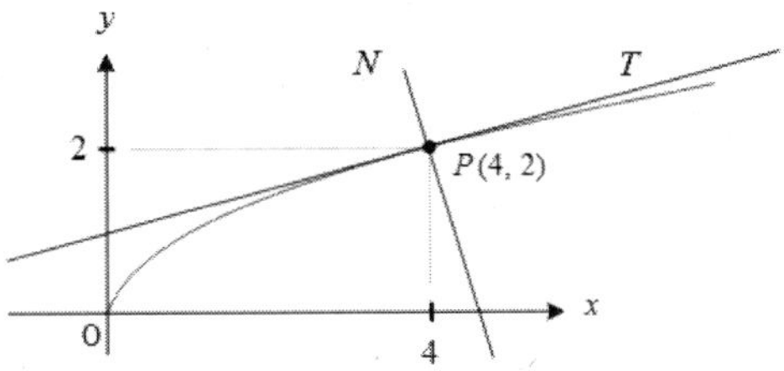

■

예제 2. 포물선 $y=-x^2+2x$과 점 $P(3,\ -3)$가 있다.

(1) 점 P에서의 접선의 방정식 T를 구하여라.

(2) 점 P에서의 법선의 방정식 N을 구하여라.

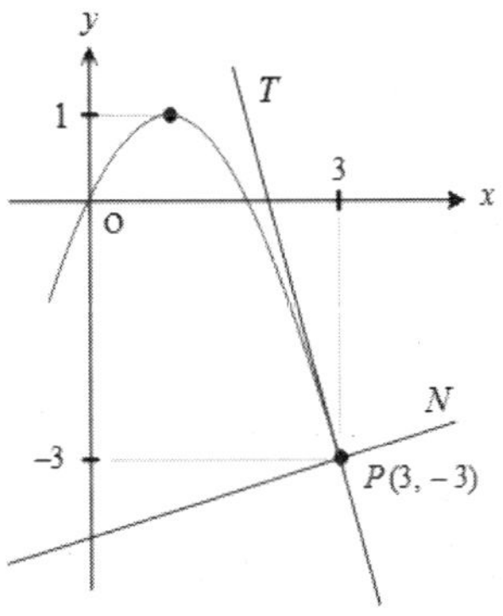

풀이

(1) $y=-x^2+2x$를 미분하면 $y'=-2x+2$

$$\therefore\ y'_{x=3}=-2\times3+2=-4$$

이므로, 점 $P(3,\ -3)$에서 접선의 방정식 T는

$$y-(-3)=(-4)(x-3)\quad \therefore\ y=-4x+9$$

(2) 점 $P(3,\ -3)$에서의 법선의 기울기가 1이므로 법선의 방정식 N은

$$y-(-3)=(1/4)\cdot(x-3)\quad \therefore\ 4y=x-15$$

■

문제 2. 다음 곡선 위의 점에서 접선과 법선의 방정식을 구하여라.

(1) 곡선 $9x^2+4y^2=72$; $(2,\ 3)$

(2) 곡선 $x^2+xy+2y^2=28$; $(-2,\ -3)$

(3) 곡선 $x^3-axy+3ay^2=3a^3$; $(a,\ a)$

■

5.4.3 뉴턴의 방법 6)

방정식 $f(x)=0$의 근을 찾기 위한 뉴턴(Newton)의 방법을 소개한다. 다음 그림에서 보여지듯이 방정식 $f(x)=0$의 근은 곡선 $y=f(x)$와 직선 $y=0$, 즉 x축이 만나는 x좌표 값이 방정식의 근이 된다. 이 근을 $\bar{x}$라고 하자.

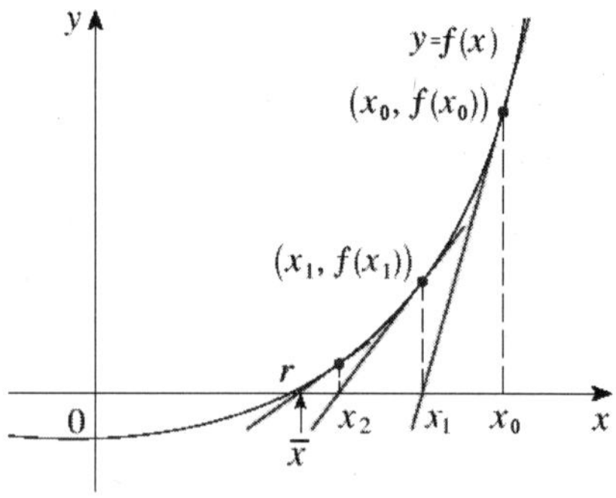

먼저 적당한 점 x_0를 잡는다. 곡선 $y=f(x)$상의 점 $(x_0, f(x_0))$에서 접선을 그어 x축과 만나는 점을 x_1이라 하자. 점 $(x_1, 0)$은 접선의 방정식의 근이므로

$$0-f(x_0)=f'(x_0)(x_1-x_0)$$

따라서

$$x_1=x_0-\frac{f(x_0)}{f'(x_0)}$$

을 얻을 수 있다. 다시 곡선상의 점 $(x_1, f(x_1))$에서 접선을 그어 x축과 만나는 점을 x_2라 하자. 위와 같은 방법에 의하여

$$x_2=x_1-\frac{f(x_1)}{f'(x_1)}$$

을 얻을 수 있다. 이와 같은 과정을 반복하면

$$x_{n+1}=x_n-\frac{f(x_n)}{f'(x_n)},\ n=0,1,2,\cdots$$

6) A. Howard, Calculus, p.742, John Wiley and Sons, ISBN:0-471-03248-4, New York (1980).

을 얻고 이 공식을 **뉴턴의 공식**이라고 한다.

예제 1. 뉴턴의 방법에 의하여 $\sqrt{3}$의 근사값을 구하여라.

풀이

방정식 $x^2-3=0$의 양수 근이 $\sqrt{3}$이다.
함수 $f(x)=x^2-3$라 하면 $f(1)=-2$, $f(2)=1$이므로 중간값 정리에 의해 방정식 $f(x)=0$의 근은 1과 2 사이에 존재한다.
$x_0=2$로 잡으면 뉴턴의 공식에 의하여 $f'(x)=2x$이므로

$$x_1=x_0-\frac{f(x_0)}{f'(x_0)}=2-\frac{f(2)}{f'(2)}=2-\frac{2}{4}=1.5$$

을 얻을 수 있다. $x_1=1.5$를 가지고 뉴턴의 공식을 적용하면

$$x_2=x_1-\frac{f(x_1)}{f'(x_1)}=1.5-\frac{f(1.5)}{f'(1.5)}=1.5-\frac{1.5^2-3}{2\cdot 1.5}=1.75$$

을 얻고 이러한 과정을 반복하면

$$x_3=1.75-\frac{(1.75)^2-3}{2\cdot 1.75}=1.7321428$$
$$x_4=1.7320508$$
$$\vdots$$

결국 $\sqrt{3}$은 1.7320508에 근사된다. ■

문제 1. 방정식 $x^3=\cos x$의 근을 뉴턴의 공식을 이용하여 구하여라.

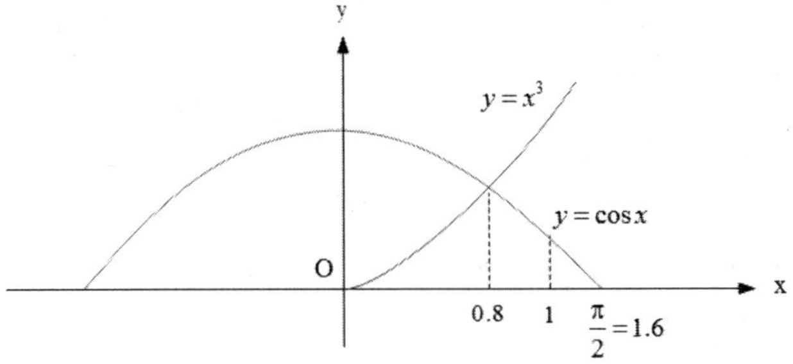

■

5.4.4 롤(Roll)의 정리

구간 $[a,\ b]$에서 연속이고 구간 $(a,\ b)$에서 미분가능한 함수 $f(x)$가 $f(a)=f(b)$이면 곡선 $y=f(x)$의 접선이 x축과 평행하게 되는, 즉 $f'(c)=0$이 되는 c가 구간 $(a,\ b)$에 적어도 하나 있음을 알 수 있다.

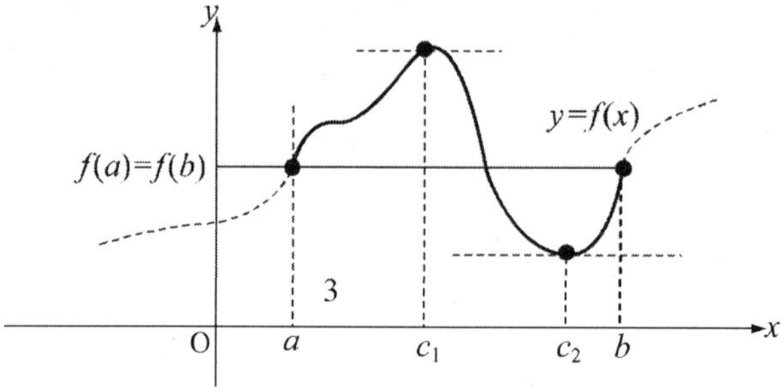

이것을 롤(Roll)의 정리라고 한다.[7]

> ■ 롤의 정리
>
> 함수 $y=f(x)$가 구간 $[a,\ b]$에서 연속이고 구간 $(a,\ b)$에서 미분가능할 때, $f(a)=f(b)$이면 $f'(c)=0$인 c가 구간 $(a,\ b)$에 적어도 하나 존재한다.

함수 $f(x)$가 구간 $[a,\ b]$에서 연속이면 $f(x)$가 이 구간에서 최댓값과 최솟값을 가짐을 이용하여 롤의 정리를 증명하여 보자.

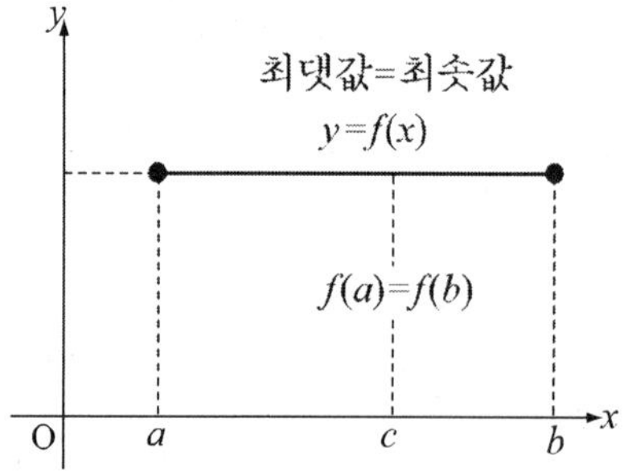

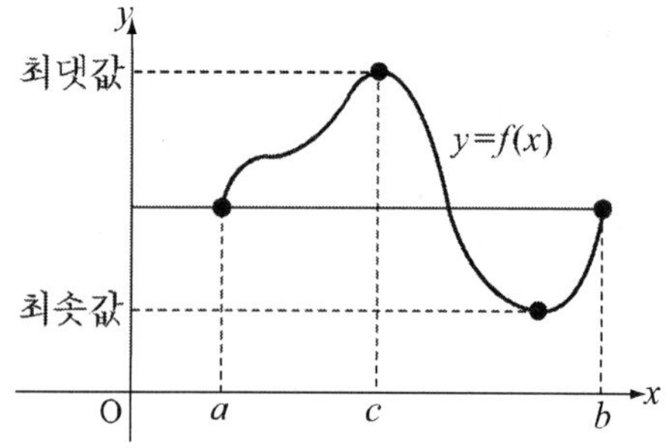

---

7) 다음에 학습할 Mean value theorem의 특별한 경우이다.

(i) 함수 $f(x)$가 구간 $[a, b]$에서 상수함수일 때;

구간 (a, b) 내의 모든 점 x에서 $f'(x)=0$이므로 구간 (a, b)에서 속하는 모든 c에서 $f'(c)=0$이므로 정리가 성립한다.

(ii) 함수 $f(x)$가 구간 $[a, b]$에서 상수함수가 아닐 때;

$f(a)=f(b)$이므로 구간 (a, b)에 속하는 값 $x=c$에서 최댓값 또는 최솟값을 가진다. 함수 $f(x)$가 $x=c$ $(a<c<b)$에서 최댓값을 가질 때, 절댓값이 충분히 작은 실수 $h(\neq 0)$에 대하여 $f(c+h)-f(c)<0$이므로

$$\lim_{h\to+0}\frac{f(c+h)-f(c)}{h}\leq 0, \qquad \lim_{h\to-0}\frac{f(c+h)-f(c)}{h}\geq 0$$

$f(x)$는 $x=c$에서 미분가능하므로 좌극한과 우극한이 같다.

$$\therefore f'(c)=\lim_{h\to 0}\frac{f(c+h)-f(c)}{h}=0$$

함수 $f(x)$가 $x=c$에서 최솟값을 가질 때에도 위와 같은 방법으로

$$f'(c)=0$$

임을 확인할 수 있다.

예제 1. 함수 $f(x)=|x|$는 구간 $[-2, 2]$에서 연속이고 $f(-2)=f(2)$이지만, $x=0$에서 미분가능하지 않다. 한편 구간 $(-2, 2)$에 속하는 임의의 $c\neq 0$인 모든 c에서 $f'(c)\neq 0$이다. 따라서 $f'(c)=0$인 c가 구간 $(-2, 2)$에 존재하지 않는다.

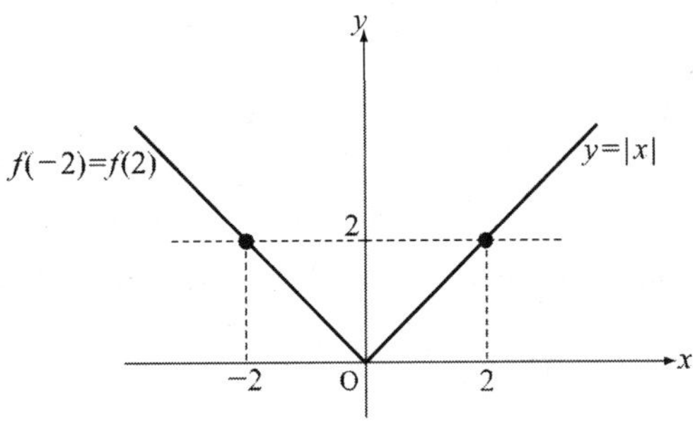

■

예제 2. 함수 $f(x) = x^2 - 5x$ 는 닫힌 구간 $[0,\ 5]$에서 연속이고, 열린 구간 $(0,\ 5)$에서 미분가능하다. $f(0) = f(5) = 0$ 이므로 롤의 정리에 의하여 $f'(c) = 0$ 인 c가 열린 구간 $(0,\ 5)$에서 존재한다. 이때, c의 값은 $f'(c) = 2c - 5 = 0$ 에서 $c = \frac{5}{2}$

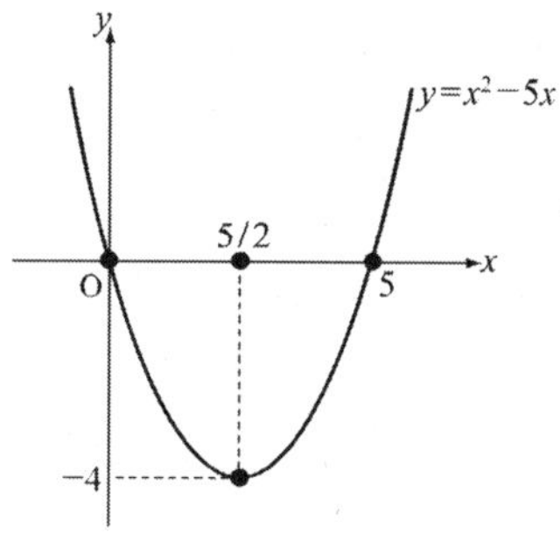

■

문제 1. 다음 함수에 대하여 주어진 구간에서 롤의 정리를 만족하는 상수 c의 값을 구하여라.

$$f(x) = x^3 - x^2 - 5x - 3\ ;\ [-1,\ 3]$$

■

5.4.5 평균값 정리(Mean Value Theorem)

롤(Roll)의 정리에서 사용된 조건 즉, $f(a) = f(b)$ 가 없는 경우에는 어떤 성질이 있는지 알아보자. 두 점 $\mathrm{P}(a,\ f(a))$, $\mathrm{Q}(b,\ f(b))$를 지나는 직선 PQ의 기울기는 상수

$$\frac{f(b) - f(a)}{b - a} = k$$

이다. 상수 k를 사용하여 함수 $F(x)$를 다음과 같이 정의하자.

$$F(x) = f(x) - \{k(x-a) + f(a)\}$$

함수 $F(x)$는 구간 $[a,\ b]$ 에서 연속이고 구간 $(a,\ b)$에서 미분가능하다.

함수 $F(x)$는 $F(a) = F(b) = 0$을 만족하므로, 롤의 정리에 의하여 $F'(c) = 0$을 만족하는 c가 구간 $(a,\ b)$에 적어도 하나 존재한다. 따라서 $F'(c) = f'(c) - k = 0$ 에서 $f'(c) = k$ 이므로 식

$$\frac{f(b) - f(a)}{b - a} = f'(c)$$

를 만족하는 c가 구간 $(a,\ b)$에 적어도 하나 존재한다. 이와 같이 롤의 정리를 일반화한 정리를

평균값의 정리라고 한다.

■ **평균값의 정리**

함수 $y=f(x)$가 구간 $[a, b]$에서 연속이고 구간 (a, b)에서 미분가능하면

$$\frac{f(b)-f(a)}{b-a}=f'(c)$$

인 c가 구간 (a, b)에 적어도 하나 존재한다.

"평균값의 정리"는 무슨 의미를 갖는가? 그래프를 통하여 알아보자.

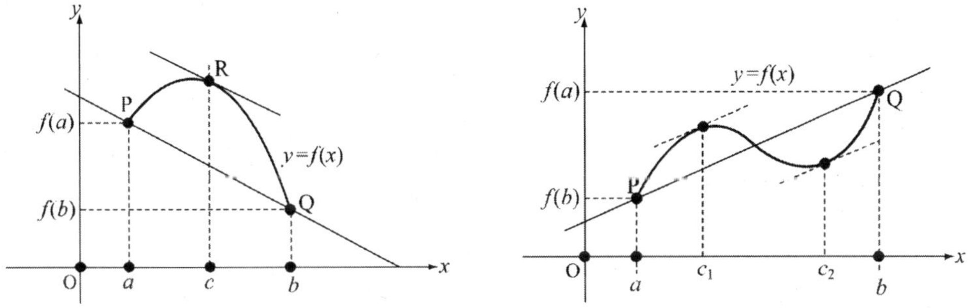

평균값의 정리에서

$$\frac{f(b)-f(a)}{b-a}$$

는 함수 $y=f(x)$의 그래프 위의 두 점 $\mathrm{P}(a, f(a))$, $\mathrm{Q}(b, f(b))$를 지나는 직선의 기울기이고, $f'(c)$는 곡선 $y=f(x)$ 위의 점 $(c, f(c))$에서의 접선의 기울기이다. 그러므로 평균값의 정리는

"구간 (a, b)에서 존재하는 곡선의 접선 중에서 직선 PQ와 평행한 접선이 적어도 하나 존재한다"

는 의미이다.

예제 1. 함수 $f(x)=x^2$에서 닫힌 구간 $[-1,\ 2]$에서 평균값의 정리를 만족하는 상수 c의 값을 구하여라.

풀이

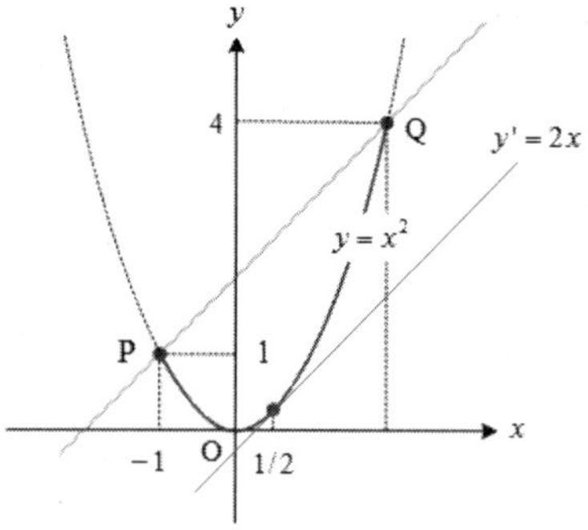

$f'(x)=2x$이므로

$$f'(c)=2c$$

$\frac{2^2-(-1)^2}{2-(-1)}=2c$이므로 $1=2c$

$$\therefore\ c=\frac{1}{2}$$

■

예제 2. 함수 관계식 $f(x)=x^3+1$ 에 대하여, 닫힌구간 $[1,\ 2]$ 에서 평균값의 정리를 만족하는 상수 c 의 값을 구하여라.

풀이

$$f(a)=f(1)=2,\quad f(b)=f(2)=9$$
$$f'(x)=3x^2,\quad f'(c)=3c^2$$

따라서

$$f'(c)=\frac{f(b)-f(a)}{b-a}$$

에서,

$$3c^2=\frac{f(2)-f(1)}{2-1}=\frac{9-2}{2-1}=7$$
$$c_1=\sqrt{\frac{7}{3}},\quad c_2=-\sqrt{\frac{7}{3}}$$

이 중에서 c_1만이 $[1, 2]$ 에 속한다

$$\therefore c=c_1=\sqrt{\frac{7}{3}}$$

■

문제 1. 다음 함수에 대하여 주어진 구간에서 평균값의 정리를 만족하는 c의 값을 구하여라.

$$f(x) = x^2 + 2x \ ; \ [-2,\ 1]$$

■

5.4.6 로피탈(L'Hopital)의 정리

극한을 표시하는 5개의 기호

$$\lim_{x\to a^+},\ \lim_{x\to a^-},\ \lim_{x\to a},\ \lim_{x\to +\infty},\ \lim_{x\to -\infty}$$

와 같은 기호들을 하나의 기호 lim라고 표시하기로 한다. 두 함수 $f(x)$, $g(x)$의 극한값을

$$\lim f(x)= 0, \quad \lim g(x)= 0$$

이라고 하자. 두 함수에 의한 극한값

$$\lim \frac{f(x)}{g(x)}$$

가 존재하면 이것을 구하는 과정을

"부정형 $\frac{0}{0}$ 의 값을 구한다."

고 한다. 이와 마찬가지로

$$\frac{\infty}{\infty},\ 0 \cdot \infty,\ 0^0,\ \infty^0,\ 1^\infty$$

등의 부정형도 생각할 수 있다. 부정형을 계산하는 데는 **로피탈의 정리**를 이용한다. 함수 $f(x)$, $g(x)$가 $x = a$의 한 근방에서 미분가능하고, $f(a)= g(a)= 0$ 이라 하자. $g'(x)$가 $x = a$를 제외한 a의 한 근방에서 0이 아닐 때 $\lim_{x\to a} \frac{f'(x)}{g'(x)}$가 존재하면,

$$\lim_{x\to a} \frac{f(x)}{g(x)} = \lim_{x\to a} \frac{f'(x)}{g'(x)}$$

이다.

[1] $\frac{0}{0}$ 인 꼴의 부정형에 대한 극한값

예제 1. 다음 식이 주어져 있다.

$$\mathcal{L} = \lim_{x\to 0}\frac{\sqrt{1+x}+\sqrt{1-x}-2}{x^2}$$

(a) L'Hopital 정리를 이용하지 말고 극한값을 구하여라.

(b) L'Hopital 정리를 이용하여 극한값을 구하여라.

풀이

(a)

방법 1

$$\mathcal{L} = \lim_{x\to 0}\frac{[\sqrt{1+x}+\sqrt{1-x}-2]\cdot[\sqrt{1+x}+\sqrt{1-x}+2]}{x^2[\sqrt{1+x}+\sqrt{1-x}+2]}$$

$$= \lim_{x\to 0}\frac{[\sqrt{1+x}+\sqrt{1-x}]^2-2^2}{x^2[\sqrt{1+x}+\sqrt{1-x}+2]} = \lim_{x\to 0}\frac{(1+x)+(1-x)+2\sqrt{1-x^2}-4}{x^2[\sqrt{1+x}+\sqrt{1-x}+2]}$$

$$= 2\lim_{x\to 0}\frac{\sqrt{1-x^2}-1}{x^2[\sqrt{1+x}+\sqrt{1-x}+2]}$$

$$= 2\lim_{x\to 0}\frac{[\sqrt{1-x^2}-1]\cdot[\sqrt{1-x^2}+1]}{x^2[\sqrt{1+x}+\sqrt{1-x}+2]\cdot[\sqrt{1-x^2}+1]}$$

$$= 2\lim_{x\to 0}\frac{1-x^2-1}{x^2[\sqrt{1+x}+\sqrt{1-x}+2]\cdot[\sqrt{1-x^2}+1]}$$

$$= 2\lim_{x\to 0}\frac{-x^2}{x^2[\sqrt{1+x}+\sqrt{1-x}+2]\cdot[\sqrt{1-x^2}+1]}$$

$$= 2\lim_{x\to 0}\frac{-1}{[\sqrt{1+x}+\sqrt{1-x}+2]\cdot[\sqrt{1-x^2}+1]}$$

$$= 2\lim_{x\to 0}\frac{-1}{[\sqrt{1}+\sqrt{1}+2]\cdot[\sqrt{1}+1]} = 2\lim_{x\to 0}\frac{-1}{[4]\cdot[2]} = -\frac{1}{4}$$

방법 2

$$\mathcal{L} = \lim_{x\to 0}\left(\frac{\sqrt{1+x}-1}{x^2}+\frac{\sqrt{1-x}-1}{x^2}\right)$$

$$= \lim_{x\to 0}\left(\frac{x}{x^2(\sqrt{1+x}+1)}+\frac{-x}{x^2(\sqrt{1-x}+1)}\right)$$

$$= \lim_{x\to 0}\frac{1}{x}\left(\frac{1}{\sqrt{1+x}+1}+\frac{-1}{\sqrt{1-x}+1}\right)$$

$$= \lim_{x\to0}\frac{1}{x}\left(\frac{\sqrt{1-x}+1}{(\sqrt{1+x}+1)\sqrt{1-x}+1)} + \frac{-\sqrt{1+x}+1}{(\sqrt{1-x}+1)\sqrt{1+x}+1)}\right)$$

$$= \lim_{x\to0}\frac{1}{x}\left(\frac{\sqrt{1-x}-\sqrt{1+x}}{(\sqrt{1+x}+1)\sqrt{1-x}+1)}\right)$$

$$= \lim_{x\to0}\frac{1}{x}\left(\frac{\sqrt{1-x}-\sqrt{1+x}}{(\sqrt{1+x}+1)\sqrt{1-x}+1)}\frac{\sqrt{1-x}+\sqrt{1+x}}{\sqrt{1-x}+\sqrt{1+x}}\right)$$

$$= \lim_{x\to0}\frac{1}{x}\left(\frac{1-x-(1+x)}{(\sqrt{1+x}+1)\sqrt{1-x}+1)}\frac{1}{\sqrt{1-x}+\sqrt{1+x}}\right)$$

$$= \lim_{x\to0}\frac{1}{x}\left(\frac{-2x}{(\sqrt{1+x}+1)\sqrt{1-x}+1)}\frac{1}{\sqrt{1-x}+\sqrt{1+x}}\right)$$

$$= \lim_{x\to0}\frac{-2}{(\sqrt{1+x}+1)\sqrt{1-x}+1)}\frac{1}{\sqrt{1-x}+\sqrt{1+x}}$$

$$= \lim_{x\to0}\frac{-2}{(\sqrt{1.}+1)\sqrt{1.}+1)}\frac{1}{\sqrt{1.}+\sqrt{1.}} = \frac{-2}{8} = -\frac{1}{4}$$

(b) $$\mathcal{L} = \lim_{x\to0}\frac{\sqrt{1+x}+\sqrt{1-x}-2}{x^2}$$

$$\mathcal{L} = \lim_{x\to0}\frac{\frac{1}{2\sqrt{1+x}}-\frac{1}{2\sqrt{1-x}}}{2x} = \frac{1}{4}\lim_{x\to0}\frac{(1+x)^{-1/2}-(1-x)^{-1/2}}{x}$$

$$= \frac{1}{4}\lim_{x\to0}\left[-\frac{1}{2}(1+x)^{-3/2}-\frac{1}{2}(1-x)^{-3/2}\right] = \frac{1}{4}\left[-\frac{1}{2}(1)^{-3/2}-\frac{1}{2}(1)^{-3/2}\right]$$

$$= -\frac{1}{4}$$

■

예제 2. 다음 극한 값을 구하여라.

(1) $\lim_{x\to1}\frac{x^3-3x+2}{x^3-5x^2+4}$ (2) $\lim_{x\to0}\frac{\sin 2x}{\sin 3x}$ (3) $\lim_{x\to0}\frac{e^{3x}-1}{\sin 3x}$

풀이

로피탈 정리를 이용한다.

(1) $\lim_{x\to1}\frac{(x^3-3x+2)'}{(x^3-5x^2+4)'} = \lim_{x\to1}\frac{3x^2-3}{3x^2-10x} = 0$

(2) $\lim_{x\to0}\frac{2\cos 2x}{3\cos 3x} = \frac{2}{3}$

(3) $\lim_{x\to0}\frac{e^{2x}-1}{\sin 3x} = \lim_{x\to0}\frac{2e^{2x}}{3\cos 3x} = \frac{2}{3}$

■

문제 1. 다음 극한 값을 구하여라.

(1) $\mathcal{L} = \lim_{x \to -3} \frac{3+x}{\sqrt{3}-\sqrt{-x}}$ (2) $\mathcal{L} = \lim_{x \to 0} \frac{\sqrt{1-x}-\sqrt{1+x}}{x}$

(3) $\mathcal{L} = \lim_{x \to 0} \frac{x-\sin x}{x^3}$ (4) $\mathcal{L} = \lim_{x \to 0} \frac{\ln(1+x)}{x^2}$ ■

[2] $\frac{\infty}{\infty}$ 인 꼴의 부정형과 그 외 부정형의 극한값

예제 2. 다음 극한 값을 구하여라.

(1) $\lim_{x \to +\infty} \frac{x^3-2x+4}{5x^3+6}$ (2) $\lim_{x \to +\infty} \frac{\ln x}{x}$

풀이

(1) $\lim_{x \to +\infty} \frac{3x^2-2}{15x^2} \lim_{x \to +\infty} \frac{6x}{30x} = \frac{1}{5}$

(2) $\lim_{x \to \infty} \frac{(\ln x)'}{(x)'} = \lim_{x \to \infty} \frac{\frac{1}{x}}{1} = \lim_{x \to \infty} \frac{1}{x} = 0$ ■

문제 2. 다음 극한 값을 구하여라.

(1) $\mathcal{L} = \lim_{x \to +\infty} x \cdot \sin\frac{\pi}{x}$ (2) $\mathcal{L} = \lim_{x \to 0} \frac{\ln \sin 2x}{\ln \sin 3x}$ ■

5.5 미분의 응용 II

5.5.1 함수의 증가와 감소

독립변수 x가 증가 또는 감소함에 따라, 함수는 **증가**하거나, 증가도 감소도 하지 않거나, **감소**하게 된다. 자세히 살펴보기로 하자.

(1) 함수 $f(x)$가 어떤 구간에 속하는 임의의 두 수 x_1, x_2에 대하여 $x_1 < x_2$일 때, $f(x_1) < f(x_2)$의 관계가 성립하면 $f(x)$는 그 구간에서 증가한다고 한다.

(2) 함수 $f(x)$가 어떤 구간에 속하는 임의의 두 수 x_1, x_2에 대하여 $x_1 < x_2$일 때, $f(x_1) > f(x_2)$의 관계가 성립하면 $f(x)$는 그 구간에서 감소한다고 한다.

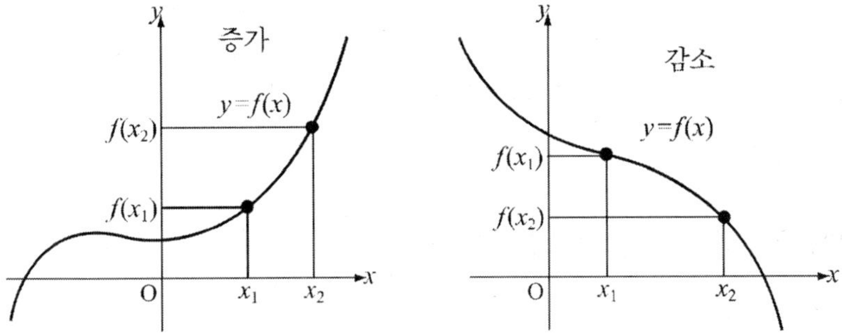

[1] 함수의 증감과 도함수와의 관계

함수의 증감과 도함수는 어떤 관계가 있는지를 알아보자.

(1) 함수 $f(x)$가, 충분히 작은 양수 h에 대하여 $f(a-h) < f(a) < f(a+h)$를 만족할 때 함수 $f(x)$는 $x=a$에서 증가상태에 있다고 하고,

(2) 함수 $f(x)$가, 충분히 작은 양수 h에 대하여 $f(a-h) > f(a) > f(a+h)$를 만족할 때 함수 $f(x)$는 $x=a$에서 감소상태에 있다고 한다.

▌함수의 증가상태와 감소상태 (1)

함수 $f(x)$의 $x=a$에서의 미분계수 $f'(a)$가 양수이면, 즉

$$f'(a) = \lim_{\Delta x \to 0} \frac{f(a+\Delta x) - f(a)}{\Delta x} > 0$$

을 만족하면 절댓값이 충분히 작은 Δx에 대하여 다음이 성립한다.

$$\frac{f(a+\Delta x) - f(a)}{\Delta x} > 0$$

이 식에서

$\Delta x > 0$ 이면 $f(a+\Delta x)-f(a)>0$ 이므로 $f(a)<f(a+\Delta x)$ 이고,
$\Delta x < 0$ 이면 $f(a+\Delta x)-f(a)<0$ 이므로 $f(a+\Delta x)<f(a)$ 이다.

따라서 $h=|\Delta x|$로 놓으면

$$f(a-h)<f(a)<f(a+h)$$

이므로 $f'(a)>0$ 이면 $f(x)$는 $x=a$에서 증가상태에 있음을 알 수 있다. 마찬가지 방법으로, $f'(a)<0$ 이면 $f(x)$는 $x=a$에서 감소상태에 있음을 알 수 있다.

> **■ 한 점에서의 함수의 증가상태와 감소상태**
>
> 함수 $f(x)$가 $x=a$에서 미분가능할 때
>
> (1) 도함수 $f'(a)>0$ 이면 $f(x)$는 $x=a$에서 증가상태에 있다.
>
> (2) 도함수 $f'(a)<0$ 이면 $f(x)$는 $x=a$에서 감소상태에 있다.

예제 1. 다음 x의 값에서 함수 $f(x)=x^2-6x+8$ 이 증가상태에 있는지, 감소상태에 있는지를 도함수를 이용하여 조사하여라.

(1) $x=1$ (2) $x=2$ (3) $x=4$

풀이

도함수 $f'(x)=2x-6$에 각 점을 대입하여 부호를 조사한다.

(1) $f'(1)=2\cdot1-6=-3<0$
따라서 $f(x)=x^2-6x+8$은 $x=1$에서 감소상태에 있다.

(2) $f'(2)=2\cdot2-6=-2<0$
따라서 $f(x)=x^2-6x+8$은 $x=2$에서 감소상태에 있다.

(3) $f'(4)=2\cdot4-6=2>0$
따라서 $f(x)=x^2-6x+8$은 $x=4$에서 증가상태에 있다.

그래프를 그려서 확인해 보면 다음과 같다.

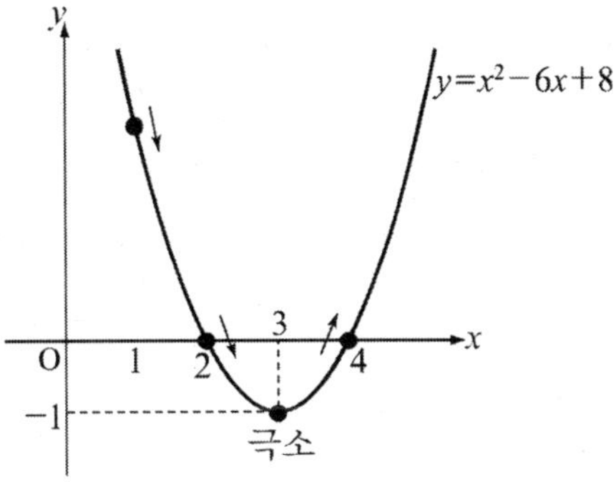

■

▌한 구간에서의 함수의 증가상태와 감소상태(2)

함수의 증감상태와 미분계수의 부호는 서로 어떤 관계가 있는지 평균값의 정리를 이용하여 알아보자.

함수 $f(x)$가 구간 $[a, b]$에서 연속이고 구간 (a, b)에서 미분가능하다고 하자.

부등식 $x_1 < x_2$을 만족하는 두 실수 x_1, x_2 가 구간 (a, b)에 속하면 평균값의 정리에 의하여 관계식

$$\frac{f(x_2)-f(x_1)}{x_2-x_1}=f'(c)$$

를 만족하는 c가 구간 (x_1, x_2)에 적어도 하나 존재한다.

(1) 구간 (a, b)에서 $f'(x)>0$라고 하자.
그러면 $f'(c)>0$이고, $x_2-x_1>0$이므로 $f(x_2)-f(x_1)>0$ 이다.
즉 $x_1<x_2$일 때, $f(x_1)<f(x_2)$이다.
그러므로 함수 $y=f(x)$는 구간 (a, b)에서 증가한다.

(2) 구간 (a, b)에서 $f'(x)<0$이라고 하자.
그러면 $f'(c)<0$이고, $x_2-x_1>0$이므로 $f(x_2)-f(x_1)<0$이다.
즉 $x_1<x_2$일 때, $f(x_1)>f(x_2)$이다.
그러므로 함수 $y=f(x)$는 구간 (a, b)에서 감소한다.

이상을 정리하면 다음과 같다.

■ 함수의 증가와 감소

함수 $f(x)$가 닫힌 구간 $[a, b]$에서 연속이고 열린 구간 (a, b)에서 미분가능할 때

(1) 열린 구간 (a, b)에서 $f'(x) > 0$이면, $f(x)$는 $[a, b]$에서 증가한다.

(2) 열린 구간 (a, b)에서 $f'(x) < 0$이면, $f(x)$는 $[a, b]$에서 감소한다.

예제 2. 함수 $f(x)= e^x$의 증감을 살펴보자. 도함수 $f'(x)= e^x$이므로 구간 $(-\infty, \infty)$에서 $f'(x)> 0$이다. 따라서 $f(x)= e^x$는 구간 $(-\infty, \infty)$에서 증가한다. ■

예제 3. 다음 함수가 증가하는 구간과 감소하는 구간을 각각 찾아라.

(1) $f(x) = x^2 - 2x + 2$ (2) $f(x) = x^3$

풀이

(1) $f'(x) = 2x - 2$

$f'(x) = 0$에서 $x = 1$

$f(x)$는 $(-\infty, 1]$에서 감소하고 $[1, \infty)$에서 증가한다.

x	$\cdots$	1	$\cdots$
$f'(x)$	+	0	+
$f(x)$	↗		↘

(2) $f'(x) = 3x^2$

$f'(x) = 0$에서 $x = 0$

$f(x)$는 $(-\infty, \infty)$에서 증가한다.

x	$\cdots$	0	$\cdots$
$f'(x)$	+	0	+
$f(x)$	↗		↗

■

문제 1. 함수 $f(x) = 2x^3 - 9x^2 + 12x$의 증가와 감소를 조사하여라. ■

문제 2. 다음 함수의 증가와 감소를 조사하여라.

(1) $f(x)= x^3 - 3x + 1$ (2) $f(x) = \ln x$

■

문제 3. 다음 함수가 증가하는 구간과 감소하는 구간을 각각 찾아라.

(1) $f(x) = -3x^2 + 6x + 2$　　　　(2) $f(x) = -x^3 + 12x$

■

[2] 함수의 극대 극소

함수가 증가하다가 감소하거나, 함수가 감소하다가 증가할 경우 극대값 and/or 극소값을 가질 수가 있다. 이에 대해 살펴보기로 한다.

예를 들어보자. 아래 그림과 같이, 함수 $y = f(x) = x^3 - 6x^2 + 9x - 1$는 $x = 1$을 경계로 하여 증가상태에서 감소상태로, $x = 3$을 경계로 하여 감소상태에서 증가상태로 변한다. 이 함수는 $x = 1$, $x = 3$에서 각각 극대, 극소이며, 그 때의 극댓값, 극솟값은 각각 3, -1이다.

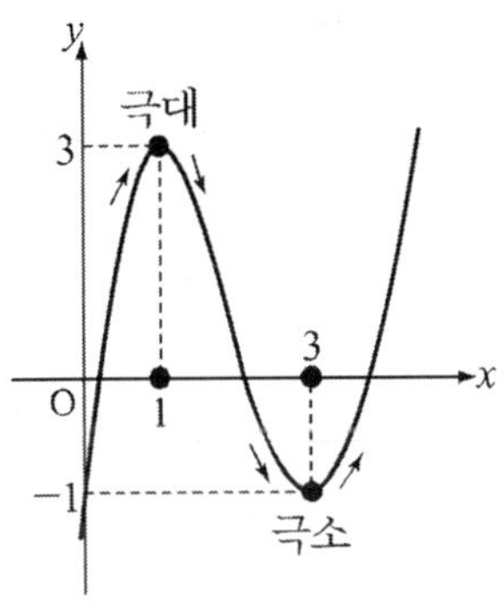

극댓값과 극솟값을 통틀어 극값이라고 한다. 극값의 정의로부터 미분가능한 함수 $y = f(x)$에 대하여

$x = a$의 좌우에서 $f'(x)$의 부호가 양(+)에서 음(−)으로 바뀌면 $f(a)$는 극댓값,
$x = b$의 좌우에서 $f'(x)$의 부호가 음(−)에서 양(+)으로 바뀌면 $f(b)$는 극솟값

임을 알 수 있다.

예를 들어, (1) 함수 $f(x) = x^3$는 $f'(0) = 0$이다. 그러나 $x = 0$의 좌우에서 $f(x)$의 증감상태가 바뀌지 않으므로 $f(x)$는 $x = 0$에서 극값을 갖지 않는다. 따라서 위 명제의 역은 성립하지 않는다.

미분 가능한 함수 $f(x)$의 극값(극대와 극소)은 다음과 같이 판정할 수 있다.

■ 극대와 극소의 판정법

함수 $f(x)$가 $x=a$에서 미분가능하며 $f'(a)=0$이고 $x=a$의 좌우에서

(1) $f'(x)$의 부호가 양에서 음으로 바뀌면 $f(a)$는 극댓값이다.

(2) $f'(x)$의 부호가 음에서 양으로 바뀌면 $f(a)$는 극솟값이다.

$f'(a) \neq 0$일 때는 $f'(a) > 0$ 또는 $f'(a) < 0$이다. $f'(a) > 0$이면 $f(x)$는 $x=a$에서 증가 상태에 있으므로 $f(a)$는 극값이 아니다. 마찬가지로 $f'(a) < 0$일 때도 $f(a)$는 극값이 아니다. 따라서 함수 $f(x)$가 $x=a$에서 극값을 가지면 $f'(a)=0$이다.

■ 극값(극대와 극소)을 가질 필요조건

$x=a$에서 미분가능한 함수 $f(x)$가 $x=a$에서 극값을 가지면 $f'(a)=0$이다.

[증명]

(1) 함수 $f(x)$가 $x=a$에서 미분가능하고, $f(a)$가 극댓값이라고 하자.
절댓값이 충분히 작은 h에 대하여 $f(a) \geq f(a+h)$가 성립하므로

$$h>0\text{이면} \quad \frac{f(a+h)-f(a)}{h} \leq 0$$

$$h<0\text{이면} \quad \frac{f(a+h)-f(a)}{h} \geq 0$$

함수 $f(x)$는 $x=a$에서 미분 가능하므로

$$0 \leq \lim_{h\to -0}\frac{f(a+h)-f(a)}{h} = \lim_{h\to +0}\frac{f(a+h)-f(a)}{h} \leq 0$$

$$\therefore\ f'(a)=0$$

(2) 함수 $f(x)$가 $x=a$에서 미분 가능하고 $f(a)$가 극솟값을 갖는 경우도 위의 (1)과 같은 방법으로 증명된다. ■

예제 1. 함수 $f(x)=-2x^3+9x^2-12x+6$의 극값을 구하여라.

풀이

$f'(x)=-6x^2+18x-12=-6(x-2)(x-1)$이므로 $f(x)$의 증가, 감소는 다음과 같다.

x	$\cdots$	1	$\cdots$	2	$\cdots$
$f'(x)$	$-$	0	$+$	0	$-$
$f(x)$	↘	1	↗	2	↘

$f(x)$는 $x=1$에서 극솟값 1, $x=2$에서 극댓값 2를 가짐을 알 수 있다. ■

문제 1. 함수 $f(x)=2x^3-3x^2+2$의 극값을 구하여라.

■

예제 2. 삼차 함수 $f(x)=x^3+ax^2+bx+c$가 $x=1$에서 극댓값 5을 가지고, $x=3$에서 극솟값을 가진다고 한다. 다음 물음에 답하여라.

(1) 계수 a, b, c의 값을 각각 구하고, 함수를 구하여라.

(2) 이 함수의 극솟값을 구하여라.

풀이

(1) $f'(x)=3x^2+2ax+b$이고 $f(x)$는 $x=1, 3$에서 극값을 가지므로

$$f'(1)=3+2a+b=0 \quad \cdots ①$$
$$f'(3)=27+6a+b=0 \quad \cdots ②$$

위 두 식 ①, ② 로부터

$$\boldsymbol{a=-6,\ b=9}$$

$x=1$일 때, 극댓값 5을 가지므로 $f(1)=5$

$$f(1)=1+a+b+c=5 \quad \therefore \boldsymbol{c=1}$$
$$\therefore f(x)=x^3-6x^2+9x+1$$

(2) $f(x)=x^3-6x^2+9x+1$이고, 극솟값은 $f(3)=1$이다.

$$f'(x)=3x^2-12x+9=3(x-1)(x-3)$$

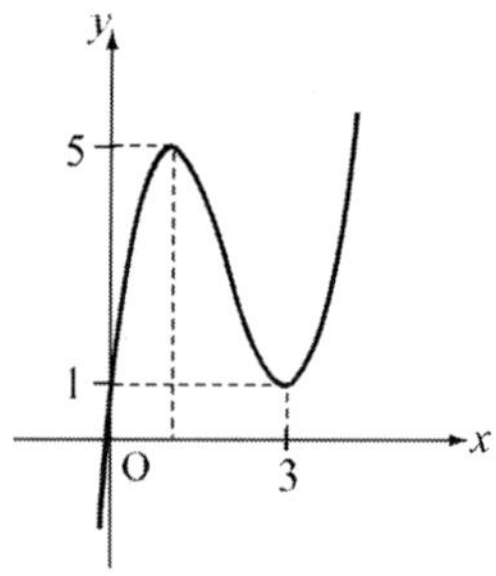

■

이계도함수를 이용하여 함수의 극대와 극소를 판정하는 방법을 알아보자.

함수 $f(x)$가 이계도함수를 가지고 $f'(a)=0$일 때, $f''(a)$의 부호에 의하여 $f(x)$가 $x=a$에서 극대인지 극소인지 판정하여 보자.

(1) $f'(a)=0$, $f''(a)>0$일 때, $f'(x)$는 $x=a$에서 증가상태에 있고, $f'(a)=0$이므로 $f'(x)$ 부호가 $x=a$의 좌우에서 음(−)에서 양(+)으로 바뀌게 된다. 따라서, $f(x)$는 $x=a$에서 극소이다.

x	$\cdots$	$x=a$	$\cdots$
$f''(x)$	$+$	$+$	$+$
$f'(x)$	$-$	0	$+$
$f(x)$	↘	극솟값	↗

(2) $f'(a)=0$, $f''(a)<0$일 때, $f'(x)$는 $x=a$에서 감소상태에 있고, $f'(a)=0$이므로 $f'(x)$의 부호가 $x=a$의 좌우에서 양에서 음으로 바뀌게 된다. 따라서, $f(x)$는 $x=a$에서 극대이다.

x	$\cdots$	$x=a$	$\cdots$
$f''(x)$	$-$	$-$	$-$
$f'(x)$	$+$	0	$-$
$f(x)$	↗	극댓값	↘

정리하면 다음과 같다.

> ■ **이계도함수를 이용한 극대와 극소의 판정**
>
> $x=a$를 포함하는 열린 구간에서 이계도함수를 갖는 $f(x)$에서 $f'(a)=0$일 때
>
> (1) $f''(a)<0$이면 $f(x)$는 $x=a$에서 극댓값 $f(a)$를 가진다.
>
> (2) $f''(a)>0$이면 $f(x)$는 $x=a$에서 극솟값 $f(a)$를 가진다.

예제 3. 이계도함수를 이용하여 다음 함수의 극값을 구하여라.

(1) $f(x)=x^3-3x^2-9x-5$

(2) $f(x)=(x-3)^2(x-2)$

풀이

(1)
$f'(x)=3x^2-6x-9=3(x+1)(x-3)$
$f''(x)=6x-6$
$f'(x)=0$ 에서 $x=-1, 3$
$f''(-1)=-12<0$, $f''(3)=12>0$ 이므로
$\therefore$ 극대값 ; 0 극소값: -32

(2)
$f(x)=(x-3)^2(x-2)$
$f'(x)=2(x-3)(x-2)+(x-3)^2=(x-3)(3x-7)$
$f''(x)=3x-7+3(x-3)=6x-16=2(3x-8)$
$f'(x)=0$ 에서 $x=3, 7/3$
$f''(3)=2>0$, $f''(7/3)=-2<0$ 이므로
$\therefore$ 극소값 ; 0 극소값: 4/27 ■

5.5.2 함수의 최댓값과 최솟값

함수 $f(x)$가 닫힌 구간에서 연속 함수인 경우, 그 함수는 최대 · 최소의 정리에 의하여 그 구간에서 최댓값과 최솟값을 가진다.

그림과 같이 함수 $f(x)$는 구간 $[a, b]$에서 연속 함수이고, 구간 $[a, b]$에 속하는 $x=c$ $(a \neq c \neq b)$에서 최댓값 또는 최솟값을 가진다. 부등식 $a<c<b$가 성립하므로 $f(c)$는 $f(x)$의 극값이다. 따라서 구간 $[a, b]$에서 $f(x)$의 최댓값과 최솟값은 $f(x)$의 극값과 $f(a)$, $f(b)$ 중에서 찾을 수 있다.

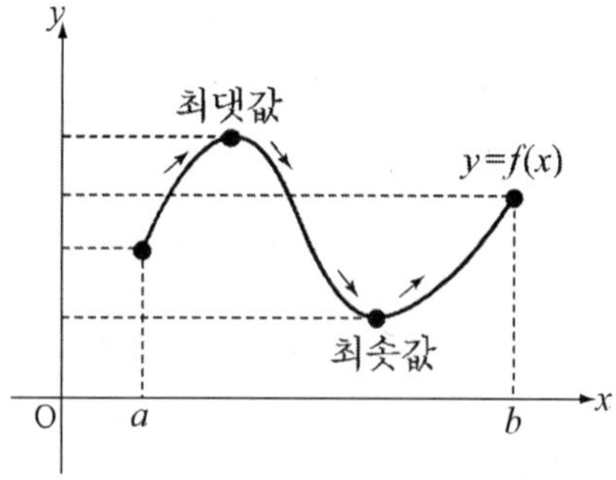

예제 1. 구간 $[-2,\ 3]$에서의 함수 $f(x)=-x^3+3x+5$의 극대값 7, 극소값 3, 구간 양 끝점의 함수값 7, -13 중 가장 큰 값 7이 $f(x)$의 최댓값이고 가장 작은 값 -13이 $f(x)$의 최솟값이다. ■

예제 2. 다음 함수의 주어진 구간에서 최댓값과 최솟값을 구하여라.

(1) $f(x)=x^4-6x^2+8x+13 \quad [-1,\ 1]$

(2) $f(x)=x^2-2x+3 \quad [0,\ 3]$

풀이

(1) $f'(x)=4x^3-12x+8$

$f'(x)=0$에서 $x=1,\ -2$

최댓값: 16, 최솟값: 0

x	$\cdots$	-2	$\cdots$	1	$\cdots$
$f'(x)$	$-$	$-$	$+$	0	$+$
$f''(x)$	$+$	$+$		$+$	
$f(x)$	↘	-11	↗	16	↗

(2) $f'(x)=2x-2$

$f'(x)=0$에서 $x=1$

최댓값: 6, 최솟값: 2

x	0	$\cdots$	1	$\cdots$	3
$f'(x)$	$-$	$-$	0	$+$	$+$
$f(x)$	3	↘	2	↗	6

■

문제 1. 다음 함수의 주어진 구간에서 최댓값과 최솟값을 구하여라.

(1) $f(x)=-x^3+3x^2\ ;\ [-1,\ 1]$

(2) $f(x)=x^4-4x^3+5\ ;\ [0,\ 5]$

(3) $f(x)=-x^3+3x+5\ ;\ [-2,\ 3]$

(4) $f(x)=2x^3-3x^2-12x-6\ ;\ [-3,\ 3]$ ■

예제 3. 곡선 $x=2y^2$을 따라서 한 점 P가 이동하고 있다. 이 점 P에서 점 Q(0, 9)에 그은 선분의 길이가 최소일 때 P의 좌표를 구하여라.

풀이

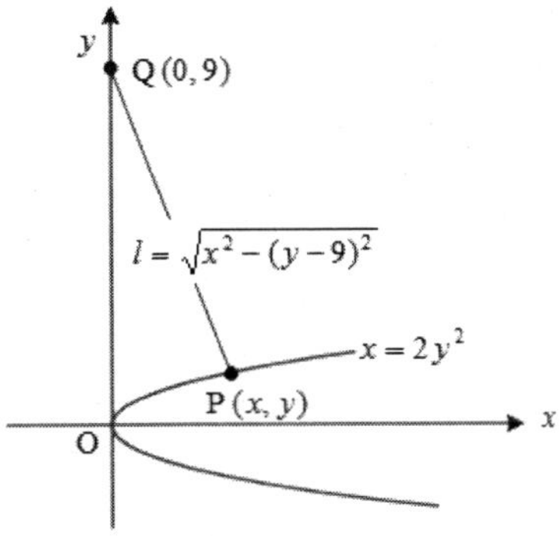

점 P(x, y)에서 점 Q$(0, 9)$까지의 길이는 l

$$l=\sqrt{x^2+(y-9)^2} \qquad \cdots ①$$
$$x=2y^2 \qquad \cdots ②$$

식 ②를 ①에 대입하면

$$l=\sqrt{4y^4+(y-9)^2} \qquad \cdots ③$$

식 ③에서 $l=\sqrt{t}$라면 $t=4y^4+(y-9)^2$이므로,

$$\frac{dt}{dy}=2(8y^3+y-9) \qquad \cdots ④$$

식 ④ 에서 $\frac{dt}{dy}=0$으로 두면,

$$8y^3+y-9=0, \ (y-1)(8y^2+8y+9)=0, \qquad \therefore y=1$$

이계 도함수는

$$\frac{d^2t}{dy^2}>0$$

이다. 따라서 l은 $y=1$, $x=2$일 때 최소이다. ■

예제 4. 면적이 $216\ \mathrm{m}^2$인 직사각형 땅이 있다. 이 땅을 보다 작은 두 개의 작은 직사각형의 땅으로 좌우로 구별하였다. 생성된 5개의 직선 경계를 따라 콘크리트 벽을 설치하려고 한다. 최소 비용으로 벽을 설치하기 위한, 큰 직사각형 땅의 두 변 길이를 구하여라.

풀이

가로 세로를 각각 x, y라고 하면 면적은 $xy = 216$이고, 벽의 길이는

$$l = 2x + 3y = 2x + 3 \times \frac{216}{x}$$

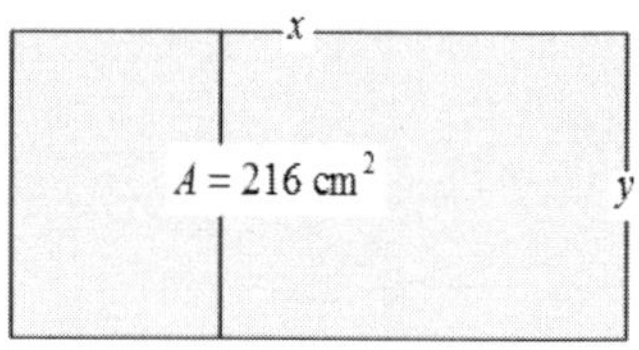

이다. 미분하면

$$l' = 2 - \frac{3 \times 216}{x^2} = \frac{2x^2 - 648}{x^2}$$

이고 $l' = 0$에 의하여

$$x = 18,\ \ y = 12$$

이다. ■

문제 2. 가로 길이 $x(\mathrm{cm})$, 세로 길이 $y(\mathrm{cm})$인 직사각형 종이가 있다. 상하 여백 $4(\mathrm{cm})$, 좌우 여백 $2(\mathrm{cm})$를 공간으로 두고, $50(\mathrm{cm}^2)$ 넓이만큼 인쇄하려고 한다. 사용되는 종이가 최소이기 위한 x, y를 구하여라.

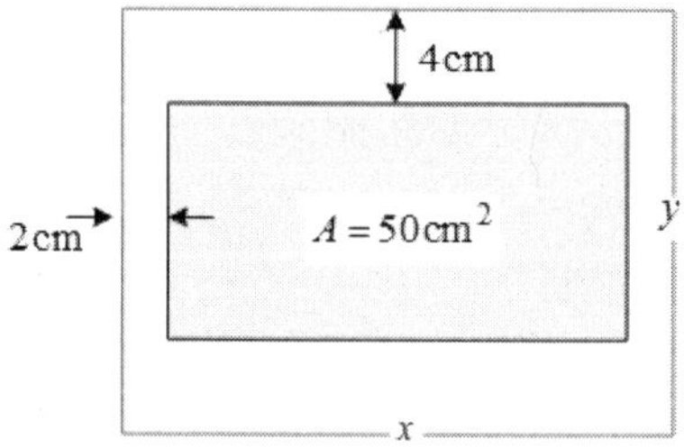

■

5.5.3 함수의 그래프 그리기

곡선함수 $y = f(x)$가 증가 and/or 감소할 때, 오목, 볼록한 지점이 있고 이와 관련하여 변곡점이 존재할 수 있다. 이계도함수를 이용하여 곡선의 오목과 볼록을 조사하여 보자.

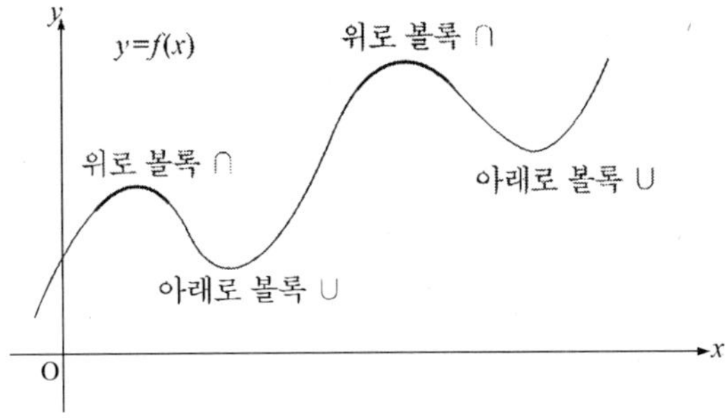

곡선 $y=f(x)$는 **위로 볼록**(∩) 하기도 하고 **아래로 볼록**(∪)하기도하다. 곡선 $y=f(x)$가 어떤 구간에서 아래로 볼록하거나 위로 볼록한 것은 이계 도함수 $f''(x)$의 부호에 따라 결정된다.

(i) 구간 $[a, b]$에서 곡선 $y=f(x)$ 위의 임의의 두 점 P, Q에 대하여 두 점 P, Q를 잇는 곡선 부분이 선분 PQ보다 위쪽에 있으면, 곡선 $y=f(x)$는 이 구간에서 위로 볼록 또는 아래로 오목하다고 한다. 이때 이 구간에서 $f'(x)$는 감소한다. 한편 $f''(x)<0$이면 $f'(x)$가 감소하므로 $f''(x)<0$이 되는 구간에서 $f(x)$는 위로 볼록하게 된다.

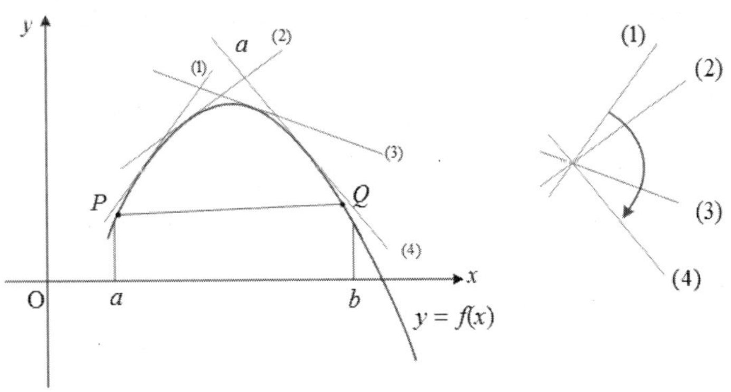

(ii) 구간 $[a, b]$에서 곡선 $y=f(x)$ 위의 임의의 두 점 P, Q에 대하여 두 점 P, Q를 잇는 곡선 부분이 선분 PQ보다 아래쪽에 있으면, 곡선 $y=f(x)$는 이 구간에서 아래로 볼록 또는 위로 오목하다고 한다. 이때 이 구간에서 $f'(x)$는 증가한다. 한편 $f''(x)>0$이면 $f'(x)$가 증가하므로 $f''(x)>0$이 되는 구간에서 $f(x)$는 아래로 볼록하게 된다.

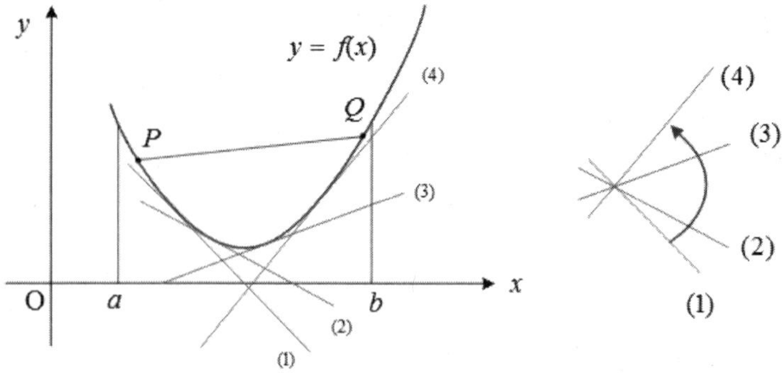

어떤 구간에서 $f''(x) > 0$일 때, 그 구간에서 $f'(x)$가 증가하므로 x가 점점 커짐에 따라 점 $(x,\ f(x))$에서의 접선의 기울기가 점점 커진다. 따라서 이 구간에서 곡선은 아래로 볼록하다.

■ **곡선의 오목과 볼록**

함수 $f(x)$는 어떤 구간에서

(1) $f''(x) > 0$이면 곡선 $y = f(x)$는 이 구간에서 아래로 볼록하다.

(2) $f''(x) < 0$이면 곡선 $y = f(x)$는 이 구간에서 위로 볼록하다.

예제 1. 다음 곡선의 오목 볼록 모양을 조사하여라.

(1) $f(x) = x^3 - 3x + 2$　　(2) $y = x^3 - 3x^2$

풀이

(1) $f'(x) = 3x^2 - 3$에서 $f''(x) = 6x$이다.

(i) $x < 0$일 때, $f''(x) < 0$이므로 곡선 $f(x)$는 위로 볼록하다.

(ii) $x > 0$일 때, $f''(x) > 0$이므로 곡선 $f(x)$는 아래로 볼록하다.

(2) $y' = 3x^2 - 6x$, $y'' = 6x - 6$, $y'' = 0$에서 $x = 1$

(i) $x < 1$일 때, $y'' < 0$이므로 주어진 곡선은 위로 볼록하고

(ii) $x > 1$일 때, $y'' > 0$이므로 주어진 곡선은 아래로 볼록하다. ■

이제 곡선의 오목과 볼록의 상태가 바뀌는 점에 대하여 알아보자.

곡선 $y = f(x)$에서 $x = a$의 좌우에서 $f''(x)$의 부호가 바뀌면 다음 그림과 같이 곡선의 오목, 볼록의 상태가 바뀐다.

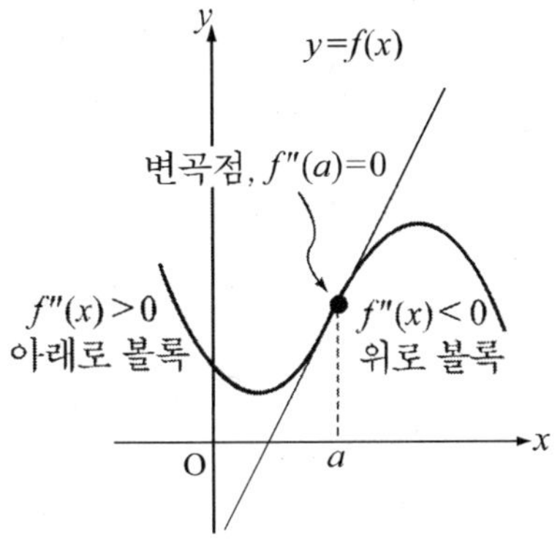

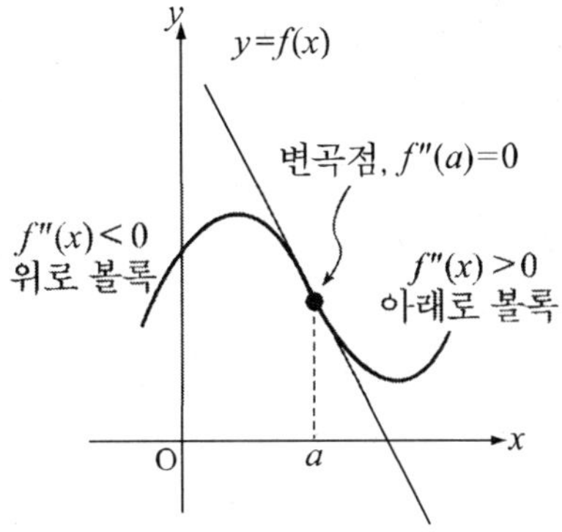

■ **변곡점의 판정**

곡선 $y=f(x)$에서 $f''(a)=0$이고 $x=a$의 좌우에서 $f''(x)$의 부호가 바뀌면 점 $(a,\ f(a))$는 곡선 $y=f(x)$의 변곡점이다.

예제 2. 곡선 $f(x)=x^3-3x+2$의 변곡점을 조사하여라.

풀이

$f'(x)=3x^2-3$에서 $f''(x)=6x=0$이다.

(i) $x<0$일 때, $f''(x)<0$이므로 곡선 $f(x)$는 위로 볼록하다.
(ii) $x>0$일 때, $f''(x)>0$이므로 곡선 $f(x)$는 아래로 볼록하다.

$x=0$의 좌우에서 $f''(x)$의 부호가 바뀌므로 점 $(0,\ 2)$는 곡선 $f(x)=x^3-3x+2$의 변곡점이다. ■

문제 1. 다음 곡선의 변곡점이 있으면 구하여라.

(1) $y=-2x^3+3x^2+6$　　(2) $y=-\dfrac{1}{4}x^4+x^3$

■

함수 $y=f(x)$의 그래프의 개형을 그리기 위해 다음 사항을 확인하면 편리하다.

(1) 곡선이 존재하는 범위(정의역, 치역)
(2) 곡선의 대칭성, 주기

(3) 좌표축과의 교점
(4) 함수의 증가와 감소, 극값
(5) 곡선의 오목과 볼록, 변곡점
(6) 극한값과 점근선

점근선(asymptotes)은 다음 방법으로 구할 수 있다.
두 수 a, b가 실수 일 때, 함수 $y=f(x)$는 다음 특성을 갖는다.

(1) $\lim_{x\to\infty} f(x)=b$ 또는 $\lim_{x\to-\infty} f(x)=b$이면 직선 $y=b$은 수평 점근선이다.
(2) $\lim_{x\to a+0} f(x)=\pm\infty$ 또는 $\lim_{x\to a-0} f(x)=\pm\infty$이면 직선 $x=a$은 수직 점근선이다.
(3) $\lim_{x\to\infty} \{f(x)-(ax+b)\}=0$ 또는 $\lim_{x\to-\infty} \{f(x)-(ax+b)\}=0$이면 직선 $y=ax+b$가 점근선이다.

예제 3. 함수 $y=e^{-x^2}$의 그래프의 개형을 그려라.

풀이

(1) 모든 실수 x에 대하여 지수항 $-\infty<-x^2\le 0$이므로

$$0<e^{-x^2}\le e^0=1$$

따라서 정의역은 $(-\infty,\ \infty)$이고 치역은 $(0,\ 1]$이다.
(2) $f(x)=f(-x)$이므로 그래프는 y축에 대하여 대칭이다(즉, 짝함수이다).
(3) $x=0$일 때 $y=1$이므로 y축과의 교점은 $(0,\ 1)$이다.
(4) $f'(x)=-2xe^{-x^2}=0$에서 $x=0$에서 극값을 갖는다.
(5) $f''(x)=4e^{-x^2}\left(x+\frac{1}{\sqrt{2}}\right)\left(x-\frac{1}{\sqrt{2}}\right)=0$

따라서, $x=-\frac{1}{\sqrt{2}}$과 $x=\frac{1}{\sqrt{2}}$에서 변곡점을 갖는다.

위 내용에 따라서 함수 $y=f(x)$의 증감표를 나타내면 다음과 같다.

x	$\cdots$	$-1\sqrt{2}$	$\cdots$	0	$\cdots$	$1\sqrt{2}$	$\cdots$
$f'(x)$	$+$	$+$	$+$	0	$-$	$-$	$-$
$f''(x)$	$+$	0	$-$	$-$	$-$	0	$+$
$f'(x)$	↘	$\frac{1}{\sqrt{e}}$ 변곡점	↗	1 극댓값	↘	$\frac{1}{\sqrt{e}}$ 변곡점	↘

(6) $\lim_{x\to\infty} e^{-x^2}=0,\quad \lim_{x\to-\infty} e^{-x^2}=0$이므로 점근선은 x축이다.

따라서 함수 $y=e^{-x^2}$의 그래프를 그리면 그림과 같다.

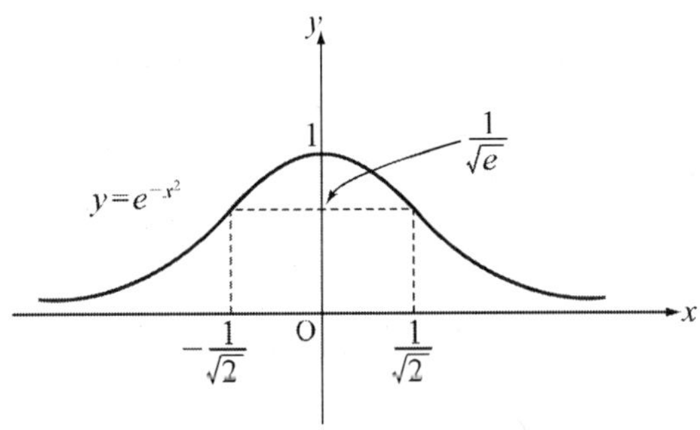

■

문제 2. 다음 함수의 그래프의 개형을 그려라.

(1) $y=\dfrac{x^2+x+2}{x-1}$ (2) $y=\ln(x^2+1)$ (3) $y=\dfrac{x}{x^2+1}$

■

5.5.4 방정식과 부등식

도함수를 이용하여 방정식과 부등식에 관한 문제를 해결할 수 있다.

- 그래프의 교점을 구하여 근의 개수를 구할 수 있다.
- 부등식을 풀어서 두 함수의 크기를 비교할 수 있다.

[1] 방정식의 실근

함수의 그래프를 이용하여 방정식의 실근의 개수를 구하여 보자.

두 함수 $y=f(x)$와 $y=g(x)$의 그래프의 교점의 개수를 조사하면 방정식 $f(x)-g(x)=0$의 실근의 개수를 구할 수 있다.

(1) 방정식 $f(x)=0$의 실근은 함수 $y=f(x)$의 그래프와 x축과의 교점의 x좌표이다.
(2) 방정식 $f(x)-g(x)=0$의 실근은 두 함수 $y=f(x)$와 $y=g(x)$의 그래프의 교점의 x좌표이다.

예제 1. 다음 방정식이 갖는 실근의 개수를 구하여라.

(1) 삼차 방정식 $f(x)=x^3-6x^2+9x-2=0$;

(2) 방정식 $e^x=3x$.

풀이

(1) $f'(x)=3x^2-12x+9=3(x-1)(x-3)$이므로 $f(x)$의 증감표는 다음과 같다.

x	$\cdots$	1	$\cdots$	3	$\cdots$
$f'(x)$	$+$	0	$-$	0	$+$
$f(x)$	↗	2 극댓값	↘	-2 극솟값	↗

함수 $f(x)$는 $x=1$에서 극댓값 2, $x=3$에서 극솟값 -2를 갖고, 그래프는 아래와 같다. 따라서 곡선 $y=x^3-6x^2+9x-2$은 x축과 세 점에서 만나므로 방정식 $f(x)=x^3-6x^2+9x-2=0$의 실근은 3개이다.

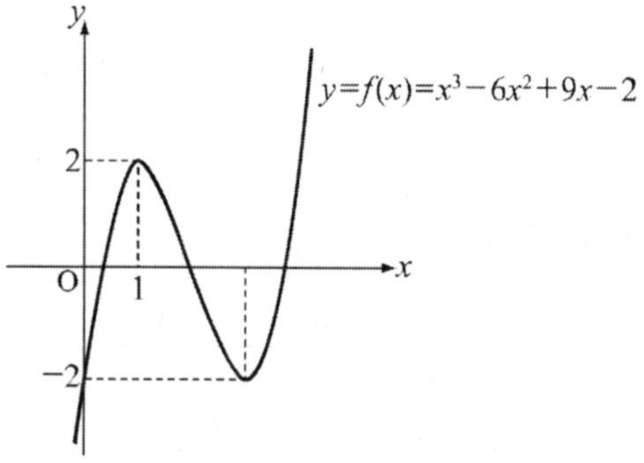

(2) $f(x)=e^x-3x$로 놓으면 $f'(x)=e^x-3=0$에서 $e^x=3$ $\therefore$ $x=\ln 3$
모든 실수 x에 대하여 $f''(x)=e^x>0$이므로 $f'(x)$는 증가한다.
또 $\lim_{x\to-\infty} f(x)=\infty$, $\lim_{x\to\infty} f(x)=\infty$이다.

이에 따라 함수 $f(x)$의 증감표를 만들 수 있다.

x	0	$\cdots$	$\ln 3$	$\cdots$
$f'(x)$	$+$	$+$	0	$+$
$f(x)$	1	↘	$3-\ \ln 3$	↗

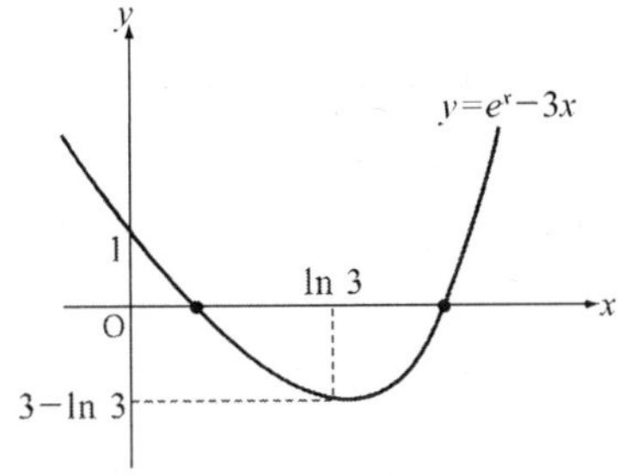

$3 > e$이므로 $\ln 3 > \ln e = 1$이다.

$$\therefore\ f(\ln 3) = 3 - 3\ln 3 = 3(1-\ln 3) < 0$$

함수 $f(x)$의 그래프가 y축과 만나는 점은 $f(0)=1$이다.
따라서 함수 $f(x)$의 실근의 개수는 2개다. ■

문제 1. 삼차방정식 $x^3 - 6x^2 + 9x = k$가 갖는 실근 또는 허근의 개수를 상수 k의 값에 따라 조사하여라.

■

[2] 부등식의 증명

(1) 어떤 구간에서 부등식 $f(x) > 0$이 성립함을 증명하기 위해서는, $y = f(x)$의 그래프가 그 구간에서 x축 위에 있음을 보이면 된다.

(2) 어떤 구간에서 부등식 $f(x) > g(x)$가 성립함을 증명하기 위해서는, 두 함수 $f(x)$, $g(x)$의 함수를 $h(x) = f(x) - g(x)$로 놓고, 함수 $y = h(x)$의 그래프가 그 구간에서 x축 위에 있음을 보이면 된다.

예제 2. 다음 부등식이 성립함을 보여라:

(1) $x^3 - x > x^2 - 2\ (x > 0)$; (2) $x^3 \geq 3x^2 - 4\ (x \geq 0)$.

풀이

(1) $f(x)=x^3-x^2-x+2$로 놓으면

$$f'(x)=3x^2-2x-1=(3x+1)(x-1)$$
$$f'(x)=0\text{에서 } x=1\ (\because x>0)$$

함수 $f(x)$의 증감표와 그래프를 그리면 다음과 같다.

x	0	$\cdots$	1	$\cdots$
$f'(x)$		$-$	0	$+$
$f(x)$		↘	1 극솟값	↗

함수 $f(x)$의 최솟값은 1이다. 따라서 $x>0$일 때 $f(x)>0$이므로 $x^3-x>x^2-2$가 성립한다.

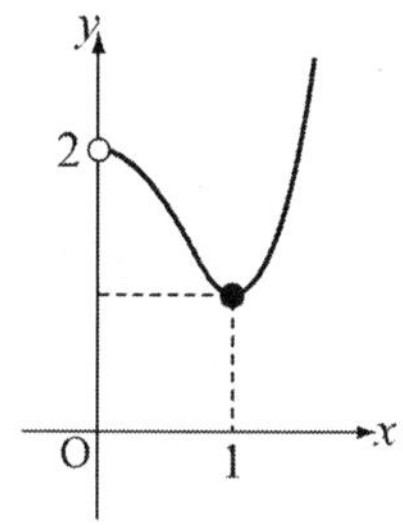

(2) $f(x)=x^3-3x^2+4$로 놓으면

$$f'(x)=3x^2-6x=3x(x-2)$$
$$f'(x)=0\text{에서 } x=0,\ 2$$

함수 $f(x)$의 증감표와 그래프를 그리면 다음과 같다.

x	0	$\cdots$	2	$\cdots$
$f'(x)$	0	$-$	0	$+$
$f(x)$	4	↘	0	↗

함수 $f(x)$의 최솟값(극솟값)은 $x=2$에서 0이다. 따라서 $x\geq0$일 때 $f(x)\geq0$이므로 $x^3\geq3x^2-4\,(x\geq0)$가 성립한다.

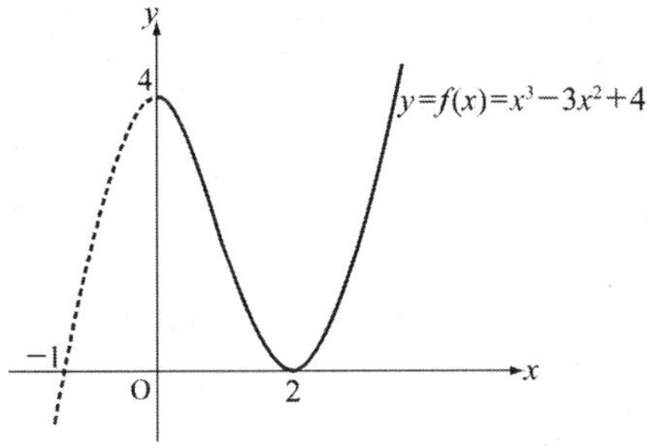

■

문제 2. 다음 부등식이 성립함을 보여라.

$$x^4 + x^3 + 2 \ge 3x^2 + x \ (x > 0)$$

■

5.5.5 물체의 속도와 가속도

시간이 경과함에 따라 물체는 정지해 있기도 하고 움직이기도 한다. 움직이는 경우 위치, 속도 및 가속도를 구하면 물체의 정지 및 운동 상태를 시간의 함수로서 나타낼 수 있다. 물체가 존재하는 공간을 일반적으로 3차 공간의 직각좌표계에서 표현하면

특정시각 t_1에서의 물체의 위치는 $\mathrm{r}(t_1) = \mathrm{r}_1 = x_1\hat{\boldsymbol{x}} + y_1\hat{\boldsymbol{y}} + z_1\hat{\boldsymbol{z}}$ m,

특정시각 $t_2 = t_1 + \triangle t$ 에서의 물체의 위치는 $\mathrm{r}(t_2) = \mathrm{r}_2 = x_2\hat{\boldsymbol{x}} + y_2\hat{\boldsymbol{y}} + z_2\hat{\boldsymbol{z}}$ m,

임의시각 t 에서의 물체의 위치는 $\mathrm{r}(t) = x\hat{\boldsymbol{x}} + y\hat{\boldsymbol{y}} + z\hat{\boldsymbol{z}}$ m

이다. 직선 위에서 정지 또는 운동하는 상태가 가장 간단한 경우이다. 이 절에서 직선 x-축 위를 움직이는 물체와 평면 위를 움직이는 물체의 속도와 가속도를 살펴보기로 한다.

[1] 수직선 위를 움직이는 물체의 속도와 가속도

수직선 위에서 느리게 또는 빠르게 앞뒤로 움직이는 물체의 운동 상태를 살펴보자. 물체가 수직선 x-축 에서 움직일 때, 시각 t에서의 물체의 좌표를 x라고 하면 x는 시각 t에서의 위치 좌표는 함수 $x(t)$로 나타낼 수 있다. 물체는 $+x$ 방향으로 빨리 이동하기도 하고, 천천히 이동하기도 하고, 가다가 서기도 하고, 뒤돌아서 $-x$ 방향으로 이동하기도 한다. 물체가 이동한 거리를 나타내는 경우 스칼라 $x(t)$, 변위를 나타내는 경우 변위벡터함수 $\mathrm{x}(t)$로 나타낸다.

그림과 같이, 시각이 $t_1 = t$에서 $t_2 = t + \Delta t$까지 변할 때 물체가 직선 위에서 정지 또는 운동하는 상태를 나타내고 있다. 물체가 시각 $t_1 = t$에서 위치 P_1 에 있고 $t_2 = t + \Delta t$ 에서 위치 P_2에 있다.

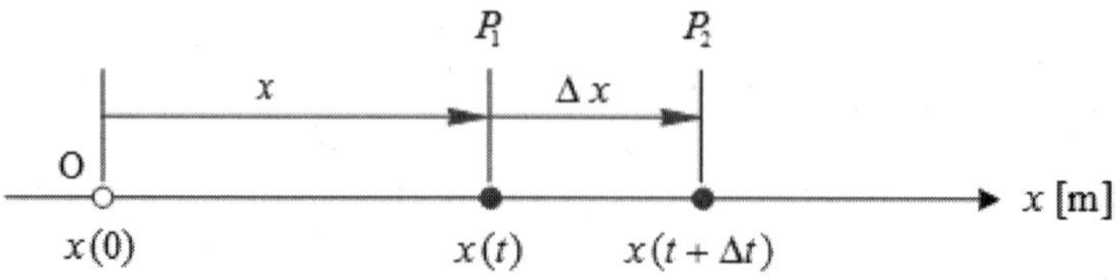

물체가 직선 위에서 정지 또는 운동하는 상태를 나타내기 위하여 다음 물리량을 정의한다.

(1) **평균속도** $\mathrm{v}_{avg}(t)$

시각이 $t_1 = t$에서 $t_2 = t + \Delta t$까지 변할 때, 점 P의 평균속도(average velocity)는 변위벡터함수 $\mathrm{x}(t)$의 평균변화율이다. t의 증분 Δt에 대한 $\mathrm{x}(t)$의 평균변화율 즉,

$$\mathrm{v}_{avg}(t) = \frac{\Delta \mathrm{x}}{\Delta t} = \frac{\mathrm{x}(t+\Delta t) - \mathrm{x}(t)}{\Delta t} \qquad [\mathrm{m/s}]$$

는 시각이 t에서 $t + \Delta t$까지 변할 때의 점 P의 평균속도를 나타낸다.

평균속도 $\mathrm{v}_{avg}(t)$**는 벡터이므로** $\mathrm{v}_{avg}(t) = v_{avg}(t)\,\hat{x}$ [m/s] **의 꼴로 나타낼 수 있다.**

(2) **순간속도** $\mathrm{v}_{inst}(t)$

시각이 $t_1 = t$에서의 점 P의 순간속도(instantaneous velocity) $\mathrm{v}_{inst}(t)$는 시각이 $t_1 = t$에서 $t_2 = t + \Delta t$까지 변할 때, 시간차이 $\Delta t \to 0$ 일 때, $t_1 = t$에서의 변위벡터함수 $\mathrm{x}(t)$의 순간변화율이다.

$$\begin{aligned}\mathrm{v}_{inst}(t) &= \lim_{\Delta t \to 0} \frac{\Delta \mathrm{x}}{\Delta t} = \lim_{\Delta t \to 0} \frac{\mathrm{x}(t+\Delta t) - \mathrm{x}(t)}{\Delta t} \\ &= \frac{d\mathrm{x}}{dt} = \mathrm{x}'(t) \quad [\mathrm{m/s}]\end{aligned}$$

순간속도 $\mathrm{v}_{inst}(t)$ **벡터이므로** $\mathrm{v}_{inst}(t) = v_{inst}(t)\,\hat{x}$ [m/s] **의 꼴로 나타낼 수 있다.**

(3) 평균가속도 $\mathrm{a}_{avg}(t)$

시각이 $t_1 = t$에서 $t_2 = t + \Delta t$까지 변할 때, 점 P의 평균가속도(average acceleration)는 속도벡터함수 $\mathrm{v}(t)$의 평균변화율이다. t의 증분 Δt에 대한 $\mathrm{v}(t)$의 평균변화율 즉,

$$\mathrm{a}_{avg}(t) = \frac{\Delta \mathrm{v}}{\Delta t} = \frac{\mathrm{v}(t+\Delta t) - \mathrm{v}(t)}{\Delta t} \quad [\mathrm{m/s^2}]$$

는 시각이 t에서 $t + \Delta t$까지 변할 때의 점 P의 평균가속도를 나타낸다.

평균가속도 $\mathrm{a}_{avg}(t)$는 벡터이므로 $\mathrm{a}_{avg}(t) = a_{avg}(t)\,\hat{x}$ $[\mathrm{m/s^2}]$의 꼴로 나타낼 수 있다.

(3) 순간가속도 $\mathrm{a}_{inst}(t)$

시각이 $t_1 = t$에서 $t_2 = t + \Delta t$까지 변할 때, 점 P의 순간가속도(instantaneous acceleration)는 속도벡터함수 $\mathrm{v}(t)$의 순간변화율이다. t의 증분 Δt에 대한 $\mathrm{v}(t)$의 순간변화율 즉,

$$\begin{aligned}\mathrm{a}_{inst}(t) &= \lim_{\Delta t \to 0} \frac{\Delta \mathrm{v}}{\Delta t} = \lim_{\Delta t \to 0} \frac{\mathrm{v}(t+\Delta t) - \mathrm{v}(t)}{\Delta t} \\ &= \frac{d\mathrm{v}}{dt} = \mathrm{x}''(t) \qquad [\mathrm{m/s^2}]\end{aligned}$$

는 시각이 t에서 $t + \Delta t$까지 변할 때의 점 P의 순간가속도를 나타낸다.

순간가속도 $\mathrm{a}_{inst}(t)$는 벡터이므로 $\mathrm{a}_{inst}(t) = a_{inst}(t)\,\hat{x}$ $[\mathrm{m/s^2}]$의 꼴로 나타낼 수 있다.

간단히 하기 위하여

순간속도를 속도,
순간가속도를 가속도

라고 부르기로 한다.

순간속도의 기호 $\mathrm{v}_{inst}(t)$를 $\mathrm{v}(t)$ 또는 v
순간가속도의 기호 $\mathrm{a}_{inst}(t)$를 $\mathrm{a}(t)$ 또는 a

로 표시하기로 한다.

■ 속도, 속력, 가속도, 가속력

시간 t에 따라 직선 x-축을 따라 움직이는 점 P의 좌표 x라고 하자.
점 P의 변위벡터 $\mathbf{x}(t) = x(t)\hat{\mathbf{x}}$, 속도벡터 $\mathbf{v}(t) = v(t)\hat{\mathbf{x}}$, 가속도벡터 $\mathbf{a}(t) = a(t)\hat{\mathbf{x}}$는 다음 관계식을 만족한다.

(1) 점 P의 속도는 $\mathbf{v}(t) = \dfrac{d}{dx}\mathbf{x}(t) = \mathbf{x}''(t)$

(2) 점 P의 속력은 $v(t) = |\mathbf{v}(t)| = \dfrac{d}{dx}|\mathbf{x}(t)|\Big\}$

(3) 점 P의 가속도는 $\mathbf{a} = \dfrac{d\mathbf{v}}{dt} = \mathbf{x}''(t)$

(4) 점 P의 가속력은 $a(t) = |\mathbf{a}(t)| = \dfrac{d}{dx}|\mathbf{v}(t)|$

예를 들어 살펴보자[8].

예제 1. 원점 O에 놓여있던 물체가 시각 $t=0$에서 출발하여 x축을 따라 앞뒤로 이동하고 있다. 물체의 위치좌표 $x(t)$와 변위벡터 $\mathbf{x}(t)$가 다음과 같이 주어져 있다:

위치좌표 : $x(t) = 2t^3 - 9t^2$ m

변위벡터 : $\mathbf{x}(t) = x(t)\hat{\boldsymbol{x}}$ m

(1) $t=5$일 때의 속도를 구하여라.
(2) 물체의 운동 방향이 바뀌는 시각 t를 구하여라.
(3) 물체가 x축으로 운동하는 t의 범위를 구하여라,
(4) $t=2$일 때의 가속도를 구하여라.
(5) 물체가 다시 원점을 지날 때의 속도를 구하여라.

풀이

(1) $v(t) = \dfrac{dx}{dt} = 6t^2 - 18t = 6t(t-3)$ m/s , $v(5) = 6\cdot5\cdot(5-3) = 60$ m/s

$\therefore \mathbf{v}(5) = v(5)\hat{\boldsymbol{x}} = 60\hat{\boldsymbol{x}}$ m/s

8) Trim, Donald W., 1983, Calculus and Analytic Geometry, The Southeast Book Company, Addison-Wesley, ISBN=0-201-16270-9, p.110

(2) $\mathrm{v}(t)=0$일 때 물체는 운동속도가 0이다.

$\therefore t=3$ s

(3) $v(t)<0$일 때 물체는 음의 방향으로 운동한다.

$\therefore 0<t<3$

(4) $a(t)=\dfrac{dv}{dt}=12t-18$, $\therefore a(2)=6$ m/s^2

$\therefore \mathrm{a}(2)=a(2)\,\hat{\boldsymbol{x}}=6\,\hat{\boldsymbol{x}}$ m/s^2

(5) 위치 $x(t)=0$일 때 원점을 지난다.

$2t^3-9t^2=2t^2(t-4.5)=0 \qquad \therefore t=4.5$ s

$v(4.5)=6\times 4.5\times(4.5-3)=40.5$ m/s

$\mathrm{v}(4.5)=v(4.5)\,\hat{\boldsymbol{x}}=40.5\,\hat{\boldsymbol{x}}$ m/s ■

문제 1. 매초 39.2 m의 비율을 갖는 속도로 $t=0$에서 연직 상방으로 물체를 던져 올렸을 때 t초 후의 물체의 위치는 다음과 같다.

$$y(t)=-4.9t^2+39.2t$$

(1) 시각 $t=3$일 때 물체의 위치, 속도, 가속도를 구하여라.
(2) 물체가 지상으로 낙하는 순간의 속도, 가속도를 구하여라.
(3) 최고점에 도달했을 때의 시간, 높이, 속도, 가속도를 구하여라.

■

[2] 평면 위를 움직이는 물체의 속도

평면 위를 움직이는 물체의 위치좌표 $P(x,y)$를 시각 t의 함수 $x(t)$, $y(t)$로 나타낼 수 있다.

1. 위치좌표 $P(x,y)$의 변위는 $\mathrm{r}=x\,\hat{\boldsymbol{x}}+y\,\hat{\boldsymbol{y}}$ m 이다.
2. 물체의 속도 v 는 변위를 시간으로 미분하여 구한다.

$$\mathrm{v}=\frac{d\mathrm{r}}{dt}$$

3. 따라서

$$\mathrm{v} = \frac{d\mathbf{r}}{dt}$$

$$= \frac{d}{dt}(x\,\hat{\boldsymbol{x}} + y\,\hat{\boldsymbol{y}} \quad \mathrm{m}) = \frac{dx}{dt}\,\hat{\boldsymbol{x}} + \frac{dy}{dt}\,\hat{\boldsymbol{y}} \quad \mathrm{m/s}$$

이므로

$$x\text{축 방향의 속도 } \mathrm{v}_x(t) = v(t)\hat{\boldsymbol{x}}$$

와

$$y\text{축 방향의 속도 } \mathrm{v}_y(t) = v(t)\hat{\boldsymbol{y}}$$

의 합으로 표시된다.

$$\mathrm{v} = \mathrm{v}_x + \mathrm{v}_y = v_x\,\hat{\boldsymbol{x}} + v_y\,\hat{\boldsymbol{y}} \quad \mathrm{m/sec}$$

따라서 각 방향의 성분은 다음과 같다.

$$v_x = \frac{dx}{dt}\ ,\ v_y = \frac{dy}{dt}$$

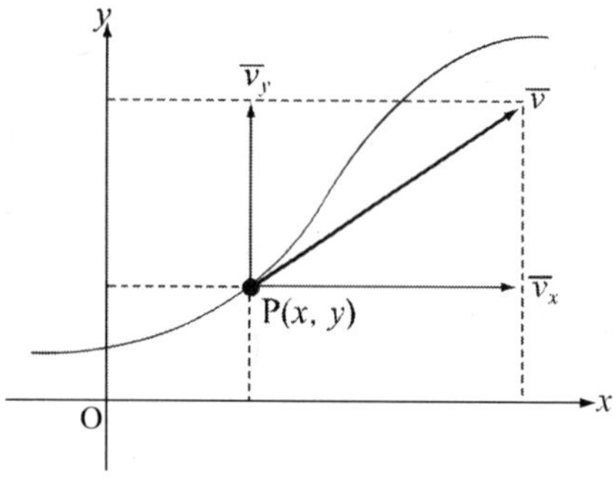

3. 속도 벡터의 크기 ; $v = \sqrt{v_x{}^2 + v_y{}^2} = \sqrt{\left(\frac{dx}{dt}\right)^2 + \left(\frac{dy}{dt}\right)^2}$

4. 속도 벡터가 양의 x축과 이루는 각 θ :

$$\tan\theta = \frac{dy}{dt} \Big/ \frac{dx}{dt} = \frac{dy}{dx}\ (\neq 0)$$

[3] 평면 위를 움직이는 물체의 가속도

1. 속도는 $\mathbf{v} = \mathbf{v}_x + \mathbf{v}_y = v_x \hat{\boldsymbol{x}} + v_y \hat{\boldsymbol{y}}$ m/sec 이다.

2. 가속도는 속도를 시간으로 미분하여 구한다.

$$\mathrm{a} = \frac{d\mathbf{v}}{dt} = \mathbf{x}''(t)$$

3. 따라서

$$\mathrm{a} = \frac{d}{dt}\mathbf{v} = \frac{d}{dt}\left(v_x \hat{\boldsymbol{x}} + v_y \hat{\boldsymbol{y}} \ \ \mathrm{m/sec}\right)$$

$$= \frac{d}{dt}\left(\frac{dx}{dt}\hat{\boldsymbol{x}} + \frac{dy}{dt}\hat{\boldsymbol{y}} \ \ \mathrm{m/sec}\right)$$

즉,

$$\mathrm{a} = \frac{dv_x}{dt}\hat{\boldsymbol{x}} + \frac{dv_y}{\mathrm{dt}}\hat{\boldsymbol{y}} = \frac{d^2x}{dt^2}\hat{\boldsymbol{x}} + \frac{d^2y}{\mathrm{dt}^2}\hat{\boldsymbol{y}}$$

4. 가속도의 크기;

$$a = |\mathbf{a}| = \sqrt{\left(\frac{dv_x}{dt}\right)^2 + \left(\frac{dv_y}{dt}\right)^2} = \sqrt{\left(\frac{d^2x}{dt^2}\right)^2 + \left(\frac{d^2y}{dt^2}\right)^2}$$

5. 가속도 a가 양의 x축과 이루는 각 θ:

$$\tan\phi = \frac{d^2y}{dt^2} / \frac{d^2x}{dt^2}, \ (\text{단}, \frac{d^2x}{dt^2} \neq 0)$$

■ 평면 위를 움직이는 물체의 위치좌표 $P(x, y)$를 시각 t의 함수 $x(t)$, $y(t)$로 나타낼 때,

(1) 시각 t에서의 점 $P(x, y)$의

* 속도 $\mathrm{v} = \dfrac{dx}{dt}\hat{\boldsymbol{x}} + \dfrac{dy}{dt}\hat{\boldsymbol{y}}$ m/s

* 속도의 크기 $v = \sqrt{{v_x}^2 + {v_y}^2} = \sqrt{\left(\dfrac{dx}{dt}\right)^2 + \left(\dfrac{dy}{dt}\right)^2}$ m/s

(2) 시각 t에서의 점 $P(x, y)$의

* 가속도 $\mathrm{a} = \dfrac{dv_x}{dt}\hat{\boldsymbol{x}} + \dfrac{dv_y}{\mathrm{dt}}\hat{\boldsymbol{y}} = \dfrac{d^2x}{dt^2}\hat{\boldsymbol{x}} + \dfrac{d^2y}{\mathrm{dt}^2}\hat{\boldsymbol{y}}$ m/s^2

* 가속도의 크기 $a = |\mathrm{a}| = \sqrt{\left(\dfrac{dv_x}{dt}\right)^2 + \left(\dfrac{dv_y}{dt}\right)^2} = \sqrt{\left(\dfrac{d^2x}{dt^2}\right)^2 + \left(\dfrac{d^2y}{dt^2}\right)^2}$ m/s^2

예제 2. 좌표평면 위를 움직이는 점 P의 시각 t에서의 좌표 $x = 2t$, $y = t - \dfrac{1}{3}t^3$이다.

(1) 시각 t에서의 속도와 속도의 크기를 각각 구하여라.

(2) 시각 t에서의 가속도와 가속도의 크기를 각각 구하여라.

풀이

(1) $\dfrac{dx}{dt} = 2$, $\dfrac{dy}{dt} = 1 - t^2$ 이므로

* 속도 $\mathrm{v} = \dfrac{dx}{dt}\hat{\boldsymbol{x}} + \dfrac{dy}{dt}\hat{\boldsymbol{y}} = 2\hat{\boldsymbol{x}} + (1 - t^2)\hat{\boldsymbol{y}}$ m/s

* 속도의 크기 $v = \sqrt{\left(\dfrac{dx}{dt}\right)^2 + \left(\dfrac{dy}{dt}\right)^2} = \sqrt{(2)^2 + (1 - t^2)^2}$

$= \sqrt{t^4 - 2t^2 + 5}$ m/s

(2) $\dfrac{d^2x}{dt^2} = 0$, $\dfrac{d^2y}{dt^2} = -2t$이므로

* 가속도 $\mathrm{a} = \dfrac{dv_x}{dt}\hat{\boldsymbol{x}} + \dfrac{dv_y}{\mathrm{dt}}\hat{\boldsymbol{y}} = \dfrac{d^2x}{dt^2}\hat{\boldsymbol{x}} + \dfrac{d^2y}{\mathrm{dt}^2}\hat{\boldsymbol{y}}$ m/s^2

$= 0\hat{\boldsymbol{x}} + (-2t)\hat{\boldsymbol{y}} = (-2t)\hat{\boldsymbol{y}}$ m/s^2

* 가속도의 크기

$$a = |\mathbf{a}| = \sqrt{\left(\frac{dv_x}{dt}\right)^2 + \left(\frac{dv_y}{dt}\right)^2} = \sqrt{\left(\frac{d^2x}{dt^2}\right)^2 + \left(\frac{d^2y}{dt^2}\right)^2} \ \ \mathrm{m/s^2}$$

$$= \sqrt{(0)^2 + (-2t)^2} = 2t \ \ \mathrm{m/s^2}$$

■

문제 2. 좌표평면 위를 움직이는 물체의 시각 t에서의 좌표 $P(x, y)$가 다음 식으로 주어져 있다.

$$x = 2t, \quad y = -t^2 + 4t$$

(1) 물체가 이동하는 자취를 그려라.
(2) 시각 t에서 물체의 속도와 속도의 크기를 각각 구하여라.
(3) 시각 $t = 3\,\mathrm{s}$에서 속도 $\mathbf{v}$가 양의 x축과 이루는 각 θ를 구하여라.
(4) 시각 t에서 가속도와 가속도의 크기를 각각 구하여라.

■

5.5.6 길이, 면적 및 체적의 시간변화율

길이, 면적, 부피가 시간에 따라 변화하는 경우, 미분을 하여 **단위시간당 변화율**(즉, **시간변화율**)을 구해 보기로 한다.

[1] 길이의 시간변화율

시간에 따라서 길이(거리)가 변동할 경우 길이를 수식으로 표현하고 양변을 시간으로 미분한다.

예제 1. 수면으로부터 약 10 m 높이의 육지에서 밧줄의 길이가 매초 5 m의 속력으로 줄어들도록 배를 끌어당긴다. 밧줄의 길이가 20 m일 때의 배의 속력을 구하여라(단, 밧줄은 휨이 없이 직선을 유지한다고 한다).

풀이

배를 당기는 육지 지점을 P라 하고, 시각 t일 때 P에서 수면에 내린 수선의 발과 배 사이의 거리를 x m, P에서 배까지의 거리를 z m라고 하면

$$x^2 + 10^2 = z^2$$

양변을 t에 대하여 미분하면

$$2x\frac{dx}{dt}=2z\frac{dz}{dt},\quad 즉\ \frac{dx}{dt}=\frac{z}{x}\cdot\frac{dz}{dt}$$

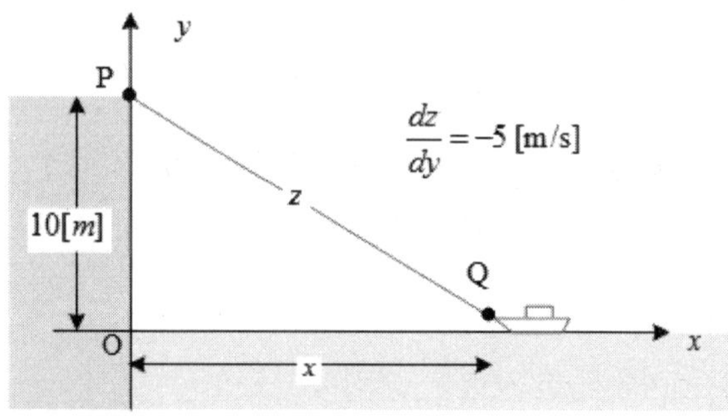

밧줄 길이 z가 매초 5 m씩 줄어들므로 $\frac{dz}{dt}=-5$이다.

한편, $z=20$일 때

$$x=\sqrt{z^2-10^2}=\sqrt{20^2-10^2}=\sqrt{300}=10\sqrt{3}$$

이므로, $z=20$일 때 배의 속력은 다음과 같다.

$$\left|\frac{dx}{dt}\right|=\left|-5\cdot\frac{z}{x}\right|=\left|-5\cdot\frac{20}{10\sqrt{3}}\right|=\left|-\frac{10}{\sqrt{3}}\right|=5.774\ \ [\text{m/s}]$$ ■

문제 1. 가로, 세로 두 변의 길이가 각각 x, y이고, 대각선의 길이가 z인 직사각형에서 x, y, z는 시간에 따라 변동한다.

(a) 길이 x, y, z의 변화율의 관계식을 구하여라

(b) 가로 x가 10 cm/sec로 증가하고 세로 y가 5 cm/sec로 감소한다면 $x=12\,\text{cm}$, $y=5\text{cm}$일 때 대각선의 변화율을 구하여라.

■

[2] 면적의 변화율

시간에 따라서 면적이 변동할 경우 도형의 면적을 수식으로 표현하고 양변을 시간으로 미분한다.

예제 2. 반지름의 길이가 r cm 면적이 S인 원이 주어져 있고 r은 시간에 따라 변동한다.

(a) 면적 변화율과 반지름 변화율의 관계식을 구하여라.

(b) 어느 순간 반지름의 길이가 10 cm, 증가율이 6cm/sec이다. 원의 면적 증가율을 구하여라.

풀이

(a) $S = \pi r^2, \quad \frac{ds}{dt} = 2\pi r \cdot \frac{dr}{dt}$

(b) $\left.\frac{dr}{dt}\right|_{r=10} = 6$일 때 $\left.\frac{dS}{dt}\right|_{r=10}$을 구한다.

$$\therefore \left.\frac{dS}{dt}\right|_{r=10} = 2\pi \cdot 10 \cdot 6 = 600\pi \ \text{cm}^2/\text{s}$$ ■

문제 2. 한 변의 길이가 x, 면적이 S 인 정사각형이 주어져 있고, x는 시간에 따라 변동한다.

(a) 면적 변화율과 길이 변화율의 관계식을 표현하여라.

(b) 어느 순간 변의 길이가 4 m 이고 증가율이 1.5 m/sec이다. 면적 증가율을 구하여라.

■

[3] 체적의 시간변화율

시간에 따라서 체적이 변동할 경우 도형의 체적을 수식으로 표현하고 양변을 시간 또는 다른 변수로 미분한다.

예제 3. 그림과 같이 높이 h, 반지름 r, 체적 V인 원통이 있고, h와 r은 시간에 따라 변동한다.

(a) 체적, 높이, 반지름의 변화율의 관계식을 표현하여라.

(b) 어느 순간 높이가 10 cm 일 때, 2 cm/sec로 증가하고, 반지름이 15 cm 일 때 3 cm/sec로 감소하고 있다. 이 순간 부피 증가율을 구하여라.

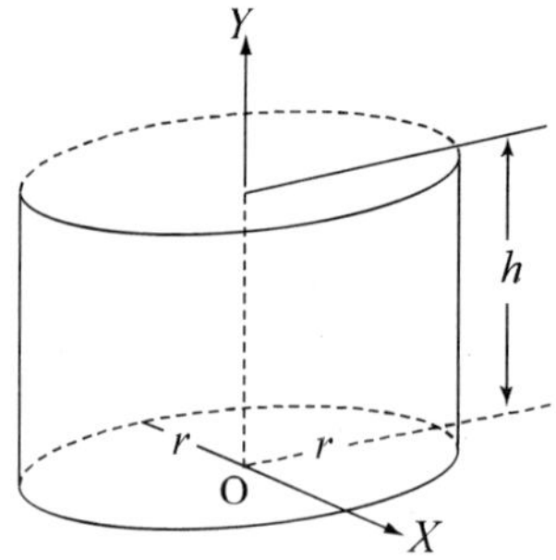

풀이

(a) $V=\pi r^2 h$, $\dfrac{dV}{dt}=\pi\left(2rh\dfrac{dr}{dt}+r^2\dfrac{dh}{dt}\right)$

(b) $\left.\dfrac{dh}{dt}\right]_{\substack{h=10\\r=15}}=2$, $\left.\dfrac{dr}{dt}\right]_{\substack{h=10\\r=15}}=-3$ 일 때 $\left.\dfrac{dV}{dt}\right]_{\substack{h=10\\r=15}}$를 구한다.

$$\therefore \frac{dV}{dt}=\pi(2\cdot 15\cdot 10\cdot(-3)+15^2\cdot(2))=-450\pi \ \text{cm}^3/\text{sec}$$ ■

문제 3. 높이 h, 밑면 반지름 r, 체적 V인 원통의 h와 r은 시간에 따라 변동한다. 밑면 반지름 r이 증가할 때, 높이 h가 감소하면서 체적 V가 일정하게 유지되고 있다.

(a) 체적, 높이, 반지름의 변화율의 관계식을 표현하여라.

(b) 밑면 반지름 r이 변동할 때, 높이 h의 변화율을 구하여라.

(c) 반지름과 높이의 변화 관계를 설명하여라. ■

연습문제

5-01 다음 함수를 미분하여라.

(1) $y=-5x^3+4x+3$　　(2) $y=5x^2-4x-3$　　(3) $y=(x-3)(2x-1)$

5-02 다음 곱의 함수를 미분하여라.

(1) $y=(2x-1)(x-3)$　　(2) $y=x(4x+1)$

(3) $y=(x-3)(2x-1)$　　(4) $y=-5x(x^2+1)$

(5) $y=(x^2-4x+5)(3x+7)$　　(6) $y=x(x+1)(x+2)$

(7) $y=(3x+2)(2x+5)$　　(8) $y=(x^2-5)(x^3+2x^2-2x)$

5-03 물체가 띠고 있는 전기의 양을 전하량(quantity of electric charge, 電荷量), 대전량 또는 하전량이라고 한다. 전하량의 기호는 q, 단위는 쿨롬(Coulomb, 줄여서 C)을 사용한다. 전류의 단위는 암페어(Ampere, 줄여서 A)이다.

도선의 단면을 흐르는 전류 $i(t)$ [A]는 전하량 $q(t)$ [C]의 시간에 대한 순간변화율로 정의한다. 전류가 흐르기 시작하여 t초 동안 $q(t)=\frac{1}{3}t^3-3t^2+5t+2$ [C]의 전하가 흐를 때, $t=3$인 순간에 흐르는 전류를 구하여라.

5-04 다음 함수를 미분하여라.

(1) $y=\frac{(x^2+1)^3}{(2x+1)^2}$　　(2) $y=\left(x+\frac{1}{x}\right)^3$

5-05 다음에서 $\frac{dy}{dx}$를 구하여라.

(1) $x^3+y^3-xy=0$　　(2) $\sqrt{x}+\sqrt{y}-1=0$

(3) $2x^2+3y^2-6=0$

(4) $x^2+3y^2-4xy=0$

(5) $\sqrt[3]{x^2}+\sqrt[3]{y^2}-1=0$

(6) $x^2+y^2-xy-y-9=0$

5-06 역함수의 미분법을 이용하여 다음에서 $\dfrac{dy}{dx}$를 구하여라.

(1) $y=-\dfrac{1}{2}\sqrt{9-x}$

(2) $y=\sqrt{4-x^7}$

5-07 다음에서 $\dfrac{dy}{dx}$를 구하여라.

(1) $x=t^2+t+1,\ y=4-t^3$

(2) $x=2t^2-1,\ y=t+\dfrac{1}{t}$

(3) $x=3t-2,\ y=t^2+t$

5-08 다음 함수를 미분하여라.

(1) $y=2^{\sin x}$

(2) $y=e^{x^3+x^2}$

5-09 다음 함수를 미분하여라.

(1) $y=\ln(x^2+5)$

(2) $y=\ln\sqrt{x^2+1}$

(3) $y=\ln(\ln x)$

(4) $y=\ln 2x$

(5) $y=x\ln 5x$

(6) $y=(\ln x-2x+1)^2$

5-10 다음 함수를 미분하여라.

(1) $y=\dfrac{(x+2)^3(x+8)^4}{(x+1)^2}$

(2) $y=\sqrt{\dfrac{(x-1)(x+3)}{(x+1)^2}}$

(3) $y=x^{x^2+1}(x>0)$

5-11 다음 함수의 dy/dx를 구하여라.

(1) $y=\cos(x^5)$ (2) $y=\sin(x^3)$

(3) $y=\sin nx\cdot\cos^n x$

5-12 $y=\mathrm{arc}\sin(1-x)$를 미분하여라.

5-13 다음 함수의 이계도함수를 구하여라.

(1) $y=\sqrt{x^3}$ (2) $y=\dfrac{1}{x^2+1}$

(3) $y=2x^2+\dfrac{1}{x^2}$ (4) $y=2x^3+7x^2+5$

(5) $y=x^2(x^2+7)$ (6) $y=x^3(x+2)^2$

5-14 다음 곡선위의 점 P에서 곡선에 그은 접선의 방정식을 구하여라.

(1) 원 $x^2+y^2=4$, $P(\sqrt{3},\ 1)$

(2) $x^3+y^3-9xy=0$, $P(2,\ 4)$

5-15 곡선 $y=x^2-3x+4$에 접하고 기울기가 5인 직선방정식을 구하여라.

5-16 함수와 한 점이 주어져 있을 때, 접선 및 법선의 방정식을 구하여라.

(1) $y=2x^2-7$; $(2,\ 1)$ (2) $y=-x^2+2x+5$; $(0,\ 5)$

(3) $y=x^2+x+1$; $(1,\ 3)$ (4) $y=(x-1)^2$; $(1,\ 0)$

5-17 다음 함수에 대하여 주어진 구간에서 롤의 정리를 만족하는 상수 c의 값을 구하여라.

$$f(x)=-x^2+4x\ ;\ [0,\ 4]$$

5-18 다음 함수에 대하여 주어진 구간에서 평균값의 정리를 만족하는 c의 값을 구하여라.

(1) $f(x)=x^3-x$; $[0, 3]$ (2) $f(x)=\sqrt{x-1}$; $[2, 10]$

5-19 이차 곡선 $f(x)=x^2$ 위의 다음 각 점에서의 접선의 기울기를 구하여라.

(a) $(0, 0)$ (b) $(1, 1)$ (c) $(-5, 25)$

5-20 곡선 $f(x)=-x^2$ 위의 점 $P(1, -1)$에서의 접선의 기울기를 구하여라.

5-21 다음 함수의 증감표를 작성하여라.

(1) $f(x)=x^3-3x^2$ (2) $f(x)=-x^4+6x^2+10$

(3) $f(x)=x^3-3x$ (4) $f(x)=-3x^4-4x^3-1$

5-22 한 변의 길이가 12 cm인 정사각형의 종이가 있다. 네 모퉁이에서 같은 크기의 정사각형을 잘라 내고, 남은 부분을 접어서 상자를 만들려고 한다. 상자의 부피를 최대로 하려면 잘라내는 정사각형의 한 변의 길이를 얼마로 하면 되는가?

5-23 지표에서 연직 위쪽 방향으로 로켓을 발사하였다. 수직고도가 1200 m일 때, 수직상승속도가 250 m/s이었다. 이 과정을 촬영하는 관측자의 카메라로부터 로켓까지의 거리를 z라고 했을 때, z의 증가율을 구하여라.

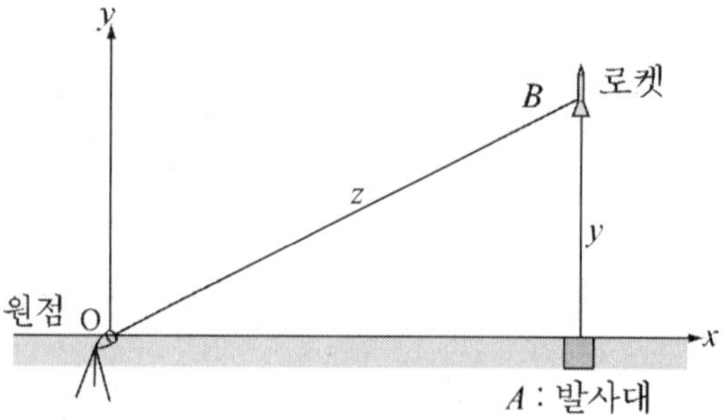

5-24 한 변의 길이가 x, 면적이 S인 정삼각형이 주어져 있고, x는 시간에 따라 변동한다.

(a) 면적 변화율의 관계식을 표현하여라.

(b) 어느 순간 변의 길이가 $\sqrt{2}$ m일 때, 면적 증가율을 구하여라.

5-25 반지름의 길이가 r cm, 표면적이 S cm^2인 구(sphere, 球)가 주어져 있고 r은 매초 0.1 cm의 비율로 증가하고 있다.

(a) 표면적 변화율과 반지름 변화율의 관계식을 구하여라.

(b) 어느 순간 반지름의 길이가 10 cm일 때, 표면적의 증가율을 구하여라.

5-26 높이가 60 cm, 윗면의 반지름이 20 cm인 직원뿔 모양의 거름종이 깔때기가 있다. 깔때기의 벽면을 통하여 액체가 3 cm^2/sec로 밖으로 흘러 나오고 있다. 수면의 높이가 20 cm일 때, 다음 물음에 답하여라.

(a) 수면의 높이 변화율을 구하여라.

(b) 수면의 반지름 변화율을 구하여라.

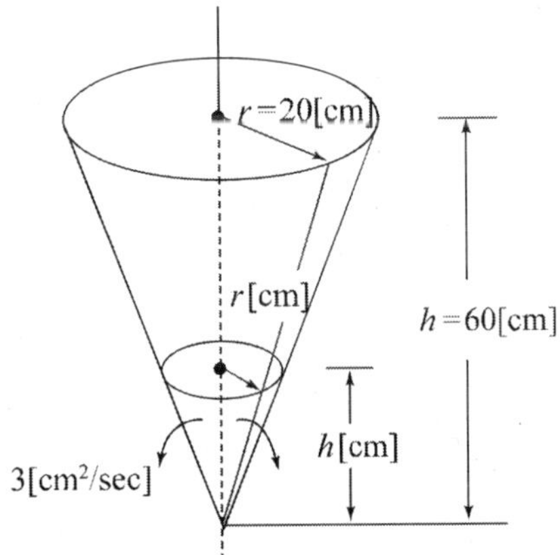

6

CHAPTER

적 분

6.1 부정적분

수학에서 부정적분을 나타내기 위해서 Leibnitz가 개발한 기호를 전통적으로 사용해 오고 있다.[9] Leibnitz는

미분을 나타내기 위해 dx 라는 기호
적분을 나타내기 위해 s 또는 $\int$ 라는 기호

를 사용하였다. 기호 dx의 의미는 "아주 작은 x(differential x)"라는 의미이다. 기호

s 또는 $\int$

는 "아주 작은 x"를 합한 것(sum)이라는 의미이므로

$x = \int dx$라고 표시하면 "x는 작은 dx를 합한 것이다."
$y = \int dy$라고 표시하면 "y는 작은 dy를 합한 것이다."

라는 의미이다. 이 장에서는 부정적분에 관해 학습하기로 한다.

6.1.1 부정적분의 정의

함수 x^2, x^2+1, x^2+2, x^2+C(C는 x에 관한 상수)를 미분하면 모두 $2x$가 된다. 미분하여 얻은 식이 $2x$일 때, 미분하기 전의 함수는 무엇일까?

함수 x^2, x^2+1, x^2+2, x^2+C(C는 x에 관한 상수) 모두가 해당된다. 미분하기 전의 원래(원시) 모습을 **역도함수**(逆導函數, antiderivatives), **부정적분**(不定積分, indefinite integrals) 또는 **원시함수**(原始函數, primitive functions)라고 한다.

---

9) 고트프리트 라이프니츠 [Gottfried Wilhelm von Leibniz,1646-1716] 독일의 철학자 · 수학자 · 자연과학자 · 법학자 · 신학자 · 언어학자 · 역사가. 뉴턴(Isaac Newton)과 무관하게 미적분법(differential and integral calculus)를 개발하였다. 미분 기호, 적분 기호의 창안 등 해석학 발달에 많은 공헌을 하였다.
[출처]
(1) https://en.wikipedia.org/wiki/Gottfried_Wilhelm_Leibniz
(2) Wilson, Catherine, 1989. Leibniz's Metaphysics: A Historical and Comparative Study. Princeton University Press.

함수 $F(x)$가 $2x$의 원시함수일 때,

$$\{F(x)-x^2\}' = F'(x)-(x^2)' = 2x-2x=0$$

이므로 $F(x)-x^2=$(상수), 즉 $F(x)=x^2+$(상수)이다. 따라서 $2x$의 모든 원시함수는

$$x^2+C \ (C\text{는 상수})$$

의 꼴임을 알 수 있다. 이와 같이 함수 $F(x)$가 함수 $f(x)$의 한 원시함수일 때 $f(x)$의 모든 원시함수는

$$F(x)+C \ (C\text{는 상수})$$

의 꼴로 나타내어진다. 이때, $F(x)+C$를 $f(x)$의 부정적분, C를 적분상수라고 하고, 기호로

$$\int f(x)dx$$

와 같이 나타낸다. 이 식에서 함수 $f(x)$를 **피적분함수**라고 한다. 말로 하면,

(1) x^2+C을 미분하면 $2x$이다.
(2) $2x$를 적분하면 x^2+C이다.

따라서 다음 두 말은 같은 말이다.

(1) 함수 $2x$의 원시함수를 구하여라.
(2) 함수 $2x$의 부정적분을 구하여라.

이에 대한 답을 얻기 위해 적분기호를 써서

$$\int 2x\,dx$$

로 나타내고 계산하면,

$$\int 2x\,dx = x^2+C \ (C\text{는 상수})$$

이다. 즉, 적분한다는 것은 미분한다는 것의 역의 계산이다.

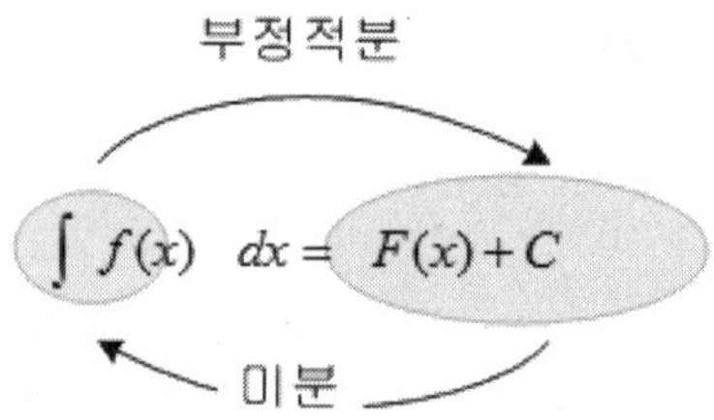

■ 부정적분

(1) $F(x)' = f(x)$일 때,

$$\int f(x)dx = F(x) + C \quad (\ C\text{는 적분상수})$$

(2) $\dfrac{d}{dx}\displaystyle\int f(x)dx = f(x)$

예제 1.

(1) $(3x)' = 3$이므로 $\int 3\,dx = 3x + C$

(2) $(2x^2)' = 4x$이므로 $\int 4x\,dx = 2x^2 + C$ ■

예제 2. 다음 등식이 성립함을 미분하여 설명하여라. (C는 적분상수)

(1) $\int (-2)\,dx = -2x + C$

(2) $\int x^3\,dx = \dfrac{1}{4}x^4 + C$

(3) $\int (x-3)\,dx = \dfrac{1}{2}x^2 - 3x + C$

(4) $\int (3x^2 + 2x)\,dx = x^3 + x^2 + C$

풀이

(1) $(-2x + C)' = -2$ 이므로, $\int (-2)dx = -2x + C$

(2) $\left(\dfrac{1}{4}x^4 + C\right)' = x^3$ 이므로, $\int x^3 dx = \dfrac{1}{4}x^4 + C$

(3) $\left(\dfrac{1}{2}x^2 - 3x + C\right)' = x - 3$ 이므로, $\int (x-3)dx = \dfrac{1}{2}x^2 - 3x + C$

(4) $(x^3 + x^2 + C)' = 3x^2 + 2x$ 이므로, $\int (3x^2 + 2x)dx = x^3 + x^2 + C$ ■

문제 1. 다음에서 잘못된 부분을 찾고 바르게 고쳐라.

"어떤 함수를 미분했다가 부정적분하면

원래의 함수가 되므로 $\int \frac{d}{dx} x^4 \, dx = x^4$ 이다."

■

6.1.2 부정적분의 계산

미분을 계산하는 방법을 미분법이라고 하였다. 적분을 계산하는 법을 적분법이라고 한다. 미분하여 얻은 함수가 있으면, 미분의 반대 연산으로서 적분을 생각할 수 있다. 적분법에 대한 여러 가지 공식은 미분법의 공식으로부터 얻을 수 있다.

[1] 다항함수 $y = x^n$ (n은 음이 아닌 정수)의 부정적분

다항함수의 부정적분을 구하기 위해서는 x^n의 부정적분과 실수배, 합, 차의 부정적분을 이용하면 된다.

$$x + C\text{를 미분하면} \Rightarrow 1,\ \frac{1}{2}x^2 + C\text{을 미분하면} \Rightarrow x,\ \frac{1}{3}x^3 + C\text{을 미분하면} \rightarrow x^2$$

이다. 일반적으로 n이 음이 아닌 정수일 때

$$D\left(\frac{1}{n+1}x^{n+1} + C\right) = x^n$$

이 성립하므로 x^n의 부정적분은 다음과 같다.

> ■ **공식: x^n의 부정적분**
>
> n이 음이 아닌 정수일 때
>
> $$\int x^n \, dx = \frac{1}{n+1}x^{n+1} + C$$

예제 1. 다음 부정적분을 구하여라.

(1) $\int 3\,dx$　　(2) $\int x\,dx$　　(3) $\int 2x\,dx$

(4) $\int x^2\,dx$　　(5) $\int x^3\,dx$　　(6) $\int x^4\,dx$

풀이

(1) $\int 3\,dx = 3\int 1\,dx = 3x + C$

(2) $\int x\,dx = \int x^1\,dx = \frac{1}{1+1}x^{1+1} + C = \frac{1}{2}x^2 + C$

(3) $\int 2x\,dx = \int 2x^1\,dx = \frac{1}{1+1}2x^{1+1} + C = x^2 + C$

(4) $\int x^2\,dx = \frac{1}{2+1}x^{2+1} + C = \frac{1}{3}x^3 + C$

(5) $\int x^3\,dx = \frac{1}{3+1}x^{3+1} + C = \frac{1}{4}x^4 + C$

(6) $\int x^4\,dx = \frac{1}{4+1}x^{4+1} + C = \frac{1}{5}x^5 + C$ ■

문제 1. 다음 부정적분을 구하여라.

(1) $\int x^5\,dx$　　(2) $\int x^{10}\,dx$　　(3) $\int x^{15}\,dx$

(4) $\int x^{22}\,dx$　　(5) $\int x^{41}\,dx$　　(6) $\int x^{50}\,dx$

■

[2] 함수 $y = x^n$ (n은 실수)의 부정적분

미분법을 역으로 이용하면 주어진 함수의 부정적분을 구할 수 있다. 일반적으로

$$D\left(\frac{1}{n+1}x^{n+1} + C\right) = x^n\ ,\ (n \neq -1)$$

$$D\left(\ln|x| + C\right) = \frac{1}{x}$$

가 성립하므로 x^n의 부정적분은 다음과 같다.

■ 함수 $y=x^n$ (n은 실수)의 부정적분

(1) $n \neq -1$일 때, $\int x^n\,dx = \frac{1}{n+1}x^{n+1}+C$

(2) $n=-1$일 때, $\int x^{-1}\,dx = \int \frac{1}{x}\,dx = \ln|x|+C$

예제 2. 다음 부정적분을 구하여라.

(1) $\int x^{\frac{5}{4}}\,dx$　　　　(2) $\int \frac{-5}{x}\,dx$

풀이

(1) $\int x^{\frac{5}{4}}\,dx = \frac{1}{\frac{5}{4}+1}x^{\frac{5}{4}+1}+C = \frac{4}{9}x^{\frac{9}{4}}+C$

(2) $\int \frac{-5}{x}\,dx = -5\int \frac{1}{x}\,dx = -5\ln|x|+C$ ■

두 함수 $f(x)$, $g(x)$가 있다. 각각을 적분하면,

$$\int f(x)\,dx = F(x)+C_1 \ (C_1\text{은 적분상수}) \Rightarrow F'(x)=f(x)$$
$$\int g(x)\,dx = G(x)+C_2 \ (C_2\text{는 적분상수}) \Rightarrow G'(x)=g(x)$$

이다. 원시함수의 합의 미분은

$$\{F(x)+G(x)\}' = F'(x)+G'(x) = f(x)+g(x)$$

이므로 양변을 적분하면

$$\int \{f(x)+g(x)\}\,dx = F(x)+G(x)+C_3 \quad \cdots ①$$
$$\int f(x)\,dx + \int g(x)\,dx = F(x)+G(x)+C_1+C_2 \quad \cdots ②$$

식 ②의 우변의 두 상수 C_1, C_2는 모두 임의의 상수이므로 또 다른 상수 $C_3=C_1+C_2$로 놓으면 C_3도 임의의 상수가 되어 ①과 ②는 같은 꼴이 된다. 따라서

$$\int\{f(x)+g(x)\}dx=\int f(x)dx+\int g(x)dx$$

가 성립한다. 같은 방법으로 증명해 보면, 다음 관계식을 얻을 수 있다.

■ 부정적분의 성질

(1) $\int k\{f(x)\}dx=k\int f(x)dx$

(2) $\int\{f(x)+g(x)\}dx=\int f(x)dx+\int g(x)dx$

(3) $\int\{f(x)-g(x)\}dx=\int f(x)dx-\int g(x)dx$

부정적분의 성질을 다음과 같이 말로 표현할 수 있다.

(1) 함수의 실수배의 부정적분은 그 함수의 부정적분의 실수배와 같다.
(2) 두 함수의 합의 적분은 각각을 적분하여 합한 것과 같다.
(3) 두 함수의 차의 적분은 각각을 적분하여 뺀 것과 같다.

문제 2. 다음 부정적분을 구하여라.

(1) $\int(2n^3+2n^2+3)\,dn$ (2) $\int(2q-1)^2\,dq$

(3) $\int(t^3+2t^2+5t+6)\,dt$ (4) $\int(y+1)^2\,dy$ ■

다음 두 조건이 주어져 있으면 원래의 함수를 구할 수 있다.

(1) 함수의 도함수 $f'(x)$
(2) 특정한 $x=a$의 값에서의 함숫값

예제 3. 다음 조건을 만족하는 함수 $f(x)$를 구하여라

(1) $f'(x)=3x^2-2x$, $f(0)=5$ (2) $f'(x)=4x^3-2x$, $f(2)=4$

풀이

(1) $f'(x)=3x^2-2x$로부터

$$f(x) = \int (3x^2 - 2x)\, dx = x^3 - x^2 + C$$

$f(0) = 5$로부터 $C = 5$이다.
따라서 $f(x) = x^3 - x^2 + 5$이다.

(2) $f'(x) = 4x^3 - 2x$로부터

$$f(x) = \int (4x^3 - 2x)\, dx = x^4 - x^2 + C$$

$f(2) = 2^4 - 2^2 + C = 4$로부터 $C = -8$이다.
따라서, $f(x) = x^4 - x^2 - 8$이다. ■

문제 3. 다음 조건을 만족하는 함수 $f(x)$를 구하여라.

(1) $f'(x) = x^3 + 2$, $f(0) = 1$
(2) $f'(x) = x(2 + x)$, $f(1) = -2$

■

6.1.3 치환적분법

$F'(x) = f(x)$라 하자. 합성함수의 미분법에 의해

$$\frac{d}{dx} F[g(x)] = F'[g(x)] \cdot g'(x) = f[g(x)] \cdot g'(x)$$

이다. 즉 $F[g(x)]$가 $f[g(x)] \cdot g'(x)$의 역도함수이다. 따라서 부분적분의 정의에 의해 함수 $t = g(x)$라 놓으면,

$$\int f[g(x)] \cdot g'(x)\, dx = F[g(x)] = F(t) = \int f(t)\, dt$$

이다. 이처럼 변수 x에 대한 함수를 다른 변수 t로 바꾸어 적분하는 방법을 **치환적분법**이라고 한다.

■ 치환적분법

미분가능한 함수 $t=g(x)$와 연속인 함수 $f(x)$에 대하여

$$\int f[g(x)]\cdot g'(x)\,dx=\int f(t)\,dt$$

예제 1. 다음 부정적분을 구하여라.

(1) $\int (3x-2)^2 dx$ (2) $\int (2t-1)\cdot\sqrt{2t+1}\,dt$

(3) $\int u^2\cdot(2u^3+5)^3\,du$ (4) $\int \frac{dy}{(3y-2)^2}$

풀이

(1) $3x-2=t$로 놓으면 $dx=\frac{1}{3}dt$

$$\int (3x-2)^2 dx=\int t^2\cdot\ \frac{1}{3}dt=\frac{1}{9}t^3+C=\frac{1}{9}(3x-2)^3+C$$

(2) $\sqrt{2t+1}=x$로 놓으면 $t=\frac{x^2-1}{2}$이므로 $dt=x\,dx$

$$\begin{aligned}\therefore \int (2t-1)\sqrt{2t+1}\,dt&=\int (x^2-2)\cdot\ x\cdot\ x\,dx=\int (x^4-2x^2)dx\\&=\frac{1}{5}x^5-\frac{2}{3}x^3+C=x^3\left(\frac{1}{5}x^2-\frac{2}{3}\right)+C\\&=(2t+1)^{\frac{3}{2}}\left\{\frac{1}{5}(2t+1)-\frac{2}{3}\right\}+C\\&=(2t+1)^{\frac{3}{2}}\left\{\frac{2t}{5}+\frac{1}{5}-\frac{2}{3}\right\}+C\\&=(2t+1)^{\frac{3}{2}}\left\{\frac{2t}{5}+\frac{-7}{15}\right\}+C\\&=\frac{1}{15}(6t-7)(2t+1)^{\frac{3}{2}}+C\end{aligned}$$

(3) $2u^3+5=t,\ 6u^2du=dt$

$$\therefore I=\int t^3\cdot\frac{1}{6}dt=\frac{1}{6}\cdot\frac{1}{4}t^4+C=\frac{1}{24}(2u^3+5)^4+C$$

(4) $3y-2=t,\ dy=\frac{1}{3}dt$

$$\therefore I=\int \frac{1}{t^2}\cdot\frac{1}{3}dt=\frac{1}{3}\left(-\frac{1}{t}\right)+C=-\frac{1}{3}\frac{1}{3y-2}+C$$ ■

문제 1. 다음 적분을 구하여라.

(1) $\int \sqrt{1+e^x}\,dx$ (2) $\int \frac{dx}{1+\sqrt[3]{x+1}}$

(3) $\int \frac{\sqrt{x+1}-1}{\sqrt{x+1}+1}dx$ (4) $\int e^{-3x+2}dx$ ■

문제 2. 다음 식을 증명하여라.

$f(x)$의 부정적분을 $F(x)+C$라고 할 때,

$$\int f(ax+b)dx=\frac{1}{a}F(ax+b)+C\ (a\neq 0)$$ ■

문제 3. 다음 부정적분을 구하여라.

(1) $\int (e^{2x}-3)^2 e^{2x}dx$ (2) $\int \frac{t^2}{a^6-t^6}dt$

(3) $\int \sqrt{9-y^2}\,ydy$ (4) $\int \cos(4x+1)dx$ ■

6.1.4 유리 함수의 적분법

피적분 함수가 분수함수인 경우가 있다. 분수함수의 적분계산을 하기 위하여 분자의 차수가 분모의 차수보다 낮은 형태를 가지도록 변형해야 한다.

[1] 부분 분수 전개(Partial Fraction Expansion)

적분에 필요한 부분 분수 전개(partial fraction expansion)를 학습하기로 한다. 하나의 변수 x의 경우, $P(x)$, $Q(x)$가 각각 변수 x에 대한 다항식이고, $Q(x)$가 영(zero)이 아닐 때 분수꼴로 표시한

$$f(x)=\frac{P(x)}{Q(x)}$$

을 **유리함수(rational function)**라 한다. 유리 함수의 정의역은 $Q(x)\neq 0$인 x의 범위이다.

(i) $P(x)$의 차수가 $Q(x)$보다 같거나 크면, $P(x)\div Q(x)$ 계산을 하여 $P(x)$의 차수를 낮게 한다.

(ii) 가능하다면 $Q(x)$를 2차 또는 1차의 식들로 인수 분해하여 부분분수로 나누어 적분한다.

유리함수의 부정적분에 대해 살펴보자. 예를 들어 유리함수 $f(x)$는 다음과 같다.

(a) 분자차수가 분모차수와 같거나 큰 경우

$$f(x)=\frac{x^4+x^3-1}{x^2+1},\qquad f(x)=\frac{x^2+2x+5}{2x^2+3x+2}$$

(b) 분자의 차수가 분모차수보다 낮은 경우

$$f(x)=\frac{2x-1}{x^2-x-6},\qquad f(x)=\frac{2x+8}{x^3+3x^2-10x}$$

피적분 함수 $f(x)$가 위의 (a), (b)에 보인 바와 같은 유리함수인 경우 부분분수로 표시해야만 적분계산을 할 수가 있다.

부분분수 전개를 어떻게 하는지 학습해 보기로 하자. 두 가지 방법이 있다.

(1) 미정계수법(분모통일법)

(2) 헤비사이드(Heaviside)의 소거(cover-up)법

예를 들어서 살펴보자.

예제 1. 다음 식을 부분분수로 전개하여라.

$$f(x)=\frac{2x+5}{x^2-3x+2}$$

풀이

분모를 인수분해하여

$$f(x)=\frac{2x+5}{x^2-3x+2}=\frac{2x+5}{(x-1)(x-2)}=\frac{A}{x-1}+\frac{B}{x-2}$$

로 나타내고 이 식에서 계수 A, B 를 구한다.

1) 미정계수법(분모 통일법)

위 식에서 우변을 통분하면

$$f(x)=\frac{2x+5}{(x-1)(x-2)}=\frac{(A+B)x-(2A+B)}{(x-1)(x-2)}$$

이 식은 항등식이므로 분자가 서로 같다.

$$A+B=2,\quad 2A+B=-5$$

미지수 A, B를 구하면

$$A=-7,\ B=9$$

이다. 따라서

$$f(x)=\frac{2x+5}{(x-1)(x-2)}=\frac{-7}{x-1}+\frac{9}{x-2}$$

이다.

2) Heaviside의 소거(cover-up)법

다음과 같은 항등식을 고려한다.

$$f(x)=\frac{2x+5}{(x-1)(x-2)}=\frac{A}{x-1}+\frac{B}{x-2}$$

i) 계수 A를 구하기 위하여 양변에 $(x-1)$를 곱한다.

$$f(x)\cdot(x-1)=\frac{2x+5}{x-2}=A+B\cdot\frac{x-1}{x-2}$$

항등식의 양변에 $x=1$을 대입하면,

$$A=\left.\frac{2x+5}{x-2}\right|_{x=1}=\frac{2\cdot 1+5}{1-2}=-7$$

ii) 계수 B를 구하기 위하여 양변에 $(x-2)$를 곱한다.

$$f(x)\cdot(x-2) = \frac{2x+5}{x-1} = A\cdot\frac{x-2}{x-1} + B$$

항등식의 양변에 $x=2$를 대입하면,

$$B=\left.\frac{2x+5}{x-1}\right|_{x=2} = \frac{2\cdot2+5}{2-1} = 9$$

이다. 따라서

$$\therefore f(x)=\frac{2x+5}{(x-1)(x-2)} = \frac{-7}{x-1}+\frac{9}{x-2}$$ ■

문제 1. 다음 식을 부분분수로 전개하여라.

$$f(x) = \frac{x-4}{x^2-x-2}$$

■

[2] 부분 분수 전개(Partial Fraction Expansion)를 이용한 적분계산

피적분함수가 분수식의 형태를 가지고 부분분수로 전개 가능할 경우의 적분을 학습하기로 한다. 예를 들어 보자.

예제 2. 다음의 부정적분을 구하여라.

(1) $I=\int \frac{1}{(x-1)(x-2)}\,dx$ (2) $I=\int \frac{1}{(x-2)(x+1)}\,dx$

풀이

(1) $\frac{1}{(x-1)(x-2)} = \frac{A}{x-1}+\frac{B}{x-2}$

에서

$$A=1,\quad B=-1$$

이므로,

$$I=\int \frac{1}{(x-1)(x-2)}\,dx = \int \frac{1}{x-2} - \frac{1}{x-1}\,dx$$

$$=\ln|x-2| - \ln|x-1| + C$$

$$= \ln\left|\frac{x-2}{x-1}\right| + C$$

(2) $\dfrac{1}{(x-2)(x+1)} = \dfrac{A}{x-2} + \dfrac{B}{x+1}$

에서

$$A = \frac{1}{3},\ \ B = -\frac{1}{3}$$

이므로,

$$I = \int \frac{1}{(x-2)(x+1)}\,dx \ = \int \frac{\frac{1}{3}}{x-2} - \frac{\frac{1}{3}}{x+1}dx$$

$$= \frac{1}{3}\int\left(\frac{1}{x-2} - \frac{1}{x+1}\right)dx = \frac{1}{3}(\ln|x-2| - \ln|x-2|) + C$$

$$= \frac{1}{3}\ln\left|\frac{x-2}{x+1}\right| + C$$

■

문제 2. 다음 적분을 구하여라.

(1) $I = \displaystyle\int \frac{x\,dx}{(x+1)(x+2)(x+3)}$ (2) $I = \displaystyle\int \frac{x^2+1}{(x+1)^2(x-1)}\,dx$

(3) $I = \displaystyle\int \frac{x}{x^2-1}\,dx$ (4) $I = \displaystyle\int \frac{3x}{x^2+x-2}\,dx$

■

[3] 유리 함수의 적분법

분수함수의 부정적분을 구할 때 분자의 차수가 분모의 차수보다 높은 경우에는 분자를 분모로 나누어 몫과 나머지를 분리하여 적분한다. 또 분모가 인수분해 되는 경우에는 주어진 분수식을 간단한 분수식의 합의 꼴로 변형하여 구한다.

유리함수(분수함수) $\dfrac{f'(x)}{f(x)}$ 의 부정적분을 구하여 보자.

부정적분

$$\int \frac{f'(x)}{f(x)}\,dx \qquad \cdots ①$$

를 구하는 방법을 알아보자. 식 ①에서 $f(x) = t$로 놓고 양변을 미분하면,

$$f'(x) = \frac{dt}{dx}$$

이므로 부정적분은 다음과 같다.

$$\int \frac{f'(x)}{f(x)} dx = \int \frac{1}{f(x)} f'(x) dx = \int \frac{1}{t} dt = \ln|t| + C = \ln|f(x)| + C$$

■ $\frac{f'(x)}{f(x)}$ 의 부정적분

$$\int \frac{f'(x)}{f(x)} dx = \ln|f(x)| + C$$

예제 3. 다음 부정적분을 구하여라.

(1) $\int \frac{4x-10}{x^2-5x+4} dx$

(2) $\int \frac{3x+4}{x-2} dx$

(3) $\int \frac{2x-1}{x^2-x-2} dx$

(4) $\int \frac{e^x - e^{-x}}{e^x + e^{-x}} dx$

풀이

(1) $(x^2-5x+4)' = 2x-5$이므로

$$\begin{aligned} \int \frac{4x-10}{x^2-5x+4} dx &= 2\int \frac{2x-5}{x^2-5x+4} dx \\ &= 2\int \frac{(x^2-5x+4)'}{x^2-5x+4} dx \\ &= 2\ln|x^2-5x+4| + C \end{aligned}$$

(2) $\int \frac{3x+4}{x-2} dx = \int 3 + \frac{10}{x-2} dx$

$= 3x + 10\ln|x-2| + C$

(3) $\int \frac{(x^2-x-2)'}{x^2-x-2} dx = \ln|x^2-x-2| + C$

(4) $\int \frac{(e^x + e^{-x})'}{e^x + e^{-x}} dx = \ln(e^x + e^{-x}) + C$ ■

문제 3. 다음 부정적분을 구하여라.

(1) $I=\int \frac{x}{x^2+5}dx$ (2) $I=\int \frac{2x+1}{x^2+x-6}$

(3) $I=\int \frac{x^2+x}{x^3+3x+4}$ (4) $I=\int \frac{x-6}{x^2-x-2}dx$

■

6.1.5 삼각함수의 부정적분

삼각함수의 부정적분과 부정적분이 역삼각함수가 되는 함수들의 기본공식들은 다음과 같다.

■ 삼각함수의 적분 공식

1. $\int \sin x\,dx=-\cos x+C$
2. $\int \cos x\,dx=\sin x+C$
3. $\int \sec^2 x\,dx=\tan x+C$
4. $\int \mathrm{cosec}^2 x\,dx=-\cot x+C$
5. $\int \sec x \tan x\,dx=\sec x+C$
6. $\int \mathrm{cosec}\,x \cot x\,dx=-\csc x+C$
7. $\int \tan x\,dx=\ln|\sec x|+C$
8. $\int \cot x\,dx=\ln|\sin x|+C$
9. $\int \sec x\,dx=\ln|\sec x+\tan x|+C$
10. $\int \mathrm{cosec}\,x\,dx=\ln|\mathrm{cosec}\,x-\cot x|+C$
11. $\int \frac{dx}{\sqrt{a^2-x^2}}=\sin^{-1}\frac{x}{a}+C$
12. $\int \frac{dx}{a^2+x^2}=\frac{1}{a}\tan^{-1}\frac{x}{a}+C$
13. $\int \frac{dx}{|x|\sqrt{x^2-a^2}}=\frac{1}{a}\sec^{-1}\frac{x}{a}+C$

예제 1. 다음 적분을 구하여라.

(1) $I=\int \cot x\,dx$ (2) $I=\int \sec x\,dx$ (3) $I=\int \csc x\,dx$

풀이

(1) $I=\int \frac{\cos x}{\sin x}dx=\ln|\sin x|+C$

(2) $I=\int \frac{(\sec x)(\sec x+\tan x)}{\sec x+\tan x}dx$

$$I=\int \frac{\sec^2 x+\sec x\cdot\tan x}{\sec x+\tan x}dx$$

여기서, $u=\sec x+\tan x$로 놓으면,

$$du=(\sec x\cdot\tan x+\sec^2 x)\,dx=(\sec^2 x+\sec x\cdot\tan x)\,dx$$

$$\therefore I=\int \frac{du}{u}=\ln|u|+C=\ln|\sec x+\tan x|+C$$

(3) $I=\int \frac{\csc x(\csc x-\cot x)}{\csc x-\cot x}dx=\int \frac{\csc^2 x-\csc x\cdot\cot x}{\csc x-\cot x}dx$

여기서 $u=\csc x-\cot x$로 놓으면

$$du=(-\csc x\cdot\cot x+\csc^2 x)\,dx=(\csc^2 x-\csc x\cdot\cot x)\,dx$$

$$\therefore I=\int \frac{du}{u}=\ln|u|+C=\ln|\csc x-\cot x|+C$$

■

문제 1. 다음 부정적분을 구하여라.

(1) $I=\int \cos 3x\,dx$ (2) $I=\int \sin 3x\,dx$

(3) $I=\int \tan x\,dx$ (4) $I=\int \cos(3x-2)\,dx$ ■

예제 2. 다음 적분을 구하여라.

(1) $I_1=\int \sin^3 x\,dx$ (2) $I_2=\int \sin^2 x\cos^3 x\,dx$

(3) $I_3=\int \cos^2 x\,dx$

풀이

(1)
$$\begin{aligned}I_1&=\int \sin^3 x\,dx=\int(1-\cos^2 x)\sin x\,dx\\&=\int \sin x\,dx-\int \cos^2 x\sin x\,dx\\&=-\cos x+\frac{1}{3}\cos^3 x+C\end{aligned}$$

(2)
$$\begin{aligned}I_2&=\int \sin^2 x\cos^3 x\,dx=\int \sin^2 x\cos^2 x\cos x\,dx\\&=\int \sin^2 x(1-\sin^2 x)\cos x\,dx\end{aligned}$$

$\sin x = t$라 두면 $\cos x\, dx = dt$이므로

$$I_2 = \int (t^2 - t^4)\, dt = \frac{1}{3}t^3 - \frac{1}{5}t^5 + C = \frac{1}{3}\sin^3 x - \frac{1}{5}\sin^5 x + C$$

(3) $$I_3 = \int \cos^2 x\, dx = \frac{1}{2}x + \frac{1}{4}\sin 2x + C$$ ■

6.1.6 부분적분법

두 함수의 곱의 미분법을 이용하여, 두 함수의 곱의 부정적분에 대하여 생각하자. 두 함수 $f(x)$, $g(x)$가 있을 때 두 함수의 곱 $f(x)\cdot g(x)$를 미분하면,

$$\{f(x)\cdot g(x)\}' = f'(x)\cdot g(x) + f(x)\cdot g'(x)$$

이다. 양변을 적분하면 우변의 부정적분이 된다.

$$\begin{aligned} f(x)\cdot g(x) &= \int f'(x)\cdot g(x) + f(x)\cdot g'(x)\, dx \\ &= \int f'(x)\cdot g(x)\, dx + \int f(x)\cdot g'(x)\, dx \end{aligned}$$

따라서 다음과 같은 적분 공식을 얻을 수 있다.

$$\int f(x)\cdot g'(x)\, dx = f(x)\cdot g(x) - \int f'(x)\cdot g(x)\, dx$$

이러한 적분법을 부분적분법(integration by parts) 이라고 한다. 이 식에서

$$u = f(x),\ dv = g'(x)dx,\ du = f'(x)dx$$

로 놓으면, 다음 식을 얻는다.

$$\int u\, dv = uv - \int v\, du$$

■ 공식 : 부분적분법(integration by parts)

(1) $\int f(x)\cdot g'(x)\, dx = f(x)\cdot g(x) - \int f'(x)\cdot g(x)\, dx$

(2) $\int u\, dv = uv - \int v\, du$

식 (2)의 공식에서 u와 v를 어떻게 놓으면 좋은가?

항상 그런 건 아니지만, 많은 경우 ArcLATE (역로대삼지)규칙을 이용하면 편리할 때가 많다.[10)]

$$\begin{array}{ccccc} Arc & Log & Arith & Trigo & \text{Expo} \\ \leftarrow\ u & & & dv\ \rightarrow & \end{array}$$

Arc : 역삼각(Arc) 함수 : $\arcsin x, \arccos x, \arctan x \ldots$

L : log 함수 : $\ln x, \log x$

A : 대수(Algebraic) 함수 : etc. $x, x^2, 5x^3, \ldots$

T : 삼각(Trigonometric) 함수 : $\sin x, \cos x, \ldots$

E : 지수(exponential) 함수 : e^x, $3^x \ldots$

예제 1. $I = \int x \cos x \, dx$를 계산하여라.

풀이

내용은 같으나 겉보기에 다르게 보이는 두 가지 방법으로 계산해보자.

(1) $$I = \int x \cos x \, dx = \int x (\sin x)' \, dx = x \sin x - \int x' \sin x \, dx$$

$$= x \sin x - \int \sin x \, dx = x \sin x + \cos x + C$$

(2) $$I = \int x \cos x \, dx$$

$$u = x, \quad dv = \cos x \, dx$$
$$du = dx, \quad v = \sin x$$

이므로 식

$$\int u \, dv = uv - \int v \, du$$

를 이용하면,

$$I = \int x \cos x \, dx = x \sin x - \int \sin x \, dx$$
$$= x \sin x + \cos x + C$$

■

10) 엄기홍, 대학수학-기초원리와 응용, p.260 한맥출판사 (2013)
Donald W. Trim, Calculus and Analytic Geometry, Addison Wesley. p.361 (1983)

예제 2. $I=\int x^3\cos x\,dx$를 계산하여라.

풀이

다음과 같은 표를 작성하여 이용하면 편리하다.

$$u=x^3,\quad dv=\cos x\,dx$$

에서 $u=x^3$를 계속 미분하여 0이 되면 멈춘다.
$dv=\cos x\,dx$를 계속 적분한다. 도표에서 좌측에서 우측 아래로 두 항을 곱하여 모두 더한다.

+	$u=x^3$	$dv=\cos x\,dx$
-	$(3x^2)$	$v=\sin x$
+	$(6x)$	$-\cos x$
-	(6)	$-\sin x$
+	(0)	$\cos x$

$$\therefore\ I=\int x^3\cos x\,dx=+x^3\sin x+3x^2\cos x-6x\sin x-6\cos x+C$$ ■

예제 3. $I=\int \ln x\,dx$ 를 구하여라.

풀이

$\ln x=f(x)$, $1=g'(x)$ 라 하면 $\frac{1}{x}=f'(x)$, $x=g(x)$ 이므로

$$u=\ln x,\qquad dv=1dx$$
$$du=\frac{1}{x}\,dx,\qquad v=x$$
$$I=\int \ln x\,dx=x\ln x-\int\frac{1}{x}\cdot x\,dx=x\ln x-x+C$$ ■

예제 4. $I=\int xe^x\,dx$를 구하여라.

풀이

$u=x$, $dv=e^x dx$라면, $du=dx$, $v=e^x$ 이므로

$$I=\int xe^x\,dx=xe^x-\int e^x\,dx=xe^x-e^x+C$$ ■

문제 1. 다음 부정적분을 구하여라.

(1) $\int 3x\, e^{3x}\, dx$　　(2) $\int 2x \sin x\, dx$

(3) $\int (2x+1) \cos x\, dx$　　(4) $\int x\, e^{x+2}\, dx$

(5) $\int 2\ln(2x+3)\, dx$　　(6) $\int x \ln x\, dx$

■

6.1.7 삼각치환법

피적분함수가 $\sqrt{a^2-x^2}$, $\sqrt{a^2+x^2}$, $\sqrt{x^2-a^2}$ 과 같은 꼴을 갖는 경우, 다음과 같이 치환한다.

(1) $\sqrt{a^2-x^2}$ 의 꼴 $\Rightarrow x = a\sin\theta \left(-\frac{\pi}{2} \le \theta \le \frac{\pi}{2}\right)$

(2) $\sqrt{a^2+x^2}$ 의 꼴 $\Rightarrow x = a\tan\theta \left(-\frac{\pi}{2} < \theta < \frac{\pi}{2}\right)$

(3) $\sqrt{x^2-a^2}$ 의 꼴 $\Rightarrow x = a\sec\theta \left(0 \le \theta < \frac{\pi}{2} \text{ 또는 } \pi \le \theta < \frac{3\pi}{2}\right)$

예제 1. $I = \int \sqrt{a^2-x^2}\, dx \ (a>0)$를 구하여라.

풀이

$a^2 - x^2 \ge 0$ 이므로,

$$-a \le x \le a, \quad x = a\sin\theta \left(-\frac{\pi}{2} \le \theta \le \frac{\pi}{2}\right)$$

로 놓으면,

$$\begin{aligned}\sqrt{a^2-x^2} &= \sqrt{a^2-(a\sin\theta)^2} = a\sqrt{1-\sin^2\theta} = a\sqrt{\cos^2\theta}\\ &= a\cos\theta, (a>0, \quad \cos\theta \ge 0)\end{aligned}$$

$$dx = a\cos\theta\, d\theta$$

이다. 따라서

$$I=\int \sqrt{a^2-x^2}\,dx=\int a\cos\theta \cdot a\cos\theta\, d\theta = a^2\int \cos^2\theta\, d\theta$$

$$\therefore\ I = a^2\int \frac{1+\cos 2\theta}{2}\,d\theta = \frac{a^2}{2}\int (1+\cos 2\theta)\,d\theta$$

$$=\frac{a^2}{2}\left(\int d\theta + \frac{1}{2}\int 2\cos 2\theta\, d\theta\right)$$

$$=\frac{a^2}{2}\left(\theta+\frac{1}{2}\sin 2\theta\right)+C=\frac{a^2}{2}(\sin\theta\cos\theta+\theta)+C$$

다음 삼각형을 고려한다.

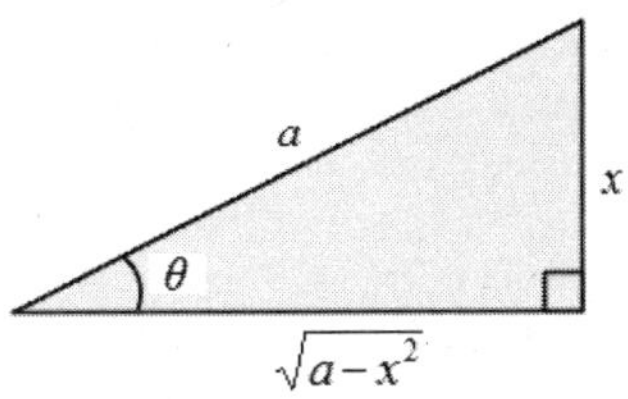

$x=a\sin\theta$ 에서 $\sin\theta=\dfrac{x}{a}$ 이므로,

$$\cos\theta = \frac{\sqrt{a^2-x^2}}{a}$$

이고 다음과 같이 정리할 수 있다.

$$I=\int \sqrt{a^2-x^2}\,dx$$

$$=\frac{a^2}{2}\left(\frac{x}{a}\cdot\frac{\sqrt{a^2-x^2}}{a}+\sin^{-1}\frac{x}{a}\right)+C$$

$$=\frac{1}{2}\left(x\sqrt{a^2-x^2}+a^2\sin^{-1}\frac{x}{a}\right)+C$$

■

예제 2. 다음 적분을 구하여라.

$$I=\int \frac{dx}{(a^2-x^2)^{3/2}},\quad a>0$$

풀이

치환변수 $x=a\sin\theta,\ \ dx=a\cos\theta\, d\theta$

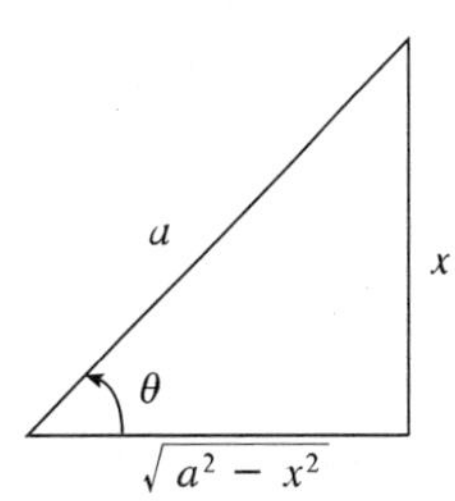

$$\therefore I = \int \frac{dx}{(a^2-x^2)^{3/2}} = \int \frac{a\cos\theta\, d\theta}{(a^2-a^2\sin\theta)^{3/2}}$$

$$= \frac{1}{a^2}\int \frac{\cos\theta}{\cos^3\theta} d\theta = \frac{1}{a^2}\int \sec^2\theta\, d\theta = \frac{1}{a^2}\tan\theta + C$$

$$= \frac{1}{a^2} \cdot \frac{x}{\sqrt{a^2-x^2}} + C = \frac{x}{a^2\sqrt{a^2-x^2}} + C$$ ■

예제 3. 다음 적분을 구하여라.

$$I = \int \sqrt{a^2+x^2}\, dx,\ \ a > 0$$

풀이

$x = a\tan\theta,\ \ dx = a\sec^2\theta\, d\theta$ 이므로

$$I = \int \sqrt{a^2+x^2 dx} = \int \sqrt{a^2+a^2\tan^2\theta}\, a\sec^2\theta\, d\theta$$

$$= a^2 \int \sqrt{1+\tan^2\theta}\sec^2\theta\, d\theta = a^2\int \sec\theta \cdot \sec^2\theta\, d\theta = a^2\int \sec^3\theta\, d\theta$$

다음 삼각형을 고려한다.

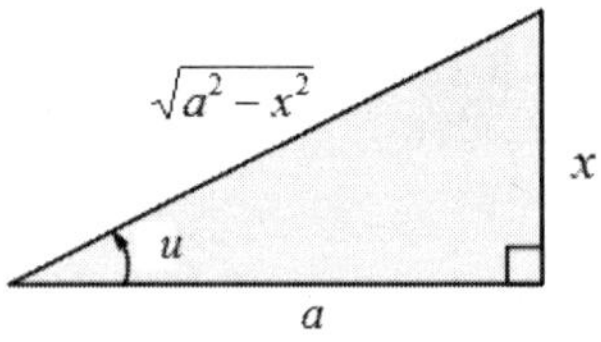

$$\int \sec^3\theta\, d\theta = \frac{1}{2}(\sec\theta \cdot \tan\theta + \ln|\sec\theta + \tan\theta| + C)$$

이므로,

$$I = \frac{a^2}{2}(\sec\theta\tan\theta + \ln|\sec\theta + \tan\theta|) + C$$

$$= \frac{a^2}{2}\left[\frac{\sqrt{a^2+x^2}}{a}\left(\frac{x}{a}\right) + \ln\left|\frac{\sqrt{a^2+x^2}}{a} + \frac{x}{a}\right|\right] + C$$

$$= \frac{1}{2}x\sqrt{a^2+x^2} + \frac{1}{2}a^2\ln(x+\sqrt{a^2+x^2}) - \frac{1}{2}a^2\ln a + C$$

상수 $-\frac{1}{2}a^2\ln a + C$를 하나의 상수 C'으로 나타내면,

$$I = \int \sqrt{a^2+x^2}\, dx = \frac{1}{2}x\sqrt{a^2+x^2} + \frac{1}{2}a^2\ln(x+\sqrt{a^2+x^2}) + C$$ ■

문제 1. $I=\int \frac{\sqrt{x^2-9}}{x}\,dx$를 계산하여라.

■

문제 2. $x=a\tan\theta\left(-\frac{\pi}{2}<\theta<\frac{\pi}{2}\right)$로 치환하여 다음 적분을 구하여라.

$$I=\int \frac{dx}{\sqrt{a^2+x^2}}\ (a>0)$$

■

6.2 정적분

6.2.1 구분구적법

도형의 넓이 또는 부피를 구할 때, 주어진 도형을 넓이 또는 부피를 알고 있는 도형으로 세분하여 근삿값을 구한 뒤에 이 근삿값의 극한값으로 그 도형의 넓이와 부피를 구하는 방법을 구분구적법이라고 한다.

그림과 같이 함수 $y=f(x)$는 구간 $[a, b]$에서 연속이고 $f(x)\geq 0$이라 하자. 이 곡선 $y=f(x)$와 두 직선 $x=a$, $x=b$ 및 x축으로 둘러싸인 도형의 넓이 S를 구분구적법으로 구하여 보자.

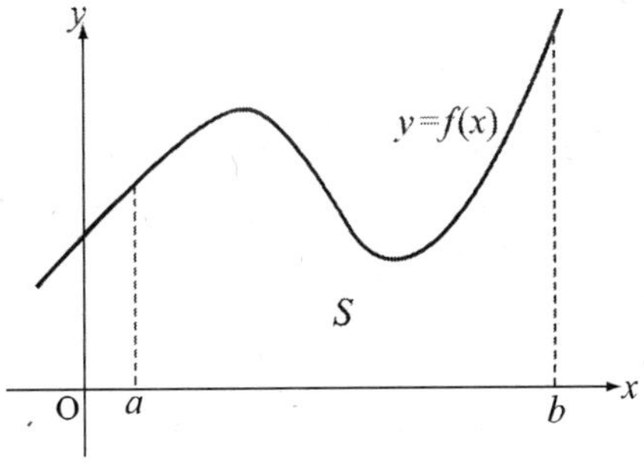

구간 $[a, b]$를 n등분하고, 등분한 각각의 x좌표를 차례로

$$x_0(=a),\ x_1,\ x_2,\ \cdots,\ x_k,\ \cdots,\ x_n(=b)$$

이라 하고, 구간 $[x_{k-1}, x_k]$ $(k=1, 2, \cdots, n)$의 가로길이를 Δx라고 하면

$$\Delta x = \frac{b-a}{n}$$

이다. 각각의 구간 $[x_{k-1},\ x_k]$ 위에 있는 색칠한 직사각형은 Δx를 밑변으로 하고 높이가 $f(x_k)$인 영역의 넓이는 $f(x_k)\Delta x$ 이다.

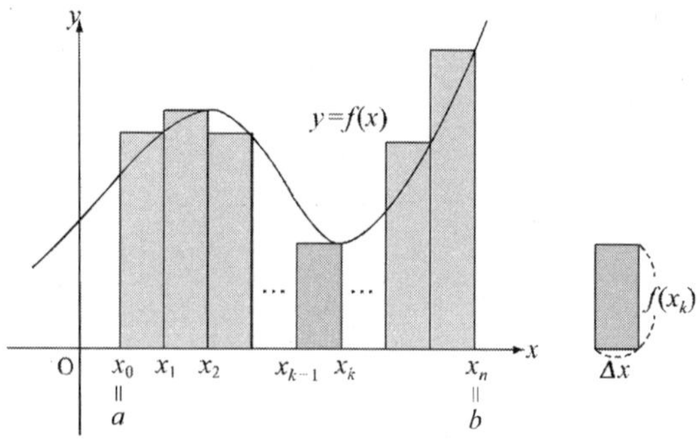

그림과 같이 n개의 색칠한 직사각형의 넓이의 합을 S_n이라 하면

$$\begin{aligned} S_n &= f(x_1)\Delta x + f(x_2)\Delta x + \cdots + f(x_k)\Delta x + \cdots + f(x_n)\Delta x \\ &= \sum_{k=1}^{n} f(x_k)\Delta x \end{aligned}$$

이므로 넓이 S는 다음과 같다.

$$S = \lim_{n\to\infty} S_n = \lim_{n\to\infty}\sum_{k=1}^{n} f(x_k)\Delta x$$

일반적으로 함수 $y=f(x)$가 구간 $[a,\ b]$에서 연속일 때, 극한값

$$\lim_{n\to\infty} S_n = \lim_{n\to\infty}\sum_{k=1}^{n} f(x_k)\Delta x$$

가 존재한다. 이때 이 극한값을 함수 $y=f(x)$의 a에서 b까지의 정적분이라 하고, 기호로

$$\int_a^b f(x)dx$$

와 같이 나타낸다. 여기서 a를 정적분의 아래끝, b를 위끝이라고 한다.
이상을 정리하면 다음과 같다.

■ **정적분의 정의**

함수 $f(x)$가 구간 $[a, b]$에서 연속일 때

$$\int_a^b f(x)dx = \lim_{n\to\infty}\sum_{k=1}^{n} f(x_k)\Delta x \quad \left(단,\ \Delta x = \frac{b-a}{n},\ x_k = a + k\Delta x\right)$$

그림과 같이 함수 $y = f(x)$가 구간 $[a, b]$에서 연속이고 양의 값과 음의 값을 모두 가지면 정적분 $\int_a^b f(x)dx$는 $f(x)$가 양인 부분의 넓이 $S_1 + S_3$에서 $f(x)$가 음(negative)인 부분의 넓이 $S_2 + S_4$를 뺀 값을 나타낸다.

$$\int_a^b f(x)dx = S = S_1 - S_2 + S_3 - S_4$$

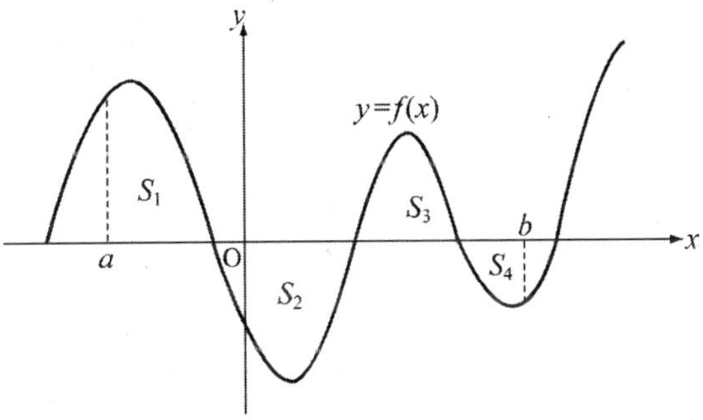

예제 1. 곡선 $y = x^2$과 x축, 직선 $x = 1$로 둘러싸인 도형의 넓이 S를 구분적분법으로 구하여라.

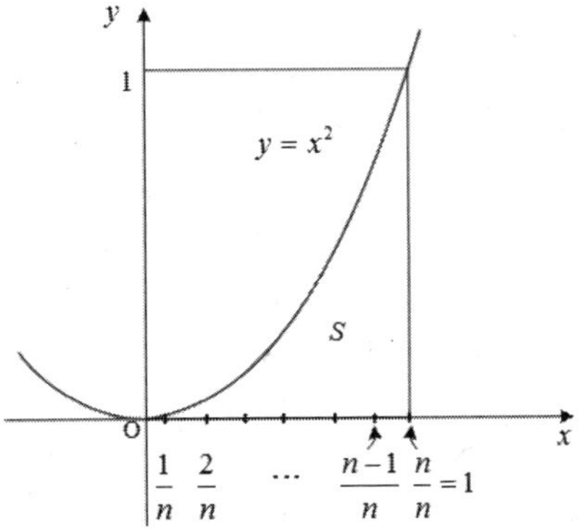

그림 1

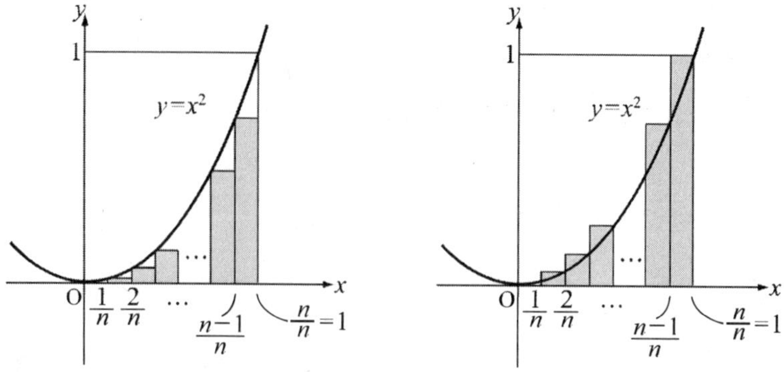

(a) (b)

그림 2

풀이

그림 1과 같이 x축의 구간 $[0, 1]$을 1, 2,⋯, n개로 등분하면 얻어지는 토막들은 모두 가로길이 $\frac{1}{n}$을 가지며, x좌표는 다음과 같다.

$$\frac{1}{n},\ \frac{2}{n},\ \frac{3}{n},\ \cdots,\ \frac{n-1}{n},\ \frac{n}{n}$$

그림 2(a)와 같이 각 좌표를 세로 길이로 갖은 n개의 직사각형들을 곡선 아래쪽에 만든다. 직사각형의 높이는 x좌표에 대응하는 곡선의 y좌표이다.

$$\left(\frac{1}{n}\right)^2,\ \left(\frac{2}{n}\right)^2,\left(\frac{3}{n}\right)^2,\ \cdots,\ \left(\frac{n-1}{n}\right)^2,\ \left(\frac{n}{n}\right)^2$$

직사각형들의 가로 길이는 모두 $\frac{1}{n}$이다.

색칠한 부분의 넓이를 S_n이라고 하면

$$\begin{aligned} S_n &= \frac{1}{n}\left(\frac{1}{n}\right)^2+\frac{1}{n}\left(\frac{2}{n}\right)^2+\frac{1}{n}\left(\frac{3}{n}\right)^2+\cdots+\frac{1}{n}\left(\frac{n-1}{n}\right)^2=\frac{1}{n^3}\{1^2+2^2+\cdots+(n-1)^2\} \\ &= \frac{1}{n^3}\cdot\frac{(n-1)n(2n-1)}{6} = \frac{1}{6}\left(1-\frac{1}{n}\right)\left(2-\frac{1}{n}\right) \end{aligned}$$

그림 2(b)와 같이 각 좌표를 세로 길이로 갖은 n개의 직사각형들을 곡선 위쪽에 만든다. 색칠한 부분의 넓이를 S_n'이라고 하면

$$S_n' = \frac{1}{n}\left(\frac{1}{n}\right)^2+\frac{1}{n}\left(\frac{2}{n}\right)^2+\frac{1}{n}\left(\frac{3}{n}\right)^2+\cdots+\frac{1}{n}\left(\frac{n-1}{n}\right)^2+\frac{1}{n}\left(\frac{n}{n}\right)^2$$

$$= \frac{1}{n^3}\{1^2+2^2+\cdots+(n-1)^2+n^2\}$$

$$= \frac{1}{n^3} \cdot \frac{n(n+1)(2n+1)}{6} = \frac{1}{6}\left(1+\frac{1}{n}\right)\left(2+\frac{1}{n}\right)$$

구하는 넓이 S는 $S_n < S < S_n{}'$을 만족한다. 극한값을 취하면,

$$\lim_{n\to\infty} S_n \leq S \leq \lim_{n\to\infty} S_n{}'$$

이 성립한다. 한편

$$\lim_{n\to\infty} S_n = \lim_{n\to\infty}\frac{1}{6}\left(1-\frac{1}{n}\right)\left(2-\frac{1}{n}\right) = \frac{1}{3}$$

$$\lim_{n\to\infty} S_n{}' = \lim_{n\to\infty}\frac{1}{6}\left(1+\frac{1}{n}\right)\left(2+\frac{1}{n}\right) = \frac{1}{3}$$

이므로 $S = \frac{1}{3}$이다.

[참고]

함수 $y=x^2$은 연속함수이다. 연속함수인 경우에는 $\lim_{n\to\infty} S_n$과 $\lim_{n\to\infty} S_n{}'$ 중에서 어느 한쪽의 극한이 존재하면 나머지 한쪽의 극한이 반드시 존재하고, 그 값이 같으므로 $\lim_{n\to\infty} S_n$과 $\lim_{n\to\infty} S_n{}'$중에서 하나만 구하면 된다. ■

문제 1. 곡선 $y=2x$과 x축 및 직선 $x=1$로 둘러싸인 도형의 넓이를 구분구적법으로 구하여라. ■

예제 2. 함수 $f(x)=x^2-1$이 주어져 있다. 정적분의 정의를 이용하여 $\int_{-1}^{1} f(x)dx$를 구하여라.

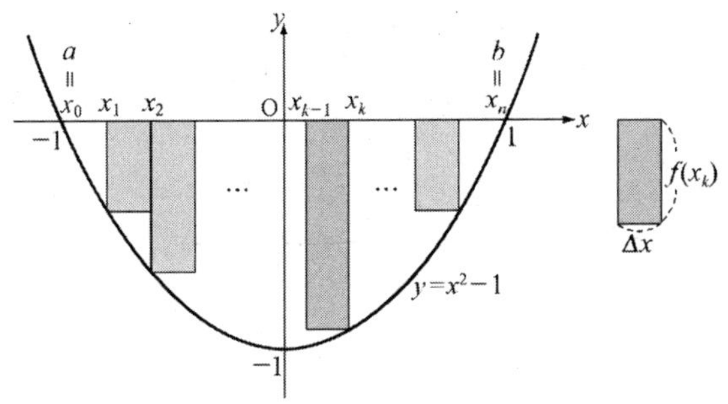

풀이

아래 끝이 $x=-1$이고 위끝이 $x=1$이므로 구간 $[-1, 1]$을 n등분하여 직사각형을 만들고, 양 끝점과 직사각형의 세로 위치의 x좌표를

$$x_0,\ x_1,\ x_2,\ \cdots,\ x_k,\ \cdots,\ x_n$$

이라고 하면 구간 $[x_{k-1}, x_k]$ $(k=1, 2, \cdots, n)$의 길이 Δx와 x_k는

$$\Delta x = \frac{1-(-1)}{n} = \frac{2}{n}$$

$$x_k = -1 + k\Delta x = -1 + \frac{2k}{n}$$

함수 $f(x) = x^2 - 1$이므로

$$f(x_k) = {x_k}^2 - 1 = \left(-1 + \frac{2k}{n}\right)^2 - 1$$

$$f(x_k)\Delta x = \left\{\left(-1 + \frac{2k}{n}\right)^2 - 1\right\}\frac{2}{n} = \left(1 - \frac{4k}{n} + \frac{4k^2}{n^2} - 1\right)\frac{2}{n} = \left(-\frac{4k}{n} + \frac{4k^2}{n^2}\right)\frac{2}{n}$$

정적분의 정의에 의하여 구하는 값은

$$\begin{aligned}\int_0^1 (x^2-1)dx &= \lim_{n\to\infty}\sum_{k=1}^{n} f(x_k)\Delta x = \lim_{n\to\infty}\sum_{k=1}^{n}\left(-\frac{4k}{n} + \frac{4k^2}{n^2}\right)\frac{2}{n} \\ &= \lim_{n\to\infty}\left(\sum_{k=1}^{n}\frac{8k^2}{n^3} - \sum_{k=1}^{n}\frac{8k}{n^2}\right) = \lim_{n\to\infty}\left(\frac{8}{n^3}\sum_{k=1}^{n}k^2 - \frac{8}{n^2}\sum_{k=1}^{n}k\right) \\ &= \lim_{n\to\infty}\left(\frac{8}{n^3}\frac{n(n+1)(2n+1)}{6} - \frac{8}{n^2}\frac{n(n+1)}{2}\right) \\ &= \frac{8}{3} - 4 = -\frac{4}{3}\end{aligned}$$

■

문제 2. 다음 정적분을 구하여라.

(1) $\int_0^2 4x\,dx$　　(2) $\int_0^2 (x^2-1)dx$　　(3) $\int_0^1 3x^4 dx$

(4) $\int_0^2 (5x+4)dx$　　(5) $\int_{-1}^2 (x^3-3x)dx$　　(6) $\int_1^2 (2x^2+3x-1)dx$

■

구분구적법과 정적분의 정의에 의하여 함수 $y=f(x)$가 구간 $[a, b]$에서 연속이고 $f(x) \geq 0$일 때, 곡선 $y=f(x)$와 x축 및 두 직선 $x=a$, $x=b$로 포위된 도형의 넓이는 정적분 $\int_a^b f(x)dx$의 값과 같음을 알 수 있다.

예제 3. 곡선 $y=(x+2)^2$과 x축 및 두 직선 $x=-2$, $x=3$로 둘러싸인 도형의 넓이 S를 구하여라.

풀이

구간 $[-2, 3]$에서 함수 $f(x)=(x+2)^2$은 연속이고, $f(x) \geq 0$이다.
따라서

$$S=\int_{-2}^{3}(x+2)^2 dx$$

이다. 정적분의 아래끝 $a=-2$, 위끝 $b=3$, $f(x)=(x+2)^2$이므로

$$\Delta x=\frac{b-a}{n}=\frac{5}{n},\quad x_k=a+k\Delta x=-2+\frac{5k}{n}$$

$$f(x_k)=(x_k+2)^2=\left(-2+\frac{5k}{n}+2\right)^2=\frac{25k^2}{n^2}$$

$$\sum_{k=1}^{n} f(x_k)\Delta x=\sum_{k=1}^{n}\left(\frac{25k^2}{n^2}\right)\frac{5}{n}=\frac{125}{n^3}\sum_{k=1}^{n}k^2=\frac{125}{n^3}\times\frac{n(n+1)(2n+1)}{6}$$

$$\therefore\quad S=\lim_{n\to\infty}\frac{125n(n+1)(2n+1)}{6n^3}=\frac{125}{6}$$ ■

문제 3. 정적분을 이용하여 $\int_0^2 x^3\,dx$ 의 값을 구하여라.

■

구간 $[a, b]$에서 연속인 함수 $f(x)$의 최댓값과 최솟값을 각각 M, m이라고 하자. 구간 $[a, b]$를 n등분한 점과 양 끝점의 x좌표와 Δx를 각각

$$x_0(=a),\ x_1,\ x_2,\ \cdots,\ x_{n-1},\ x_n(=b)$$

$$\Delta x=\frac{b-a}{n}$$

라고 할 때, 각각의 x_k에서의 $f(x_k)$는 부등식

$$m \le f(x_k) \le M$$

을 만족하므로,

$$\sum_{k=1}^{n} f(x_k)\Delta x \le \sum_{k=1}^{n} M\Delta x = nM \cdot \Delta x = nM \cdot \frac{b-a}{n} = M \cdot (b-a)$$

가 성립한다. 같은 방법으로 하면

$$\sum_{k=1}^{n} f(x_k)\Delta x \ge m \cdot (b-a)$$

이므로 다음을 알 수 있다.

$$m \cdot (b-a) \le \int_a^b f(x)dx \le M \cdot (b-a)$$

6.2.2 정적분의 기본정리

적분과 미분의 관계, 정적분과 부정적분의 관계를 알아보고 이를 이용하여 정적분을 간편하게 구하는 방법을 알아보자.

[1] 정적분과 미분의 관계

함수 $y=f(t)$가 구간 $[a,\ b]$에서 연속이고 $f(t) \ge 0$일 때, 그림 1과 같이 구간 $[a,\ b]$에 속하는 임의의 x를 정하고, a에서 x까지의 넓이를 $S(x)$라고 하면

$$S(x) = \int_a^x f(t)dt$$

이다. 이 식에서 x의 증분 Δx에 대한 $S(x)$의 증분을 ΔS라고 하면 그림 2에서 ΔS는 도형 $ABCD$의 넓이이다. 도형 $ABCD$와 넓이가 같도록 직사각형 $EBCF$를 만들면 변 EF는 곡선과 만난다.

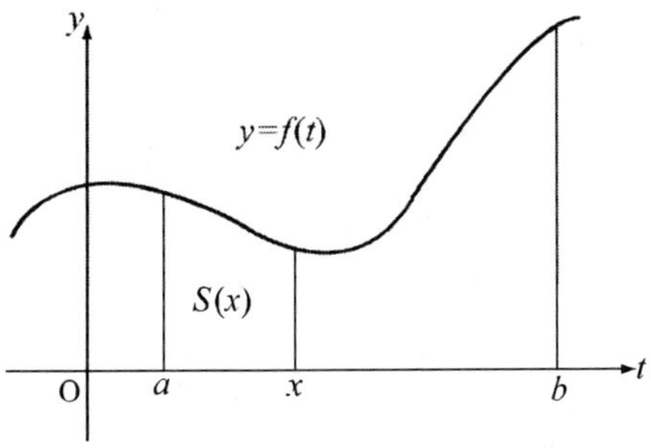

[그림 1]

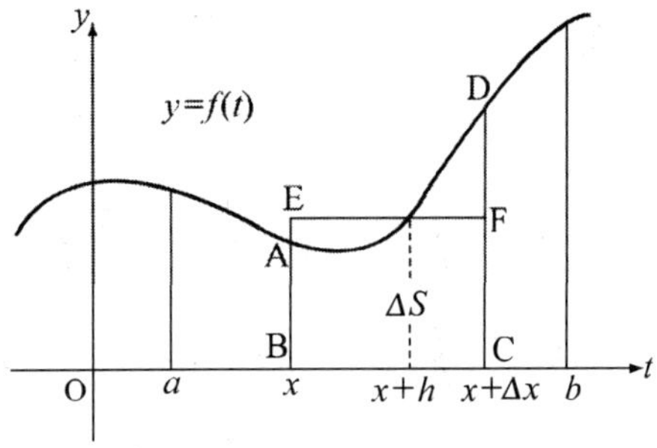

[그림 2]

교점의 x좌표를 $x+h$라고 하면

$$\Delta S = f(x+h)\Delta x \qquad \therefore \frac{\Delta S}{\Delta x} = f(x+h)$$

부등식 $0 \le h \le \Delta x$ 또는 $\Delta x \le h \le 0$이므로 $\Delta x \to 0$이면 $h \to 0$이다. 극한을 취하면,

$$S'(x) = \lim_{\Delta x \to 0} \frac{\Delta S}{\Delta x} = \lim_{h \to 0} f(x+h) = f(x)$$

가 성립한다. 함수 $S(x)$의 도함수는 $f(x)$와 같다. 적분과 미분 사이에는 다음 관계가 성립한다.

■ **정적분과 미분의 관계**

함수 $f(t)$가 구간 $[a, b]$에서 연속이고, $a \le x \le b$일 때

$$S(x) = \int_a^x f(t)dt \text{ 이면 } S'(x) = f(x)$$

예제 1. 다음을 구하여라.

(1) $\dfrac{d}{dx}\displaystyle\int_2^x (t^2+5t+4)dt$ (2) $\dfrac{d}{dx}\displaystyle\int_1^{x^2} (t^2-2t+3)dt$

(3) $\dfrac{d}{dy}\displaystyle\int_{-1}^y t(t+2)dt$ (4) $\dfrac{d}{dx}\displaystyle\int_1^x (t^2-3t+4)dt$

풀이

(1) $\dfrac{d}{dx}\displaystyle\int_2^x (t^2+5t+4)dt = x^2+5x+4$

(2) $\dfrac{d}{dx}\displaystyle\int_1^{x^2} (t^2-2t+3)dt = \dfrac{d}{du}\int_1^u (t^2-2t+3)dt \cdot \dfrac{du}{dx} = (x^4-2x^2+3)\cdot 2x,$

(3) $\dfrac{d}{dy}\displaystyle\int_{-1}^y t(t+2)dt = y(y+2)$

(4) $\dfrac{d}{dx}\displaystyle\int_1^x (t^2-3t+4)dt = x^2-3x+4$ ■

문제 1. 다음을 구하여라.

(1) $\dfrac{d}{dx}\displaystyle\int_2^x (y^2+2y-5)\,dy$　　(2) $\dfrac{d}{dx}\displaystyle\int_0^x (t+2)(t-3)\,dt$

(3) $\dfrac{d}{dx}\displaystyle\int_1^x (y^2-3y-10)\,dy$　　(4) $\dfrac{d}{dx}\displaystyle\int_y^x (2y^2+y+9)\,dy$

■

구간 $[a, b]$에서 정의되는 함수 $f(t)$의 최댓값, 최솟값을 각각 M, m이라 하고, $a < x \le b$에 속하는 임의의 x에 대하여

$$S(x) = \int_a^x f(t)\,dt$$

라고 하면

$$m(x-a) \le S(x) \le M(x-a)$$

이다. 극한값 $x \to a$일 때, $x - a \to 0$이므로 $0 \le \lim\limits_{x\to a} S(x) \le 0$이다. $S(x)$는 미분가능하므로 연속이다. 따라서 $\lim\limits_{x\to a} S(x) = S(a)$이므로

$$S(a) = \int_a^a f(t)\,dt = 0$$

임을 알 수 있다.

[2] 정적분과 부정적분 사이의 관계

정적분과 미분의 관계에서 $S'(x) = f(x)$이므로 $S(x)$는 $f(x)$의 한 부정적분이다. $f(x)$의 또 다른 부정적분 중 하나를 $F(x)$라고 하면

$$S(x) = F(x) + C \text{ (단, } C\text{는 적분상수)} \quad \cdots ①$$

이다. 한편 $S(x)$의 정의에서 $S(a) = 0$이므로 (1)에 $x = a$를 대입하면

$$S(a) = F(a) + C = 0$$
$$\therefore\ C = -F(a) \quad \cdots ②$$

식 ①, ②에서

$$S(x) = F(x) - F(a)$$

즉,

$$\int_a^x f(t)dt = S(x) = F(x) - F(a)$$

이 식의 위 끝에 $x = b$를 대입하면

$$\int_a^b f(t)dt = F(b) - F(a)$$

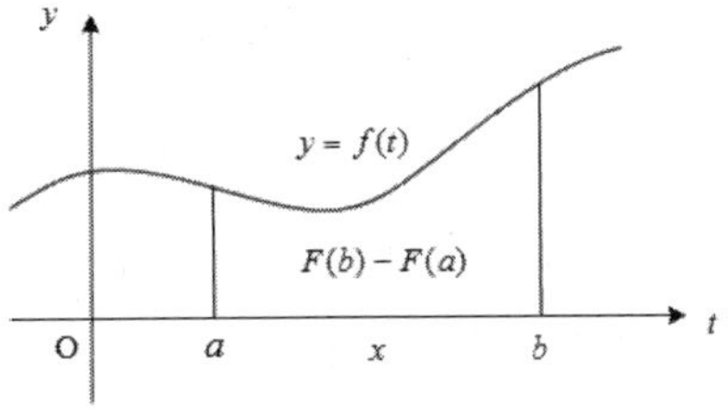

또 적분변수 t를 x로 바꾸면 다음과 같다.

$$\int_a^b f(x)dx = F(b) - F(a)$$

우변 $F(b) - F(a)$를 기호로

$$[F(x)]_a^b$$

와 같이 나타낸다.

이상을 정리하면 다음과 같은 미적분학의 기본 정리를 얻는다.

> **■ 미적분학의 기본 정리**
>
> 함수 $f(x)$가 구간 $[a, b]$에서 연속이고, $f(x)$의 한 부정적분을 $F(x)$라고 하면
>
> $$\int_a^b f(x)dx = [F(x)]_a^b = F(b) - F(a)$$

[참고]

미적분학의 기본 정리를 이용하면 다음이 성립함을 알 수 있다.

(1) $\int_a^a f(x)dx = 0$

(2) $\int_a^b f(x)dx = -\int_b^a f(x)dx$

예제 2.

(1) $\int 4x^3\,dx = x^4 + C$이므로

$$\int_{-1}^{2} 4x^3dx = [x^4]_{-1}^{2} = 2^4 - (-1)^4 = 15$$

(2) $\int (4x+2)\,dx = 2x^2 + 2x + C$이므로

$$\int_{-2}^{2} (4x+2)\,dx = [2x^2+2x]_{-2}^{2} = 12 - 4 = 8$$

■

예제 3. 다음 정적분을 구하여라.

(1) $\int_1^2 3\,dx$ (2) $\int_{-2}^{2} 4x\,dx$

(3) $\int_{-3}^{0} (2x^2-1)\,dx$ (4) $\int_{-1}^{1} (x^2+3x+1)\,dx$

풀이

(1) $\int_1^2 3\,dx = [3x]_1^2 = (6) - 3 = 3$

(2) $\int_{-2}^{2} 4x\,dx = 0$

(3) $\int_{-3}^{0} (2x^2 - 1)\,dx = \left[\frac{2}{3}x^3 - x\right]_{-3}^{0} = (0) - (-18 + 3) = 15$

(4) $\int_{-1}^{1} (x^2 + 3x + 1)\,dx = \left[\frac{1}{3}x^3 + \frac{3}{2}x^2 + x\right]_{-1}^{1} = \frac{1}{3}(2) + (2) = \frac{8}{3}$ ■

문제 2. 다음 정적분을 구하여라.

(1) $\int_0^2 3x^2\,dx$

(2) $\int_0^3 (x^2 + 8)\,dx$

(3) $\int_{-2}^{2} (2x^2 + 5)\,dx$

(4) $\int_{-1}^{1} (x^3 + 6x + 6)\,dx$ ■

위 끝의 값이 아래 끝 값보다 큰 경우 즉, 부등식 $a \le b$인 경우에 정적분

$$\int_a^b f(x)\,dx$$

를 정의하였다. 반대 부등식의 경우 즉 $a > b$일 때의 정적분을 다음과 같이 정의한다.

$$\int_a^b f(x)\,dx = -\int_b^a f(x)\,dx$$

이 정의에 의하면 $f(x)$의 부정적분이 $F(x) + C$이고 $a > b$일 때,

$$\int_a^b f(x)\,dx = -\int_b^a f(x)\,dx = -\{F(a) - F(b)\} = F(b) - F(a)$$

이므로 정적분의 기본 정리는 위끝, 아래끝의 크기에 관계없이 성립함을 알 수 있다.

예제 4.

(1) $\int_{1}^{0}(1+2x)\,dx=-\int_{0}^{1}(1+2x)\,dx=-\left[x+x^2\right]_0^1=-2$

(2) $\int_{2}^{-2}4x\,dx\ =-\int_{-2}^{2}4x\,dx=-\left[2x^2\right]_{-2}^{2}=-\{2\cdot2^2-2(-2)^2\}=0$

(3) $\int_{2}^{0}(x+2)\,dx=-\int_{0}^{2}(x+2)\,dx=-\left[\frac{1}{2}x^2+2x\right]_0^2=-(\frac{1}{2}\cdot2^2+4)=-6$ ■

예제 5. 임의의 실수 x에 대하여 등식 $\int_{a}^{x}f(t)\,dt=x^2-6x+8$를 만족하는 함수 $f(x)$와 상수 a의 값을 구하여라.

풀이

등식의 양변을 x에 대하여 미분하면 $f(x)=2x-6$.

주어진 등식에 $x=a$를 대입하면 $\int_{a}^{a}f(t)\,dt=a^2-6a+8=0$

$\therefore\ a=2$ 또는 $a=4$ ■

문제 3. 다음 등식을 만족하는 함수 $f(x)$와 상수 a의 값을 구하여라.

(1) $\int_{2}^{x}f(t)\,dt=x^2+ax-3$

(2) $\int_{a}^{x}f(t)\,dt=x^2-6x+9$

■

문제 4. 임의의 실수 x에 대하여 연속인 일차함수 $f(x)$에 대하여

$$\int_{-1}^{1}xf(x)dx=6,\ \int_{-1}^{1}x^2f(x)dx=-3$$

를 만족할 때 $f(x)$의 값을 구하여라. ■

예제 6. 다음 정적분을 구하여라.

(1) $\int_{-3}^{3}x(x+1)^2dx$

(2) $\int_{-\frac{\pi}{2}}^{\frac{\pi}{2}}(\cos x-x\cos x)dx$

풀이

(1) $\displaystyle\int_{-3}^{3} x(x+1)^2 dx = \int_{-3}^{3} x(x^2+2x+1)dx = \int_{-3}^{3}(x^3+2x^2+x)dx$

$\displaystyle= \int_{-3}^{3} 2x^2 dx = 2\int_{-3}^{3} x^2 dx = 2\left[\frac{2}{3}x^3\right]_0^3 = 36$

(2) $\displaystyle\int_{-\frac{\pi}{2}}^{\frac{\pi}{2}}(\cos x - x\cos x)dx = \int_{-\frac{\pi}{2}}^{\frac{\pi}{2}}\cos x dx - \int_{-\frac{\pi}{2}}^{\frac{\pi}{2}} x\cos x dx$

$\displaystyle= 2\int_{0}^{\frac{\pi}{2}}\cos x dx - 0 = 2[\sin x]_0^{\frac{\pi}{2}} = 2$ ■

6.2.3 정적분의 성질

함수 $f(x)$의 한 부정적분을 $F(x)$라고 하면 $\int kf(x)dx = kF(x) + C$ (k는 상수)이므로

$$\int_a^b kf(x)dx = [kF(x)]_a^b = kF(b) - kF(a)$$
$$= k\{F(b) - F(a)\} = k[F(x)]_a^b$$
$$= k\int_a^b f(x)dx$$

가 성립한다. 또 임의의 실수 c에 대하여

$$\int_a^c f(x)dx = [F(x)]_a^c = F(c) - F(a)$$
$$\int_c^b f(x)dx = [F(x)]_c^b = F(b) - F(c)$$

이므로

$$\int_a^c f(x)dx + \int_c^b f(x)dx = \{F(c) - F(a)\} + \{F(b) - F(c)\}$$
$$= F(b) - F(a) = \int_a^b f(x)dx$$

가 성립한다.

두 함수 $f(x)$와 $g(x)$의 부정적분이 존재하면 다음 공식들이 성립한다.

■ 정적분의 성질

두 함수 $f(x)$, $g(x)$가 세 실수 a, b, c를 포함하는 구간에서 연속일 때

1. $\displaystyle\int_a^b kf(x)\,dx = k\int_a^b f(x)\,dx$ (단, k는 상수)
2. $\displaystyle\int_a^b f(x) \pm g(x)dx = \int_a^b f(x)\,dx \pm \int_a^b g(x)\,dx$ (복호 동순)
3. $\displaystyle\int_a^a f(x)\,dx = 0$
4. $\displaystyle\int_a^b f(x)\,dx = -\int_b^a f(x)\,dx$
5. $\displaystyle\int_a^b f(x)\,dx = \int_a^c f(x)\,dx + \int_c^b f(x)\,dx$

예제 1. 다음 정적분을 구하여라.

(1) $\displaystyle\int_1^3 (4x^3 + 6x + 2)\,dx$

(2) $\displaystyle\int_{-1}^1 (x+1)^2\,dx - \int_{-1}^1 (x-1)^2\,dx$

풀이

(1)
$$\begin{aligned} I &= \int_1^3 (4x^2+6x+2)\,dx \\ &= \int_1^3 4x^2\,dx + \int_1^3 6x\,dx + \int_1^3 2\,dx \\ &= 4\int_1^3 x^2\,dx + 6\int_1^3 x\,dx + 2\int_1^3 dx \\ &= 4\left[\frac{1}{3}x^3\right]_1^3 + 6\left[\frac{1}{2}x^2\right]_1^3 + 2[x]_1^3 = 58\frac{2}{3} \end{aligned}$$

(2)
$$\begin{aligned} I &= \int_{-1}^1 (x+2)^2 dx - \int_{-1}^1 (x-2)^2 dx \\ &= \int_{-1}^1 \{(x+2)^2 - (x-2)^2\}\,dx \\ &= \int_{-1}^1 8x\,dx = 8\left[\frac{x^2}{2}\right]_{-1}^1 = 0 \end{aligned}$$

■

예제 2. 정적분 $I = \int_{-2}^{2} |x|\, dx$를 구하여라.

풀이

피적분함수를 $f(x)$라고 하면

$$f(x) = \begin{cases} |x| = x, & x \geq 0 \\ |x| = -x, & x < 0 \end{cases}$$

구간 $x = [-2, 2]$]를 $x = [-2, 0]$, $[0, 2]$로 나누면

$$\begin{aligned} I &= \int_{-2}^{2} |x| dx = \int_{-2}^{0} |x| dx + \int_{0}^{2} |x| dx \\ &= \int_{-2}^{0} (-x)\, dx + \int_{0}^{2} x\, dx \\ &= \left[-\frac{1}{2}x^2\right]_{-2}^{0} + \left[\frac{1}{2}x^2\right]_{0}^{2} \\ &= 2 + 2 = 4 \end{aligned}$$

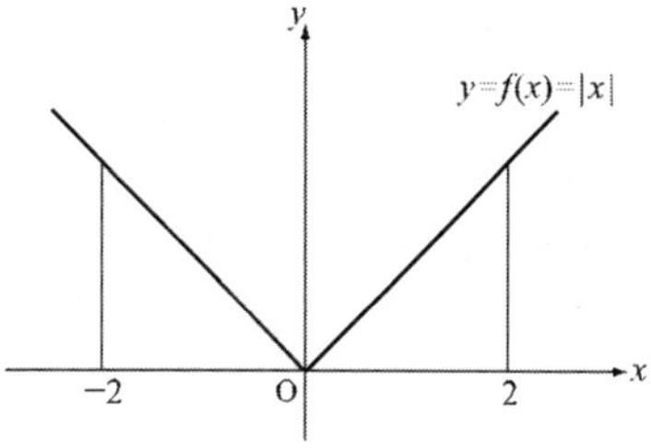

■

문제 1. 다음 정적분을 구하여라.

(1) $\int_{0}^{3} |x^2 - 4|\, dx$ (2) $\int_{0}^{2} |x^2 + x - 2|\, dx$

■

6.2.4 정적분을 이용한 무한급수의 합

정적분을 이용하여 무한급수의 합을 구하여 보자.
함수 $f(x)$가 구간 $[a, b]$에서 연속일 때,

$$\Delta x = \frac{b-a}{n}, \quad x_k = a + k\Delta x$$

라고 하면 정적분의 정의에 의하여

$$\lim_{n \to \infty} \sum_{k=1}^{n} f(x_k)\Delta x = \int_{a}^{b} f(x)\, dx$$

이다. 여기서 $a=0$, $b=1$로 놓으면

$$\Delta x = \frac{b-a}{n} = \frac{1}{n},\ x_k = a + k\Delta x = \frac{k}{n}$$

이므로 다음을 얻는다.

■ 정적분과 무한급수

$$\lim_{n\to\infty}\sum_{k=1}^{n} f\left(\frac{k}{n}\right)\frac{1}{n} = \int_0^1 f(x)\,dx$$

예제 1. 정적분을 이용하여 다음의 극한값을 구하여라.

$$S = \lim_{n\to\infty}\frac{1^2+2^2+3^2+\cdots+n^2}{n^3}$$

풀이

$$S = \lim_{n\to\infty}\frac{1}{n}\left\{\left(\frac{1}{n}\right)^2+\left(\frac{2}{n}\right)^2+\cdots+\left(\frac{n}{n}\right)^2\right\} = \lim_{n\to\infty}\sum_{k=1}^{n}\left(\frac{k}{n}\right)^2\frac{1}{n}$$

여기서 $f(x)=x^2$으로 놓으면

$$S = \lim_{n\to\infty}\sum_{k=1}^{n} f\left(\frac{k}{n}\right)\frac{1}{n} = \int_0^1 f(x)\,dx = \int_0^1 x^2\,dx = \left[\frac{1}{3}x^3\right]_0^1 = \frac{1}{3}$$ ■

문제 1. 정적분을 이용하여 다음 극한값을 구하여라.

(1) $S = \lim_{n\to\infty}\frac{1^3+2^3+3^3+\cdots+n^3}{n^4}$

(2) $S = \lim_{n\to\infty}\frac{(n+1)^2+(n+2)^2+(n+3)^2+\cdots+(n+n)^2}{n^2}$

■

6.2.5 정적분의 치환적분법과 부분적분법

[1] 정적분의 치환적분법

정적분의 치환적분법은 부정적분의 치환적분법과 유사하다. 적분구간만 고려하면 된다.

> ■ 정적분의 치환적분법
>
> 함수 $f(t)$는 연속이고 미분가능한 함수 $t=g(x)$의 도함수 $g'(x)$가 닫힌 구간 $[a, b]$에서 연속이라 하면
>
> $$\int_a^b f(g(x))g'(x)\,dx = \int_{g(a)}^{g(b)} f(t)\,dt$$
>
> 이 성립한다.

예제 1. 다음 정적분을 구하여라.

(1) $I_1 = \int_1^2 (-x+3)^4 dx$ (2) $I_2 = \int_0^1 (3x-2)^5 dx$

(3) $I_3 = \int_0^1 (2x+1)^3 dx$

풀이

(1) $-x+3=t$로 놓으면 $\frac{dx}{dt}=-1$

$x=1$일 때, $t=2$
$x=2$일 때, $t=1$이므로

$$I_1 = \int_2^1 (-t^4)dt = \left[\frac{1}{5}t^5\right]_1^2 = \frac{31}{5}$$

(2) $3x-2=t$로 놓으면 $x=\frac{t+2}{3}$, $\frac{dx}{dt}=\frac{1}{3}$이고,

$x=0$ 일 때, $t=-2$
$x=1$ 일 때, $t=1$ 이므로

$$I_2 = \int_0^1 (3x-2)^5 dx = \int_{-2}^1 t^5 \cdot \frac{1}{3}\,dt$$

$$=\frac{1}{3}\left[\frac{1}{6}t^6\right]_{-2}^{1}=\frac{1}{18}(1-64)=-\frac{7}{2}$$

(3) $2x+1=t$로 놓으면 $x=\frac{t-1}{2}$, $\frac{dx}{dt}=\frac{1}{2}$이고,

$x=0$일 때 $t=1$,

$x=1$일 때 $t=3$이므로

$$\int_0^1(2x+1)^3dx=\int_1^3\frac{1}{2}t^3\,dt=\left[\frac{1}{8}t^4\right]_1^3=10$$ ■

문제 1. 다음 정적분을 구하여라.

(1) $I_1=\int_0^4 x\sqrt{9+x^2}\,dx$　　(2) $I_2=\int_0^1\frac{x^2}{x^3+1}dx$

■

문제 2. 다음 정적분을 구하여라.

(1) $I_1=\int_0^{\frac{\pi}{2}}\cos^2x\sin x\,dx$　　(2) $I_2=\int_0^{\frac{\pi}{2}}\sin^3x\cdot\cos x\,dx$

■

예제 3. 연속함수 $f(x)$에 대하여 다음이 성립함을 증명하여라.

(1) $f(x)=f(-x)$이면 $\int_{-a}^{a}f(x)dx=2\int_0^a f(x)dx$

(2) $f(x)=-f(-x)$이면 $\int_{-a}^{a}f(x)dx=0$

풀이

우함수 $f(x)=f(-x)$, 기함수 $f(x)=-f(-x)$인 경우이다.

(1) 적분의 성질에 의하여

$$\int_{-a}^{a}f(x)dx=\int_{-a}^{0}f(x)dx+\int_0^a f(x)dx \tag{1}$$

식(1)의 우변의 $\int_{-a}^{0} f(x)dx$에서 $x=-t$로 놓으면 $\frac{dx}{dt}=-1$이므로

$x=-a$ 일 때 $t=a$ 이므로
$x=0$ 일 때 $t=0$

$$\int_{-a}^{0} f(x)dx=\int_{a}^{0} f(-t)(-1)dt=\int_{0}^{a} f(-t)dt=\int_{0}^{a} f(x)dx$$

우함수 $f(x)=f(-x)$이므로, 식(1)에 대입하면

$$\therefore \int_{-a}^{a} f(x)dx=\int_{-a}^{0} f(x)dx+\int_{0}^{a} f(x)dx=2\int_{0}^{a} f(x)dx \quad \text{Q. E. D.}$$[11]

(2) 적분의 성질에 의하여

$$\int_{-a}^{a} f(x)dx=\int_{-a}^{0} f(x)dx+\int_{0}^{a} f(x)dx \tag{1}$$

식(1)의 우변의 $\int_{-a}^{0} f(x)dx$에서 $x=-t$로 놓으면 $\frac{dx}{dt}=-1$이므로

$x=-a$일 때 $t=a$ 이므로
$x=0$일 때 $t=0$

$$\int_{-a}^{0} f(x)dx=\int_{a}^{0} f(-t)(-dt)=\int_{a}^{0} f(t)dt=-\int_{0}^{a} f(x)dx \tag{2}$$

기함수 $f(x)=f(-x)$이므로, 식(1)에 대입하면

$$\therefore \int_{-a}^{a} f(x)dx=-\int_{0}^{a} f(x)dx+\int_{0}^{a} f(x)dx=0 \qquad \text{Q. E. D.}$$ ■

[2] 정적분의 부분적분법

부정적분의 부분적분법을 이용하여 정적분을 구하는 과정을 알아보자. 두 함수 $f(x)$, $g(x)$가 미분 가능할 때,

$$\{f(x)g(x)\}'=f'(x)g(x)+f(x)g'(x)$$

여기서, $f'(x)$, $g'(x)$가 연속이면 정적분의 기본 정리에 의해

11) Q.E.D.(라틴어) quod erat demonstrandum, 이상 증명을 마침

$$\int_a^b \{f'(x)g(x)+f(x)g'(x)\}\,dx = \Big[\ f(x)g(x)\ \Big]_a^b \qquad \cdots\cdots ①$$

한편, 정적분의 성질에 의해 다음이 성립한다.

$$\int_a^b \{f'(x)g(x)+f(x)g'(x)\}dx \ = \int_a^b f'(x)g(x)\,dx + \int_a^b f(x)g'(x)\,dx \qquad \cdots\cdots ②$$

식 ①, ②에서

$$\int_a^b f(x)g'(x)\,dx + \int_a^b f'(x)g(x)\,dx = \Big[\ f(x)g(x)\ \Big]_a^b$$

따라서 다음이 성립한다.

$$\int_a^b f(x)g'(x)\,dx = \Big[\ f(x)g(x)\ \Big]_a^b - \int_a^b f'(x)g(x)\,dx$$

■ 부분적분법(integration by parts)

(1) $\displaystyle\int_a^b f(x)g'(x)\,dx = \Big[\ f(x)g(x)\ \Big]_a^b - \int_a^b f'(x)g(x)\,dx$

(2) $\displaystyle\int_a^b u\,dv = [\,uv\,]_a^b - \int_a^b v\,du$

예제 4. 다음 정적분을 구하여라.

(1) $I_1 = \displaystyle\int_1^{10} \ln x\,dx$ (2) $I_2 = \displaystyle\int_0^{\frac{\pi}{2}} x\sin x\,dx$

풀이

(1) $f(x)=\ln x$, $g'(x)=1$로 놓으면 $f'(x)=\dfrac{1}{x}$, $g(x)=x$이므로

$$\begin{aligned} I_1 &= \int_1^{10} \ln x\,dx = [\,x\cdot\ln x\,]_1^{10} - \int_1^{10} \frac{1}{x}\cdot x\,dx \\ &= 10\ln 10 - [\,x\,]_1^{10} = 10\ln 10 - 9 \end{aligned}$$

(2) $f(x) = x$, $g'(x) = \sin x$로 놓으면 $f'(x) = 1$, $g(x) = -\cos x$이므로

$$\begin{aligned} I_2 &= \int_0^{\frac{\pi}{2}} x \sin x \, dx \\ &= [x(-\cos x)]_0^{\frac{\pi}{2}} - \int_0^{\frac{\pi}{2}} 1 \cdot (-\cos x) \, dx \\ &= 0 + [\sin x]_0^{\frac{\pi}{2}} = 1 \end{aligned}$$

■

문제 3. 다음 정적분을 구하여라.

(1) $I_1 = \int_1^e x \ln x dx$

(2) $I_2 = \int_0^{\frac{\pi}{2}} x \cos x \, dx$

■

[3] 삼각치환법

정적분에서 피적분함수가

$$\sqrt{a^2 - x^2}, \ \sqrt{a^2 + x^2}, \ \sqrt{x^2 - a^2}$$

과 같은 꼴을 갖는 경우, 다음과 같이 치환한다.

(1) $\sqrt{a^2 - x^2}$ 의 꼴 $\Rightarrow$ $x = a \sin\theta \ \left(-\frac{\pi}{2} \le \theta \le \frac{\pi}{2}\right)$

(2) $\sqrt{a^2 + x^2}$, $a^2 + x^2$ 의 꼴 $\Rightarrow$ $x = a \tan\theta \ \left(-\frac{\pi}{2} < \theta < \frac{\pi}{2}\right)$

(3) $\sqrt{x^2 - a^2}$ 의 꼴 $\Rightarrow$ $x = a \sec\theta \ \left(0 \le \theta < \frac{\pi}{2}\right.$ 또는 $\left.\pi \le \theta < \frac{3\pi}{2}\right)$

예제 5. 다음 정적분을 구하여라.

(1) $I_1 = \int_0^a \sqrt{a^2 - x^2} \, dx, \ (a > 0)$

(2) $I_2 = \int_0^{a/2} \sqrt{a^2 - x^2} \, dx, \ (a > 0)$

풀이

(1) $x = a\sin\theta\left(-\frac{\pi}{2} \le \theta \le \frac{\pi}{2}\right)$로 놓으면

$$dx = a\cos\theta\, d\theta$$

$x=0$일 때 $\theta=0$, $x=a$일 때 $\theta=\frac{\pi}{2}$이고,

$$\begin{aligned} I_1 &= \int_0^a \sqrt{a^2-x^2}\,dx \\ &= \int_0^{\pi/2} \sqrt{a^2-a^2\sin^2\theta} \cdot a\cos\theta\, d\theta \\ &= \int_0^{\pi/2} \sqrt{a^2(1-\sin^2\theta)} \cdot a\cos\theta\, d\theta = \int_0^{\pi/2} a\cos\theta \cdot a\cos\theta\, d\theta \\ &= a^2\int_0^{\frac{\pi}{2}} \cos^2\theta\, d\theta = a^2\int_0^{\frac{\pi}{2}} \frac{1+\cos 2\theta}{2}\, d\theta \\ &= \frac{a^2}{2}\left[\theta + \frac{1}{2}\sin 2\theta\right]_0^{\frac{\pi}{2}} = \frac{\pi}{4}a^2 \end{aligned}$$

[참고]

$I_1 = \int_0^a \sqrt{a^2-x^2}\,dx$는 반지름의 길이가 a인 원의 면적의 $\frac{1}{4}$이다.

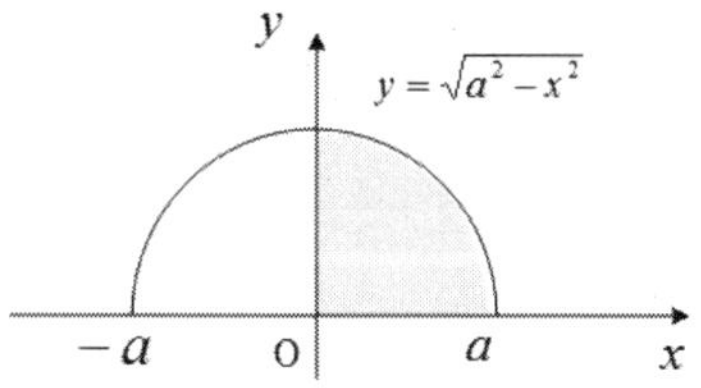

(2) $x = a\sin\theta\left(-\frac{\pi}{2} \le \theta \le \frac{\pi}{2}\right)$로 놓으면

$$dx = a\cos\theta\, d\theta$$
$$x = 0 \text{ 일 때, } \theta = 0$$
$$x = a/2 \text{ 일 때, } \theta = \pi/6$$

이고, $\theta = [0, \pi/6]$에서 $\cos\theta > 0$ 이므로

$$I_2 = \int_0^{a/2} \sqrt{a^2-x^2}\,dx$$

$$= \int_0^{\pi/6} \sqrt{a^2 - a^2 \sin^2\theta} \cdot a\cos\theta \, d\theta$$

$$= \int_0^{\pi/6} \sqrt{a^2(1 - \sin^2\theta)} \cdot a\cos\theta \, d\theta$$

$$= \int_0^{\pi/6} a\cos\theta \cdot a\cos\theta \, d\theta$$

$$= a^2 \int_0^{\pi/6} \cos^2\theta \, d\theta = a^2 \int_0^{\pi/6} \frac{1 + \cos 2\theta}{2} \, d\theta$$

$$= \frac{a^2}{2}\left[\theta + \frac{1}{2}\sin 2\theta\right]_0^{\frac{\pi}{6}} = \frac{a^2}{2}\left(\frac{\pi}{6} + \frac{\sqrt{3}}{4}\right) = a^2 \cdot \left(\frac{\pi}{12} + \frac{\sqrt{3}}{8}\right)$$

[참고]

$I_2 = \int_0^{a/2} \sqrt{a^2 - x^2}\, dx$는 반지름의 길이가 a인 원에서 빗금친 부분의 면적이다.

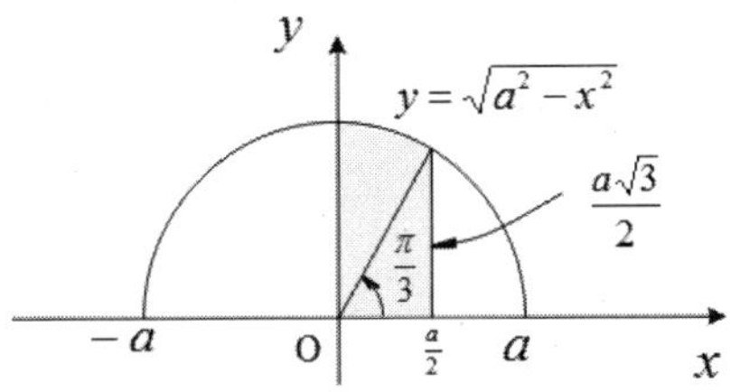

$$I_2 = \int_0^{a/2} \sqrt{a^2 - x^2}\, dx = \frac{1}{12}\pi a^2 + \frac{1}{2} \cdot \frac{a}{2} \cdot \frac{a\sqrt{3}}{2} = a^2 \cdot \left(\frac{\pi}{12} + \frac{\sqrt{3}}{8}\right)$$ ■

문제 4. 다음 정적분을 구하여라.

(1) $I_1 = \int_{-a}^{\sqrt{3}a} \frac{1}{x^2 + a^2}\, dx$ (2) $I_2 = \int_3^6 \frac{\sqrt{x^2 - 9}}{x}\, dx$

■

6.3 정적분의 응용

정적분을 이용하면 2차 평면에 있는 일정 영역의 면적, 3차 공간에 놓여 있는 일정 입체의 체적 등을 구할 수가 있다. 곡선(또는 직선)으로 포위되어 있는 영역의 면적, 입체의 체적을 구하는 방법을 학습하기로 한다.

6.3.1 구역의 면적

[1] 곡선과 x축으로 둘러싸인 도형의 넓이

함수 $f(x)$가 구간 $[a, b]$에서 연속일 때, 곡선 $y=f(x)$와 x축 및 두 직선 $x=a$, $x=b$로 포위된 도형의 넓이 S를 구하여 보자.

(1) 구간 $[a, b]$에서 $f(x) \geq 0$일 때

$$S=\int_a^b f(x)dx$$

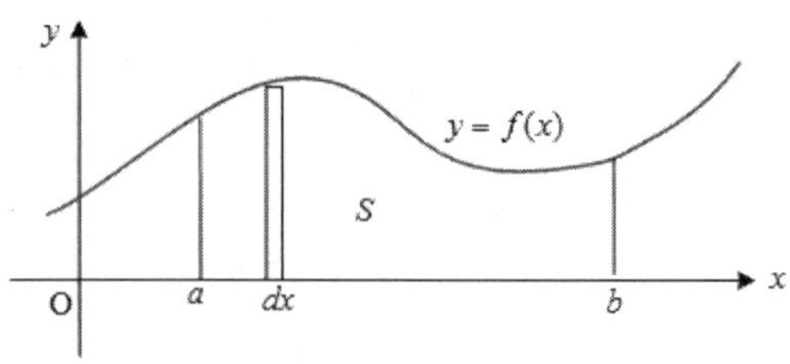

(2) 구간 $[a, b]$에서 $f(x) \leq 0$일 때

곡선 $y=f(x)$는 곡선 $y=-f(x)$와 x축에 대하여 대칭이고, $-f(x) \geq 0$이므로

$$S=\int_a^b \{-f(x)\}dx = \int_a^b |f(x)|dx$$

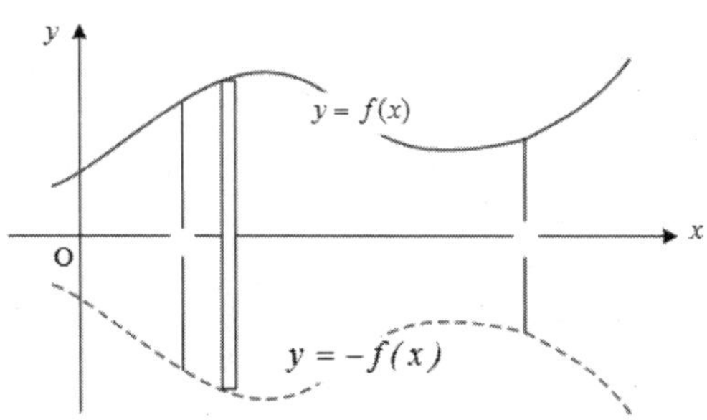

(3) 구간 $[a, b]$에서 $f(x) \leq 0$이고, 구간 $[c, b]$에서 $f(x) \geq 0$일 때

$$S=\int_a^c \{-f(x)\}dx + \int_c^b f(x)dx$$

$$=\int_a^c |f(x)|dx + \int_c^b |f(x)|dx = \int_a^b |f(x)|dx$$

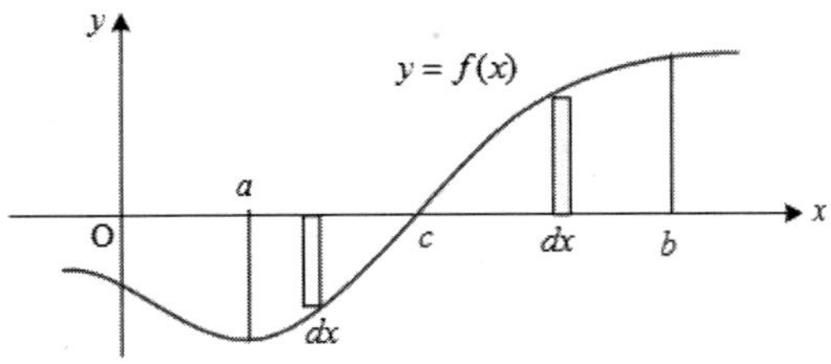

■ 곡선과 x축으로 둘러싸인 도형이 넓이

함수 $f(x)$가 구간 $[a, b]$에서 연속일 때, 곡선 $y=f(x)$와 x축 및 두 직선 $x=a$, $x=b$로 둘러싸인 도형의 넓이 S는

$$S=\int_a^b |f(x)|\,dx \ .$$

예제 1. 다음 세 곡선 (또는 직선)으로 구성되는 영역의 면적을 구하여라.

(1) 직선 $y=2x$, x-축, $x=3$으로 구성되는 삼각형

(2) 곡선 $y=x^2-2x-3$와 직선 $x=-1$, $x=3$ 및 x축으로 포위된 도형

풀이

(1) $S=\int_0^3 y\,dx=\int_0^3 2x\,dx=[x^2]_0^3=3^2-0^2=9$

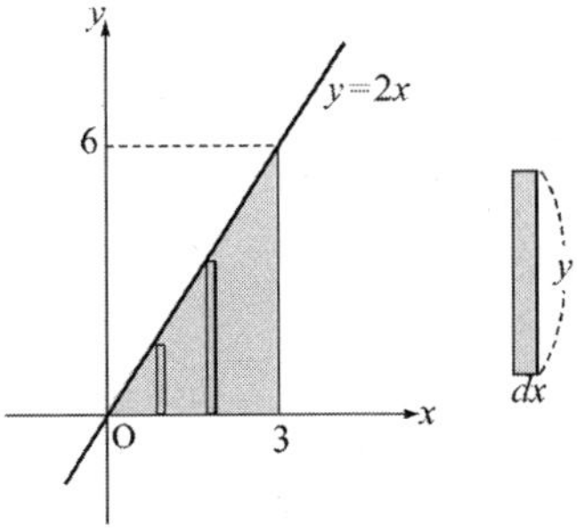

(2) 곡선이 x축과 만나는 점은 $x=-1,\ 3$이고 구간 $[-1,\ 3]$에서

$$y=x^2-2x+3 \le 0$$

이다.

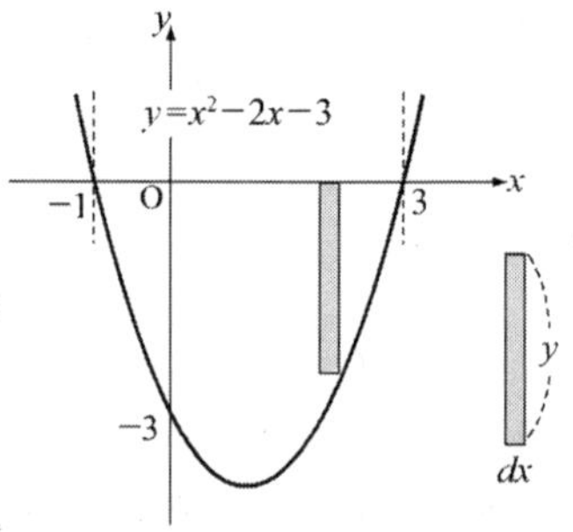

$$S=\int_{-1}^{3}\{-(x^2-2x-3)\}dx=\int_{-1}^{3}|x^2-2x-3|dx$$

$$=\int_{-1}^{3}(-x^2+2x+3)dx$$

$$=\left[-\frac{1}{3}x^3+x^2-3x\right]_{-1}^{3}=\frac{32}{3}$$

■

문제 1. 다음을 구하여라.

(1) 곡선 $y=x^3-3x^2+2x$와 x축으로 포위되어 형성되는 영역의 면적

(2) 곡선 $y=\sqrt{x}$과 x축과 $x=1, x=4$로 포위되어 형성되는 영역의 면적

(3) 곡선 $y=x^7-7x+6$, x축과 $x=1,\ 6$로 포위되어 형성되는 영역의 면적

(4) 곡선 $y=\sin x\,(0 \le x \le \pi)$와 x축으로 포위되어 형성되는 영역의 면적

■

[2] 곡선과 y축으로 둘러싸인 도형의 넓이

"곡선과 x축으로 둘러싸인 도형의 넓이"를 구할 때와 마찬가지 방법을 사용한다. 함수 $x=g(y)$가 y축의 구간 $[c,\ d]$에서 연속일 때, 곡선 $x=g(y)$와 y축 및 두 직선 $y=c,\ y=d$로 둘러싸인 도형의 넓이 S는 다음과 같다.

$$S=\int_{c}^{d}|\,x\,|\,dy=\int_{c}^{d}|\,g\,(y)\,|\,dy$$

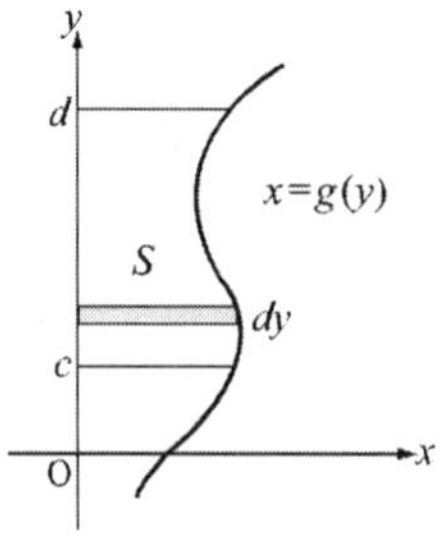

예제 2. 다음을 구하여라.

(1) 직선 $x=\frac{1}{2}y$, y-축, $y=3$으로 포위된 영역의 면적

(2) 곡선 $x=y^2-2y-3$와 직선 $y=-1$, $y=3$ 및 y축으로 포위된 영역의 면적

풀이

(1) $S=\int_0^6 x\,dy=\int_0^6 \frac{1}{2}y\,dy=\left[y^2\right]_0^3=3^2-0^2=9$

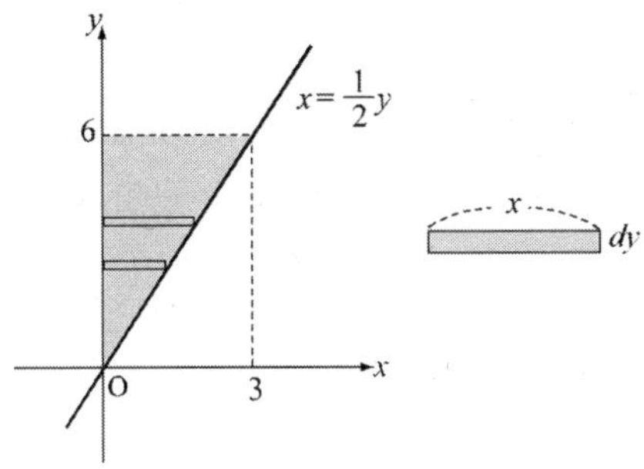

(2)

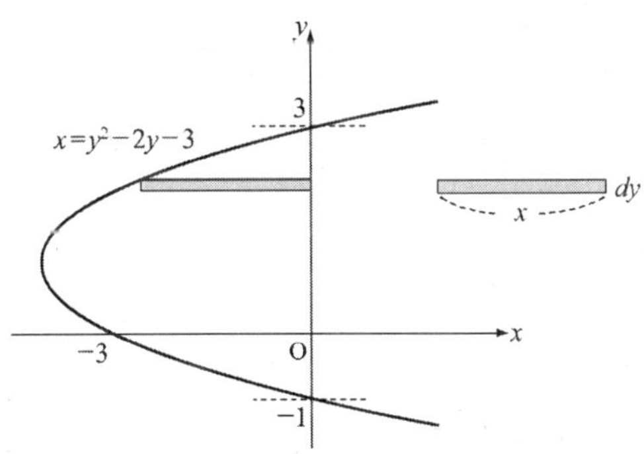

곡선이 y축과 만나는 점은 $y=-1,\ 3$이고 구간 $[-1,\ 3]$에서 $x=y^2-2y-3\le 0$이다.

$$S=\int_{-1}^{3}|y^2-2y-3|\,dx=\int_{-1}^{3}\{-(y^2-2y-3)\}dy$$

$$=-\int_{-1}^{3}(y^2-2y-3)\,dy=-\left[\frac{1}{3}y^3-y^2-3y\right]_{-1}^{3}=\frac{32}{3}$$ ■

문제 2. 다음 곡선과 직선으로 둘러싸인 도형의 넓이 S를 구하여라.

(1) 곡선 $x=y^2+1$과 y축 및 두 직선 $y=-2$, $y=1$

(2) $x=3y-y^2$, $x=0$

(3) $x=y^2-4y+3$, $x=0$

(4) $x=y(1-y^2)$, $x=0$

■

[3] 일반적인 두 곡선 (또는 직선)으로 둘러싸인 도형의 넓이

"곡선과 x축으로 둘러싸인 도형의 넓이"를 구할 때 x축은 $y=0$인 (곡)선
"곡선과 y축으로 둘러싸인 도형의 넓이"를 구할 때 y축은 $x=0$인 (곡)선

으로 간주하면 일반적인 두 곡선으로 둘러싸인 도형의 넓이를 구할 수 있다.

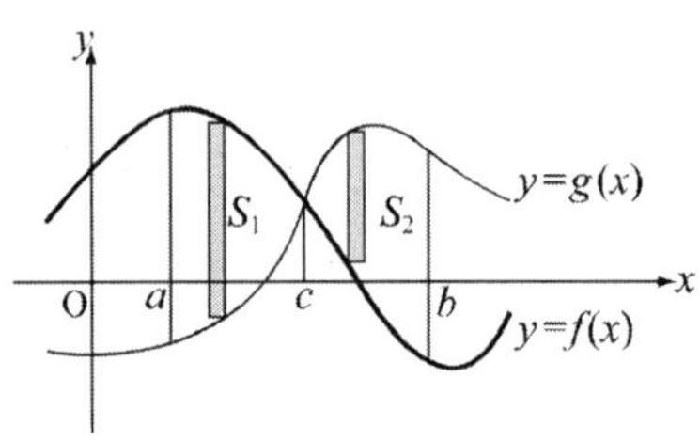

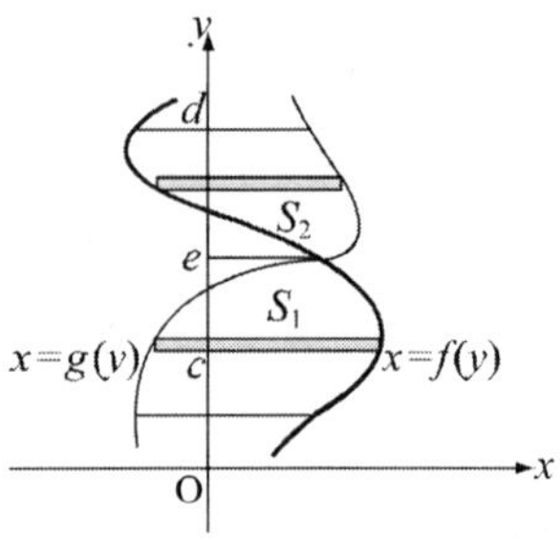

■ **두 곡선으로 둘러싸인 도형의 넓이**

(1) 두 곡선 $y=f(x)$, $y=g(x)$와 직선 $x=a$, $x=b$, $(a<b)$로 둘러싸인 면적 S는

$$S=\int_a^b |f(x)-g(x)|\,dx$$

(2) 두 곡선 $x=f(y)$, $x=g(y)$ 및 직선 $y=c$, $y=d$, $(c<d)$로 둘러싸인 면적 S는

$$S=\int_c^d |f(y)-g(y)|\,dy$$

예제 3. 다음을 구하여라.

(1) 세 직선 $y=x$, $y=4x$, $y=-x+2$로 둘러싸인 영역의 넓이

(2) 곡선 $y=x^2-2$와 직선 $y=x$로 포위된 영역의 넓이

(3) 두 곡선 $y=\sin x$, $y=\cos x$와 직선 $x=0$ 및 $x=\dfrac{\pi}{2}$로 둘러싸인 영역의 넓이

풀이

(1)
$$\begin{aligned} S&=\int_0^{2/5}(4x-x)\,dx+\int_{2/5}^{1}(-x+2-x)\,dx \\ &=\int_0^{2/5}3x\,dx+\int_{2/5}^{1}(2-2x)\,dx \\ &=\left[\frac{3}{2}x^2\right]_0^{2/5}+\left[2x-x^2\right]_0^{2/5}=\frac{3}{5} \end{aligned}$$

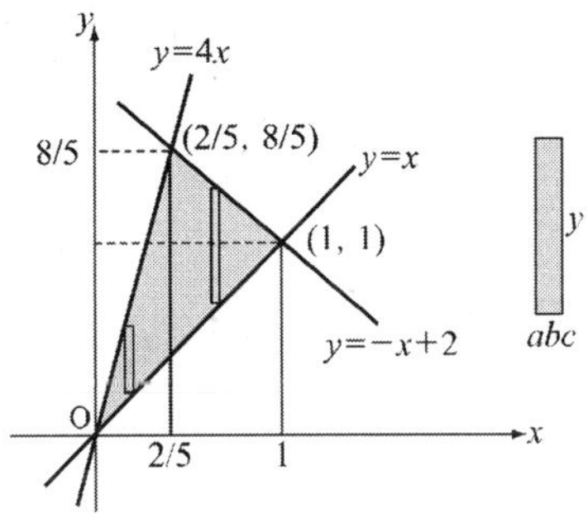

(2) 곡선과 직선의 교점의 x좌표는 방정식 $x^2-2=x$의 해 즉, $x=2$ 또는 -1이다.

$-1\le x\le 2$에서 직선이 곡선보다 위쪽에 있으므로 $x\ge x^2-2$.

따라서 구하는 넓이 S는

$$\begin{aligned} S&=\int_{-1}^{2}\{x-(x^2-2)\}\,dx \\ &=\left[\frac{x^2}{2}-\frac{x^3}{3}+2x\right]_{-1}^{2}=\frac{9}{2} \end{aligned}$$

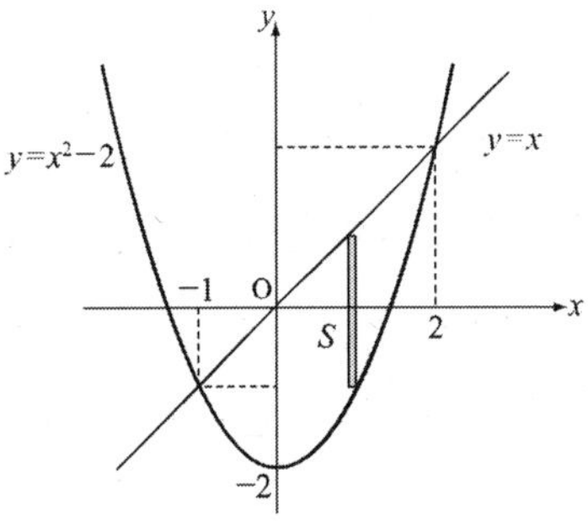

$$(3)\ S=\int_{0}^{\frac{\pi}{2}}|\sin x-\cos x|\,dx=\int_{0}^{\frac{\pi}{4}}(\cos x-\sin x)\,dx+\int_{\frac{\pi}{4}}^{\frac{\pi}{2}}\{\sin x-\cos x\}\,dx$$

$$=[\sin x+\cos x]_{0}^{\frac{\pi}{4}}+[-\cos x-\sin x]_{\frac{\pi}{4}}^{\frac{\pi}{2}}$$

$$=2\sqrt{2}-2$$

■

문제 3. 다음을 구하여라.

(1) 곡선 $x=y^2$과 직선 $x=y+2$로 포위된 영역의 넓이

(2) 곡선 $y=\sqrt{x}$과 직선 $y=-x+6$, $y=1$로 포위된 영역의 넓이

■

문제 4. 곡선 $x^2=ay$ $(a>0)$과 곡선 $y^2=bx$ $(b>0)$로 포위된 영역의 면적 A_x를 dx로 적분하여 구하여라.

■

문제 5. 곡선 $x^2=ay$ $(a>0)$과 곡선 $y^2=bx$ $(b>0)$로 포위된 영역의 면적 A_y를 dy로 적분하여 구하여라.

■

문제 6. 곡선 $y=x^2$과 직선 $y=4x$로 포위된 면적이 있다.

(1) dx를 적분하여 면적을 구하여라.

(2) dy를 적분하여 면적을 구하여라.

■

6.3.2 입체도형의 체적

[1] 단면적의 닮음비가 일정한 입체

그림과 같은 입체도형은 적절히 선택한 평면으로 자르면 모든 단면들은 닮은 비가 일정한 형태를 갖게 된다. 이러한 입체의 체적을 구해보자. 입체의 중심축을 y축에 수직이 되도록 배치하고, x축에 수직인 평면으로 자른 단면의 넓이가 $S(x)$로 주어진 입체형의 체적을 V_x라고 한다.

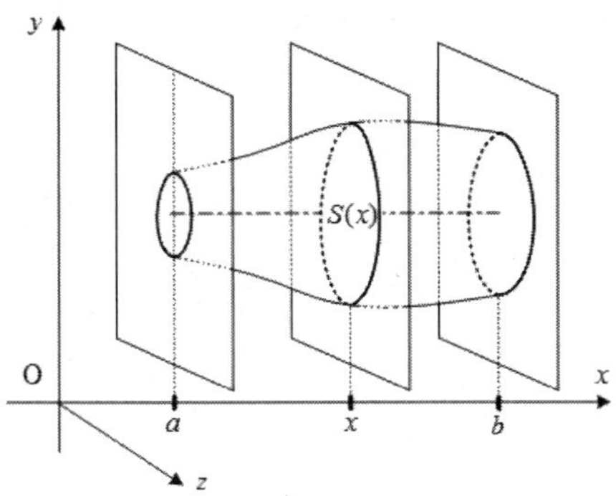

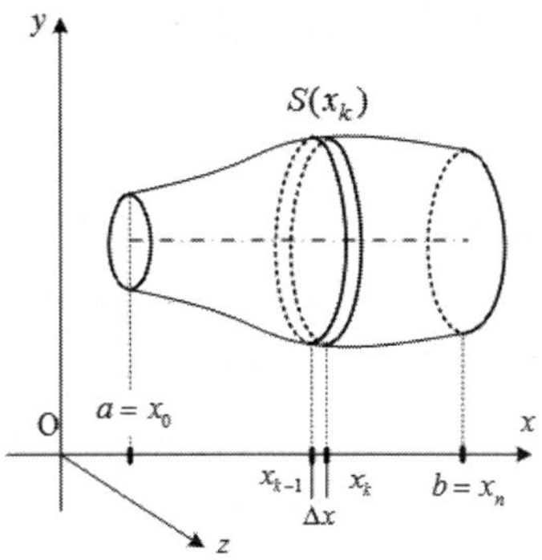

x축 위의 구간 $[a,\ b]$ 즉, 두 점 $x_0(=a)$, $x_n(=b)$ 사이의 구간을 n등분하는 좌표를 $x_1,\ x_2,\ \cdots,x_{n-1}$ 이라 하고, x좌표를 다음과 같이 정의한다.

$$x_0(=a),\ x_1,\ x_2,\ x_3,\ \cdots,\ x_n(=b)$$

각각의 좌표 $x_k\ (k=1,\ 2,\ \cdots,\ n)$에서 x축에 수직인 평면으로 자른 단면의 넓이 $S(x_k)$를 밑면의 넓이로 하고 높이가 Δx인 원기둥의 체적은

$$S(x_k)\cdot\Delta x$$

이다. 이들 원기둥의 체적의 합을 V_n이라고 하면

$$V_x=\lim_{n\to\infty}V_n=\lim_{n\to\infty}\sum_{k=1}^{n}S(x_k)\cdot\ \Delta x=\int_a^b S(x)\,dx$$

■ 입체도형의 체적

구간 $x=[a,\ b]$ m의 임의의 점 x에서 x축과 수직인 평면으로 입체도형을 자른 단면의 넓이가 $S(x)$일 때 입체도형의 체적 V_x는 다음과 같다.

$$V_x=\int_a^b S(x)\,dx\ \ \mathrm{m}^3$$

예제 1. 밑면의 넓이가 $A\ \mathrm{m}^2$, 높이가 $h\ \mathrm{m}$인 사각형뿔이 있다. 그림과 같이 사각형뿔의 꼭짓점을 좌표 원점, 꼭짓점에서 밑면에 그은 수선을 x축으로 잡고, 적분하여 부피를 구하여라.

풀이

사각뿔의 꼭짓점 O에서 밑면에 내린 수선을 x축으로 정한다. 꼭짓점으로부터 거리가 x인 곳에서 x-축과 수직인 평면으로 사각뿔을 자를 때 얻어지는 단면의 넓이를 $S(x)$라 하자. 닮은 도형의 넓이의 비는 닮은 비의 제곱의 비와 같으므로,

$$S(x) : A = x^2 : h^2$$

$$S(x) = A\frac{x^2}{h^2}$$

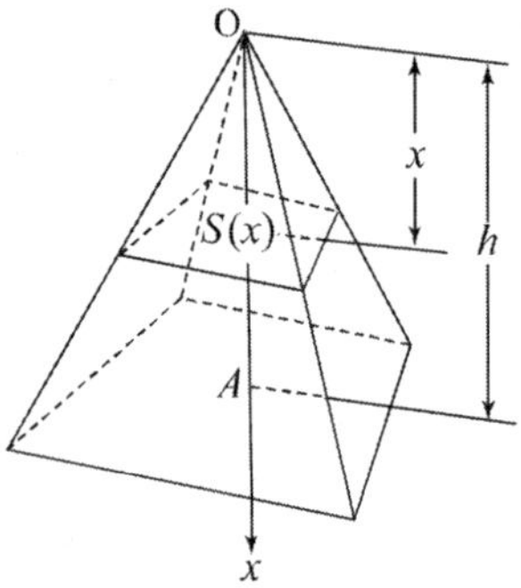

따라서

$$V_x = \int_0^h S(x)dx = \int_0^h A\frac{x^2}{h^2}dx$$

$$= \frac{A}{h^2}\int_0^h x^2 dx = \frac{A}{h^2}\cdot\frac{1}{3}h^3 = \frac{1}{3}Ah\ \mathrm{m}^3$$

■

문제 1. 밑면의 반지름의 길이가 $r\ \mathrm{m}$이고, 높이가 $h\ \mathrm{m}$인 원뿔이 있다. 그림과 같이 원뿔의 꼭짓점을 좌표 원점, 꼭짓점에서 밑면에 그은 수선을 x축으로 잡고 적분하여 부피를 구하여라.

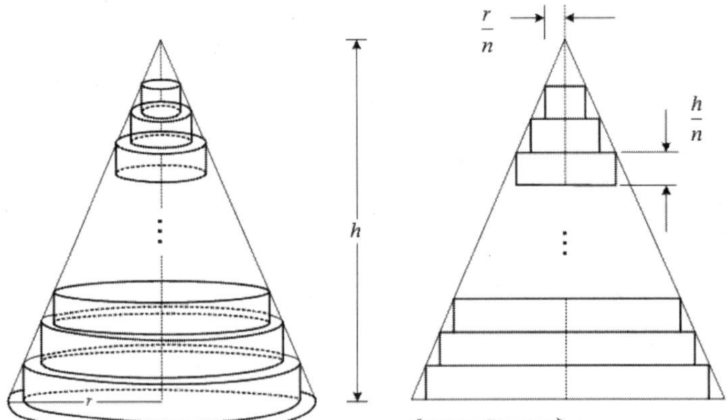

■

[2] 유한 평면을 x-축을 중심으로 회전하여 얻은 입체

(1) 하나의 곡선 $y=f(x)$

닫힌 구간 $[a,\ b]$에서 연속인 곡선 $y=f(x)$와 x축 및 두 직선 $x=a$, $x=b$로 둘러싸인 도형을 x축의 둘레로 회전시킬 때 생기는 회전체의 부피를 구하여 보자. 그림과 같이 x좌표가 x인 점을 지나고 x축에 수직인 평면으로 이 회전체를 자르면 그 단면은 반지름의 길이가 $|f(x)|$인 원이 된다. 그 단면의 넓이를 $S(x)$라고 하면

$$S(x)=\pi y^2=\pi\{f(x)\}^2$$

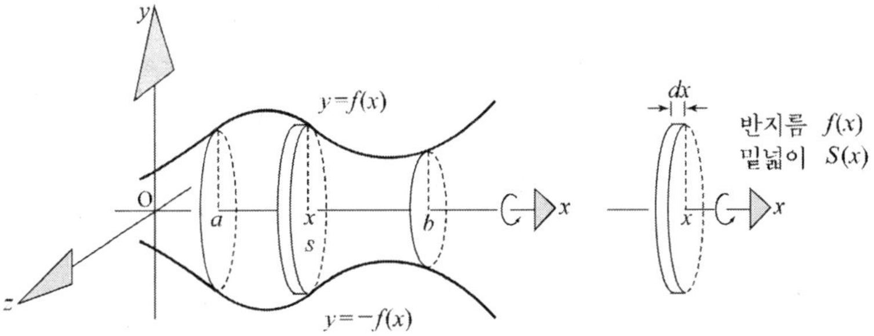

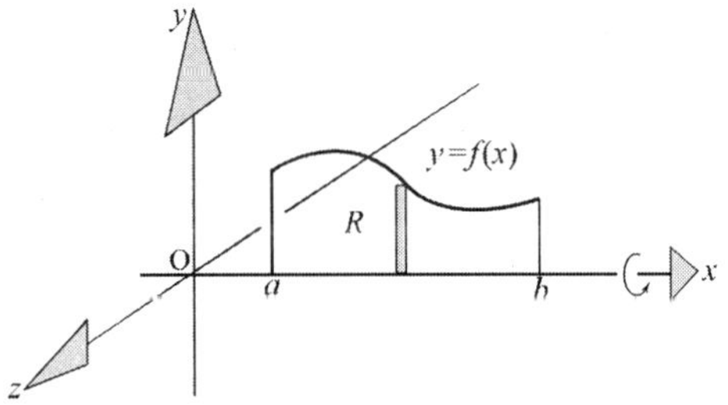

따라서 구하는 회전체의 부피 V는 다음과 같다.

$$V=\int_a^b S(x)\ dx=\int_a^b \pi y^2 dx=\pi\int_a^b \{f(x)\}^2 dx$$

> ■ 회전체의 부피(x축 회전) 1
>
> 닫힌구간 $[a,\ b]$에서 연속인 곡선 $y=f(x)$를 x축의 둘레로 회전시켜서 만들어지는 회전체의 부피 V는 다음과 같다.
>
> $$V=\int_a^b \pi y^2\,dx=\pi\int_a^b \{f(x)\}^2\,dx$$

예제 2. 직선 $x = [0,\ 2]$, $y = [0,\ 4]$로 둘러싸인 도형을 x축의 둘레로 회전시킬 때 만들어지는 회전체의 부피를 구하여라.

풀이

$$V = \int_0^4 \pi y^2\,dx = \pi \int_0^4 4^2\,dx$$
$$= 16\pi\,[x]_0^4 = 64\pi$$

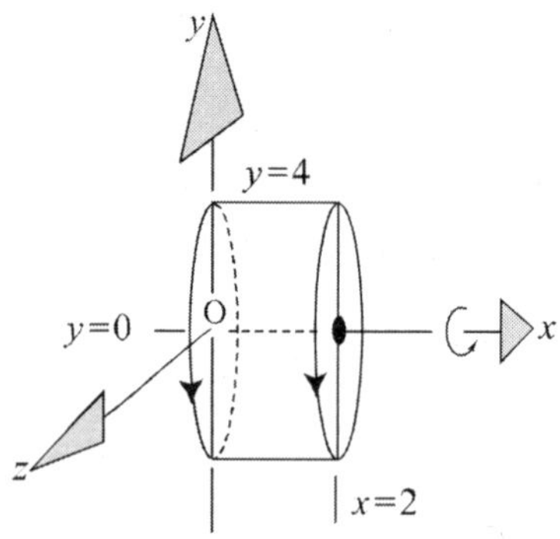

■

문제 2. 곡선 $y = f(x) = x^2$과 x축 및 직선 $x = 2$로 둘러싸인 도형을 x축의 둘레로 회전시킬 때 만들어지는 회전체의 부피를 구하여라.

■

(2) 두 개의 곡선 $y = y_2 = f(x)$, $y = y_1 = g(x)$, $(0 \le g(x) \le f(x))$

닫힌 구간 $[a,\ b]$에서 연속인 두 곡선 $y = f(x)$, $y = g(x)$으로 포위된 평면을 x축의 둘레로 회전시켜서 얻는 회전체의 부피를 알아보자.

$$y = y_2 = f(x),\ y = y_1 = g(x)\ \ (0 \le g(x) \le f(x))$$

와 두 직선 $x = a$, $x = b$로 포위된 평면을 x축의 둘레로 회전시킬 때 생기는 회전체의 부피 V는

$y = f(x)$를 회전시켜 얻은 회전체의 부피

에서

$y = g(x)$를 회전시켜 얻은 회전체의 부피

를 뺀 것과 같다. 즉 V는 다음과 같다.

$$V = \pi\int_a^a \{f(x)\}^2\,dx - \pi\int_a^b \{g(x)\}^2\,dx$$
$$= \pi\int_a^b [\{f(x)\}^2 - \{g(x)\}^2]\,dx$$
$$= \pi\int_a^b [(y_2)^2 - (y_1)^2]\,dx$$

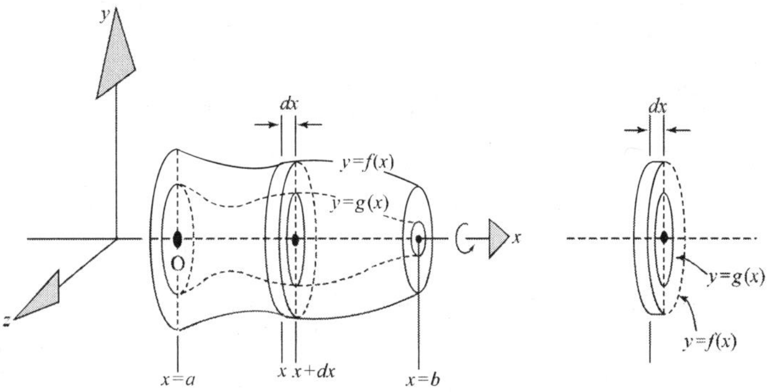

■ **회전체의 부피(x축 회전) 2**

단힌 구간 $[a,\ b]$에서 연속인 두 곡선(and/ or 직선)

$$y = f(x),\ y = g(x)\ \ (\text{단, } 0 \le g(x) \le f(x))$$

를 x축의 둘레로 회전시켜서 얻어지는 회전체의 부피 V는 다음과 같다.

$$V = \pi\int_a^b [\{f(x)\}^2 - \{g(x)\}^2]\,dx = \pi\int_a^b [(y_2)^2 - (y_1)^2]\,dx$$

예제 3. 직선 $y = y_2 = 4$, 곡선 $y = y_1 = x^2$과 y축으로 둘러싸인 도형을 x축의 둘레로 회전시켜서 만들어지는 회전체의 부피를 구하여라.

풀이

$$V = \pi\int_0^2 (y_2^2 - y_1^2)\,dx = \pi\int_0^2 (4)^2 - (x^2)^2\ dx$$

$$= \pi \int_0^2 (16 - x^4)\, dx$$

$$= \pi \left[16x - \frac{x^5}{5} \right]_0^2 = \pi \left(32 - \frac{32}{5} \right)$$

$$= \pi \frac{160 - 32}{5} = \frac{128}{5} \pi$$

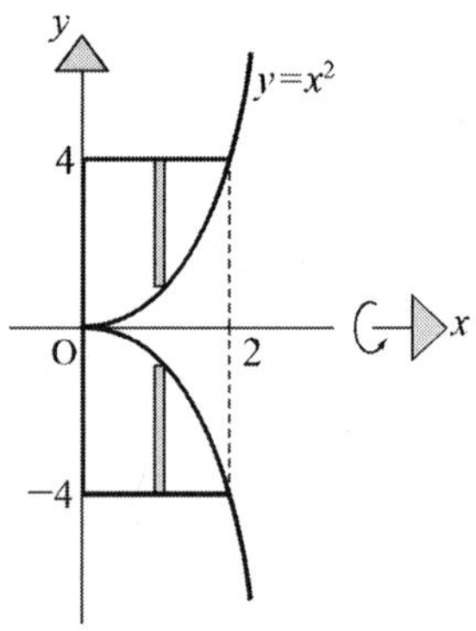

■

문제 3. 곡선 $y = \sqrt{x} - 2$, $x = 0$, $x = 1$, $y = 0$으로 둘러싸인 부분을 x축의 둘레로 회전시킬 때 생기는 입체도형의 부피 V를 구하여라.

■

[3] 유한 평면을 y−축을 중심으로 회전하여 얻은 입체

(1) 하나의 곡선 $x = g(y)$

닫힌구간 $[c,\ d]$에서 연속인 곡선 $x = g(y)$와 y축 및 두 직선 $y = c, d$ 로 둘러싸인 도형을 y축의 둘레로 회전시켜서 얻는 회전체의 부피를 구하여 보자.

그림과 같이 y좌표가 y인 점을 지나고 y축에 수직인 평면으로 이 회전체를 자르면 그 단면은 반지름의 길이가 $|g(y)|$인 원이 된다. 그 단면의 넓이를 $S(y)$라고 하면

$$S(y) = \pi x^2 = \pi \{g(y)\}^2$$

이다. 구하는 회전체의 부피 V는 다음과 같다.

$$V = \int_c^d S(y) dy = \int_c^d \pi x^2\, dy = \pi \int_c^d \{g(y)\}^2\, dy$$

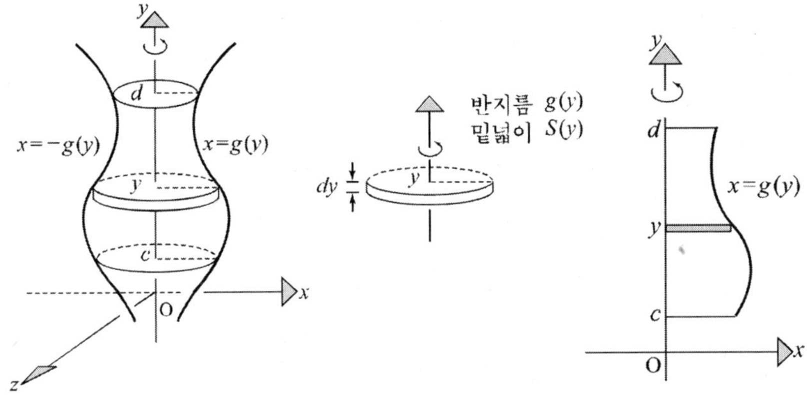

■ 회전체의 부피(y축 회전) 1

닫힌 구간 $[c,\ d]$에서 연속인 곡선 $x = g(y)$를 y축의 둘레로 회전시켜서 얻는 회전체의 부피 V_y는

$$V_y = \int_c^d \pi x^2\, dy = \pi \int_a^b \{g(y)\}^2\, dy$$

예제 4. 직선 $x = [0,\ 2]$, $y = [0,\ 4]$로 둘러싸인 도형을 y축의 둘레로 회전시켜서 얻는 회전체의 부피를 구하여라.

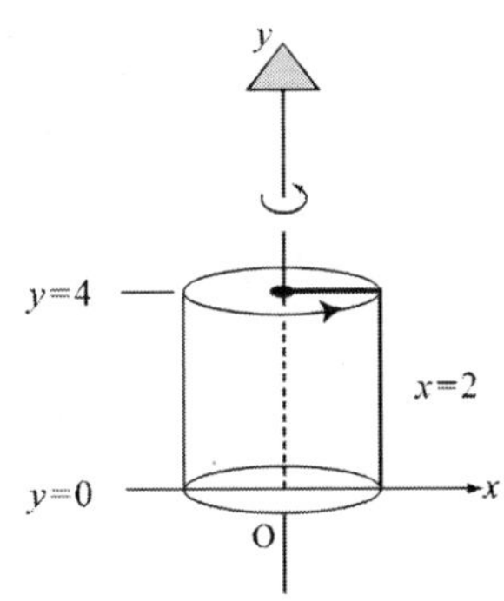

풀이

$$V = \int_0^4 \pi x^2\, dy = \pi \int_0^4 2^2\, dy$$

$$= 4\pi\, [y]_0^4 = 16\pi$$

■

문제 4. 곡선 $y = x^2$과 y축 및 직선 $y = 4$로 둘러싸인 도형을 y축의 둘레로 회전시켜서 얻는 회전체의 부피를 구하여라.

■

(2) 두 개의 곡선 $x=x_2=g(y),\ x=x_1=h(y)\ \ (0 \le h(y) \le g(y))$

닫힌 구간 $[c,\ d]$에서 연속인 두 곡선 $x=g(y)$, $x=h(y)$으로 포위된 평면을 y축의 둘레로 회전시켜서 얻는 회전체의 부피를 알아보자.

$$x=g(y),\ x=h(y)\ \ (0 \le h(y) \le g(y))$$

와 두 직선 $y=c$, $y=d$로 포위된 평면을 y축의 둘레로 회전시켜서 얻는 회전체의 부피 V_y는 $x=g(y)$를 회전시켜 얻은 회전체의 부피에서 $x=h(y)$를 회전시켜 얻은 회전체의 부피를 뺀 것과 같다. 즉, V_y는 다음과 같다.

$$\begin{aligned} V &= \pi\int_c^d \{g(y)\}^2\,dy - \pi\int_c^d \{h(y)\}^2\,dy \\ &= \pi\int_a^b \left[\{g(y)\}^2 - \{h(y)\}^2\right] dy \\ &= \pi\int_a^b \left[\,(x_2)^2 - (x_1)^2\right] dy \end{aligned}$$

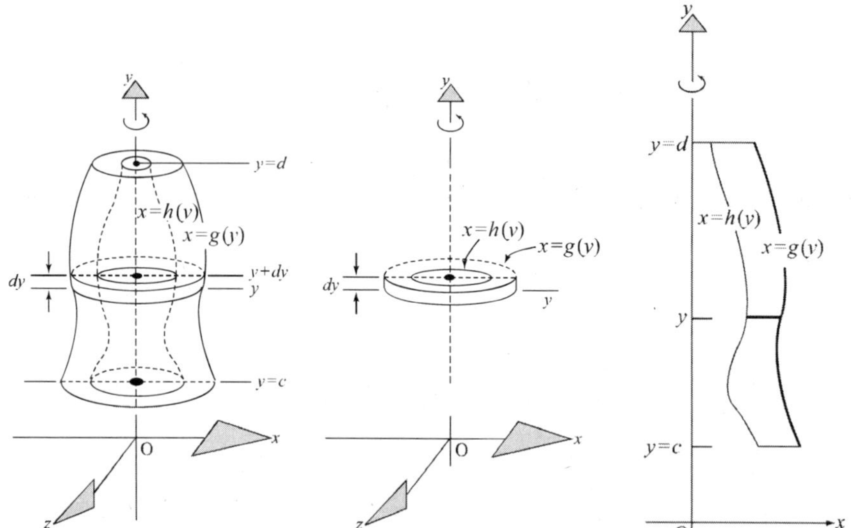

■ 회전체의 부피(y축 회전) 2

닫힌 구간 $[c,\ d]$에서 연속인 두 곡선 (and/or 직선) $x = x_2 = g(y)$, $x = x_1 = h(y)$ $(0 \le h(y) \le g(y))$를 y축의 둘레로 회전시켜서 얻는 회전체의 부피 V는 다음과 같다.

$$V = \pi \int_a^b [\{g(y)\}^2 - \{h(y)\}^2]\,dy = \pi \int_a^b [\ (x_2)^2 - (x_1)^2]\,dy$$

예제 5. 곡선 $y = x^2$과 x축 및 직선 $x = 2$로 포위된 평면을 y축의 둘레로 회전시켜서 얻는 회전체의 부피를 구하여라.

풀이

$$V = \pi \int_0^4 (2^2 - x^2)\ dy = \pi \int_0^4 (4 - y)\ dy$$

$$= \pi \left[4y - \frac{y^2}{2} \right]_0^4 = \pi(16 - 8) = 8\pi$$

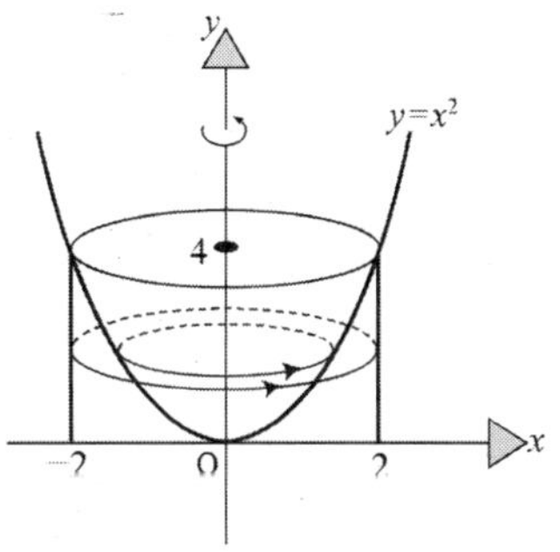

■

문제 5. 원 $x^2 + y^2 = 1$ 포물선 $x = \frac{2}{3}y^2$으로 $y = 0$로 포위되어 만들어 지는 평면을 y축의 둘레로 회전시켜서 얻는 회전체의 부피를 구하여라.

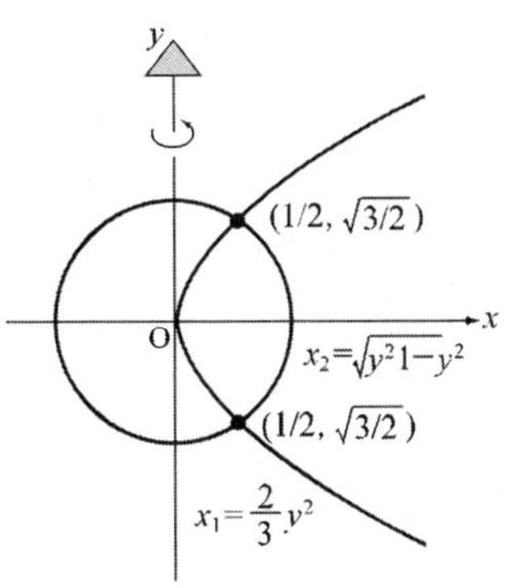

■

6.3.3 속도와 거리

수직선 x축 위에서 원점을 기준으로 물체가 전방향 and/ or 후방향으로 움직이고 있다. 특정 시각 $t=a$에서의 위치 $(-, 0,$ 또는 $+)$가 $x(a)=x_0$이고, 임의 시각 t에서의 속도는 $\mathrm{v}(t)=v(t)\,\hat{x}$이다. 속도 표현식 $\mathrm{v}(t)=v(t)\,\hat{x}$에서 $v(t)$은 원점 $x=0$을 기준으로 측정한 진폭$(-, 0,$ 또는 $+)$이고, $\hat{x}$은 x 방향의 단위 벡터이다. 이로부터 임의 시각 t에서의 위치 $x(t)$와 두 시각 사이의 위치의 변화량을 구하여 보자.

$$v(t)=x'(t)$$

이므로

$$x(t)=\int v(t)dt$$

$x(t)$는 $v(t)$의 부정적분이고, $x(a)=x_0 x(a)=x_0$이므로

$$\int_a^t v(t)dt=x(t)-x(a)=x(t)-x_0$$

이 성립한다.

1. 시각 t에서의 위치 $x(t)$는 $x(t)=x_0+\int_a^t v(t)dt$
2. 시각 $t=a$에서 $t=b$까지 물체의 위치의 변화량은 $\int_a^b v(t)dt$이다.
3. 시각 $t=a$에서 $t=b$까지

   (1) $v(t)>0$일 때, $x(t)$는 증가하므로

$$x(b)-x(a)=\int_a^b v(t)dt$$

   (2) $v(t)<0$일 때, $x(t)$는 감소하므로

$$x(a)-x(b)=\int_b^a v(t)dt=\int_a^b \{-v(t)\}dt$$

즉 $t=a$에서 $t=b$까지 물체가 움직인 거리는 $\int_a^b |v(t)|dt$이다.

이상을 정리하면 다음과 같다.

■ 물체의 위치와 움직인 거리

수직선 위를 움직이는 물체의 시각 t에서의 속도가 $\mathbf{v}(t) = v(t)\,\hat{\boldsymbol{x}}$ 이고 시각 $t = a$에서의 위치가 x_0이면 다음 식이 성립한다.

(1) 시각 t에서의 물체의 위치: $x(t)= x_0 + \int_a^t v(t)dt$

(2) 시각 $t=a$에서 $t=b$까지 물체의 위치의 변화량: $\int_a^b v(t)dt$

(3) 시각 $t=a$에서 $t=b$까지 물체가 움직인 거리: $\int_a^b |v(t)|dt$

예제 1. 수직선의 원점 $x = 0$에서 출발하여 동쪽 서쪽으로 움직이는 물체의 시각 t에서의 속도를 $\mathrm{f}(t) = f(t)\,\hat{x}$ 라고하면 $f(t)$ 다음과 같이 주어진다.

$$f(t) = 3 - \frac{1}{2}t \quad \mathrm{m/s}$$

(1) 시각 $t=6$에서 물체의 위치를 구하여라.

(2) 시각 t에서의 물체의 좌표를 $F(t)$라고 할 때, $0 \le t \le 6$에서 물체가 실제로 움직인 거리

(3) 시각 t에서의 점 P 의 좌표를 $F(t)$라고 할 때, $0 \le t \le 10$에서 물체가 실제로 움직인 거리

풀이

(1) $x(6) = 0 + \int_0^6 (-\frac{1}{2}t+3)\,dt = \left[-\frac{1}{4}t^2+3t\right]_0^6 = -9+18=9$ m

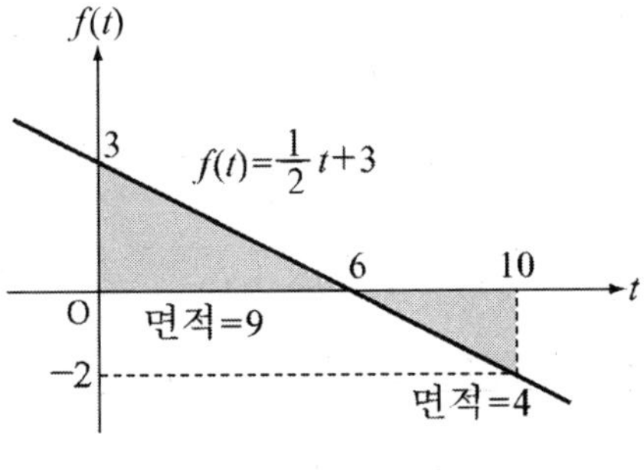

(2) 물체의 속도를 계산하기 위한 함수 $f(t)$의 부호는 $0 \le t \le 6$일 때는 양이고, $0 \le t \le 6$일 때는 음이다.

따라서, 물체는 $0 \le t \le 6$일 때는 양의 방향으로, $6 \le t \le 10$일 때는 음의 방향으로 이동한다. 시각 t에서의 물체의 좌표를 $F(t)$라고 할 때 물체가 실제로 움직인 거리는 $0 \le t \le 6$에서

$$F(6) - F(0) = \int_0^6 f(t)\,dt = \int_0^6 |f(t)|\,dt = 9 \text{ m}$$

(3) $6 \le t \le 10$에서

$$F(6) - F(10) = \int_{10}^6 f(t)\,dt = \int_6^{10} [-f(t)]\,dt$$
$$= \int_6^{10} |f(t)|dt \ = 4 \text{ m}$$

임을 알 수 있다. 그러므로 $0 \le t \le 10$에서 P가 실제로 움직인 거리는

$0 \le t \le 10$

$$\int_0^{10} |f(t)|dt \ = \int_0^6 |f(t)|dt\,t + \int_6^{10} \ |f(t)|dt \ = 9 + 4 = 13 \text{ m}$$

이다. 이 값은 위의 의 그림에서 두 삼각형 부분의 넓이와 같다. ■

문제 1. 수직선 위를 움직이는 어떤 물체의 시각 t에서의 속도가

$$\mathrm{v}(t) = v(t)\,\hat{x} = (t^2 - 4t + 3)\,\hat{x} \quad \text{m/s}$$

로 주어 져 있다. 다음을 구하여라. (단, $t = 0$일 때의 물체의 위치는 1이다.)

(1) 시각 $t = 2$에서의 물체의 위치

(2) 시각 $t = 1$에서 $t = 3$까지 물체의 위치의 변화량

(3) 시각 $t = 1$에서 $t = 4$까지 물체가 움직인 거리

■

6.3.4 사다리꼴 법칙에 의한 수치적분

지금까지 학습한 바에 의하면 정적분 $\int_a^b f(x)\,dx$를 계산하기 위해서는 피적분 함수 $f(x)$의 원시함수 $F(x)$를 구해야만 한다.

그러나 원시함수 $F(x)$를 구하기가 어렵거나 불가능 할 경우가 있다. 이런 경우, $F(x)$를 구하지 아니하고도 $f(x)$를 이용하여 정적분의 근사값을 구할 수 있는 방법 중의 하나로서 사다리꼴 법칙을 학습하기로 한다.

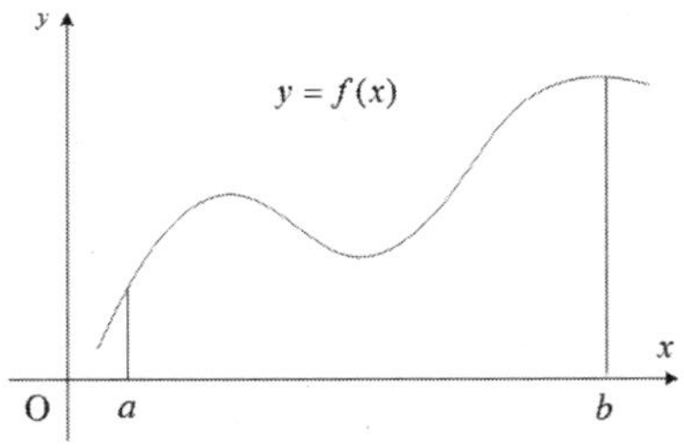

그림1-a

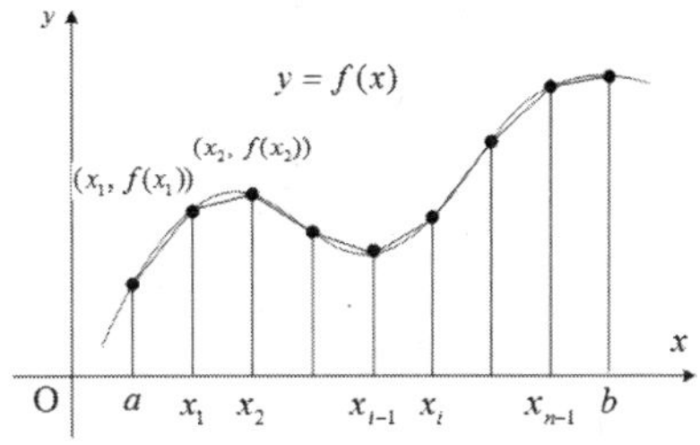

그림1-b

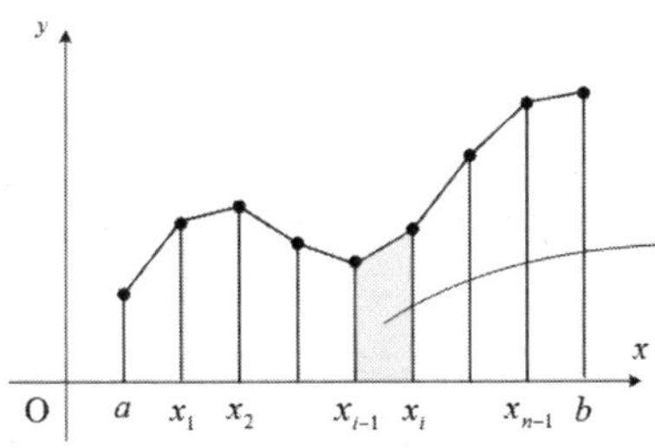

그림1-c

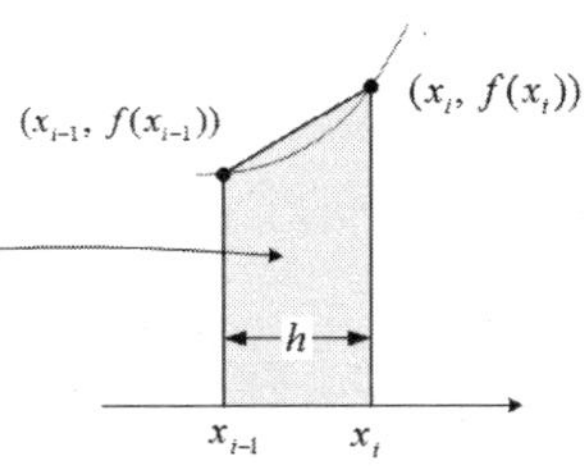

그림1-d

그림 1-a에 함수 $y = f(x)$ 아래 부분의 면적

$$\int_a^b f(x)\,dx$$

을 구해보자. 곡선 위에 연속적으로 존재하는 점들 그림 1-b 같이 간격 $h = x_i - x_{i-1}$으로 연직선을 그어 곡선 상의 점들을 $(x_i, f(x_i))$ 로 한다. 그림 1-c 와 같이 $(x_i, f(x_i))$ 을 직선으로 잇고 아랫 부분의 면적으로써

$$\int_a^b f(x)\,dx$$

를 근사적으로 계산한다. 그림 1-c의 임의 지점에 위치한 사다리꼴을 그림 1-d에 표시하였다. 그림 1-d에서 주어진 사다리꼴의 면적은

$$\frac{1}{2}\cdot h\cdot (f(x_{i-1}) + f(x_i))$$

이므로 $a \le x \le b$에서 $y = f(x)$ 아래의 면적은 다음 합을 계산함으로써 근사할 수가 있다.

$$\frac{1}{2}\cdot h\cdot(f(x_0)+f(x_1))+\frac{1}{2}\cdot h\cdot(f(x_1)+f(x_2))+\cdots+\frac{1}{2}\cdot h\cdot(f(x_{n-1})+f(x_n))$$

$$=\frac{h}{2}\{f(a)+2f(x_1)+2f(x_2)+\cdots+2f(x_i)+\cdots+2f(x_{n-1})+f(b)\}$$

$$=\frac{h}{2}\left\{f(a)+2\sum_{i=1}^{n-1}f(x_i)+f(b)\right\}$$

따라서

$$\int_a^b f(x)\,dx \simeq \frac{h}{2}\left\{f(a)+2\sum_{i=1}^{n-1}f(x_i)+f(b)\right\}$$

여기서 $x_i = a + ih = a + i(b-a)/n$이다. 이 식을

"적분을 근사하기 위한 사다리꼴 법칙(trapezoidal rule)"

이라고 한다. 이식을 변형하면 다음과 같다.

$$\int_a^b f(x)\,dx \simeq \frac{h}{2}\left\{f(a)+2\sum_{i=1}^{n-1}f(x_i)+f(b)\right\}$$

$$=\frac{h}{2}\{f(a)-f(b)\}+h\sum_{i=1}^{n}f(x_i)$$

이 식에서 우변의 항

$$\frac{h}{2}\{f(a)-f(b)\}$$

을 무시하면

$$\int_a^b f(x)\,dx \simeq h\sum_{i=1}^{n}f(x_i)$$

이 되는데, 이 식은 직사각형 법칙(rectangular rule)으로 유도되는 표현식이다.

예제 1. 구간 $1 \le x \le 3$에서 다음 정적분이 주어져 있다.

$$I = \int_1^3 \sin x \, dx$$

다음 각 경우 사다리꼴 법칙을 이용하여 이 정적분을 근사적으로 구하여라.

(1) 구간 $1 \le x \le 3$을 5등분한 경우

(2) 구간 $1 \le x \le 3$을 10등분한 경우

(3) 구간 $1 \le x \le 3$을 20등분한 경우

풀이

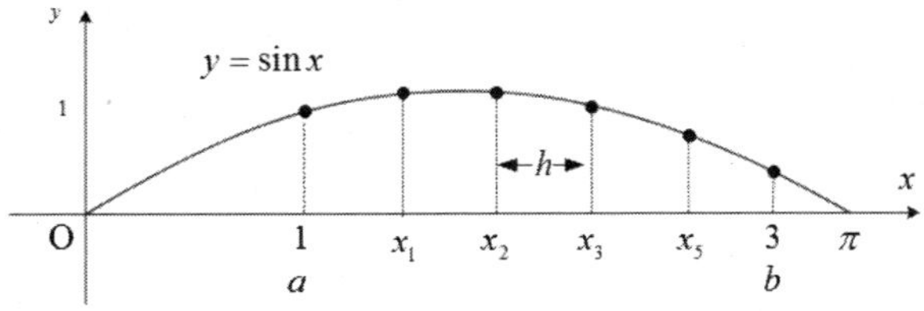

(1) $$I = \int_a^b f(x)\,dx \simeq \frac{1}{2} \cdot h \cdot \left\{ f(a) + 2\sum_{i=1}^{n-1} f(x_i) + f(b) \right\}$$

에서

$$h = \frac{3-1}{5} = \frac{2}{5}, \quad n = 5$$

이므로,

$$I = \int_1^3 \sin x \, dx \simeq \frac{1}{2} \cdot \frac{2}{5} \cdot \left\{ \sin 1 + 2\sum_{i=1}^{4} \sin\left(1 + \frac{2}{5}i\right) + \sin 3 \right\} = 1.5098$$

(2) $$I = \int_a^b f(x)\,dx \simeq \frac{1}{2} \cdot h \cdot \left\{ f(a) + 2\sum_{i=1}^{n-1} f(x_i) + f(b) \right\}$$

에서

$$h = \frac{3-1}{10} = \frac{2}{10}, \quad n = 10$$

이므로,

$$I = \int_1^3 \sin x \, dx \simeq \frac{1}{2} \cdot \frac{2}{10} \cdot \left\{ \sin 1 + 2\sum_{i=1}^{9} \sin\left(1 + \frac{2}{10}i\right) + \sin 3 \right\} = 1.5252$$

(3) $$I=\int_a^b f(x)\,dx \simeq \frac{1}{2}\cdot h\cdot \left\{f(a)+2\sum_{i=1}^{n-1} f(x_i)+f(b)\right\}$$

에서

$$h=\frac{3-1}{20}=\frac{1}{10},\ n=20$$

이므로,

$$I=\int_1^3 \sin x\,dx \simeq \frac{1}{2}\cdot\frac{1}{10}\cdot\left\{\sin 1+2\sum_{i=1}^{19}\sin\left(1+\frac{1}{10}i\right)+\sin 3\right\}=1.5290$$

[참고]

구간의 수를 증기시킬수록 오차가 줄어들고 있음을 확인할 수 있다. 원시함수를 구하여 계산해보면 다음과 같다.

$$I=\int_1^3 \sin x\,dx \equiv [-\cos x\,]_1^3=\cos 1-\cos 3=1.5302948$$ ■

문제 1. 다음 적분이 주어져 있다.

$$I=\int_2^3 \frac{1}{\sqrt{x+2}}\,dx$$

(1) 원시함수를 구하여 정적분 값을 구하여라.

(2) 적분구간 $a \le x \le b$에서 $n=10$으로 정하고, 사다리꼴 법칙을 이용하여 정적분 값을 구하여라.

■

연습문제

6-01 다음 부정적분을 구하여라.

(1) $\int (3x-5)\,dx$　　(2) $\int (2s-1)(s-4)\,ds$

(3) $\int (2t^2-2)\,dt$　　(4) $\int h(3h^2+1)\,dh$

(5) $\int (x^2-x+1)(x^2+x+1)dx$　　(6) $\int (2t+2)^2 dt$

(7) $\int (x^2+3x)dx$　　(8) $\int (2x^2+1)dx$

(9) $\int (2x+1)^4 dx$　　(10) $\int (2y+1)(4y-3)dy$

6-02 다음 부정적분을 구하여라.

(1) $I=\int \frac{u}{u^2+1}du$　　(2) $\int \frac{dy}{y\ln y}$

(3) $I=\int t\cdot e^{t^2}dt$

6-03 다음 함수를 부분 분수로 전개하여라.

(1) $f(x)=\frac{1}{x^2-x-6}$　　(2) $f(x)=\frac{1}{x^2+7x+10}$

(3) $f(x)=\frac{-5}{2x^2+7x+3}$　　(4) $f(x)=\frac{4x+5}{x(x+1)(2x+4)}$

6-04 다음의 부정적분을 구하여라.

(1) $I=\int \frac{1}{x(x-1)}dx$　　(2) $I=\int \frac{x}{(x+1)(x+2)}dx$

(3) $I=\int \frac{x^2-2}{x(x^2-1)}dx$　　(4) $I=\int \frac{1}{2x^2+x-1}dx$

6-05 다음 부정적분을 구하여라.

(1) $I=\int \frac{2x^2+x+3}{2x+3}dx$　　(2) $I=\int \frac{x}{(x^2+3)^3}dx$

(3) $I=\int \frac{2x-1}{x^2-x-6}$　　(4) $I=\int \frac{1}{x^2-x-6}dx$

6-06 다음 적분을 구하여라.

(1) $I=\int \sin(ax+b)\,dx$　　(2) $I=\int \cos(ax+b)\,dx$

(3) $I=\int \tan(ax+b)\,dx$

6-07 밑면의 반지름의 길이가 r, 높이가 h인 직원뿔의 부피의 합을 V_n이라고 할 때, 부피 V를 구분 적분법을 이용하여 구하여라.

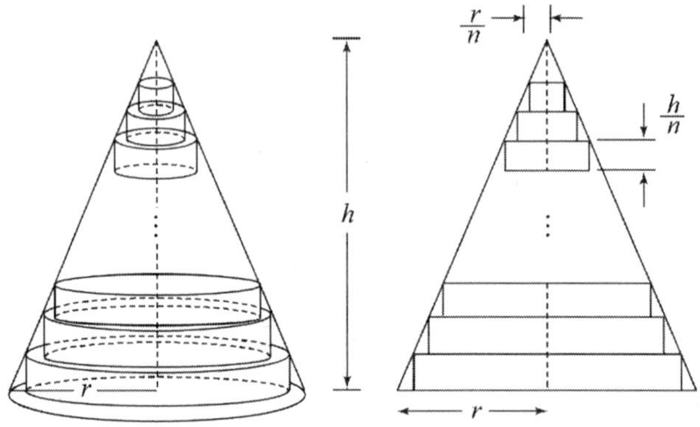

6-08 정적분을 이용하여 다음 극한값을 구하여라.

(1) $\lim_{n\to\infty}\sum_{k=1}^{n}\left(3+\frac{2k}{n}\right)^2\cdot\frac{2}{n}$　　(2) $\lim_{n\to\infty}\sum_{k=1}^{n}\left(\frac{3k}{n}\right)^2\cdot\frac{1}{n}$

6-09 다음 곡선과 직선으로 둘러싸인 영역의 넓이를 구하여라.

(1) 곡선 $y=-x^2-x+2$, x축

(2) 곡선 $y=x^2$; 두 직선 $x=-1$, $x=2$

(3) 곡선 $y=x^2-x$, x축

(4) 곡선$y=\dfrac{1}{2}x^2-8$, 두 직선 $x=-4$, $x=0$.

6-10 다음 곡선과 직선으로 포위된 영역의 넓이 S를 구하여라.

(1) 곡선 $y=x^2-3$과 직선 $y=2x$

(2) $y=x^2-2x-1$, $y=x-1$

(3) $x=y^2$, $x=y+2$

(4) $y=\sqrt{x}$와 두 직선 $x=4$, $y=0$.

6-11 반지름의 길이가 r인 구가 있다. 원점을 중심으로 하고, 반지름의 길이가 r인 원 $x^2+y^2=r^2$을 x축 (또는 y축)의 둘레로 회전시켜서 얻는 회전체의 부피 V_x를 구하여라.

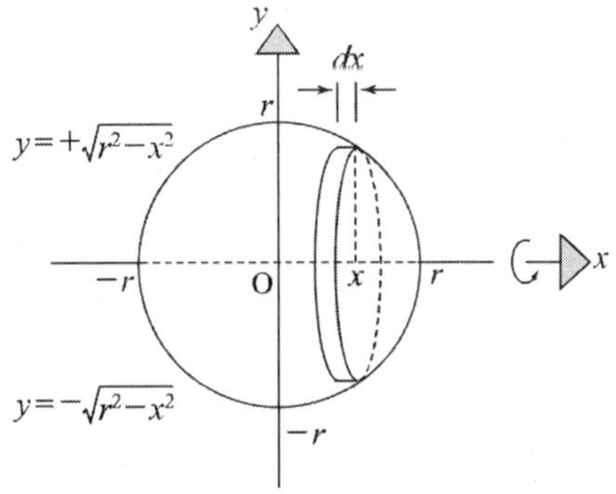

6-12 원 $x^2+(y-2)^2=1$이 주어져 있다. 이 원을 x축의 둘레로 회전시켜서 얻는 회전체의 부피를 구하여라.

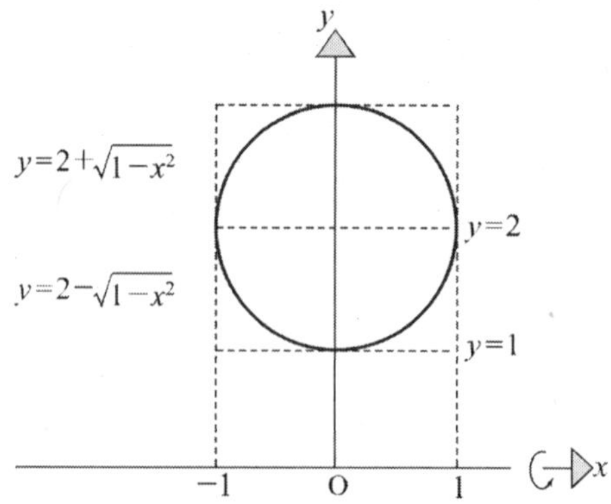

6-13 직선 $y=-\frac{1}{2}x+3$과 y축 및 두 직선 $y=0$, $y=3$으로 둘러싸인 도형을 y축의 둘레로 회전시킬 때 생기는 회전체의 부피를 구하여라.

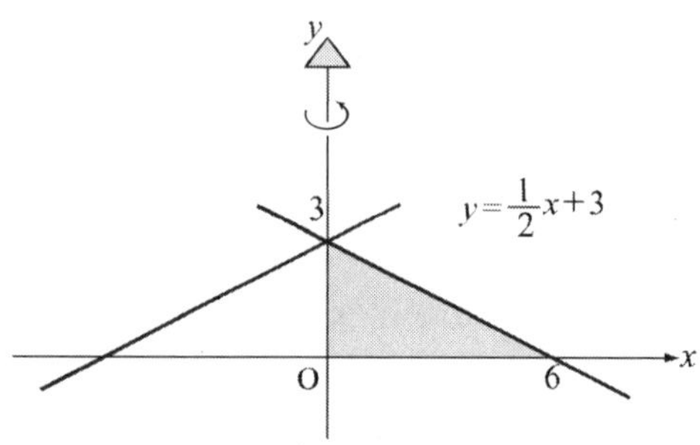

6-14 수직선 위를 움직이는 점 P의 시각 t에서의 $v=t^2-2t$일 때, 다음을 구하여라.

(1) $t=4$에서의 점 P의 위치

(2) $t=1$부터 $t=2$까지의 점 P의 위치 변화량

(3) $t=0$부터 $t=4$까지의 점 P가 움직인 거리

6-15 시각 $t=0$일 때, 원점을 출발하여 수직선 위를 움직이는 물체가 있다. 이 물체의 시각 t에서의 속도가

$$\mathrm{v}(t)=v(t)\hat{x}=(12-3t^2)\,\hat{x}\ \mathrm{m/s}$$

일 때, 다음을 구하여라.

(1) $t=0$에서 $t=3$까지 점 P의 위치의 변화

(2) $t=0$에서 $t=3$까지 점 P가 실제로 움직인 거리 s

A

APPENDIX

부 록

- 본문문제풀이
- 연습문제풀이
- 참고문헌
- 찾아보기

본문의 문제 풀이

제1장 기초개념

1.1 지수와 거듭제곱

1.1.1 지수의 정의

문제 1

(1) $3a^3b^2 \cdot 2a^4b^2 = 6a^7b^6$

(2) $(-4a^5b^3)^2 = 16a^{10}b^6$

(3) $5a^2bc^5 \div 3a^4b^3c = \dfrac{5}{3}\dfrac{c^4}{a^2b^3}$

(4) $(a^4b^5)^3 \div (a^2b^3)^4 \times \left(\dfrac{a}{b^2}\right)^3 = a^{12}b^{15} \cdot \dfrac{1}{a^8b^{12}} \cdot \dfrac{a^3}{b^6} = a^7b^{-3}$

1.1.2 거듭제곱근

문제 1

(1) 1의 네제곱근을 x라고 하면

$x^4 = 1$, 즉 $x^4 - 1 = 0$

$(x+1)(x-1)(x^2+1) = 0$

$\therefore\ x = \pm 1$ 또는 $x = \pm i$

(2) 8의 세제곱근을 x라고 하면

$x^3 = 8$, 즉 $x^3 - 8 = 0$

$(x-2)(x^2+2x+4) = 0$

$\therefore\ x = -2$ 또는 $x = -1 \pm \sqrt{3}i$

(3) -8의 세제곱근을 x라고 하면

$x^3 = -8$, 즉 $x^3 + 8 = 0$

$(x+2)(x^2-2x+4) = 0$

$\therefore\ x = -2$ 또는 $x = 1 \pm \sqrt{3}i$

문제 2

(1) $x^4 = 16 = 2^4$, $\therefore\ x = 2$

(2) 실수값은 없다.

문제 1

(1) $\sqrt[4]{(-5)^4} = -(-5) = 5$

(2) $\sqrt[3]{(-27)^5} = \sqrt[3]{\{(-3)^3\}^5} = \sqrt[3]{\{(-3)^5\}^3}$

$= (-3)^5 = -243$

(3) $4^{\frac{3}{2}} \times 8^{-\frac{1}{3}} \times 8^{-\frac{1}{2}} = 2^3 \times 2^{-1} \times 2^{-\frac{3}{2}} = 2^{\frac{1}{2}} = \sqrt{2}$

(4) $\dfrac{\sqrt[3]{-81}}{\sqrt[3]{3}} = \dfrac{\sqrt[3]{(-1)81}}{\sqrt[3]{3}} = \dfrac{(-1)\sqrt[3]{81}}{\sqrt[3]{3}} = \sqrt[3]{\dfrac{81}{3}}$

$= -\sqrt[3]{27} = -3$

1.1.3 거듭제곱근의 성질

문제 1

지수법칙 (1)과 거듭제곱근의 정의에 의하여

$(\sqrt[n]{a}\sqrt[n]{b})^n = (\sqrt[n]{a})^n(\sqrt[n]{b})^n = ab$

가 성립한다. 조건 $a>0, b>0$이므로 $ab>0$이고 $\sqrt[n]{a}\sqrt[n]{b}>0$이다. 따라서 $\sqrt[n]{a}\sqrt[n]{b}$는 ab의 양의 n 제곱근이므로

$\sqrt[n]{a}\sqrt[n]{b} = \sqrt[n]{ab}$

이다.

문제 2

(1) $\sqrt[3]{3}\sqrt[3]{9} = \sqrt[3]{3\times 9} = \sqrt[3]{37} = 3$

(2) $\sqrt[3]{2\sqrt{2}} = \sqrt[3]{\sqrt{8}} = \sqrt{\sqrt[3]{8}} = \sqrt{2}$

1.1.4 지수의 확장

문제 1

(1) $7^{\frac{1}{5}} \times 7^{\frac{1}{10}} = 7^{\frac{1}{5}+\frac{1}{10}} = 7^{\frac{3}{10}} = \sqrt[10]{7^3}$

(2) $(6^{\frac{1}{3}})^{-3} = 6^{-1} = \dfrac{1}{6}$

(3) $((3^{\frac{1}{4}} \times 4^{\frac{1}{3}})^6 = (3^{\frac{1}{4}})^6 \times (4^{\frac{1}{3}})^6$

$= 3^{\frac{3}{2}} \times 4^2 = (3\times 3^{\frac{1}{2}}) \times 4^{\frac{1}{2}} = 6\sqrt{3}$

(4) $8^{\frac{5}{4}} \div 8^{-\frac{3}{4}} = 8^{\frac{5}{4}-(-\frac{3}{4})} = 8^2 = 64$

문제 2

(1) $(2^{3\sqrt{2}})^{\sqrt{2}} = 2^6 = 64$

(2) $(2^{-\sqrt{2}} \times 3^{\sqrt{2}})^{\sqrt{2}} = 2^{-2} \times 3^2 = \frac{9}{4}$

(3) $2^{3\sqrt{2}} \times 2^{\sqrt{2}} = 2^{4\sqrt{2}}$

(4) $10^{\pi+2} \div 10^{\pi} = 10^2 = 100$

1.2 로그

1.2.1. 로그의 정의

문제 1

(1) $0 = \log_5 1$　　(2) $-\frac{1}{4} = \log_{16} 0.5$

(3) $-2 = \log_{\frac{1}{5}} 25$　　(4) $3^2 = 9$

(5) $\sqrt{3^4} = 9$　　(6) $(\frac{1}{4})^2 = \frac{1}{16}$

문제 2

(1) $\log_4 8 - \frac{3}{2}$　　(2) $\log_3 81 - 4$

(3) $\log_5 0.04 = -2$　　(4) $\log_8 \sqrt{2} = \frac{1}{6}$

(5) $\log_{\sqrt{5}} 25 = 4$　　(6) $\log_{\sqrt{2}} 4 = 4$

1.2.2 로그의 성질

문제 1

(1) $\log_{25} x = -\frac{1}{4}$,

$x = 25^{-\frac{1}{4}} = (5^2)^{-\frac{1}{4}} = (5)^{-\frac{1}{2}} = \frac{1}{\sqrt{5}}$

(2) $\log_x 81x = -2$, $x^{-2} = 81$, $x^2 = \frac{1}{81}$, $x = \pm\sqrt{\frac{1}{3^4}}$

$x = \pm\frac{1}{9}$, 진수 조건에 의하여 $x = \frac{1}{9}$

(3) $\log_{\sqrt{2}} 8 = x$, $\sqrt{2^x} = 8$, $2^{x/2} = 2^3$, $\frac{x}{2} = 3$, $x = 6$

(4) $\log_9 x = \frac{3}{2}$, $x = 9^{\frac{3}{2}} = (3^2)^{\frac{3}{2}} = 3^3 = 27$

(5) $\log_x 0.1 = -\frac{1}{2}$,

$x^{-\frac{1}{2}} = 0.1$, $\frac{1}{x^{\frac{1}{2}}} = 0.1$, $x^{\frac{1}{2}} = 10$, $x = 100$

문제 2

(1) $\log_2 12 - 2\log_2 \sqrt{3} = \log_2 24 - 2 \times \frac{1}{2}\log_2 3$

$= \log_2 24 - \log_2 3 = \log_2 \frac{24}{3} = \log_2 8 = \log_2 2^3$

$= 3\log_2 2 = 3$

(2) $\log_4 \sqrt{100} - \frac{1}{2}\log_4 \frac{1}{4} - \frac{3}{2}\log_4 \sqrt[3]{25}$

$= \frac{1}{2}\log_4 100 - \frac{1}{2}\log_4 4^{-1} - \frac{3}{2} \times \frac{1}{3}\log_4 25$

$= \frac{1}{2}(\log_4 100 + \log_4 4 - \log_4 25)$

$= \frac{1}{2}(\log_4 400 - \log_4 25) = \frac{1}{2}\log_4 \frac{400}{25} = \frac{1}{2}\log_4 16$

$= \frac{1}{2}\log_4 4^2 = 1$

1.2.3 로그의 밑의 변환

문제 1

(1) $\log_{27} 32 = \frac{\log_2 32}{\log_2 27} = \frac{\log_2 2^5}{\log_2 3^3} = \frac{5}{3\log_2 3}$

$\log_2 3 \times \log_{27} 32 = \log_2 3 \times \frac{5}{3 \cdot \log_2 3} = \frac{5}{3}$

(2) $x = 3^\wedge \frac{\log_7 2}{\log_7 3}$

등식의 양변에 $\log_7(\cdot)$를 취하면,

$\log_7 x = \log_7\left(3^\wedge \frac{\log_7 2}{\log_7 3}\right) = \frac{\log_7 2}{\log_7 3} \cdot \log_7 3 = \log_7 2$

$\log_7 x = \log_7 2$, $\therefore x = 2$

(3) $\log_{\sqrt{2}} \sqrt{8} = \frac{\log_2 \sqrt{8}}{\log_2 \sqrt{2}} = \frac{\log_2 \sqrt{2^3}}{\log_2 \sqrt{2}} = \frac{\log_2 2^{3/2}}{\log_2 2^{1/2}}$

$= \frac{3/2}{1/2} = 3$

(4) $\log_{\frac{1}{4}} 8 = \frac{\log_2 8}{\log_2 \frac{1}{4}} = \frac{\log_2 2^3}{\log_2 2^{-2}} = -\frac{3}{2}$

문제 2

(1) $\log_9 15 = \frac{\log_3 15}{\log_3 9} = \frac{\log_3 3 \cdot 5}{\log_3 3^2} = \frac{1}{2}(1 + \log_3 5)$

$= \frac{1}{2}(1 + x)$

(2) $\log_{15}75 = \frac{\log_3 75}{\log_3 15} = \frac{\log_3 3\cdot 5^2}{\log_3 3\cdot 5} = \frac{1+2\log_3 5}{1+\log_3 5} = \frac{1+2x}{1+x}$

1.2.4. 상용로그

문제 1

(1) $\log 0.0001 = \log_{10} 10^{-4} = -4\log_{10} 10 = -4$

(2) $\log 0.001 = \log_{10} 10^{-3} = -3\log_{10} 10 = -3$

(3) $\log 0.01 = \log_{10} 10^{-2} = -2\log_{10} 10 = -2$

(4) $\log 0.1 = \log_{10} 10^{-1} = -1\cdot \log_{10} 10 = -1$

제2장 수열과 급수

2.1 수열

2.1.1 수열의 정의

2.1.2 수열의 일반항

문제 1

(1) $\{n+3\}$; 4, 5, 6, 7, 8

(2) $\{2n^2+1\}$; 3, 9, 19, 33, 51

(3) $\{2^{n-2}\}$; $2^{-1}, 2^0, 2^1, 2^2, 2^3$ 즉, $\frac{1}{2}, 1, 2, 4, 8,$

(4) $\left\{\frac{1}{n(n+2)}\right\}$;

$\frac{1}{1\cdot 3}, \frac{1}{2\cdot 4}, \frac{1}{3\cdot 5}\,\frac{1}{4\cdot 6}\,\frac{1}{5\cdot 7}$ 즉, $\frac{1}{3}, \frac{1}{8}, \frac{1}{15}, \frac{1}{24}, \frac{1}{35}$

(5) $\left\{\frac{n}{n^2+1}\right\}$; $\frac{1}{1^2+1}, \frac{2}{2^2+1}, \frac{3}{3^2+1}, \frac{4}{4^2+1}, \frac{5}{5^2+1}$

즉, $\frac{1}{2}, \frac{2}{5}, \frac{3}{10}, \frac{4}{17}, \frac{5}{26}$

(6) $\{(-3)^{n-1}\}$; $1, -3, 9, -27, 54$;

문제 2

(1) $a_1 = 3 = 3\times 1,\ a_2 = 6 = 3\times 2,\ a_3 = 9 = 3\times 3,\ \cdots$

따라서 구하는 일반항 a_n은 $a_n = 3n$

(2) 제n항 a_n은 7이 n개 나열되어 만들어진 n 자리의 정수이다.

$$a_n = \underbrace{99 9\cdots 9}_{n\text{ 개}} = 1\,\underbrace{0000\cdots 00}_{n\text{ 개}} - 1 = 10^n - 1$$

(3) 제n항 a_n은 7이 n개 나열되어 만들어진 n 자리의 정수이다.

$$a_n = \underbrace{11\cdots 1}_{n\text{ 개}} = \frac{1}{9}\,\underbrace{(999\cdots 9}_{n\text{ 개}} = \frac{1}{9}(10^n - 1)$$

(4) $a_1 = 1\cdot(3+1),\ a_2 = 2\cdot(4+1),\ a_3 = 3\cdot(5+1),$

$a_4 = 4\cdot(6+1),\ \cdots$

$a_n = n\cdot(n+2+1) = n\cdot(n+3)$

문제 3

첫째항(제1항)은 $a_1 = 2$, 둘째항(제2항)은 $a_2 = 11$, 셋째항(제3항)은 $a_3 = 26$, 넷째항(제4항)은 $a_4 = 47$, 다섯번째항(제5항)은 $a_5 = 3\cdot 5^2 - 1 = 74$
이다.

2.2 여러 가지 수열

2.2.1 합의기호 Σ

문제 1

(1) $\sum_{k=2}^{5}(2k-1)(2k+2) = \sum_{k=1}^{4}(2k+1)(2k+4)$

(2) $\sum_{k=1}^{11}(4k-3)$

(3) $\sum_{k=2}^{20}(2k-1)(2k+1) = \sum_{k=1}^{19}(2k+1)(2k+3)$

문제 2

(1) 제1항부터 제n항까지; $\sum_{k=1}^{n}(2k-1)$

(2) 제3항부터 제12항까지; $\sum_{k=3}^{12}(2k-1)$

문제 3

(1) $\sum_{k=1}^{10}(k^2-1) = 0+3+8+\cdots+99$

(2) $\sum_{k=1}^{n}k(k+1) = 1\cdot 2 + 2\cdot 3 + 3\cdot 4\cdots n(n+1)$

(3) $\sum_{k=1}^{n}\left(\frac{1}{2}\right)^{k-1} = 1+\left(\frac{1}{2}\right)^1+\left(\frac{1}{2}\right)^2+\cdots+\left(\frac{1}{2}\right)^{n-1}$

$= 1+\frac{1}{2}+\frac{1}{4}+\cdots\ \frac{1}{2^{n-1}}$

(4) $\sum_{k=1}^{n}(2k-1) = 1+3+5+\cdots(2n-1)$

2.2.2 Σ의 성질

문제 1

$$\sum_{k=1}^{n}(3a_k+4b_k)=\sum_{k=1}^{n}3a_k+\sum_{k=1}^{n}4b_k, \quad \sum\text{의 성질 (1)}$$

$$=3\sum_{k=1}^{n}a_k+4\sum_{k=1}^{n}b_k, \quad \sum\text{의 성질 (2)}$$

$$=3\times 8+4\times 10=64$$

2.2.3 여러 가지 수열의 합

문제 1

$$\sum_{k=1}^{10}k^2=\frac{10(10+1)(2\cdot 10+1)}{6}=385$$

문제 2

$$\sum_{k=1}^{n}k(k+1)=\sum_{k=1}^{n}(k^2+k)=\sum_{k=1}^{n}k^2+\sum_{k=1}^{n}k$$

$$=\frac{n(n+1)(2n+1)}{6}+\frac{n(n+1)}{2}=\frac{n(n+1)(n+2)}{3}$$

문제 3

일반항이

$$\frac{1}{k(k+1)}=\frac{1}{k}-\frac{1}{k+1}$$

이므로, 구하는 합은

$$S_n=\sum_{k=1}^{n}\frac{1}{k(k+1)}=\sum_{k=1}^{n}\left(\frac{1}{k}-\frac{1}{k+1}\right)$$

$$=\left(1-\frac{1}{2}\right)+\left(\frac{1}{2}-\frac{1}{3}\right)+\left(\frac{1}{3}-\frac{1}{4}\right)+\cdots+\left(\frac{1}{n}-\frac{1}{n+1}\right)$$

$$=1-\frac{1}{n+1}=\frac{n}{n+1}$$

2.3 무한수열의 극한

2.3.1 무한수열의 극한값

문제 1

(1) $\frac{20}{n+5}\to 0$ (2) $\frac{1}{n^2-3n}\to 0$

(3) $1+\left(\frac{4}{3}\right)^n\to\infty$ (4) $(-1)^n\frac{4}{n}\to 0$

2.3.2 무한수열의 발산

문제 1

(1) $\lim\limits_{n\to\infty}\frac{10^n}{4^n+5^n}=\lim\limits_{n\to\infty}\frac{\left(\frac{10}{5}\right)^n}{\left(\frac{4}{5}\right)^n+1}=\infty$

(2) $n\to\infty$, $(-\frac{1}{2})^n\to 0$이므로, $(-2)^n+(-\frac{1}{2})^n$은 짝수 번째 항에서는 한없이 커지고, 홀수 번째 항에서는 음으로 한없이 커진다. 따라서 진동한다.

문제 2

수열 $\{(-1)^n\}$에서는 -1과 1이 교대로 나타나므로 항이 일정한 값에 가까워지지 않는다. 그러므로 이 수열은 발산한다. 그러나 양의 무한대나 음의 무한대로 발산하지는 않는다. 이와 같은 형태로 발산하는 수열을 진동한다고 한다.

문제 3

(1) 각각의 항들이 0 과 2 의 교대값을 가지므로 진동한다. 즉, 발산한다.

(2) $a_n=1+\frac{(-1)^n}{n}$에서 $n\to\infty$, $\frac{(-1)^n}{n}=0$이므로,

$$\lim_{n\to\infty}a_n=\lim_{n\to\infty}\left\{1+\frac{(-1)^n}{n}\right\}=1$$

2.3.3 무한수열의 극한값에 관한 성질

문제 1

(1) $\lim\limits_{n\to\infty}\frac{2n+1}{n}=\lim\limits_{n\to\infty}\left(2+\frac{1}{n}\right)=\lim\limits_{n\to\infty}2+\lim\limits_{n\to\infty}\frac{1}{n}$

$$=2+0=2$$

(2) $\lim\limits_{n\to\infty}\frac{3n^2+n-2}{n^2-1}=\lim\limits_{n\to\infty}\frac{3+\frac{1}{n}-\frac{2}{n^2}}{1-\frac{1}{n^2}}$

$$=\frac{\lim\limits_{n\to\infty}\left(3+\frac{1}{n}-\frac{2}{n^2}\right)}{\lim\limits_{n\to\infty}\left(1-\frac{1}{n^2}\right)}$$

$$=\frac{\lim\limits_{n\to\infty}3+\lim\limits_{n\to\infty}\frac{1}{n}-\lim\limits_{n\to\infty}\frac{2}{n^2}}{\lim\limits_{n\to\infty}1-\lim\limits_{n\to\infty}\frac{1}{n^2}}=\frac{3+0-0}{1-0}=3$$

(3) $\lim_{n\to\infty}\frac{n}{n+1}=\lim_{n\to\infty}\frac{1}{1+\frac{1}{n}}=\frac{1}{1+\lim_{n\to\infty}\frac{1}{n}}=1$

(4) $\lim_{n\to\infty}\frac{2n^2+n}{3n^2-3n+1}=\lim_{n\to\infty}\frac{2+\frac{1}{n}}{3-\frac{3}{n}+\frac{1}{n^2}}$

$$=\frac{\lim_{n\to\infty}\left(2+\frac{1}{n}\right)}{\lim_{n\to\infty}\left(3-\frac{3}{n}+\frac{1}{n^2}\right)}=\frac{2}{3}$$

문제 2

$$\mathcal{L}=\lim_{n\to\infty}\left(\sqrt{1+2+\cdots n}-\sqrt{1+2+\cdots(n-1)}\right)$$
$$=\lim_{n\to\infty}\left(\sqrt{\frac{n(n+1)}{2}}-\sqrt{\frac{n(n-1)}{2}}\right)$$
$$=\sqrt{2}\lim_{\to\infty}\frac{n}{\sqrt{n(n+1)}+\sqrt{n(n-1)}}=\frac{\sqrt{2}}{2}$$

2.3.4 무한등비수열의 극한값

문제 1

(1) 일반항은

$$a_n=\frac{3^{n+1}}{2+5^n}=\frac{3\cdot\frac{3^n}{5^n}}{\frac{2}{5^n}+1}=\left(\frac{3}{5}\right)^n\cdot\frac{3}{\frac{2}{5^n}+1}$$

이므로,

$$\therefore\ \lim_{n\to\infty}\frac{3^{n+1}}{2+5^n}=\left\{\lim_{n\to\infty}\left(\frac{3}{5}\right)^n\right\}\cdot\left\{\lim_{n\to\infty}\frac{3}{\frac{2}{5^n}+1}\right\}$$
$$=0\cdot\frac{3}{0+1}=0$$

따라서 수열 $\left\{\frac{3^{n+1}}{2+5^n}\right\}$은 0에 수렴한다.

(2) 일반항은

$$a_n=\frac{4^{n+1}+3^{n+1}}{4^n+3^n}=\frac{4+3\cdot\left(\frac{3}{4}\right)^n}{\left(\frac{3}{4}\right)^n}$$

이므로,

$$\therefore\ \lim_{n\to\infty}\frac{4^{n+1}+3^{n+1}}{4^n+3^n}=\lim_{n\to\infty}\frac{4+3\cdot\left(\frac{3}{4}\right)^n}{1+\left(\frac{3}{4}\right)^n}$$
$$=\frac{4+3\cdot 0}{1+0}=4$$

따라서 수열 $\left\{\frac{4^{n+1}+3^n}{4^n+3^n}\right\}$은 4에 수렴한다.

(3) 일반항은

$$\frac{-2n^3+n^2-n}{6n^2-3}=\frac{-2n+1-\frac{1}{n}}{6-\frac{3}{n^2}}$$

이다.

$n\to\infty$일 때, $-2n+1-\frac{1}{n}\to-\infty$, $6-\frac{3}{n^2}\to 6$이므로

$$\lim_{n\to\infty}\frac{-2n^3+n^2-n}{6n^2-3}=\lim_{n\to\infty}\frac{-2n+1-\frac{1}{n}}{6-\frac{6}{n^2}}=-\infty$$

따라서 수열 $\left\{\frac{-2n^3+n^2-n}{6n^2-3}\right\}$은 음의 무한대로 발산한다.

2.4 무한급수

2.4.1 무한급수의 수렴, 발산

문제 1

$$\sum_{n=1}^{\infty}\frac{3}{10^n}=\frac{3}{10}+\frac{3}{10^2}+\frac{3}{10^3}+\cdots+\frac{1}{10^n}+\cdots$$

에서 부분합들은 다음과 같다.

$$S_1=\frac{3}{10}$$
$$S_2=\frac{3}{10}+\frac{3}{10^2}=\frac{33}{100}$$
$$S_3=\frac{3}{10}+\frac{3}{10^2}+\frac{3}{10^3}=\frac{333}{1000}$$
$$\vdots$$

문제 2

(1) 첫째항은 $\frac{1}{2}$이다.

(2) 첫 5째항은 $\frac{1}{2^5}=\frac{1}{32}$이다.

(3) 제 n항은 $\frac{1}{2^n}$이다.

(4) $\frac{1}{2}+\frac{1}{4}+\frac{1}{8}+\cdots+\frac{1}{2^n}+\cdots=\sum_{k=1}^{\infty}\frac{1}{2^n}$.

문제 3

제n항까지의 부분합을 S_n이라고 하면

$$S_n=\sum_{k=1}^{n} k=\frac{n(n+1)}{2}$$

$$\lim_{n\to\infty} S_n=\lim_{n\to\infty}\frac{n(n+1)}{2}=\infty$$

따라서 주어진 무한급수는 발산한다.

2.4.2 무한급수의 일반항

문제 1

수열 $\{2n-1\}$의 첫째항부터 제n항까지의 합

$$S_n=\frac{n}{2}\{1+(2n-1)\}=n^2$$

이며

$$\lim_{n\to\infty} S_n=\lim_{n\to\infty} n^2=\infty$$

이므로 주어진 무한급수

$$1+3+5+\cdots+(2n-1)+\cdots$$

은 발산한다.

2.4.3 무한등비급수

문제 1

(1) 준 급수는 제 1항이 $\frac{1}{3}$, 공비가 $r=\frac{1}{3}$이다. 공비의 크기

$$|r|=\left|\frac{1}{3}\right|<1$$

이므로 수렴하고, 준 급수의 합은

$$\frac{\frac{1}{3}}{1-\frac{1}{3}}=\frac{1}{2}$$

이다.

(2) 준 급수는 제1항이 1이고, 공비가 $r=2$이다. 공비의 크기가 $|r|=2>1$이므로 발산한다.

(3) 공비는 $r=-\frac{1}{2}$이므로 $\left|-\frac{1}{2}\right|<1$이다. 따라서 주어진 무한등비급수는 수렴하고 합 S는

$$S=\frac{1}{1-\left(-\frac{1}{2}\right)}=\frac{2}{3}$$

(4) 공비는 $r=-\sqrt{3}$이므로 $|r|\ge 1$이다. 따라서 주어진 무한등비급수는 발산한다.

2.4.4 무한급수의성질

문제 1

$$S_n=\sum_{n=1}^{n}\frac{1}{(k+1)(k+2)}$$

$$=\frac{1}{2\cdot3}+\frac{1}{3\cdot4}+\frac{1}{4\cdot5}+\frac{1}{5\cdot5}+\cdots+\frac{1}{(n+1)(n+2)}$$

합 $\lim_{n\to+\infty} S_n$을 구하기 위해 S_n을 닫힌 형태(closed form)로 표현하자.

$$\frac{1}{(k+1)(k+2)}=\frac{1}{k+1}-\frac{1}{k+2}$$

이므로,

$$\begin{aligned}S_n&=\sum_{n=1}^{n}\frac{1}{k(k+1)}\\&=\frac{1}{1\cdot2}+\frac{1}{2\cdot3}+\frac{1}{3\cdot4}+\frac{1}{4\cdot5}+\cdots+\frac{1}{n(n+1)}\\&=(\frac{1}{2}-\frac{1}{3})+(\frac{1}{3}-\frac{1}{4})+(\frac{1}{4}-\frac{1}{5})+(\frac{1}{5}-\frac{1}{6})\\&\quad+\cdots+(\frac{1}{n+1}-\frac{1}{n+2})\\&=\frac{1}{2}+(-\frac{1}{3}+\frac{1}{3})+(-\frac{1}{4}+\frac{1}{4})+(-\frac{1}{5}+\frac{1}{5})\\&\quad+(-\frac{1}{5}+\frac{1}{5})+\cdots+(-\frac{1}{n+1}+\frac{1}{n+1})-\frac{1}{n+2}\\&=\frac{1}{2}-\frac{1}{n+2}\end{aligned}$$

따라서

$$\lim_{n\to+\infty} S_n=\lim_{n\to+\infty}(\frac{1}{2}-\frac{1}{n+2})=\frac{1}{2}$$

문제 2

무한급수

$$\sum_{n=1}^{\infty}\frac{3}{4^k}=\frac{3}{4}+\frac{3}{4^2}+\frac{3}{4^3}+\cdots$$

은 초항이 3/4, 공비가 1/4 인 등비급수이다.

$$\sum_{n=1}^{\infty}\frac{2}{5^{k-1}}=2+\frac{2}{5}+\frac{2}{5^2}+\frac{2}{5^3}+\cdots$$

은 초항이 2, 공비가 1/5인 등비급수이다. 따라서

$$\sum_{n=1}^{\infty}\left(\frac{3}{4^k}-\frac{2}{5^{k-1}}\right)=\sum_{n=1}^{\infty}\frac{3}{4^k}-\sum_{n=1}^{\infty}\frac{2}{5^{k-1}}$$

$$=\frac{3/4}{1-1/4}-\frac{2}{1-1/5}=1-\frac{5}{2}=-\frac{3}{2}$$

2.4.5 무한급수의 활용

문제 1

(1) $0.\dot{3}=0.3+0.03+0.003+\cdots=\frac{0.3}{1-0.1}$

$$=\frac{0.3}{0.9}=\frac{3}{9}=\frac{1}{3}$$

(2) $0.\dot{1}2\dot{3}=0.123+0.000123+0.000000123+\cdots$

$$=\frac{0.123}{1-0.001}=\frac{0.123}{0.999}=\frac{41}{333}$$

(3) $0.3\dot{2}\dot{1}=0.3+0.021+0.00021+\cdots=\frac{3}{10}+\frac{0.021}{1-0.01}$

$$=\frac{3}{10}+\frac{0.021}{0.99}=\frac{53}{165}$$

(4) $0.5\dot{7}=0.5+0.07+0.007+0.0007+\cdots$

$$=0.5+\left(\frac{7}{10^2}+\frac{7}{10^3}+\frac{7}{10^4}+\cdots\right)$$

$$=0.5+\frac{\frac{7}{100}}{1-\frac{1}{10}}=\frac{52}{90}=\frac{26}{45}$$

문제 2

정사각형 A_1의 한 변을 x_1이라면, $DE=BD=x_1$, $BC=a, AB=\frac{a}{\sqrt{3}}$ 이므로,

$$\frac{x_1}{a/\sqrt{3}}=\frac{a-x_1}{a},\ \sqrt{3}\cdot x_1=a-x_1,$$

$$\therefore x_1=\frac{a}{1+\sqrt{3}}$$

$\triangle EDC$와 $\triangle ABC$는 닮은 꼴이므로, 정사각형 A_2의 한 변을 x_2이라면,

$$\frac{\frac{a}{\sqrt{3}+1}}{a/\sqrt{3}}=\frac{x_2}{\frac{a}{\sqrt{3}+1}},$$

$$x_2=\left(\frac{a}{\sqrt{3}+1}\right)^2\cdot\frac{\sqrt{3}}{a}=\frac{a}{\sqrt{3}+1}\cdot\frac{\sqrt{3}}{\sqrt{3}+1}$$

일반적으로 정사각형 A_n의 한 변의 길이

$$x_n=\frac{1}{1+\sqrt{3}}\cdot\left(\frac{\sqrt{3}}{1+\sqrt{3}}\right)^{n-1}$$

따라서 구하는 면적의 총합은,

$$A=A_1+A_2+A_3+\cdots=\sum_{n=1}^{\infty}x_n^2$$

$$=\left(\frac{a}{1+\sqrt{3}}\right)^2\cdot\sum_{n=1}^{\infty}\left(\frac{\sqrt{3}}{1+\sqrt{3}}\right)^{2(n-1)}$$

$$=\left(\frac{a}{1+\sqrt{3}}\right)^2\cdot\frac{1}{1-\left(\frac{\sqrt{3}}{1+\sqrt{3}}\right)^2}=\frac{a^2}{1+2\sqrt{3}}$$

제3장 함수

3.1 함수의 정의

문제 1

(a) $\{-2,\ -1,\ 0,\ 1,\ 2\}$

(b) $\{0,\ 1, 2,\ 3, 4, 5\}$

(c) $\{2,\ 3, 4\}$

문제 2

치역은 음이 아닌 실수 전체의 집합이고, 이것은 공역 R의 부분집합이다.

문제 3

(1) 함수 $y=-2x+7$의 정의역과 치역은 실수 전체의 집합이다.

(2) $y=|x|$ 의 정의역은 실수 전체의 집합, 치역은 $\{y|y\le 0$ 인 모든실수$\}$

(3) $y=2x^2+4$ 의 정의역은 실수 전체의 집합, 치역은 $\{y|y\ge 4$ 인 모든실수$\}$

(4) 함수 $y=-\frac{1}{x}$의 정의역과 치역은 0을 제외한 실수 전체의 집합이다.

3.2 함수의 그래프

3.2.1 일대일함수와 일대일대응

문제 1

(1) 일대일 대응 (2) 이대일 대응

(3) 이대일 대응

3.2.2 항등함수와 상수함수

문제 2

(1) 항등함수 (2) 이대일 함수 (3) 상수함수

따라서, 항등함수는 $f(x)=x$, 상수함수$f(x)=2$이다.

3.2.3 합성함수

문제 1

(1) $(f \circ f)(2) = f((2)) = f(4+1) = f(5) = 2 \cdot 5 - 1 = 9$

(2) $(g \circ f)(2) = g(f(2)) = g(4+1) = g(5) = 5^2 = 25$

(3) $(g \circ f)(x) = g(f(x)) = g(2x+1) = (2x+1)^2$

$= 4x^2 + 4x + 1$

(4) $(f \circ g)(x) = f(g(x)) = f(x^2) = 2x^2 + 1$

3.2.4 역함수

문제 1

$y = 4x + 5$로 놓고 x에 대하여 풀면

$$x = \frac{1}{4}y - \frac{5}{4}$$

이므로 x와 y를 서로 바꾸면 구하는 역함수는

$$y = \frac{1}{4}x - \frac{5}{4},\ \text{즉}\ f^{-1}(x) = \frac{1}{4}x - \frac{5}{4}$$

문제 2

(1) $x = \dfrac{y+4}{3}$, $y = \dfrac{x+4}{3} = \dfrac{1}{3}x + \dfrac{4}{3}$

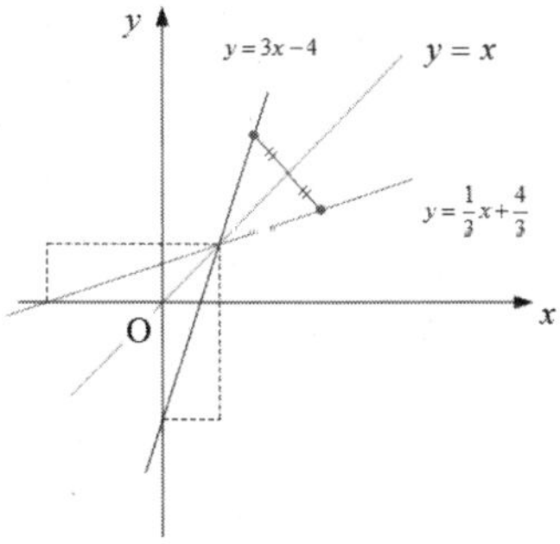

(2) $x = -\dfrac{3}{2}(y-5)$, $y = -\dfrac{3}{2}(x-5) = -\dfrac{3}{2}x + \dfrac{15}{2}$

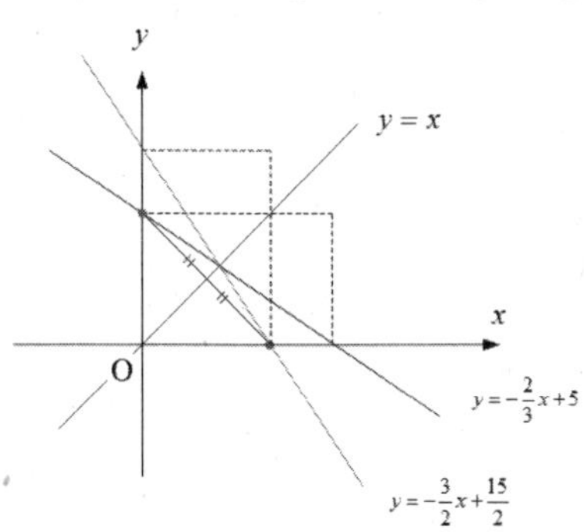

3.3 지수함수

문제 1

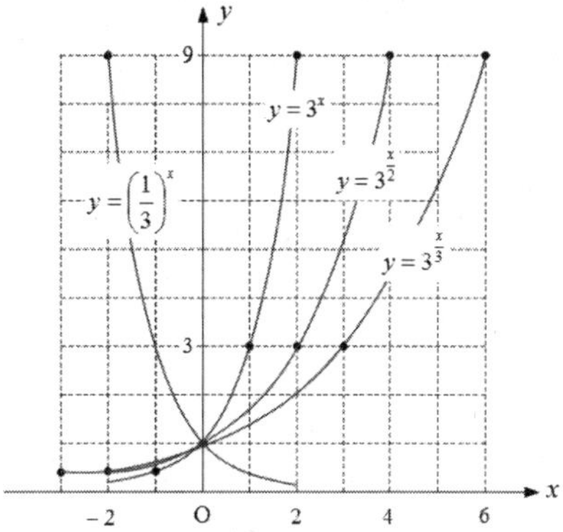

문제 2

(1) $y = -3^x$에서 x에 $x-1$를 대입하면 $y = -3^{x-1}$이므로 그 그래프는 $y = 3^x$의 그래프를 x축의 방향으로 1만큼 평행이동하고, x-축에 관하여 대칭한 것이다.

(2) $y = \left(\dfrac{1}{3}\right)^{-x} - 2$은 $y + 2 = \left(\dfrac{1}{3}\right)^{-x}$이므로 그 그래프는 $y = \left(\dfrac{1}{3}\right)^{x}$의 그래프를 y축의 방향으로 2만큼 평행이동하고, y-축에 관하여 대칭한 것이다.

문제 3

(1) $8^x = (2^3)^x = 2^{3x}$, $32 = 2^5$이므로, 주어진 방정식은

$2^{3x} = 2^5$

밑이 같으므로

$$3x = 5 \quad \therefore\ x = \frac{5}{3}$$

(2) $9^{3x} = (3^2)^{3x} = 3^{6x}$이므로, 주어진 방정식은

$3^{6x} = 3^{2x+4}$

밑이 같으므로

$$6x = 2x + 4 \qquad \therefore\ x = 1$$

(3) $8^x = (2^3)^x = 2^{3x}$, $16 = 2^4$이므로 방정식 $8^x = 16$는 $2^{3x} = 2^4$과 같다.

지수가 같아야 하므로

$$3x = 4 \qquad \therefore\ x = \frac{4}{3}$$

(4) $27^x = (3^3)^x = 3^{3x}$, $\frac{1}{81} = 3^{-4}$이므로

방정식 $27^x = \frac{1}{81}$은 $3^{3x} = 3^{-4}$과 같다.

지수가 같아야 하므로 $3x = -4$ $\quad \therefore\ x = -\frac{4}{3}$

문제 4

(1) $8^x = (2^3)^x = 2^{3x}$, $64 = 2^6$이므로 부등식 $8^x \geq 64$는 $2^{3x} \geq 2^6$과 같다. 밑이 1보다 크므로

$3x \geq 6 \qquad \therefore\ x \geq 2$

(2) $\left(\frac{1}{9}\right)^{3x+1} = \left\{\left(\frac{1}{3}\right)^2\right\}^{3x+1} = \left(\frac{1}{3}\right)^{6x+2}$, $\frac{1}{27} = \left(\frac{1}{3}\right)^3$

이므로 부등식

$\left(\frac{1}{9}\right)^{3x+1} > \frac{1}{27}$은 $\left(\frac{1}{3}\right)^{6x+2} > \left(\frac{1}{3}\right)^3$

과 같다. 밑이 1보다 작으므로

$6x + 2 < 3 \qquad \therefore\ x < \frac{1}{6}$

(3) $2^{x^2-3x} \leq 2^{6x-8}$

밑이 1보다 크므로 $x^2 - 3x \leq 6x - 8$

$1 \leq x \leq 8$

3.4 로그함수

문제 1

(1) $y = \log_2 x$에서 x에 $x-3$을 대입하면

$y = \log_2 (x-3)$

이므로 그래프 $y = \log_2 (x-3)$는 $y = \log_2 x$의 그래프를 x축의 방향으로 3만큼 평행이동한 것이다.

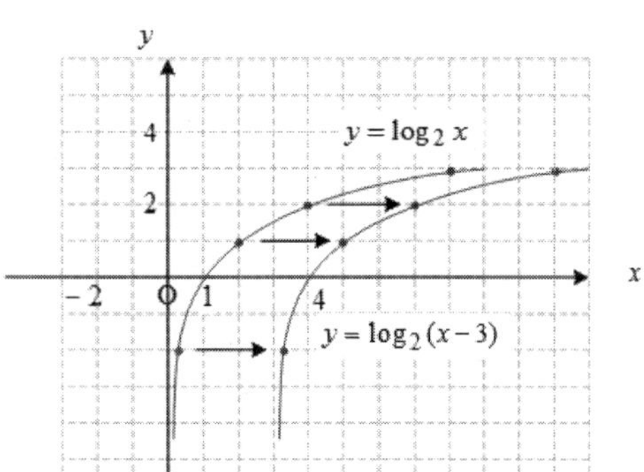

(2) 식 $y = \log_{0.5} (x-2) + 3$를 변형하면

$y = -\log_2 (x-2) + 3$

이다. 따라서, $y = \log_2 x$의 그래프를, y축 대칭하여 $y = -\log_2 x$를 얻고, 이어서, x축의 방향으로 2만큼 평행이동하여 $y = -\log_2 (x-2)$를 얻고, 이어서, y축의 방향으로 3만큼 평행이동하여 $y = -\log_2 (x-2) + 3$를 얻는다.

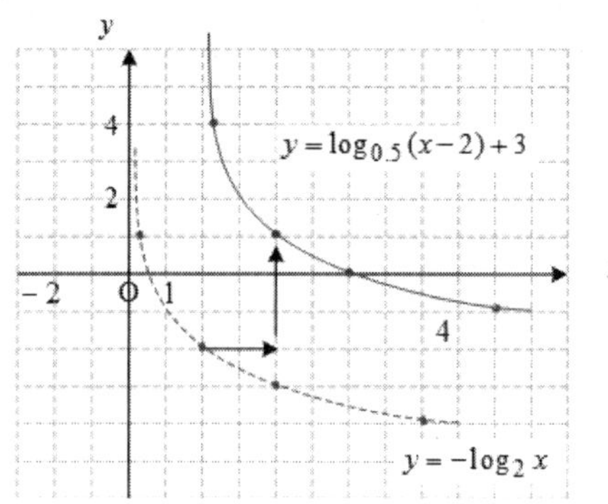

문제 2

(1) $3x + 1 = 25$, $x = 8$

(2) $\log_2 x^2 - \log_2 (x+14) = -2$

$\log_2 \frac{x^2}{x+14} = -2$, $\frac{x^2}{x+14} = \frac{1}{4}$, $(x-2)(4x+7) = 0$

$x = 2$, $x = -7/2$ 진수는양이므로, $\therefore\ x = 2$

(3) $\log_{10}(4x-3) + \log_{10}(3x-4) = 1$

$\log_{10}(4x-3)(3x-4) = 1$, $(4x-3)(3x-4) = 10$

$(12x-1)(x-2) = 0$

$x = \frac{1}{12}$, $x = 2$. 진수는양수이므로, $x = 2$.

문제 3

(1) $x(x-6) = 16$, $x^2 - 6x - 16 = 0$, $(x+2)(x-8) = 0$

$\therefore\ x = -2$ 또는 $x = 8$ 진수는 양수이어야 하므로

$x = 8$

(2) $\log_2 x = X$로 놓으면, 주어진 방정식은

$2X^2 - X - 1 = 0$, $(2X+1)(X-1) = 0$

$\therefore\ X = -\frac{1}{2}$ 또는 $X = 1$

$\log_2 x = -\frac{1}{2}$ 또는 $\log_2 x = 1$

$\therefore\ x = \dfrac{1}{\sqrt{2}}$ 또는 $x = 2$

진수는 양수이어야 하므로 $x > 0$
구하는 방정식의 해는

$$x = \frac{1}{\sqrt{2}} \text{ 또는 } x = 2$$

문제 4

(1) 밑이 같은 로그로 만들면

$$\log_2 (x-1) \le \log_2 2$$

밑이 1보다 크므로 진수를 비교하면

$$x-1 \le 2 \qquad \therefore\ x \le 3$$

진수는 양이므로

$$x-1 > 0 \qquad \therefore\ x > 1$$

따라서 구하는 해는 $1 < x \le 3$

(2) $\log_3 (x+1) + \log_3 (x-5) < 3$
밑이 같은 로그로 만들면

$$\log_3 (x+1) + \log_3 (x-5) < \log_3 27,$$
$$\log_3 (x+1)(x-5) < \log_3 27$$

밑이 1보다 크므로

$$(x+1)(x-5) < 27,\ x^2 - 4x - 32 < 0,$$
$$(x+4)(x-8) < 0 \quad \therefore\ -4 < x < 8$$

진수는 양수이므로 $x+1 > 0,\ x-5 > 0$에서 $x > 5$
구하는 해는 $5 < x < 8$

(3) $\log_2 x + \log_2 (x-3) \le 2$
변형하면

$$\log_2 x(x-3) \le \log_2 2^2$$

밑이 1보다 크므로 $x(x-3) \le 4$

$$x^2 - 3x - 4 \le 0,\ (x+1)(x-4) \le 0,\ -1 \le x \le 4$$

진수는 양수이어야 하므로 $x>0,\ x-3>0$

$$\therefore\ x > 3\ \cdots$$

따라서

$$3 < x \le 4$$

(4) $(\log_3 x)^2 + \log_3 x - 12 < 0$
$\log_3 x = X$로 놓으면

$$X^2 + X - 12 < 0$$
$$(X+4)(X-3) < 0$$
$$\therefore\ -4 < X < 3$$

$-4 < \log_3 x < 3$에서

$$\log_3 3^{-4} < \log_3 x < \log_3 3^3$$

밑이 1보다 크므로 $3^{-4} < x < 3^3$

$$\therefore\ \frac{1}{81} < x < 27$$

진수는 양수이어야 하므로 $x > 0$
따라서

$$\frac{1}{81} < x < 27$$

3.5 삼각함수

3.5.1 일반각

문제 1

(1) $60° = 360° \times 0 + 60°$, $\theta° = 360° \times n + 60°$
(n은 정수)

(2) $750° = 360° \times 2 + 30°$, $\theta° = 360° \times n + 30°$
(n은 정수)

(3) $-930° = 360° \times (-3) + 150°$, $\theta° = 360° \times n + 150°$
(n은 정수)

(4) $-130° = 360° \times 0 - 130°$, $\theta° = 360° \times n - 130°$
(n은 정수)

3.5.2 호도법

문제 1

(1) $120° = 120 \times \dfrac{\pi}{180} = \dfrac{2\pi}{3}$

(2) $-120° = 120 \times \dfrac{\pi}{180} = -\dfrac{2\pi}{3}$

(3) $150° = 150 \times \dfrac{\pi}{180} = \dfrac{5\pi}{6}$

(4) $75° = 75 \times \dfrac{\pi}{180} = \dfrac{5\pi}{12}$

(5) $135° = 135 \times \dfrac{\pi}{180} = \dfrac{3\pi}{4}$

(6) $300° = 300 \times \frac{\pi}{180} = \frac{5\pi}{3}$

문제 2

$$\frac{17\pi}{4} = 2\pi \cdot 2 + \frac{\pi}{4}$$

이므로 그 동경이 나타내는 일반각은

$$\frac{17\pi}{4} = 2\pi \cdot n + \frac{\pi}{4} \ (n\text{은 정수})$$

문제 3

(1) $l = 6 \times \frac{\pi}{3} = 2\pi$ (cm)

(2) $S = \frac{1}{2} \times 6^2 \times \frac{\pi}{3} = 6\pi$ (cm^2)

문제 4

넓이 $S = \frac{1}{2}r^2\theta = \frac{1}{2}rl = \frac{4}{3}\pi$ 에서 $r = 3$

호의 길이 $l = r\theta = \frac{\pi}{2}$에서 $\theta = \frac{\pi}{6}$

3.5.3 일반각 θ에 대한 삼각함수

문제 1

그림에서 $\overline{\mathrm{OP}} = 1$인 선분이 Ox와 나타내는 각의 크기가 $\theta = \frac{2\pi}{3}$이면

$$\angle \mathrm{POP}' = \frac{\pi}{3}$$

이므로 점 P의 좌표는 $\left(-\frac{1}{2}, \frac{\sqrt{3}}{2}\right)$이다.

$$\therefore \sin\frac{2\pi}{3} = \frac{\sqrt{3}}{2}, \ \cos\frac{2\pi}{3} = -\frac{1}{2}, \ \tan\frac{2\pi}{3} = -\sqrt{3}$$

3.5.4 삼각함수의 값의 부호

문제 1

(1) $\sin\theta\cos\theta > 0$에서 $\sin\theta$과 $\cos\theta$는 같은 부호이다. 따라서 θ는 제 1 또는 제3사분면의 각이다.

(2) $\sin\theta\tan\theta < 0$에서 $\sin\theta$과 $\cos\theta$는 다른 부호이다. 따라서 θ는 제 2 또는 제4사분면의 각이다.

위 두 조건 (1), (2)를 동시에 만족하는 각 θ는 제3사분면의 각이다.

3.5.5 삼각함수의 성질

문제 1

관계식 $\sin^2\theta + \cos^2\theta = 1$이므로

$$\cos^2\theta = 1 - \sin^2\theta = 1 - \left(\frac{4}{5}\right)^2 = \left(\frac{3}{5}\right)^2$$

이다. 각 θ는 제2사분면의 각이므로 $\cos\theta < 0$이다. 따라서

$$\cos\theta = -\frac{3}{5}$$

또한

$$\tan\theta = \frac{\sin\theta}{\cos\theta}$$

이므로

$$\tan\theta = \frac{4}{5} \div \left(-\frac{3}{5}\right) = -\frac{3}{4}$$

[답] $\cos\theta = -\frac{3}{5}$, $\tan\theta = -\frac{4}{3}$

문제 2

(1) $\sin\frac{13}{3}\pi = \sin\left(\frac{\pi}{3} + 4\pi\right) = \sin\frac{\pi}{3} = \frac{\sqrt{3}}{2}$

(2) $\cos\frac{11}{4}\pi = \cos\left(\frac{3}{4}\pi + 2\pi\right) = \cos\frac{3}{4}\pi = -\frac{\sqrt{2}}{2}$

(3) $\tan\left(-\frac{11}{3}\pi\right) = \tan\left(\frac{\pi}{3} + (-4\pi)\right) = \tan\frac{\pi}{3} = \sqrt{3}$

(4) $\sin\left(-\frac{11}{3}\pi\right) = \sin\left\{2\pi \times (-2) + \frac{\pi}{3}\right\}$
$= \sin\frac{\pi}{3} = \frac{\sqrt{3}}{2}$

(5) $\cos\left(-\frac{21}{4}\pi\right) = \cos\left\{2\pi \times (-3) + \frac{3}{4}\pi\right\}$
$= \cos\frac{3}{4}\pi = -\frac{\sqrt{2}}{2}$

(6) $\tan 600° = \tan(360° + 240°) = \tan 240° = \sqrt{3}$

문제 3

(1) $\sin\left(-\frac{\pi}{4}\right) = -\sin\frac{\pi}{4} = -\frac{\sqrt{2}}{2}$

(2) $\cos\left(-\frac{7}{3}\pi\right) = \cos\frac{7}{3}\pi = \cos\left(2\pi + \frac{\pi}{3}\right) = \cos\frac{\pi}{3} = \frac{1}{2}$

(3) $\tan\left(-\frac{13}{3}\pi\right)=-\tan\frac{13}{3}\pi=-\tan\left(4\pi+\frac{\pi}{3}\right)$

$=-\tan\frac{\pi}{3}=-\sqrt{3}$

문제 4

(1) $\sin(-120°)=-\sin 120°=-\frac{\sqrt{3}}{2}$

(2) $\cos\left(-\frac{25}{6}\pi\right)=\cos\frac{25}{6}\pi=\cos\left(2\pi\times 2+\frac{\pi}{6}\right)$

$=\cos\frac{\pi}{6}=\frac{\sqrt{3}}{2}$

(3) $\tan(-1140°)=-\tan 1140°$

$=-\tan(360°\times 3+60°)=-\tan 60°$

$=-\sqrt{3}$

문제 5

(1) $\sin\left(-\frac{3}{4}\pi\right)=-\sin\frac{3}{4}\pi=-\sin\left(\pi-\frac{\pi}{4}\right)$

$=-\sin\frac{\pi}{4}=-\frac{1}{\sqrt{2}}$

(2) $\cos 240°=\cos(180°+60°)=-\cos 60°=-\frac{1}{2}$

(3) $\tan 225°=\tan(180°+45°)=\tan 45°=1$

(4) $\tan\frac{7}{6}\pi=\tan\left(\pi+\frac{\pi}{6}\right)=\tan\frac{\pi}{6}=\frac{1}{\sqrt{3}}$

문제 6

(1) $\sin 735°=\sin(365°\times 2+15°)=\sin 15°$

(2) $\cos\frac{19\pi}{6}=\cos\left(2\pi+\frac{7\pi}{6}\right)=\cos\frac{7\pi}{6}$

$=\cos\left(\pi+\frac{\pi}{6}\right)=-\cos\frac{\pi}{6}$

(3) $\tan(-2120°)=\tan\{360°\times(-6)+40°\}=\tan 40°$

3.5.6 삼각함수의 그래프

$y=f(x)=\sin\left(x-\frac{\pi}{2}\right)$라고 하면

$$f(x)=\sin\left(x-\frac{\pi}{2}\right)=\sin\left(x-\frac{\pi}{2}+2\pi\right)$$

$$=\sin\left\{(x+2x)-\frac{\pi}{2}\right\}=f(x+2\pi)$$

(1) 함수 $y=\sin\left(x-\frac{\pi}{2}\right)$의 주기는 2π

(2) $-1\le\sin\left(x-\frac{\pi}{2}\right)\le 1$이므로 치역은

$\{y|-1\le y\le 1\}$

(3) $y=\sin\left(x-\frac{\pi}{2}\right)$의 그래프는 $y=\sin x$의 그래프를 x축의 방향으로 $\frac{\pi}{2}$만큼 평행이동한 그래프이다. 따라서 그래프는 다음과 같다.

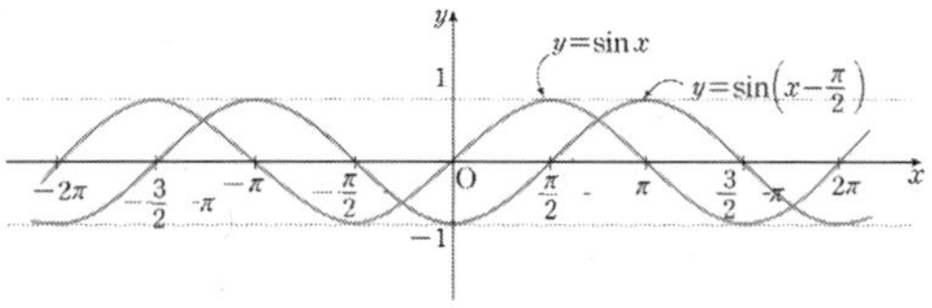

문제 2

$$y=f(x)=2\sin\left(2x-\frac{\pi}{3}\right)=2\sin 2\left(x-\frac{\pi}{6}\right)$$

이므로 $y=2\sin\left(2x-\frac{\pi}{3}\right)$의 그래프는 $y=\sin 2x$의 그래프를 y축의 방향으로 2배 확대하고, x축의 방향으로 $\frac{\pi}{6}$만큼 평행이동한 것이므로 그래프를 그리면 아래 그림과 같다.

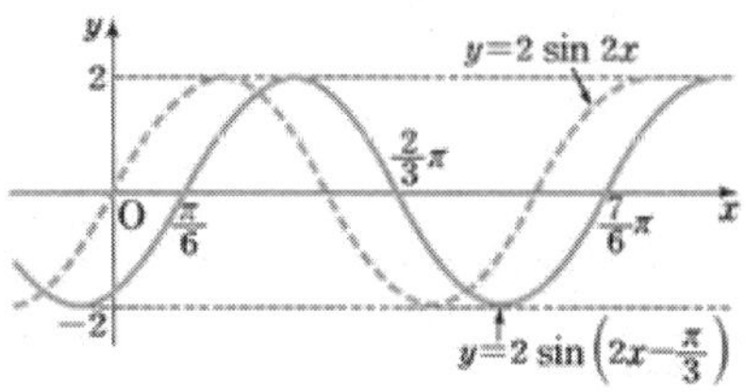

따라서, 주기는 $\frac{2\pi}{2}=\pi$, 최댓값은 2, 최솟값은 -2이다.

문제 3

(1) $y=f(x)=2\cos 2x$라고 하면

$f(x)=2\cos 2x=2\cos(2x+2\pi)$

$=2\cos 2(x+\pi)=f(x+\pi)$

따라서, 함수$y=2\cos 2x$의 주기는 π,

(2) $-1\le\cos 2x\le 1$이므로 치역은

$\{y|-2\le y\le 2\}$

(3) 그래프는 다음과 같다.

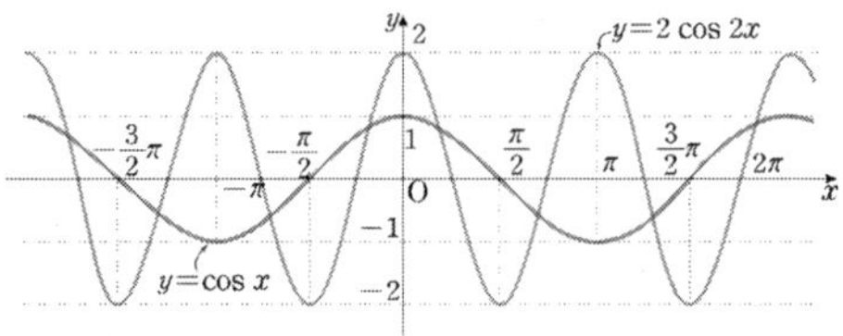

문제 4

(1) $f(x)=\tan\frac{x}{2}$라고 하면

$$f(x)=\tan\frac{x}{2}=\tan\left(\frac{x}{2}+\pi\right)$$

$$=\tan\frac{1}{2}(x+2\pi)=f(x+2x)$$

함수$y=\tan\frac{x}{2}$의 주기는 2π이다.

(2) 그래프는 다음과 같다.

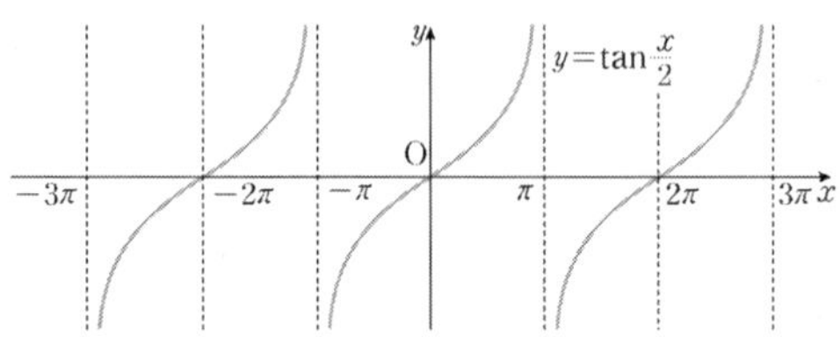

(3) 점근선의 방정식은

$x=(2n+1)\pi$ (n은 정수)

3.5.7 삼각방정식과 삼각부등식

문제 1

$\sin\frac{\pi}{4}=\frac{\sqrt{2}}{2}$이므로 $\sin x=\frac{\sqrt{2}}{2}$의 일반해는

$$x=n\pi+(-1)^n\frac{\pi}{4} \quad (\text{단, } n\text{은 정수})$$

이러한 꼴의 값 중 범위 $\pi\le x<3\pi$에 속하는 것은 $\frac{9}{4}\pi$, $\frac{11}{4}\pi$이므로 구하는 해는

$$x=\frac{9}{4}\pi \text{ 또는 } x=\frac{11}{4}\pi$$

문제 2

$\sin 2x=2\sin x\cos x$이므로 주어진 삼각방정식을 이항하여 정리하면

$$2\sin x\cos x-\sin x=0,\ \sin x(2\cos x-1)=0$$

$$\therefore\ \sin x=0 \text{ 또는 } \cos x=\frac{1}{2}$$

범위 $-\pi\le x<\pi$에서 $\sin x=0$의 해는

$$x=-\pi \text{ 또는 } x=0$$

$\cos x=\frac{1}{2}$의 해는 $x=-\frac{\pi}{3}$ 또는 $x=\frac{\pi}{3}$이므로 주어진 방정식의 해는

$$x=-\pi \text{ 또는 } x=-\frac{\pi}{3} \text{ 또는 } x=0 \text{ 또는 } x=\frac{\pi}{3}$$

3.5.8 그 밖의 삼각함수의 성질

문제 1

각 α는 제1사분면의 각, 각 β는 제2사분면의 각이므로

$$\cos\alpha=\frac{4}{5},\quad \sin\beta=\frac{5}{13}$$

이다.

(1) 삼각함수의 덧셈정리에 의하여

$$\sin(\alpha+\beta)=\sin\alpha\cdot\cos\beta+\cos\alpha\cdot\sin\beta$$

$$=\frac{3}{5}\cdot\left(-\frac{12}{13}\right)+\frac{4}{5}\cdot\frac{5}{13}=-\frac{16}{65}$$

(2) 삼각함수의 덧셈정리에 의하여

$$\cos(\alpha-\beta)=\cos\alpha\cdot\cos\beta+\sin\alpha\cdot\sin\beta$$

$$=\frac{4}{5}\cdot\left(-\frac{12}{13}\right)+\frac{3}{5}\cdot\frac{5}{13}=-\frac{33}{65}$$

[답] $\sin(\alpha+\beta)=-\frac{16}{65}$, $\cos(\alpha-\beta)=-\frac{33}{65}$

문제 2

각 α는 제2사분면의 각이므로 $\frac{\pi}{2}<\alpha<\pi$이다.

$$\cos\alpha=-\sqrt{1-\sin^2\alpha}=-\sqrt{1-\left(\frac{4}{5}\right)^2}=-\frac{3}{5}$$

(1) $\sin2\alpha=2\sin\alpha\cos\alpha=2\cdot\frac{4}{5}\cdot\left(-\frac{3}{5}\right)=-\frac{24}{25}$

(2) $\cos2\alpha=1-2\sin^2\alpha=1-2\cdot\left(\frac{4}{5}\right)^2=-\frac{7}{25}$

(3) $\tan\alpha = \dfrac{\sin\alpha}{\cos\alpha} = -\dfrac{4}{3}$ 이므로,

$$\tan 2\alpha = \frac{2\tan\alpha}{1-\tan^2\alpha} = \frac{2\cdot\left(-\frac{4}{3}\right)}{1-\left(-\frac{4}{3}\right)^2} = \frac{24}{7}$$

[답] (1) $-\dfrac{24}{25}$ (2) $-\dfrac{7}{25}$ (3) $\dfrac{24}{7}$

문제 3

$\pi < \alpha < \dfrac{3}{2}\pi$ 이므로 $\cos\alpha < 0$ 에서

$$\cos\alpha = -\sqrt{1-\sin^2\alpha} = -\sqrt{1-\left(-\frac{1}{3}\right)^2} = -\frac{2\sqrt{2}}{3}$$

또, $\pi < \alpha < \dfrac{3}{2}\pi$ 에서 $\dfrac{\pi}{2} < \dfrac{\alpha}{2} < \dfrac{3}{4}\pi$ 이므로 $\sin\dfrac{\alpha}{2} > 0$

$$\therefore \sin\frac{\alpha}{2} = \sqrt{\frac{1-\cos\alpha}{2}} = \sqrt{\frac{3+2\sqrt{2}}{6}}$$

$$= \frac{\sqrt{2}+1}{\sqrt{6}} = \frac{2\sqrt{3}+\sqrt{6}}{6}$$

[답] $\dfrac{2\sqrt{3}+\sqrt{6}}{6}$

3.6 역삼각함수

3.6.1 역사인함수(inverse sine function)

문제 1

(1) $\sin^{-1}(1) = \dfrac{\pi}{2}$

(2) $\sin^{-1}(\dfrac{3}{5}) + \sin^{-1}(\dfrac{4}{5}) = \theta + \dfrac{\pi}{2} - \theta = \dfrac{\pi}{2}$

(3) $\sin^{-1}\left[\sin(\dfrac{7\pi}{4})\right] = \sin^{-1}\left(\dfrac{-1}{\sqrt{2}}\right) = -\dfrac{\pi}{4}$

3.6.2 역코사인함수(inverse cosine function)

문제 2

(1) $y = \cos^{-1}(-\dfrac{\sqrt{2}}{2})$, $\cos y = -\dfrac{\sqrt{2}}{2}$, $0 \le y \le \pi$

$\therefore y = \dfrac{3\pi}{4}$

(2) $y = \cos^{-1}1$, $\cos y = 1$, $0 \le y \le \pi$ $\therefore y = 0$

(3) $y = \cos^{-1}0$, $\cos y = 0$, $0 \le y \le \pi$ $\therefore y = \dfrac{\pi}{2}$

(4) $y = \cos^{-1}\dfrac{1}{2}$, $\cos y = \dfrac{1}{2}$, $0 \le y \le \pi$ $\therefore y = \dfrac{\pi}{3}$

3.6.3 역탄젠트 함수(inverse tangent function)

문제 3

(1) $\tan^{-1}(-1) = -\dfrac{\pi}{4}$

(2) $\tan[\sin^{-1}(\sqrt{3})]$, 답이 존재하지 않음

(3) $\sin^{-1}\left[\tan(\dfrac{\pi}{6})\right] = \sin^{-1}\left[\dfrac{1}{\sqrt{3}}\right] = 0.6155$

3.7 쌍곡선 함수

3.7.3 기타 쌍곡선 함수의 정의

문제 1

$$1-\tanh^2 x = 1-\left(\frac{e^x-e^{-x}}{e^x+e^{-x}}\right)^2 = \frac{4}{(e^x+e^{-x})^2}$$
$$= \left(\frac{2}{e^x+e^{-x}}\right)^2 = \left(\frac{1}{\cosh x}\right)^2 = \mathrm{sech}^2 x$$

문제 2

$y = \cosh^{-1}x$ 라 하자. 그러면 $x = \cosh y = \dfrac{e^y+e^{-y}}{2}$ 이므로 양변에 $2e^y$ 를 곱하여 정리하면

$$(e^y)^2 - 2xe^y + 1 = 0$$

이다. 2차 방정식의 근의 공식에 의해

$$e^y = \frac{2x \pm \sqrt{4x^2-4}}{2} = x \pm \sqrt{x^2-1}$$

을 얻을 수 있다. 따라서

$$y = \ln e^y = \ln(x \pm \sqrt{x^2-1})$$

제4장 함수의 극한과 연속

4.1 함수의 극한

4.1.1 함수 극한의 정의

문제 1

(1) $\lim\limits_{x\to 2}(x^2-2) = 2$ (2) $\lim\limits_{x\to 2}\dfrac{x^2-4}{x-2} = 4$

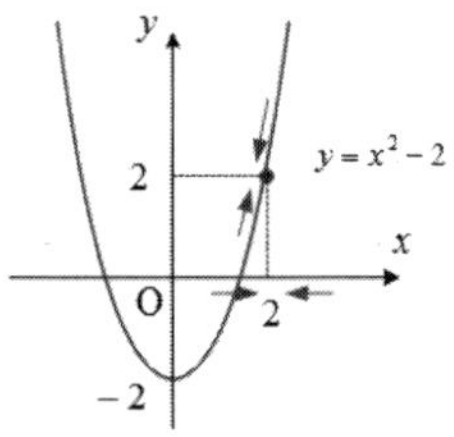

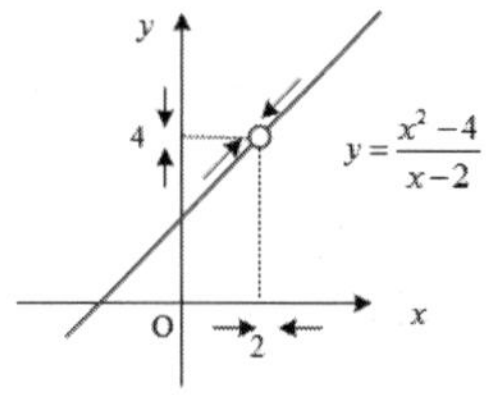

문제 2

(1) $f(x)=\frac{1}{x^2}$로 놓으면 $y=f(x)$의 그래프에서

$$\lim_{x\to0}\frac{1}{x^2}=\infty$$

(2) $f(x)=\left\{-\frac{1}{(x+1)^2}\right\}$로 놓으면 $y=f(x)$의 그래프에서

$$\lim_{x\to0}\left\{-\frac{1}{(x+1)^2}\right\}=\infty$$

문제 3

$x=1$에서 함수 $f(x)$의 우극한을 구하면

$$\lim_{x\to1+0}f(x)=\lim_{x\to1+0}\frac{x^2-1}{x-1}=\lim_{x\to1+0}(x+1)=2$$

$x=1$에서 함수 $f(x)$의 좌극한을 구하면

$$\lim_{x\to1-0}f(x)=\lim_{x\to1-0}\frac{x^2-1}{x-1}=\lim_{x\to1-0}-(x+1)=-2$$

$$\therefore\ \lim_{x\to1+0}f(x)\neq\lim_{x\to1-0}f(x)$$

이므로 $x=1$에서의 극한값은 존재하지 않는다.

4.1.2 함수의 극한에 관한 성질

문제 1

(1) $$\lim_{x\to-1}\frac{x^3+1}{x^2-x-2}=\lim_{x\to-1}\frac{(x+1)(x^2-x+1)}{(x+1)(x-2)}$$
$$=\lim_{x\to-1}\frac{x^2-x+1}{x-2}=-1$$

(2) $$\lim_{x\to\infty}\frac{x^2+2x}{2x^3+x-1}=\lim_{x\to\infty}\frac{1+\frac{2}{x}}{2+\frac{1}{x}-\frac{1}{x^2}}=\frac{1}{2}$$

문제 2

(1) $\lim_{x\to-1}\frac{x^2-a}{x+1}=b$ 에서 $\lim_{x\to-1}(x+1)=0$이므로

$$\lim_{x\to-1}(x^2-a)=0 \qquad \therefore a=1$$

$$\therefore b=\lim_{x\to-1}\frac{x^2-1}{x+1}=\lim_{x\to-1}(x-1)=-2$$

(2) $\lim_{x\to1}\frac{x^2-1}{x^2+ax+b}=2$에서 $\lim_{x\to1}(x^2-1)=0$이므로

$$\lim_{x\to1}(x^2+ax+b)=0$$

$1+a+b=0$이므로 $b=-1-a$

이를 주어진 식에 대입하면

$$\lim_{x\to1}\frac{x^2-1}{x^2+ax-1-a}=\lim_{x\to1}\frac{x^2-1}{(x-1)(x+a+1)}$$
$$=\lim_{x\to1}\frac{x+1}{(x+a+1)}=\frac{2}{a+2}$$

$$\frac{2}{a+2}=2,\quad a=-1 \qquad \therefore b=-1-a=0$$

4.1.3 지수 및 로그함수의 극한

문제 1

(1) $$\lim_{x\to\infty}\left(\frac{1}{3}\right)^x=0$$

(2) $$\lim_{x\to\infty}\frac{5^x}{5^x-1}=\lim_{x\to\infty}\frac{1}{1-\frac{1}{5^x}}=1$$

(3) $$\lim_{x\to\infty}(a^x+b^x)^{\frac{1}{x}}=\lim_{x\to\infty}\left[b^x\left\{\left(\frac{a}{b}\right)^x+1\right\}\right]^{\frac{1}{x}}$$
$$=\lim_{x\to\infty}b\left\{\left(\frac{a}{b}\right)^x+1\right\}^{\frac{1}{x}}=b$$

문제 2

(1) $$\lim_{x\to\infty}\log\frac{2x}{x-1}=\log2$$

(2) $$\lim_{x\to3+0}\log_3\frac{x^3-27}{x-3}=\lim_{x\to3+0}\log_3(x^2+3x+9)$$
$$=\log_3 27=3$$

(3) $$\lim_{x\to0}\left\{\log\left(\frac{\sqrt{1+x^2+x^4}-1}{\sqrt{1+x^2}-\sqrt{1-x^2}}\right)\right\}$$

$$= \lim_{x \to 0} \log\left(\frac{x^2+x^4}{\sqrt{1+x^2+x^4}+1} \cdot \frac{\sqrt{1+x^2}+\sqrt{1-x^2}}{2x^2}\right)$$

$$= \log\frac{1}{2} = -\log 2$$

4.2 함수의 연속

4.2.1 연속의 조건

(1) $x = \frac{\pi}{2} + n\pi,\ n = 0,\ \pm 1,\ \pm 2,\ \pm 3,\ \cdots$

(2) $x = n\pi,\ n = 0,\ \pm 1,\ \pm 2,\ \pm 3,\ \cdots$

4.2.2 연속함수

문제 1

(1) $f(x) = x^2 - 4x$

(i) $f(1) = -3$

(ii) $\lim_{x \to 1} f(x) = -3$

(iii) $\lim_{x \to 1} f(x) = f(1)$

따라서 $f(x)$는 $x=1$에서 연속이다.

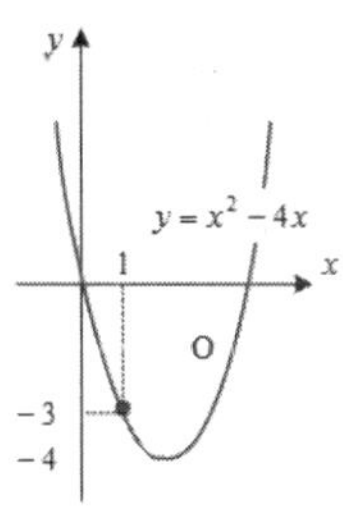

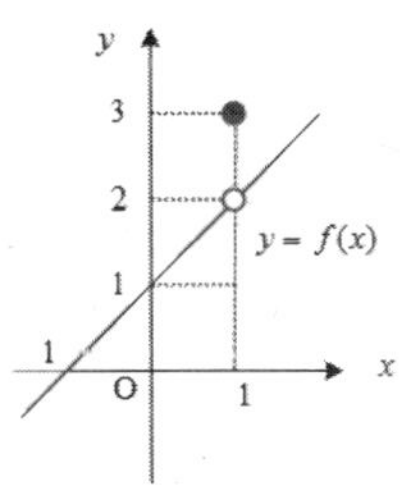

(2) $f(x) = \begin{cases} \frac{x^2-1}{x-1} & (x \neq 1\text{일 때}) \\ 3 & (x = 1\text{일 때}) \end{cases}$

(i) $f(1) = 3$

(ii) $\lim_{x \to 1} f(x) = 2$

(iii) $\lim_{x \to 1} f(x) \neq f(1)$

따라서 $f(x)$는 $x=1$에서 불연속이다.

4.2.3 두 실수 $a,\ b(a<b)$ 로써 구성되는 집합

문제 1

(1) $x+1>0$이므로 구간 $(-1,\ \infty)$에서 연속이다.

(2) $5-x \geq 0$이므로 구간 $(-\infty, 5]$에서 연속이다.

(3) $x-5>0$이므로 구간 $(5,\ +\infty)$에서 연속이다.

4.2.4 연속함수의 성질

문제 1

(1) 연속 함수의 성질에 따라 실수 전체에서 연속 함수이다.

(2) $g(f(x)) = g(x-2) = (x-2)^2 + 1$, 연속 함수의 성질에 따라 실수 전체에서 연속 함수이다.

4.2.5 최대·최소의 정리

문제 1

(1) 구간 $(-\infty,\ 4]$에서 정의된다.

(2) 구간 $[-2,\ 4]$에서 존재하고 연속이다.

(3) 구간 $[-2,\ 4]$에서 최댓값과 최솟값을 가진다.

(4) 이 함수는 $x=-2$일 때, 최솟값 $-\sqrt{6}$, $x=4$일 때, 최댓값 0를 가진다.

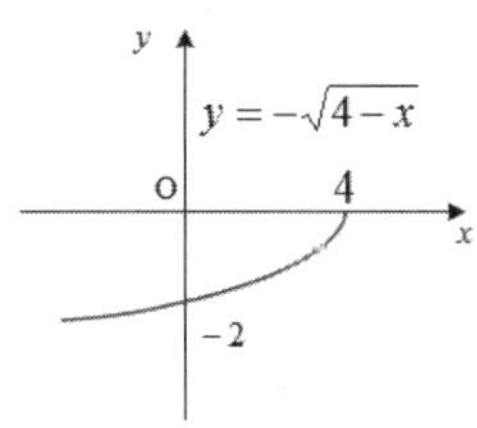

4.2.6 중간값의 성리 (Intermediate Value Theorem)

문제 1

$f(x) = x^2 + 2x - 5$로 놓으면 $f(x)$는 구간 $[-1,\ 2]$에서 연속이고

$$f(-1) = -6 < 0,\ f(2) = 3 > 0$$

중간값 정리에 의해 $f(c)=0$인 c가 열린 구간 $(-1,\ 2)$에 적어도 하나는 존재한다.

$\therefore$ 방정식 x^2+2x-5은 열린 구간 $(-1,\ 2)$에 적어도 하나의 실근을 갖는다.

제5장 미분

5.1 함수의 변화율

문제 1

(1) $\frac{\Delta y}{\Delta x}=\frac{f(4)-f(0)}{4-0}=3$

(2) $\frac{\Delta y}{\Delta x}=\frac{f(2+\Delta x)-f(2)}{(2+\Delta x)-2}=\frac{[3(2+\Delta x)+1]}{\Delta x}$

$=\frac{3\Delta x}{\Delta x}=3$

5.1.1 평균변화율

문제 1

(1) $\frac{\Delta y}{\Delta x}=\frac{f(3)-f(0)}{3-0}=6$

(2) $\frac{\Delta y}{\Delta x}=\frac{f(1)-f(-1)}{1-(-1)}=1$

문제 2

(1) $\frac{\Delta y}{\Delta x}=\frac{f(3)-f(-1)}{3-(-1)}=1$

(2) $\frac{\Delta y}{\Delta x}=\frac{f(3)-f(-1)}{3-(-1)}=5$

5.1.2 순간변화율(=미분계수)

문제 1

(1) $f'(-3)=\lim_{\Delta x\to 0}\frac{f(-3+\Delta x)-f(-3)}{\Delta x}$

$=\lim_{\Delta x\to 0}\frac{\{(-3+\Delta x)^2+3(-3+\Delta x)\}-\{(-3)^2+3\cdot(-3)\}}{\Delta x}$

$=\lim_{\Delta x\to 0}\frac{\{(9-6\Delta x+(\Delta x)^2-9+3\Delta x\}-\{0\}}{\Delta x}$

$=\lim_{\Delta x\to 0}\frac{-6\Delta x+(\Delta x)^2+3\Delta x}{\Delta x}$

$=\lim_{\Delta x\to 0}(\Delta x-3)=-3$

(2) $f'(1)=\lim_{\Delta x\to 0}\frac{f(1+\Delta x)-f(1)}{\Delta x}$

$=\lim_{\Delta x\to 0}\frac{\{(1+\Delta x)^2+3(1+\Delta x)\}-(1^2+3\cdot 1)}{\Delta x}$

$=\lim_{\Delta x\to 0}(5+\Delta x)=5$

(3) $f'(2)=\lim_{\Delta x\to 0}\frac{f(2+\Delta x)-f(2)}{\Delta x}$

$=\lim_{\Delta x\to 0}\frac{\{(2+\Delta x)^2+3(2+\Delta x)\}-(2^2+3\cdot 2)}{\Delta x}$

$=\lim_{\Delta x\to 0}\frac{\{(4+4\Delta x+(\Delta x)^2+(6+3\Delta x)\}-(10)}{\Delta x}$

$=\lim_{\Delta x\to 0}\frac{4\Delta x+(\Delta x)^2+3\Delta x}{\Delta x}$

$=\lim_{\Delta x\to 0}(4+\Delta x+3)=7$

문제 2

(1) $f'(2)=12$ (2) $f'(x)=5$

(3) $f'(-2)=-15$ (4) $f'(1)=\frac{-1}{4}$

5.1.3 미분계수의 기하학적 의미

문제 1

(1) 구하는 접선의 기울기는 곡선 $f(x)=2x^2$의 $x=-2$에서의 미분계수 $f'(-2)$과 같으므로

$f'(-2)=\lim_{\Delta x\to 0}\frac{f(-2+\Delta x)-f(-2)}{\Delta x}$

$=\lim_{\Delta x\to 0}\frac{2(-2+\Delta x)^2-2\cdot(-2)^2}{\Delta x}$

$=\lim_{\Delta x\to 0}\frac{2[4-4\Delta x+(\Delta x)^2]-8}{\Delta x}$

$=\lim_{\Delta x\to 0}\frac{-8\Delta x+2(\Delta x)^2}{\Delta x}$

$=\lim_{\Delta x\to 0}(-8+2\Delta x)=-8$

(2) 구하는 접선의 기울기는 곡선 $f(x)=2x^2$의 $x=1$에서의 미분계수 $f'(1)$과 같으므로

$f'(1)=\lim_{\Delta x\to 0}\frac{f(1+\Delta x)-f(1)}{\Delta x}$

$=\lim_{\Delta x\to 0}\frac{2(1+\Delta x)^2-2\cdot 1^2}{\Delta x}$

$=\lim_{\Delta x\to 0}(4+2\Delta x)=4$

5.1.4 미분가능성과 연속성 사이의 관계

문제 1

함수 $y=f(x)$은 임의의 실수 a에서

$f'(a)=\lim_{x\to a}\frac{f(x)-f(a)}{x-a}=\lim_{\Delta x\to 0}\frac{f(x+a)-f(a)}{\Delta x}$

이고 $f'(a)$가 존재하므로 모든 실수 x의 값에서 미분가

능하다.

(1) 함수 $y=x^2-2x$은 임의의 실수 a에 대하여

$$f'(a)=\lim_{x\to a}\frac{(x^2-2x)-(a^2-2a)}{x-a}$$
$$=\lim_{x\to a}\frac{(x^2-a^2)-(2x-2a)}{x-a},$$
$$=\lim_{x\to a}\frac{(x-a)(x+a)-2}{x-a}$$
$$=\lim_{x\to a}(x+a)-2=2a-2$$

즉 $f'(a)$가 존재하므로 모든 실수 x의 값에서 미분가능하다.

(2) 함수 $y=x^3$은 임의의 실수 a에서

$$f'(a)=\lim_{x\to a}\frac{x^3-a^3}{x-a}=\lim_{x\to a}\frac{(x-a)(x^2+xa+a^2)}{x-a}$$
$$=\lim_{x\to a}(x^2+xa+a^2)=a^2+aa+a^2=3a^2$$

즉 $f'(a)$가 존재하므로 모든 실수 x의 값에서 미분가능하다.

(3) 함수 $y=x^3+2$은 임의의 실수 a에 대하여

$$f'(a)=\lim_{x\to a}\frac{(x^3+2)-(a^3+2)}{x-a}=\lim_{x\to a}\frac{x^3-a^3}{x-a}$$
$$=\lim_{x\to a}\frac{(x-a)(x^2+xa+a^2)}{x-a}$$
$$=\lim_{x\to a}(x^2+xa+a^2)=a^2+aa+a^2=3a^2$$

즉 $f'(a)$가 존재하므로 모든 실수 x의 값에서 미분가능하다.

문제 2

(1) 이 함수는 모든 실수에서 연속이다. 따라서 $x=1$에서 연속이다.

(2) $x=1$에서 극한값;

$$\lim_{x\to 1+0}\frac{f(x)-f(1)}{x-1}\neq\lim_{x\to 1-0}\frac{f(x)-f(1)}{x-1}$$

(i) $x=1+0$의 기울기

$$\lim_{x\to 1+0}\frac{f(x)-f(1)}{x-1}=\lim_{x\to 1+0}\frac{(x^2-1)-0}{x-1}$$
$$=\lim_{x\to 1+0}(x+1)=2$$

는 $y=x^2-1$의 $x=1$에서의 접선이다.

(ii) $x=1-0$의 기울기

$$\lim_{x\to 1-0}\frac{f(x)-f(1)}{x-1}=\lim_{x\to 1-0}\frac{(-x^2+1)-0}{x-1}$$
$$=\lim_{x\to 1-0}\frac{-(x^2-1)}{x-1}$$
$$=\lim_{x\to 1-0}-(x+1)=-2$$

는 $y=-x^2+1$의 $x=1$에서의 접선이다.

따라서 극한값 $f'(1)$이 존재하지 않는다. 그러므로 함수 $f(x)=|x^2-1|$은 $x=1$에서 연속이지만 미분가능하지 않다.

5.2 도함수

5.2.1 도함수의 정의

문제 1

(1) $f'(x)=\lim_{\Delta x\to 0}\frac{f(x+\Delta x)-f(x)}{\Delta x}$

$$=\lim_{\Delta x\to 0}\frac{[(x+\Delta x)^2+2(x+\Delta x)]-(x^2+2x)}{\Delta x}$$
$$=\lim_{\Delta x\to 0}\frac{[(x^2+2x\Delta x+(\Delta x)^2+2(x+\Delta x)]-(x^2+2x)}{\Delta x}$$
$$=\lim_{\Delta x\to 0}\frac{2x\Delta x+(\Delta x)^2+2\Delta x}{\Delta x}$$
$$=\lim_{\Delta x\to 0}\{2x+(\Delta x)+2\}=2x+2$$

(2) $f'(x)=2x+2$에서

$f'(2)=2\cdot 2+2=6$

문제 2

(1) $f'(1)=\lim_{\Delta x\to 0}\frac{f(1+\Delta x)-f(1)}{\Delta x}$

$$=\lim_{\Delta x\to 0}\frac{\{(1+\Delta x)+2\}-(1+2)}{\Delta x}$$
$$=\lim_{\Delta x\to 0}\frac{\Delta x}{\Delta x}=1$$

(2) $f'(1)=\lim_{\Delta x\to 0}\frac{f(1+\Delta x)-f(1)}{\Delta x}$

$$=\lim_{\Delta x\to 0}\frac{\{-(1+\Delta x)^2+2(1+\Delta x)\}-(-1+2)}{\Delta x}$$
$$=\lim_{\Delta x\to 0}\frac{-(\Delta x)^2}{\Delta x}=\lim_{\Delta x\to 0}(-\Delta x)=0$$

(3) $f'(1) = \lim_{\Delta x \to 0} \frac{f(1+\Delta x) - f(1)}{\Delta x}$

$= \lim_{\Delta x \to 0} \frac{\{-3(1+\Delta x)^3 + 6(1+\Delta x) + 1\} - (-3+6+1)}{\Delta x}$

$= \lim_{\Delta x \to 0} \frac{-3\Delta x - 9(\Delta x)^2 - 3(\Delta x)^3}{\Delta x}$

$= \lim_{\Delta x \to 0} \{-3 - 9\Delta x - 3(\Delta x)^2\} = -3$

5.2.2 미분 공식

문제 1

(1), (2), (3), (4) 모두 상수함수이므로 $y' = 0$

문제 2

(1) $y = x^{10},\ y' = 10x^9$

(2) $y = x^{2n-1},\ y' = (2n-1)\cdot x^{2n-2}$

(3) $y = x^{-3/2},\ y' = -\frac{3}{2}x^{-5/2}$

(4) $y = x^{n+2},\ y' = (n+2)\cdot x^{n+1}$

(5) $y = x^{-3m},\ y' = -3m\cdot x^{-3m-1}$

(6) $y = x^{n+m\sqrt{3}},\ y' = (n+m\sqrt{3})\cdot x^{n+m\sqrt{3}-1}$

(7) $y = x^{-2\pi},\ y' = -2\pi\cdot x^{-2\pi-1}$

(8) $y = x^{-2n+\pi},\ y' = (-2n+\pi)\cdot x^{-2n+\pi-1}$

문제 3

(1) $y' = (3x)' - (2)' = 3$

(2) $y' = (-5x)' - (2)' = -5$

(3) $y' = \left(\frac{1}{2}x^2\right)' + (x)' = x + 1$

(4) $y' = (x^2)' + (2x)' + (2)' = 2x + 2$

(5) $y' = \left(\frac{1}{3}x^3\right)' - (2x^2)' + (6x)' + (5)' = x^2 - 4x + 6$

(6) $y' = (-7x^5)' - (2x^3)' + (5)' = -35x^4 - 6x^2$

(7) $y' = \{(x-2)(x+1)\}' = (x^2 - x - 2)'$

$= (x^2)' - (x)' - (2)' = 2x - 1$

(8) $y' = (x^3 - 9)' = 3x^2$

(9) $y = (2x-1)(x+3) = 2x^2 - 5x - 3,\ y' = 4x - 5$

(10) $y' = (x+1)'(2x+1)(3x+1)$

$+ (x+1)(2x+1)'(3x+1)$

$+ (x+1)(2x+1)(3x+1)'$

$= (2x+1)(3x+1) + (x+1)2(3x+1) + (x+1)(2x+1)3$

$= 18x^2 + 22x + 6$

문제 4

(1) $y' = (x^9)' = 9x^8$

(2) $y' = (x^3 + 4)' = 3x^2$

(3) $y' = (x^4 + x^2 + 3)' = 4x^3 + 2x$

(4) $y' = (x^3 + 2x^2)' = 3x^2 + 4x$

(5) $y' = (x^6 - 5x^4 + 2x) = 6x^5 - 20x^3 + 2$

(6) $y' = (\pi x^\pi)' = \pi^2 \cdot x^{(\pi-1)}$

5.3 여러가지 함수의 미분법

5.3.1 몫의 미분법

문제 1

(1) $y' = -\left(\frac{1}{x^3}\right)' = \frac{(x^3)'}{(x^3)^2} = \frac{3x^2}{x^6} = \frac{3}{x^4}$

(2) $y' = \frac{(2x)'(x^2+1) - 2x(x^2+1)'}{(x^2+1)^2}$

$= \frac{2(x^2+1) - 2x\,2x}{(x^2+1)^2} = \frac{-2x^2+2}{(x^2+1)^2}$

(3) $y' = D\left(\frac{x^2+1}{x-2}\right) = \frac{(x^2+1)'(x-2) - (x^2+1)(x-2)'}{(x-2)^2}$

$= \frac{2x(x-2) - (x^2+1)\cdot 1}{(x-2)^2} = \frac{x^2 - 4x - 1}{(x-2)^2}$

(4) $y' = \frac{(x^2)'(x-1) - x^2(x-1)'}{(x-1)^2}$

$= \frac{2x(x-1) - x^2}{(x-1)^2} = \frac{x^2 - 2x}{(x-1)^2}$

(5) $y' = \frac{3'(x^3-3) - 3(x^3-3)'}{(x^3-3)^2}$

$= \frac{(x^3-3) - 3(3x^2)}{(x^3-3)^2} = -\frac{9x^2}{(x^3-3)^2}$

(6) $y' = (\sqrt[3]{x^4})' = \frac{4}{3}\cdot\sqrt[3]{x}$

5.3.2 합성함수의 미분법(연쇄법칙)

문제 1

(1) $y' = 5(x^2+x+1)^4\,(x^2+x+1)'$

$= 5(x^2+x+1)^4(2x+1)$

(2) $y = \frac{1}{(x^3+2x+3)^3} = (x^3+2x+3)^{-3}$

$y' = -3(x^3+2x+3)^{-4}\cdot(x^3+2x+3)'$

$= -\frac{3(3x^2+2)}{(x^3+2x+3)^4}$

또는

$$\{(x^2+4)^3\}' = 3(x^2+4)^2 \cdot (x^2+4)'$$
$$= 3(x^2+4)^2 \cdot 2x = 6x(x^2+4)^2$$

(3) $y' = 4(2x^3+2x-1)^3(2x^3+2x-1)'$

$$= 8(2x^3+2x-1)^3(3x^2+1)$$

(4) $u = x^2 - x + 1$라 놓으면

$$y = \sqrt{u}$$

$$\therefore \frac{dy}{dx} = \frac{dy}{du} \cdot \frac{du}{dx} = \frac{1}{2\sqrt{u}} \cdot (2x-1)$$
$$= \frac{1}{2\sqrt{x^2-x+1}} \cdot (2x-1)$$

5.3.3 음함수의 미분법

문제 1

(1) $x^2+y^2=4$의 양변을 x에 관하여 미분하면

$$2x+2y \cdot \frac{dy}{dx} = 0 \quad \therefore \frac{dy}{dx} = -\frac{x}{y} \ (y \neq 0)$$

(2) $y^2 = 4px$의 양변을 x에 관하여 미분하면

$$2y\frac{dy}{dx} = 4p \qquad \therefore \frac{dy}{dx} = \frac{2p}{y} \ (y \neq 0)$$

(3) 양변을 x에 관하여 미분하면

$$2x - 4y \cdot \frac{dy}{dx} = 0 \qquad \therefore \frac{dy}{dx} = \frac{x}{2y} \ (y \neq 0)$$

(4) 양변을 x에 관하여 미분하면

$$y + x \cdot \frac{dy}{dx} = 0 \qquad \therefore \frac{dy}{dx} = -\frac{y}{x} \ (x \neq 0)$$

문제 2

(1) $x^{\frac{1}{2}} + y^{\frac{1}{2}} = 1$을 x에 관하여 미분하면

$$\frac{1}{2}x^{-\frac{1}{2}} + \frac{1}{2}y^{-\frac{1}{2}}\frac{dy}{dx} = 0 \quad \therefore \frac{dy}{dx} = -\sqrt{\frac{y}{x}} \ (x \neq 0)$$

(2) $2x^2+4xy+5y^2=1$의 양변을 x에 관하여 미분하면

$$\frac{d}{dx}(xy) = \frac{d}{dx}x \cdot y + x\frac{dy}{dx} = y + x \cdot \frac{dy}{dx}$$

이므로

$$4x + 4\left(y + x \cdot \frac{dy}{dx}\right) + 10y \cdot \frac{dy}{dx} = 0$$

$$\therefore 2(2x+5y)\frac{dy}{dx} = -4(x+y)$$

$$\therefore \frac{dy}{dx} = -\frac{2(x+y)}{2x+5y}$$

(3) 양변을 x에 관하여 미분하면

$$\frac{x}{2} + \frac{2y}{9}\frac{dy}{dx} = 0 \qquad \therefore \frac{dy}{dx} = -\frac{9x}{4y} \ (y \neq 0)$$

(4) 양변을 x에 관하여 미분하면

$$2x - 2y \cdot \frac{dy}{dx} = 0 \qquad \therefore \frac{dy}{dx} = \frac{x}{y} \ (y \neq 0)$$

5.3.4 역함수의 미분법

문제 1

(1) $y^4 = x+1$이므로 양변을 y에 대해 미분하면

$$4y^3 = \frac{dx}{dy} \qquad \therefore \frac{dy}{dx} = \frac{1}{\frac{dx}{dy}} = \frac{1}{4y^3} \ (y \neq 0)$$

(2) $y^2 = x^2 + x^3$

$$2y = (2x+3x^2)\frac{dx}{dy} \qquad \therefore \frac{dy}{dx} = \frac{1}{\frac{dx}{dy}} = \frac{2x+3x^2}{2y}$$

$(y \neq 0)$

(3) $x = y^3$의 양변을 y에 대해 미분하면

$$\frac{dy}{dx} = \frac{1}{\frac{dx}{dy}} = \frac{1}{3y^2} \ (y \neq 0)$$

(4) $x = y^2+2y+1$의 양변을 y에 대해 미분하면

$$\frac{dy}{dx} = \frac{1}{\frac{dx}{dy}} = \frac{1}{2y+2} \ (y \neq -1)$$

5.3.5 매개변수로 표시된 함수의 미분법

문제 1

(1) $\frac{dx}{dt} = 6t^2, \ \frac{dy}{dt} = -6t$

$$\therefore \frac{dy}{dx} = \frac{\frac{dy}{dt}}{\frac{dx}{dt}} = -\frac{6t}{6t^2} = -\frac{1}{t}$$

(2) $\frac{dx}{dt} = \frac{1}{2\sqrt{t+2}}, \ \frac{dy}{dt} = 2t$

$$\therefore \frac{dy}{dx} = \frac{\frac{dy}{dt}}{\frac{dx}{dt}} = \frac{2t}{\frac{1}{2\sqrt{t+2}}} = 4t\sqrt{t+2}$$

문제 2

$\frac{dx}{dt}=7, \quad \frac{dy}{dt}=4t$

(1) $\frac{dy}{dx}=\frac{dy/dt}{dx/dt}=\frac{4t}{7}=\frac{4}{7}t$

(2) $\frac{dy}{dx}=\frac{dy/dt}{dx/dt}=\frac{4}{7}t=\frac{4}{49}(x+1)$

5.3.6 지수함수 $y=e^x$ 의 미분법

문제 1

(1) $y'=e^{5x}(5x)'=5e^{5x}$

(2) $y'=e^{-x^3}(-x^3)'=-3x^2e^{-x^3}$

(3) $u=3x-1$놓으면 $y=2^u$

$\frac{dy}{du}=2^u\ln 2, \quad \frac{du}{dx}=3$

$y'=\frac{dy}{dx}=\frac{dy}{du}\frac{du}{dx}=(2^u\ln 2)3=3(\ln 2)2^{3x-1}$

(4) $y'=3^{-6x+1}\ln 3(-6x+1)'=-6(3^{-6x+2})\ln 3$

문제 2

(1) $y'=e^{(x^2+5x+4)}\cdot(x^2+5x+4)'$

$=e^{(x^2+5x+4)}\cdot(2x+5)=(2x+5)\cdot e^{(x^2+5x+4)}$

(2) $y'=3^{(4x+5)}\cdot\ln 3\cdot(4x+5)'=3^{(4x+5)}\cdot\ln 3\cdot(4)$

$=4\cdot 3^{(4x+5)}\cdot\ln 3$

[다른 풀이]

양변에 자연로그를 취하고, 양변을 x에 대하여 미분하면 다음과 같다.

(1) $\ln y=x^2+5x+4$

$\frac{y'}{y}=2x+5$

$\therefore y'=(2x+5)\cdot e^{(x^2+5x+4)}$

(2) $\ln y=(4x+2)\cdot\ln 3$

$\frac{y'}{y}=4\cdot\ln 3$

$\therefore y'=4\cdot 3^{(4x+2)}\cdot\ln 3$

5.3.7 로그함수의 미분법

문제 2

(1) $u(x)=x^3+x^2-6$

$y=\ln u(x)$이므로,

$y'=\frac{u'(x)}{u(x)}=\frac{3x^2+2x}{x^3+x^2-6}$

(2) $y=5\cdot\ln(2x^3+x^2)$

$\therefore y'=5\cdot\frac{6x^2+2x}{2x^3+x^2}=5\frac{6x+2}{2x^2+x}$

문제 3

(1) $\ln y=2\cdot\ln|x+2|-3\cdot\ln|x+3|-4\cdot\ln|x+4|$

$\frac{y'}{y}=\frac{2}{x+2}-\frac{3}{x+3}-\frac{4}{x+4}$

$\therefore y'=\frac{(x+2)^2}{(x+3)^3\cdot(x+4)^4}\cdot\left\{\frac{2}{x+2}-\frac{3}{x+3}-\frac{4}{x+4}\right\}$

(2) $\ln y=(x^2+1)\ln|x|$

$\frac{y'}{y}=2x\ln|x|+(x^2+1)\frac{1}{x}$

$y'=x^{(x^2+1)}\left[2x\ln|x|+(x^2+1)\frac{1}{x}\right]$

문제 4

(1) $y'=\frac{3}{3x+2}$

(2) $y'=\frac{2x}{x^2+1}$

(3) $y'=\frac{4}{(4x-1)\log a}$

(4) $y'=(-x\log x)'=-\log x-1$

5.3.8 삼각함수의 미분법

문제 1

(1) $y'=3\sin^2 x\cdot(\sin x)'=3\sin^2 x\cdot\cos x$

(2) $y'=-\sin x\cdot\cos(\cos x)$

문제 2

(1) $\frac{dy}{dx}=\frac{(\cos x+\sin x)^2-(\sin x-\cos x)\cdot(\cos x-\sin x)}{(\sin x+\cos x)^2}$

$=\frac{2}{(\sin x+\cos x)^2}$

(2) $\dfrac{dy}{dx}=\dfrac{\left\{\begin{array}{l}[\cos x-(\cos x-x\sin x)]\cdot(\cos x+x\sin x)\\-(-\sin x+\sin x+x\cdot\cos x)\cdot(\sin x-x\cos x)\end{array}\right\}}{(\cos x+x\cdot\sin x)^2}$

$=\dfrac{x^2\cdot\sin^2 x+x^2\cdot\cos^2 x}{(\cos x+x\cdot\sin x)^2}=\dfrac{x^2\cdot(\sin^2 x+\cos^2 x)}{(\cos x+x\cdot\sin x)^2}$

$=\dfrac{x^2}{(\cos x+x\cdot\sin x)^2}$

5.3.9 역삼각함수의 미분법

문제 1

(1) $y'=2x\cdot\cos^{-1}(3x-1)+x^2\cdot\dfrac{-3}{\sqrt{1-(3x-1)^2}}$

$=2x\cdot\cos^{-1}(3x-1)-\dfrac{3x^2}{\sqrt{6x-9x^2}}$

(2) $y'=2(\sec^{-1}\sqrt{x})\cdot\dfrac{\frac{1}{2\sqrt{x}}}{\sqrt{x}\cdot\sqrt{x-1}}$

$=\dfrac{\sec^{-1}\sqrt{x}}{x\sqrt{x-1}}$

5.3.10 쌍곡선함수의 미분법

문제 1

(1) $\left(\dfrac{e^x+e^{-x}}{2}\right)^2-\left(\dfrac{e^x-e^{-x}}{2}\right)^2$

$=\dfrac{e^{2x}+2+e^{-2x}}{2}-\dfrac{e^{2x}-2+e^{-2x}}{2}=1$

(2) $\dfrac{1}{\cosh^2 x}+\dfrac{\sinh^2 x}{\cosh^2 x}=\dfrac{1+\sinh^2 x}{\cosh^2 x}=\dfrac{\cosh^2 x}{\cosh^2 x}=1$

(3) $\sinh x\cdot\cosh y-\cosh x\cdot\sinh y$

$=\dfrac{e^x-e^{-x}}{2}\cdot\dfrac{e^y+e^{-y}}{2}-\dfrac{e^x+e^{-x}}{2}\cdot\dfrac{e^y-e^{-y}}{2}$

$=\dfrac{1}{4}(e^{x+y}-e^{-x+y}+e^{x-y}-e^{-x-y})$

$-\dfrac{1}{4}(e^{x+y}+e^{-x+y}-e^{x-y}-e^{-x-y})$

$=\dfrac{1}{4}(2e^{x-y}-2e^{-x+y})$

$=\dfrac{1}{2}\left[e^{x-y}-e^{-(x-y)}\right]=\sinh(x-y)$

(4) $\dfrac{e^x+e^{-x}}{2}\cdot\dfrac{e^y+e^{-y}}{2}-\dfrac{e^x-e^{-x}}{2}\cdot\dfrac{e^y-e^{-y}}{2}$

$=\dfrac{1}{4}(e^{x+y}+e^{x-y}+e^{x-y}-e^{-x-y})$

$-\dfrac{1}{4}(e^{x+y}+e^{x-y}-e^{-x+y}-e^{-x-y})$

$=\dfrac{1}{4}(2e^{x-y}+2e^{-x+y})$

$=\dfrac{1}{2}\left[e^{x-y}+e^{-(x-y)}\right]=\cosh(x-y)$

문제 2

(1) $y'=\cosh(e^{2x}+1)\cdot 2e^{2x}=2e^{2x}\cdot\cosh(e^{2x}+1)$

(2) $y'=\sinh(\ln x+1)\cdot\dfrac{1}{x}=\dfrac{\sinh(\ln x+1)}{x}$

문제 3

(1) $y'=\dfrac{1}{\sqrt{1+(\frac{1}{3}x)^2}}\cdot\dfrac{1}{3}=\dfrac{1}{\sqrt{\frac{9+x^2}{9}}}\cdot\dfrac{1}{3}=\dfrac{1}{\sqrt{9+x^2}}$

(2) $y'=\dfrac{2}{\sqrt{(2x+1)^2-1}}$

5.3.11 고계도함수

문제 1

(1) $y'=\dfrac{1}{2}x^{-\frac{1}{2}},\ y''=\dfrac{1}{2}\left(-\dfrac{1}{2}\right)x^{-\frac{3}{2}}=-\dfrac{1}{4\sqrt{x^3}}$

(2) $y'=-3e^{-3x},\ y''=-3e^{-3x}(-3)=9e^{-3x}$

(3) $y'=\dfrac{1}{x},\quad y''=-\dfrac{1}{x^2}$

(4) $y'=\dfrac{1}{2}(9+x^2)^{-1/2}\cdot 2x=\dfrac{x}{\sqrt{9+x^2}}$

$y''=\dfrac{\sqrt{9+x^2}-x\cdot D\sqrt{9+x^2}}{9+x^2}$

$=\dfrac{\sqrt{9+x^2}-x\cdot\frac{2x}{2\sqrt{9+x^2}}}{9+x^2}=\dfrac{9}{(9+x^2)^{3/2}}$

문제 2

(1) $y'=\dfrac{1}{x},\quad y''=-\dfrac{1}{x^2},\quad y'''=\dfrac{2}{x^3}$

(2) $y'=\dfrac{1}{x\log a},\quad y''=-\dfrac{1}{x^2\log a},\quad y'''=\dfrac{2}{x^3\log a}$

(3) $y'=x^2(3\sin x+x\cos x)$,

$y''=x(6\sin x+6x\cos x-x^2\sin x)$

$y'''=6\sin x+12x\cos x-9x^2\sin x-x^3\cos x$

5.4 미분의 응용 I

5.4.1 접선의 방정식

문제 1

(1) $y'=2x-3$이므로 접선의 기울기 $y'=1$

접선의 방정식은 $y-(-2)=(x-2)$

$\therefore y=x-4$

(2) $y'=3x^2-4x$이므로 접선의 기울기 $y'=-1$

접선의 방정식은 $y=-(x-1)$

$\therefore y=-x+1$

(3) $y'=\frac{3}{2}x^{\frac{1}{2}}=\frac{3}{2}\sqrt{x}$이므로 접선의 기울기 $y'=\frac{3}{2}$

접선의 방정식은 $y-1=\frac{3}{2}(x-1)$

$\therefore y=\frac{3}{2}x-\frac{1}{2}$

5.4.2 법선의 방정식

문제 2

(1) $18x+8y\frac{dy}{dx}=0,\ \left.\frac{dy}{dx}\right|_{\substack{x=2\\y=3}}=-\frac{9x}{4y}=-\frac{18}{12}=-\frac{3}{2}$

접선: $y-3=-\frac{3}{2}(x-2),\ 2y-6=-3x+6,\ 2y+3x=12$

접선 : $y-3=+\frac{2}{3}(x-2),\ 3y-9=2x-4,\ 3y-2x=5$

(2) $2x+y+x\frac{dy}{dx}+4y\frac{dy}{dx}=0$

$\left.\frac{dy}{dx}\right|_{(-2,3)}=-\left.\frac{2x+y}{x+4y}\right|=-\frac{1}{2}$

접선: $y+3=-\frac{1}{2}(x+2),\ 2y+6=-x-2,\ 2y+x=-8$

접선: $y+3=+2(x+2),\ y+3=2x+4,\ y-2x=1$

(3) $3x^2-ay-ax\frac{dy}{dx}+6ay\frac{dy}{dx}=0$

$\left.\frac{dy}{dx}\right|_{(a,a)}=\left.\frac{ay-3x^2}{a(6y-x)}\right|=-\frac{2}{5}$

접선: $5y+2x=7a$

접선: $2y-5x=-3a$

5.4.3 뉴턴의 방법

문제 1

함수 $y=x^3$ 및 함수 $y=\cos x$를 그래프로 나타내고, $x=0.8$인 곳에서 교차한다고 대충 짐작한다.
Newton's method를 사용하기 위하여, 주어진 방정식을 $x^3-\cos x=0$라고 둔다. 함수가

$$f(x)=x^3-\cos x=0$$

를 만족하기 위한 값으로서 우선 $x=0.8$을 선택한다.

$$f'(x)=3x^2+\sin x$$

로부터

$$x_{n+1}=x_n-\frac{(x_n)^3-\cos x_n}{3(x_n)^2+\sin x_n}$$

$x_1=0.8,\ x_2=0.870034801,\ x_3=0.865494102$

$x_4=0.865474034,\ x_5=0.865474033,$

$x_6=0.865474033$

따라서 $x^3=\cos x$의 해는 $x\simeq 0.865474033$이다.

5.4.4 롤(Roll)의 정리

문제 1

$f(x)=x^3-x^2-5x-3$은 닫힌 구간 $[-1,3]$에서 연속이고, 열린 구간 $(-1,3)$에서 미분가능하다.
$f(-1)=f(3)=0$이므로 롤의 정리에 의하여 $f'(c)=0$인 c가 열린 구간 $(-1,3)$에서 존재한다.

$$f'(c)=3c^2-2c-5=0\quad\therefore\ c=\frac{5}{3}\ (\because -1<c<3)$$

5.4.4 평균값 정리(Mean Value Theorem)

문제 1

$f(x)=x^2+2x$에 대하여 닫힌 구간 $[-2,1]$에서 평균값의 정리를 만족하는 c의 값을 구하면 $f'(x)=2x+2$이므로 $f'(c)=2c+2$

$\frac{3-0}{1+2}=2c+2$로부터 $\quad 2c+2=1$

$\therefore\ c=-\frac{1}{2}$

5.4.5 로피탈(L'Hopital)의 정리

문제 1

로피탈의 정리를 이용한다.

(1) $\mathcal{L} = \lim_{x\to -3} \dfrac{1}{\dfrac{1}{2\sqrt{-x}}} = \lim_{x\to -3} 2\sqrt{-x} = 2\sqrt{3}$

(2) $\mathcal{L} = \lim_{x\to 0} \dfrac{\dfrac{-1}{2\sqrt{1-x}} - \dfrac{1}{2\sqrt{1+x}}}{1}$
$= \lim_{x\to 0} \dfrac{(-\sqrt{1+x} + \sqrt{1-x})}{2\sqrt{1-x}\cdot\sqrt{1+x}} = -1$

(3) $\mathcal{L} = \lim_{x\to 0} \dfrac{(x-\sin x)'}{(x^3)'} = \lim_{x\to 0} \dfrac{1-\cos x}{3x^2}$

$= \lim_{x\to 0} \dfrac{(1-\cos x)'}{(3x^2)'} = \lim_{x\to 0} \dfrac{\sin x}{6x} = \dfrac{1}{6}$

(4) $\mathcal{L} = \lim_{x\to 0} \dfrac{[\ln(1+x)]'}{(x^2)'} = \lim_{x\to 0} \dfrac{\dfrac{1}{1+x}}{2x}$

$= \lim_{x\to 0} \dfrac{1}{2x(1+x)} \quad = \infty$

문제 2

(1) $\mathcal{L} = \lim_{x\to +\infty} x\cdot\sin\dfrac{\pi}{x} = \lim_{x\to +\infty} \dfrac{\sin(\pi/x)}{1/x}$
$= \lim_{x\to +\infty} \dfrac{(-\pi/x^2)\sin(\pi/x)}{-1/x^2}$

$= \lim_{x\to +\infty} \pi\cdot\cos(\pi/x) = \pi$

(2) $\mathcal{L} = \lim_{x\to 0} \dfrac{\dfrac{2\cos 2x}{\sin 2x}}{\dfrac{3\cos 3x}{\sin 3x}} = \lim_{x\to 0} \dfrac{2\cdot\cos 2x\cdot\sin 3x}{3\cdot\cos 3x\cdot\sin 2x}$

$= \lim_{x\to 0} \dfrac{2\sin 3x}{3\sin 2x} = \lim_{x\to 0} \dfrac{6\cdot\cos 3x}{6\cdot\cos 2x} = 1$

5.5 미분의 응용 II

5.5.1 함수의 증가와 감소

문제 1

함수 $f(x)$의 도함수는

$$f'(x) = 6x^2 - 18x + 12 = 6(x-1)(x-2)$$

이다. $f'(x)=0$의 두 근 $x=1$, $x=2$에서 극값을 가진다. $x=1$, $x=2$를 경계로 하여 얻어지는 3개의 구간은 $(-\infty, 1)$, $[1, 2]$, $[2, \infty)$이다. 함수 증감표를 만들면 아래와 같다.

x	…	1	…	2	…
$f'(x)$	+	0	−	0	+
$f(x)$	↗	5	↘	4	↗

문제 2

(1) $f'(x) = 3x^2 - 3 = 3(x+1)(x-1)$

$f(x)$의 증가와 감소를 표로 나타내면 다음과 같다.

x	…	−1	…	1	…
$f'(x)$	+	0	−	0	+
$f(x)$	↗	3	↘	−1	↗

따라서 $f(x)$는 구간 $(-\infty, -1]$, $[1, \infty)$ 에서 증가하고, 구간 $[-1, 1]$ 에서 감소한다.

(2) $f'(x) = \dfrac{1}{x}$

정의역 $(0, \infty)$에서 $f'(x) > 0$이다.
따라서 함수 $f(x)$는 구간 $(0, \infty)$에서 증가한다.

문제 3

(1) $f'(x) = -6x + 6 = -6(x-1)$, $f'(x) = 0$에서 $x = 1$

x	…	1	…
$f'(x)$	+	0	−
$f(x)$	↗	5	↘

$f(x)$는 $(-\infty, 1]$에서 증가하고 $[1, \infty)$에서 감소한다.

(2) $f'(x) = -3x^2 + 12 = -3(x+2)(x-2)$, $f'(x) = 0$에서 $x = -2, 2$

x	…	−2	…	2	…
$f'(x)$	−	0	+	0	−
$f(x)$	↘	−16	↗	16	↘

$f(x)$는 $(-\infty, -2]$에서 감소, $[-2, 2]$에서 증가, $[2, \infty)$에서 감소한다.

문제 1

$f'(x) = 6x^2 - 6x = 6x(x-1)$이므로 $f'(x) = 0$에서 $x = 0$

또는 $x=1$이다.

$f(x)$의 증가와 감소를 표로 나타내면 다음과 같다.

x	$\cdots$	0	$\cdots$	1	$\cdots$
$f'(x)$	+	0	−	0	+
$f(x)$	↗	2 극댓값	↘	1 극솟값	↗

따라서 함수 $f(x)$는 $x=0$에서 극대이고 극댓값은 $f(0)=2$, $x=1$에서 극소이고 극솟값은 $f(1)=1$이다.

5.5.2 함수의 최댓값과 최솟값

문제 1

(1) $f'(x)=-3x^2+6x$, $f'(x)=0$에서 $x=0,\ 2$

x	−1	$\cdots$	0	$\cdots$	1
$f'(x)$		−	0	+	+
$f(x)$	4	↘	0	↗	2

최대값: 4, 최소값: 0

(2) $f'(x)=4x^3-12x^2$, $f'(x)=0$에서 $x=0,\ 3$

x	0	$\cdots$	3	$\cdots$	5
$f'(x)$	0	−	0	+	
$f(x)$	5	↘	−22	↗	130

최대값: 130, 최소값: −22

(3) $f'(x)=-3x^2+3$, $f'(x)=0$에서 $x=-1,\ 1$

x	−2	$\cdots$	−1	$\cdots$	1	$\cdots$	3
$f'(x)$	−	−	0	+	0	−	−
$f(x)$	7	↘	3	↗	7	↘	−13

최대값: 7, 최소값: −13

(4) $f'(x)=6x^2+6x-12$, $f'(x)=0$에서 $x=-1,\ 2$

x	−2	$\cdots$	−1	$\cdots$	2	$\cdots$	4
$f'(x)$	+	+	0	−	0	+	+
$f(x)$	−10	↘	1	↘	−26	↗	26

최대값: 26, 최소값: −26

문제 2

면적 $A=xy$ $\cdots$ ①

인쇄할 부분 면적

$$(x-4)(y-8)=50 \quad \cdots ②$$

②에서

$$y=8+\frac{50}{x-4} \quad \cdots ③$$

③을 ①에 대입하면

$$A=8x+\frac{50x}{x-4}\ (4\le A<\infty)$$

$$\frac{dA}{dx}=\frac{8(x+1)(x-9)}{(x-4)^2}$$

$\frac{dA}{dx}=0$에서 $x=9$ ($x=-1$은 무연근)

$x=9$에서 극값을 갖는다.

x	4	$\cdots$	1	$\cdots\infty$
y		−	0	+

$x=9$ 에서 최소값, 이 때 $y=18$(cm)이다.

5.5.3 함수의 그래프 그리기

문제 1

(1) $y'=-6x^2+6x$, $y''=-12x+6$

$y''=0$에서 $x=1/2$이고, $x=1/2$의 좌우에서 y''부호가 바뀌므로 주어진 곡선의 변곡점은 (1/2, 13/2)

(2) $y'=-x^3+3x^2$, $y''=-3x^2+6x$

$y''=0$에서 $x=0, 2$이고, (0, 0), (2, 4)의 좌우에서 y''부호가 바뀌므로

∴ 주어진 곡선의 변곡점은 (0, 0), (2, 4)

문제 2

(1) $y=\frac{x^2+x+2}{x-1}=x+2+\frac{4}{x-1}$ .... ①

$$y'=1-\frac{4}{(x-1)^2}=\frac{(x-3)(x+1)}{(x-1)^2},$$

$$y'=1-\frac{4}{(x-1)^2}=\frac{x^2-2x-3}{(x-1)^2}$$

$f'(x)=0$에서 $x=-1,\ 3$

$$y''=\frac{(2x-2)(x-1)^2-(x^2-2x-3)\cdot 2(x-1)}{(x-1)^4}$$

$$=\frac{(2x-2)(x-1)-(x^2-2x-3)\cdot 2}{(x-1)^3}$$

$$= \frac{2x^2-4x+2-2x^2+4x+6}{(x-1)^3} = \frac{8}{(x-1)^3}$$

$f''(x)=0$에서 $x=-\sqrt{3},\ 0,\ +\sqrt{3}$

함수 $f(x)$의 증감표와 그래프를 그리면 다음과 같다.

x	$\cdots$	-1	$\cdots$	1	$\cdots$	3	$\cdots$
$f'(x)$	$+$	0	$-$	0	$-$	0	$+$
$f''(x)$	$-$	$-$	$-$		$+$	$+$	$+$
$f(x)$	↗	-1	↘		↘	7	↗

①의 우변에서 $\lim\limits_{x\to\pm\infty} \frac{4}{x-1}=0$이므로 점근선은

$y=x+2$축이다.

$\lim\limits_{x\to-1-0} y=-\infty,\ \lim\limits_{x\to-1+0} y=\infty$ 이므로 점근선은

$x=1$축이다.

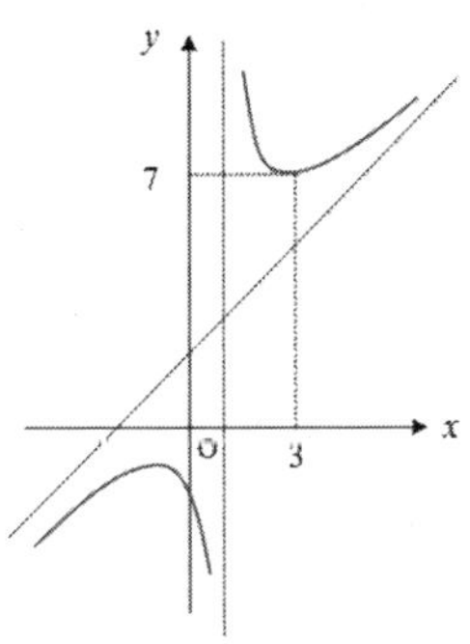

(2) $y=\ln(x^2+1)$

$y=f(x)=\ln(x^2+1)$로 놓으면

$f'(x)=\frac{2x}{x^2+1}$, $f'(x)=0$에서 $x=0$

$f''(x)=\frac{2(x^2+1)-2x(2x)}{(x^2+1)^2}=\frac{-2x^2+2}{(x^2+1)^2}$

$f''(x)=0$에서 $x=-1,\ +1$

함수 $f(x)$의 증감표와 그래프를 그리면 다음과 같다.

x	$\cdots$	-1	$\cdots$	0	$\cdots$	1	$\cdots$
$f'(x)$	-		—	0	+		+
$f''(x)$	-	0	+		+	0	-
$f(x)$	↘	ln2 변곡점	↘	극소 0	↗	ln2 변곡점	↗

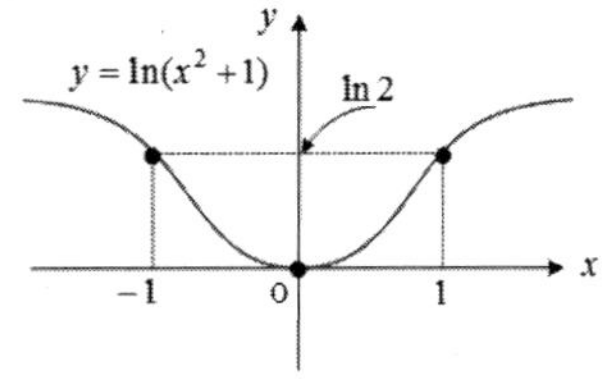

(3) $y=\frac{x}{x^2+1}$

$y'=\frac{1-x^2}{(x^2+1)^2}$, $f'(x)=0$에서 $x=-1,\ 1$

$$y''=\frac{-2x(x^2+1)^2-(1-x^2)\cdot 2(x^2+1)2x}{(x^2+1)^4}$$

$$=\frac{-2x(x^2+1)-(1-x^2)4x}{(x^2+1)^3}$$

$$=\frac{-2x^3-2x-4x+4x^3}{(x^2+1)^3}$$

$$=\frac{2x^3-6x}{(x^2+1)^3}=\frac{2x(x^2-3)}{(x^2+1)^3}$$

$f''(x)=0$에서 $x=-\sqrt{3},\ 0,\ +\sqrt{3}$

함수 $f(x)$의 증감표와 그래프를 그리면 다음과 같다.

x	$\cdots$	$-\sqrt{3}$	$\cdots$	-1	$\cdots$	0	$\cdots$	1	$\cdots$	$\sqrt{3}$	$\cdots$
$f'(x)$	$-$	$-$	$-$	0	$+$	$+$	$+$	0	$-$	$-$	$-$
$f''(x)$	$-$	0	$+$	$+$	$+$	0	$-$	$-$	$-$	0	$+$
$f(x)$	↘	$\frac{-\sqrt{3}}{4}$ 변곡점	↘	$-\frac{1}{2}$ 극솟값	↗	1 극댓값	↗	$\frac{1}{2}$ 극댓값	↘	$-\frac{\sqrt{3}}{4}$ 변곡점	↘

$\lim\limits_{x\to\infty} \frac{1}{x^2+1}=0$이므로 점근선은 x축이다.

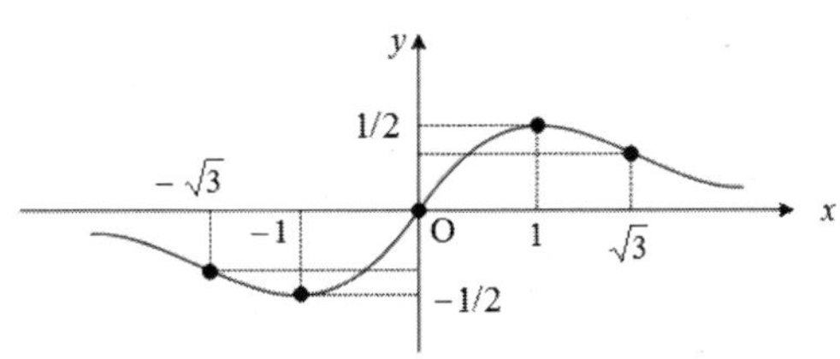

5.5.4 방정식과 부등식

문제 1

1. $f(x)=x^3-6x^2+9x$라 하면

$f'(x)=3x^2-12x+9=3(x-1)(x-3)$, $f'(x)=0$

에서 $x=1,\ 3$

x	$\cdots$	1	$\cdots$	3	$\cdots$
$f'(x)$	$+$	0	$-$	0	$+$
$f(x)$	↗	4	↘	-10	↗

$f(x)=k$의 실근의 개수는 $y=f(x)$의 그래프와 $y=k$의 교점 개수와 같다.

i) $f(x)=k$가 서로 다른 3개의 실근을 가질 조건은

$0<k<4$

ii) $f(x)=k$가 서로 다른 2개의 실근을 가질 조건은

$k=0, 4$

iii) $f(x)=k$가 1개의 실근과 2개의 허근을 가질 조건

$k<0,\ k>4$

문제 2

$f(x)=x^4+x^3-3x^2-x+2$로 놓으면

$f'(x)=4x^3+3x^2-6x-1=(x-1)(4x^2+7x+1)$

$f'(x)=0$에서 $\qquad x=1\ (\because x>0)$

함수 $f(x)$의 증감표와 그래프를 그리면 다음과 같다.

x	0	$\cdots$	0	$\cdots$
$f'(x)$		$-$	0	$+$
$f(x)$		↘	0 극솟값	↗

$x>0$일 때, $x^4+x^3-3x^2-x+2\geq 0$

즉, $x^4+x^3+2\geq 3x^2+x$가 성립한다.

5.5.5 물체의 속도와 가속도

문제 1

(1) 위치: $y(3)=-4.9\times3^2+39.2\times3=73.5$ m.

속도: $v(t)=\dfrac{dy}{dt}=-9.8t+39.2$,

$v(3)=-9.8t\times3+39.2=9.8$ 이므로

$\mathbf{v}(3)=9.8\,\hat{\boldsymbol{x}}$ m/s

가속도: $a(t)=\dfrac{dv}{dt}=-9.8$ m/s^2 이므로

$\mathbf{a}(t)=-9.8\,\hat{\boldsymbol{x}}$ m/s^2

(2) $y(t)=0\,(t>0)$일 때

$-4.9t^2+39.2t=-4.9t(t-8)=0,\ \therefore t=8$

$v(8)=-9.8\times8+39.2=-39.2$ m/s

$\mathbf{v}(8)=-39.2\,\hat{\boldsymbol{x}}$ m/s , $\quad\mathbf{a}(8)=-9.8\,\hat{\boldsymbol{x}}$ m/s^2

(3) ① 최고점 도달 시간은 전체 비행시간 8 sec의 절반 즉, 4 sec이다.

최고점에 도달했을 때의 속도

$\mathbf{v}(t)=v(t)\,\hat{\boldsymbol{x}}$ m/s 는 0이다.

이로부터 최고점 도달 시간을 구할 수도 있다.

$v(t)=9.8t+39.2=0 \qquad \therefore t=4\,\text{sec}$

② $y(4)=-4.9\times4^2+39.2\times4=78.4$ m

③ $\mathbf{v}(t)=v(t)\,\hat{\boldsymbol{x}}$ m/s 는 0이다.

④ $\mathbf{a}(4)=-9.8\,\hat{\boldsymbol{x}}$ m/s^2

문제 2

(1) $x=2t,\ y=-t^2+4t$에서 변수 t를 소거하기 위해 $t=x/2$를 $y=-t^2+4t$에 대입한다.

$$y=-\left(\frac{1}{2}x\right)^2+4\frac{1}{2}x=-\frac{1}{4}x^2+2x=-\frac{1}{4}(x^2-8x)$$

$$=-\frac{1}{4}(x-4)^2+4$$

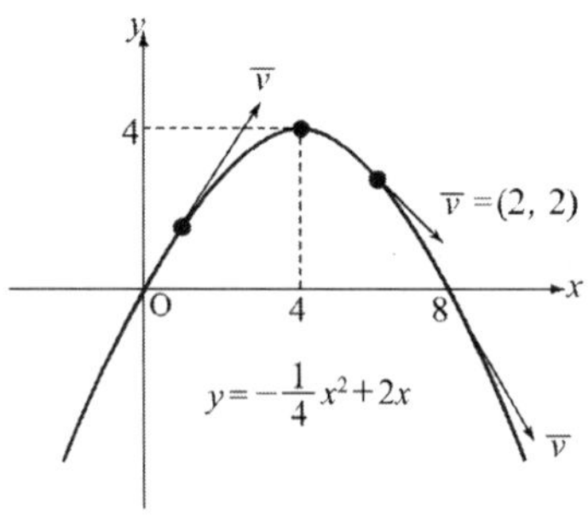

(2) $\dfrac{dx}{dt}=2,\ \dfrac{dy}{dt}=-2t+4$이므로

$$\mathbf{v}=\left(\frac{dx}{dt},\ \frac{dy}{dt}\right)=(2,\ -2t+4)$$

속도의 크기 ;

$$|\mathbf{v}|=\sqrt{\left(\frac{dx}{dt}\right)^2+\left(\frac{dy}{dt}\right)^2}=\sqrt{2^2+(-2t+4)^2}$$

$$=\sqrt{4t^2-16t+20}$$

(3) 속도 $\mathbf{v}$가 양의 x축과 이루는 각 θ ;

$$\tan\theta = \frac{dy}{dt} \Big/ \frac{dx}{dt} = \left[\frac{-2t+4}{2}\right]_{t=3} = -1$$

$$\theta = -45°$$

(4) $\frac{d^2x}{dt^2}=0,\ \frac{d^2y}{dt^2}=-2$이므로

$$\mathbf{a} = \left(\frac{dv_x}{dt},\ \frac{dv_y}{dt}\right) = \left(\frac{d^2x}{dt^2},\ \frac{d^2y}{dt^2}\right) = (0,\ -2)$$

가속도의 크기;

$$|\mathbf{a}| = \sqrt{\left(\frac{dv_x}{dt}\right)^2 + \left(\frac{dv_y}{dt}\right)^2} = \sqrt{\left(\frac{d^2x}{dt^2}\right)^2 + \left(\frac{d^2y}{dt^2}\right)^2}$$

$$= \sqrt{0^2+(-2)^2} = 2$$

$$\tan\phi = \frac{d^2y}{dt^2} \Big/ \frac{d^2x}{dt^2},\ \left(\frac{d^2x}{dt^2} \neq 0\right)$$

5.5.6 길이, 면적 및 체적의 시간변화율

문제 1

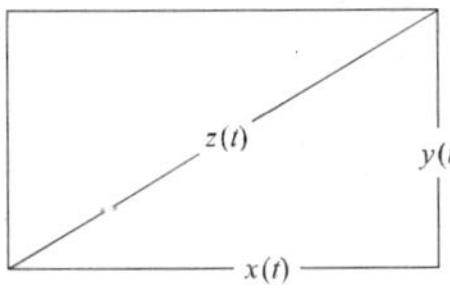

(a) $z^2 = x^2 + y^2,\quad \frac{dz}{dt} = \frac{1}{z}\left(x\cdot\frac{dx}{dt} + y\cdot\frac{dy}{dt}\right)$

(b) $\frac{dx}{dt}=10,\ \frac{dy}{dt}=-5$일 때 $\left.\frac{dz}{dt}\right]_{x=5,\ y=12}$를 구한다.

$x=5,\ y=12$일 때 $z=13$이다.

$$\therefore \left.\frac{dz}{dt}\right]_{x=5,\ y=12} = \frac{1}{13}[5\cdot10+(12\cdot(-5))] = -\frac{10}{3}\ \text{cm/sec}$$

문제 2

(a) $S=x^2,\ \frac{dS}{dt}=2x\cdot\frac{dx}{dt}$

(b) $\left.\frac{dx}{dt}\right|_{x=2}=1.5$일 때 $\left.\frac{ds}{dt}\right|_{x=2}$를 구한다.

따라서, $\left.\frac{dS}{dt}\right|_{x=2} = 2\times4\times1.5 = 12\ \text{m}^2/\text{s}$

문제 3

(a) 체적은 $V=\pi r^2 h$로 주어진다.

(b) 체적을 r로 미분하면,

$$\frac{dV}{dr} = \pi r^2\cdot\frac{dh}{dt} + h\cdot\frac{d}{dr}(\pi r^2) = \pi r^2\cdot\frac{dh}{dr} + 2\pi rh$$

이다. 체적 V는 일정하므로

$$\frac{dV}{dr} = 0 = \pi r^2\cdot\frac{dh}{dt} + h\cdot\frac{d}{dr}(\pi r^2) = \pi r^2\cdot\frac{dh}{dr} + 2\pi rh$$

$$\pi r^2\cdot\frac{dh}{dr} + 2\pi rh = 0$$

양변을 πr로 나누면,

$$r\cdot\frac{dh}{dr} + 2h = 0$$

따라서

$$\frac{dh}{dr} = -\frac{2r}{r}$$

이다.

(c) 반지름 r이 증가하는 비율보다, 높이 h는 $\frac{2r}{r}$배로 감소한다.

제6장 적분

6.1 부정적분

6.1.1 부정적분의 정의

문제 1

주어진 함수를 미분했다가 부정적분을 하면

$$\int\left\{\frac{d}{dx}x^4\right\}dx = x^4 + C$$

이다. 즉, 부정적분을 한 결과에 항상 적분 상수를 표시해야 한다.

6.1.2 부정적분의 계산

문제 1

(1) $\int x^5\,dx = \frac{1}{6}x^{5+1} + C = \frac{1}{6}x^6 + C$

(2) $\int x^{10}\,dx = \frac{1}{10+1}x^{10+1} + C = \frac{1}{11}x^{11} + C$

(3) $\int x^{15}\,dx = \frac{1}{15+1}x^{15+1} + C = \frac{1}{16}x^{16} + C$

(4) $\int x^{22}\,dx = \frac{1}{22+1}x^{22+1} + C = \frac{1}{23}x^{23} + C$

(5) $\int x^{41}dx = \frac{1}{41+1}x^{41+1} + C = \frac{1}{42}x^{42} + C$

(6) $\int x^{50}dx = \frac{1}{50+1}x^{50+1} + C = \frac{1}{51}x^{51} + C$

문제 2

(1) $\int(2n^3+2n^2+3)\,dn = \int 2n^3dn + \int 2n^2dn + \int 3\,dn$

$= 2\int n^3dn + 2\int n^2dn + 3\int dn$

$= \frac{1}{2}n^4 + \frac{2}{3}n^3 + 3n + C$

(2) $\int(2q-1)^2dq = \int(4q^2-4q+1)\,dq$

$= \int 4q^2dq - \int 4qdq + \int dq$

$= 4\int q^2dq - 4\int qdq + \int dq$

$= 4\cdot\frac{1}{3}q^3 - 4\cdot\frac{1}{2}q^2 + q + C$

$= \frac{4}{3}q^3 - 2q^2 + q + C$

(3) $\int(t^3+2t^2+5t+6)\,dt = \int t^3dt + \int 2t^2dt + \int 5t\,dt + \int 6dt$

$= \int t^3dt + 2\int t^2dt + 5\int dt + 6\int dt$

$= \frac{1}{4}t^4 + \frac{2}{3}t^3 + 5t + C$

(4) $\int(y+1)^2dy = \int(y^2+2y+1)\,dy$

$= \int y^2dy + \int 2ydy + \int dy$

$= \int y^2dy + 2\int ydy + \int dy$

$= \frac{1}{3}y^3 + 2\cdot\frac{1}{2}y^2 + y + C$

$= \frac{1}{3}y^3 + y^2 + y + C$

문제 3

(1) $f'(x) = x^3+2$로부터

$f(x) = \int(x^3+2)\,dx = \frac{1}{4}x^4 + 2x + C$

$f(0) = 1$이므로 $C=1$

$\therefore\ f(x) = \frac{1}{4}x^4 + 2x + 1$

(2) $f'(x) = x^2+2x$로부터

$f(x) = \int(x^2+2x)\,dx = \frac{1}{3}x^3 + x^2 + C$

$f(1) = -2$이므로

$\frac{1}{3} + 1 + C = -2,\ \ C = -2 - \frac{4}{3} = -\frac{10}{3}$

$\therefore\ f(x) = \frac{1}{3}x^3 + x^2 - \frac{10}{3}$

6.1.3 치환적분법

문제 1

(1) $\sqrt{1+e^x} = t$로 놓으면, $x = \ln(t^2-1)$

$I = \int t\cdot\frac{2t}{t^2-1}dt = 2\int\left(1+\frac{1}{t^2-1}\right)dt$

$= 2t + \ln\left|\frac{t-1}{t+1}\right| + C$

$= 2\sqrt{1+e^x} + \ln\left|\frac{\sqrt{1+e^x}-1}{\sqrt{1+e^x}+1}\right| + C$

(2) $\sqrt[3]{x+1} = t$로 놓으면, $x = t^3-1,\ dx = 3t^2dt$

$I = \int\frac{dx}{1+\sqrt[3]{x+1}} = \int\frac{3t^2dt}{1+t}$

$= 3\int\left(t-1+\frac{1}{t+1}\right)dt = 3\left(\frac{t^2}{2} - t + \ln|t+1|\right) + C$

$= \frac{3}{2}\sqrt[3]{(x+1)^2} - 3\sqrt[3]{x+1} + 3\ln|\sqrt[3]{x+1}+1| + C$

(3) $\sqrt{x+1} = t$로 놓으면, $x = t^2-1,\ dx = 2tdt$

$I = \int\frac{\sqrt{x+1}-1}{\sqrt{x+1}+1}dx = \int\frac{t-1}{t+1}2tdt$

$= 2\int\left(t-2+\frac{2}{t+1}\right)dt = t^2 - 4t + 4\ln|t+1| + C$

$= x + 1 - 4\sqrt{x+1} + 4\ln(\sqrt{x+1}+1) + C$

문제 2

$ax+b = t$라면, $adx = dt$

$\therefore I = \int f(ax+b)dx = \int f(t)\cdot\frac{1}{adt}$

$= \frac{1}{a}\int f(t)dt = \frac{1}{a}F(t) + C = \frac{1}{a}F(ax+b) + C$

문제 3

(1) $e^{2x}-3 = t,\ 2e^{2x}dx = dt$

$$\therefore I=\int t^2\cdot\frac{1}{2}dt=\frac{1}{6}(e^{2x}-3)^3+C$$

(2) $I=\frac{1}{3}\int\frac{1}{a^6-t^6}d(t^3)=\frac{1}{6a^3}\ln\left|\frac{a^3+t^3}{a^3-t^3}\right|+C$

(3) $t=9-y^2$로 놓으면,

$$dt=-2y\,dy,\ \ y\,dy=-\frac{1}{2}dt$$

$$I=-\frac{1}{2}\int t^{1/2}dt=-\frac{1}{2}\frac{2}{3}\ t^{3/2}dt+C$$

$$=-\frac{1}{3}(9-y^2)^{3/2}+C$$

(4) $4x+1=t$로 놓으면, $x=\frac{1}{4}(t-1)$, $dx=\frac{1}{4}dt$

$$\int\cos(4x+1)\,dx=\int\cos t\cdot\frac{1}{4}dt$$

$$=\frac{1}{4}\cdot\sin t+C=\frac{1}{4}\cdot\sin(4x+1)+C$$

$$\int e^{-3x+2}dx=\int e^t\cdot(-\frac{1}{3})dt$$

$$=-\frac{1}{3}\int e^t\,dt=-\frac{1}{3}e^t+C$$

$$=-\frac{1}{3}e^{-3x+2}+C$$

6.1.4 유리 함수의 적분법

문제 1

(1) 미정계수법(분모통일법)

분모를 인수분해하여

$$f(x)=\frac{x-4}{(x-2)(x+1)}=\frac{A}{x-2}+\frac{B}{x+1}$$

와 같이 놓고 양변에 $(x-2)(x+1)$을 곱하여 정리하면

$$x-4=A(x+1)+B(x-2)=(A+B)x+(A-2B)$$

이 등식은 x에 대한 항등식이므로

$$A+B=1,\ A-2B=-4$$

$$\therefore A=-\frac{2}{3},\ \ B=\frac{5}{3}$$

$$\therefore f(x)=\frac{x-4}{(x-2)(x+1)}=-\frac{2}{3}\frac{1}{x-2}+\frac{5}{3}\frac{1}{x+1}$$

(2) Heaviside의 소거 (cover-up)법

$$f(x)=\frac{x-4}{(x-2)(x+1)}=\frac{A}{x-2}+\frac{B}{x+1}$$

$$A=\left.\frac{x-4}{x+1}\right|_{x=2}=\frac{-2}{3},$$

$$B=\left.\frac{x-4}{x-2}\right|_{x=-1}=\frac{5}{3}$$

$$\therefore f(x)=\frac{x-4}{(x-2)(x+1)}=-\frac{2}{3}\frac{1}{x-2}+\frac{5}{3}\frac{1}{x+1}$$

문제 2

(1) $I=\int\frac{x\,dx}{(x+1)(x+2)(x+3)}$

$$=\int\left(\frac{-\frac{1}{2}}{x+1}+\frac{2}{x+2}+\frac{-\frac{3}{2}}{x+3}\right)dx$$

$$=-\frac{1}{2}\ln|x+1|+2\ln|x+2|-\frac{3}{2}\ln|x+3|+C$$

(2) $I=\int\frac{x^2+1}{(x+1)^2(x-1)}dx$

$$=\int\left[\frac{1}{2(x-1)}+\frac{1}{2(x+1)}-\frac{1}{(x+1)^2}\right]dx$$

$$=\frac{1}{2}\ln|x-1|+\frac{1}{2}\ln|x+1|+\frac{1}{x+1}+C$$

(3) $I=\int\frac{x}{x^2-1}dx=\frac{1}{2}\int\left(\frac{1}{x-1}+\frac{1}{x+2}\right)dx$

$$=\frac{1}{2}(\ln|x-1|+\ln|x+1|)+C$$

$$=\frac{1}{2}\ln\left|x^2-1\right|+C$$

(4) $I=\int\frac{3x}{x^2+x-2}dx$

$$=\int\left(\frac{1}{x-1}+\frac{2}{x+2}\right)dx$$

$$=\ln|x-1|+2\ln|x+2|+C$$

$$=\ln|x-1|+\ln|x+2|^2+C$$

$$=\ln|x-1|\cdot(x+2)^2+C$$

문제 3

(1) $f(x)=x^2+5$, $f'(x)=2x$이므로

$$I=\frac{1}{2}\int\frac{f'(x)}{f(x)}dx=\frac{1}{2}\ln|f(x)|+C$$

$$=\frac{1}{2}\ln|x^2+5|+C$$

(2) $I=\ln|x^2+x-6|$

(3) $I=\dfrac{1}{3}\displaystyle\int \dfrac{(x^3+3x+4)'}{(x^3+3x+4)}dx$

$=\dfrac{1}{3}\ln|x^3+3x+4|+C$

(4) $\dfrac{x-6}{x^2-x-2}=\dfrac{x-6}{(x-2)(x+1)}=\dfrac{A}{x-2}+\dfrac{B}{x+1}$

이 등식은 x에 대한 항등식이므로

$\therefore\ A=-\dfrac{4}{3},\ B=-\dfrac{7}{3}$

따라서, 구하는 부정적분은 다음과 같다.

$$I=\int \frac{x-6}{(x-2)(x+1)}dx$$
$$=\int\left(-\frac{4}{3}\cdot\frac{1}{x-2}-\frac{7}{3}\cdot\frac{1}{x+1}\right)dx$$
$$=-\frac{4}{3}\ln|x-2|-\frac{7}{3}\ln|x+1|+C$$

6.1.5 삼각함수의 부정적분

문제 1

(1) $3x=t$라면, $3dx=dt$

$$I=\int \cos t\cdot\frac{1}{3}dt=\frac{1}{3}\sin t=\frac{1}{3}\sin s x+C$$

(2) $I=-\dfrac{1}{3}\cos 3x+C$

(3) $\tan x=\dfrac{\sin x}{\cos x}=\dfrac{-(\cos x)'}{\cos x}$ 이므로

$$\int \tan x\,dx=-\int\frac{(\cos x)'}{\cos x}dx$$
$$=-\ln|\cos x|+C=\ln|\sec x|+C$$

(4) $3x-2=t$로 놓으면, $dx=\dfrac{1}{3}dt$

$$I=\int \cos(3x-2)\,dx=\int \cos t\cdot\frac{1}{3}dt$$
$$=\frac{1}{3}\int \cos t\ dt=\frac{1}{3}\sin t+C$$
$$=\frac{1}{3}\sin(3x-2)+C$$

6.1.6 부분적분법

문제 1

(1) $\displaystyle\int 3x\,e^{3x}\,dx=x\,e^{3x}-\int e^{3x}\,dx$

$=x\,e^{3x}-\dfrac{1}{3}e^{3x}+C$

(2) $\displaystyle\int 2x\sin x\,dx=-2x\cos x+\int 2\cos x\,dx$

$=-2x\cos x+2\sin x+C$

(3) $\displaystyle\int(2x+1)\cos x\,dx=(2x+1)\sin x-\int 2\sin x\,dx$

$=(2x+1)\sin x+2\cos x+C$

(4) $\displaystyle\int x\,e^{x+2}\,dx=x\,e^{x+2}-\int e^{x+2}\,dx$

$=x\,e^{x+2}-e^{x+2}+C$

(5) $\displaystyle\int 2\ln(2x+3)\,dx=2x\ln(2x+3)-\int\frac{4x}{2x+3}dx$

$=2x\ln(2x+3)-\displaystyle\int\left(2-\frac{6}{2x+3}\right)dx$

$=2x\ln(2x+3)-2x+3\ln(2x+3)+C$

$=(2x+3)\cdot\ln(2x+3)-2x+C$

(6) $\displaystyle\int x\ln x\,dx=\frac{1}{2}x^2\ln x-\int\frac{1}{2}x\,dx$

$=\dfrac{1}{2}x^2\ln x-x^2+C$

6.1.7 삼각치환법

문제 1

삼각치환에 의하여

$x=3\sec\theta,\ dx=3\cdot\sec\theta\cdot\tan\theta\,d\theta$

$\sqrt{x^2-9}=\sqrt{9\sec^2\theta-9}=3\tan\theta$

이므로,

$$I=\int\frac{\sqrt{x^2-9}}{x}dx=\int\frac{3\tan\theta}{3\sec\theta}3\sec\theta\tan\theta\,d\theta$$
$$=3\int\tan^2\theta\,d\theta$$
$$=3\int(\sec^2\theta-1)d\theta=3(\tan\theta-\theta)+C$$

이 식에서 $\tan\theta$를 x로 표현하기 위하여

$$x=3\sec\theta,\ \sec\theta=\frac{x}{3},\ \cos\theta=\frac{3}{x}$$

를 대입한다.

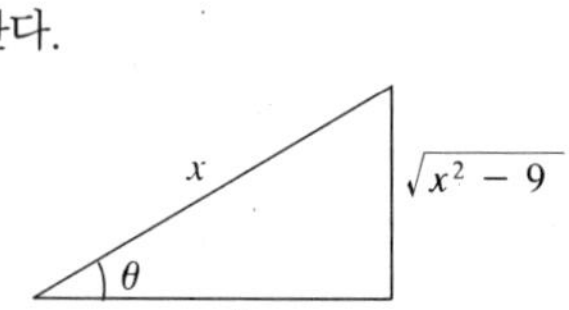

그림에서

$$\tan\theta = \frac{\sqrt{x^2-9}}{3}$$

이므로,

$$\int \frac{\sqrt{x^2-9}}{x}dx = 3\left[\frac{\sqrt{x^2-9}}{3} - \sec^{-1}\left(\frac{x}{3}\right)\right] + C$$
$$= \sqrt{x^2-9} - 3\sec^{-1}\left(\frac{x}{3}\right) + C$$

과 같다.

문제 2

치환 변수

$$x = a\tan\theta\left(-\frac{\pi}{2} < \theta < \frac{\pi}{2}\right)$$

로 놓으면,

$$\sqrt{a^2+x^2} = \sqrt{a^2+a^2\tan^2\theta} = a\sqrt{1+\tan^2\theta}$$
$$= a\sqrt{\sec^2\theta} = a\sec\theta$$
$$dx = a\sec^2\theta\, d\theta$$

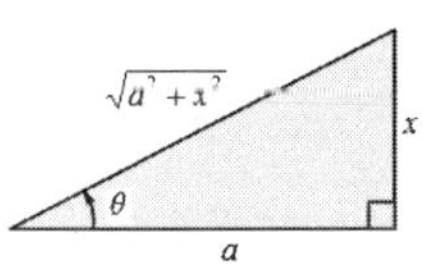

이다. 따라서

$$I = \int \frac{dx}{\sqrt{a^2+x^2}} = \int \frac{a\sec^2\theta\, d\theta}{a\sec\theta} = \int \sec\theta\, d\theta$$
$$= \int \frac{\sec\theta\tan\theta + \sec^2\theta}{\sec\theta + \tan\theta}d\theta = \int \frac{d(\sec\theta+\tan\theta)}{\sec\theta+\tan\theta}$$
$$= \ln|\sec\theta + \tan\theta| + C$$

치환 변수 $x = a\tan\theta$ 로부터

$$\tan\theta = \frac{x}{a} \quad \therefore \sec\theta = \frac{\sqrt{a^2+x^2}}{a}$$
$$\therefore I = \int \frac{dx}{\sqrt{a^2+x^2}} = \ln\left|\frac{x}{a} + \frac{\sqrt{a^2+x^2}}{a}\right| + C$$
$$= \ln\left|\frac{x+\sqrt{a^2+x^2}}{a}\right| + C$$
$$= \ln|x+\sqrt{a^2+x^2}| + C - \ln a$$
$$= \ln|x+\sqrt{a^2+x^2}| + C'$$

6.2 정적분

6.2.1 구분구적법

문제 1

구간 [0, 1]을 n등분하여 얻어지는 점과 양 끝점의 x좌표는 차례로 $\frac{1}{n}, \frac{2}{n}, \cdots, \frac{n-1}{n}$이다.

그림과 같이 가로의 길이가 $\frac{1}{n}$인 $n-1$개의 직사각형을 $y=2x$ 아래쪽에 그려 넣으면 k번째 직사각형은 세로의 길이가 $\frac{k}{n}$이므로 넓이가 $\frac{1}{n}\left(\frac{2k}{n}\right)$이다.

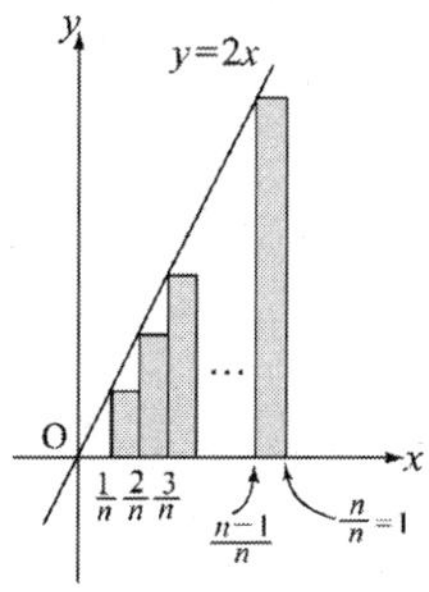

직사각형의 넓이의 합을 S_n이라고 하면

$$S_n = \frac{1}{n}\left(\frac{2}{n}\right) + \frac{1}{n}\left(\frac{4}{n}\right) + \cdots + \frac{1}{n}\left(\frac{2n}{n}\right)$$
$$= \frac{2}{n^2}(1+2+\cdots+n)$$
$$S_n = \frac{1}{n}\left[2\left(\frac{1}{n}\right) + 2\left(\frac{2}{n}\right) + 3\left(\frac{3}{n}\right) + \cdots + 2\left(\frac{n-1}{n}\right)\right]$$
$$= \frac{2}{n^2}[1+2+3+\cdots+(n-1)]$$
$$= \frac{2}{n^2}\frac{n(n-1)}{2} = \frac{(n-1)}{n}$$
$$\therefore \lim_{n\to\infty} S_n = \lim_{n\to\infty}\frac{n-1}{n} = 1$$

문제 2

(1) $\int_0^2 4x dx = 4\int_0^2 x dx = 2[x^2]_0^2 = 8$

(2) $\int_0^2 (x^2-1)dx = \left[\frac{2}{3}x^3 - x\right]_0^2 = \frac{2}{3}2^3 - 2 = \frac{10}{3}$

(3) $\int_0^1 3x^4 dx = 3\int_0^1 x^4 dx = 3\left[\frac{4}{5}x^5\right]_0^1 = \frac{12}{5}$

(4) $\int_0^2 (5x+4)dx = 5\int_0^2 x + \int_0^2 4dx$

$$=\left[\frac{5}{2}x^2+4x\right]_0^2=18$$

(5) $\int_{-1}^{2}(x^3-3x)dx=\int_{-1}^{2}x^3dx-3\int_{-1}^{2}xdx$

$$=\left[\frac{1}{4}x^4-\frac{3}{2}x^2\right]_{-1}^{2}=-\frac{3}{4}$$

(6) $\int_{1}^{2}(2x^2+3x-1)dx$

$$=2\int_1^2 x^2dx+3\int_1^2 xdx-\int_1^2 dx$$

$$=\left[\frac{2}{3}x^3+\frac{3}{2}x^2-x\right]_1^2=\frac{49}{6}$$

문제 3

구간 $[0, 2]$ 를 n 등분하여 얻은 한 토막의 가로길이는

$$\triangle x=\frac{b-a}{n}=\frac{2-0}{n}=\frac{2}{n}$$

이다. k번째 좌표는

$$x_k=a+k\cdot\Delta x=0+k\cdot\Delta x=k\cdot\frac{2}{n}=\frac{2k}{n}$$

피적분함수를 $f(x)=x^3$ 로 하면,

$$f(x_k)=x_k^3=\left(\frac{2k}{n}\right)^3$$

따라서

$$\int_0^2 x^3\,dx=\lim_{n\to\infty}\sum_{k=1}^{n}f(x_k)\Delta x$$

$$=\lim_{n\to\infty}\sum_{k=1}^{n}\left(\frac{2k}{n}\right)^3\cdot\frac{2}{n}=\lim_{n\to\infty}\frac{16}{n^4}\sum_{k=1}^{n}k^3$$

$$=\lim_{n\to\infty}\frac{16}{n^4}\left\{\frac{n(n+1)}{2}\right\}^2=4$$

6.2.2 정적분의 기본정리

문제 1

(1) x^2+2x-5 (2) x^2-x-6

(3) $x^2-3x-10$ (4) $2x^2+x+9$

문제 2

(1) $\int_0^2 3x^2\,dx=[x^3]_0^2=8$

(2) $\int_0^3(x^2+8)\,dx=\left[\frac{1}{3}x^3+8x\right]_0^3=\frac{1}{3}\cdot3^3+24=27$

(3) $\int_{-2}^{2}(2x^2+5)\,dx=\left[\frac{2}{3}x^3+5x\right]_{-2}^{2}$

$$=\frac{2}{3}\cdot2^3+10-\left\{\frac{2}{3}(-2)^3-10\right\}=\frac{76}{3}$$

(4) $\int_{-1}^{1}(x^3+6x+6)\,dx=\left[\frac{1}{4}x^4+3x^2+6x\right]_{-1}^{1}$

$$=\frac{1}{4}+3+6-\left(\frac{1}{4}+3-6\right)=12$$

문제 3

(1) 등식의 양변을 x에 대하여 미분하면

$$f(x)=2x+a$$

또, 주어진 등식에 $x=2$를 대입하면

$$\int_2^2 f(t)\,dt=0$$

(2) 등식의 양변을 x에 대하여 미분하면

$$f(x)=2x-6$$

또, 주어진 등식에 $x=a$를 대입하면

$$\int_a^a f(t)\,dt=0$$

이므로

$$0=a^2-6a+9\ \therefore\ a=3,\ 0=4+2a-3\ \therefore\ a=-\frac{1}{2}$$

문제 4

일차함수를 $f(x)=ax+b$라고 한다.

$$\int_{-1}^{1}xf(x)dx=6$$

$$\int_{-1}^{1}xf(x)dx=\int_{-1}^{1}(ax^2+bx)dx=2a\int_0^1 x^2\,dx$$

$$=2a\left[\frac{1}{3}x^3\right]_0^1=\frac{2}{3}a=6$$

$$\therefore a=9$$

$$\int_{-1}^{1}x^2f(x)dx=-3$$

$$\int_{-1}^{1}x^2f(x)dx=\int_{-1}^{1}(ax^3+bx^2)dx=2b\int_0^1 x^2\,dx$$

$$=2b\left[\frac{1}{3}x^3\right]_0^1=\frac{2}{3}b=-3$$

$$\therefore b=-\frac{9}{4}$$

$$\therefore f(x)=9x-\frac{9}{4}$$

6.2.3 정적분의 성질

문제 1

(1) $f(x)=\begin{cases} |x^2-4|=x^2-4,\ x\ge 2,\ x\le -2 \\ |x^2-4|=-x^2+4,\ -2<x<2, \end{cases}$

구간 $x=[0,\ 3]$을 $x=[0,\ 2]\cap[2,\ 3]$로 나누면

$$I=\int_0^3 |x^2-4|\,dx=\int_0^2(-x^2+4)dx+\int_2^3(x^2-4)dx$$

$$=\left[-\frac{1}{3}x^3+4x\right]_0^2+\left[\frac{1}{3}x^3-4x\right]_2^3=\frac{23}{3}$$

(2) $f(x)=\begin{cases} |x^2+x-2|=x^2+x-2,\ x\ge 1,\ x\le -2 \\ |x^2+x-2|=-x^2-x+2,\ -2<x<1 \end{cases}$

구간 $x=[0,\ 2]$을 $x=[0,\ 1]\cap[1,\ 2]$로 나누면

$$I=\int_0^2|x^2+x-2|\,dx$$

$$=\int_0^1(-x^2-x+2)dx+\int_0^2(x^2+x-2)dx$$

$$=\left[\frac{1}{3}x^3-\frac{1}{2}x^2+2x\right]_0^1+\left[\frac{1}{3}x^3+\frac{1}{2}x^2-2x\right]_1^2=3$$

6.2.4 정적분을 이용한 무한급수의 합

문제 1

(1) $S=\lim_{n\to\infty}\frac{1}{n}\left\{\left(\frac{1}{n}\right)^3+\left(\frac{2}{n}\right)^3+\cdots+\left(\frac{n}{n}\right)^3\right\}$

$$=\lim_{n\to\infty}\sum_{k=1}^{n}\left(\frac{k}{n}\right)^3\frac{1}{n}$$

$f(x)=x^3$으로 놓으면

$$S=\lim_{n\to\infty}\sum_{k=1}^{n}f\left(\frac{k}{n}\right)\frac{1}{n}=\int_0^1 f(x)\,dx$$

$$=\int_0^1 x^3\,dx=\left[\frac{1}{4}x^4\right]_0^1=\frac{1}{4}$$

(2)

$$S=\lim_{n\to\infty}\frac{\left(1+\frac{1}{n}\right)^2+\left(1+\frac{2}{n}\right)^2+\left(1+\frac{3}{n}\right)^2+\cdots+\left(1+\frac{n}{n}\right)^2}{n}$$

$$=\lim_{n\to\infty}\sum_{k=1}^{n}\left(1+\frac{k}{n}\right)^2\cdot\frac{1}{n}=\int_1^2 x^2dx=\left[\frac{1}{3}x^3\right]_1^2=\frac{7}{3}$$

6.2.5 정적분의 치환적분법과 부분적분법

문제 1

(1) $9+x^2=t$로 놓으면, $2x\frac{dx}{dt}=1$

$0\le x\le 4$에서 x의 값과 t의 값은 일대일 대응이므로 $9\le t\le 25$이다. 따라서,

$$I_1=\int_9^{25}\frac{1}{2}\sqrt{t}\,dt=\frac{1}{2}\left[\frac{2}{3}t^{3/2}\right]_9^{25}$$

$$=\frac{1}{3}(25^{3/2}-9^{3/2})=\frac{98}{3}$$

(2) $x^3+1=t$로 놓으면, $3x^2\frac{dx}{dt}=1$

$0\le x\le 1$에서 x의 값과 t의 값은 일대일 대응이므로 $1\le t\le 2$이다. 따라서,

$$I_2=\int_0^1\frac{x^2}{x^3+1}dx=\int_1^2\frac{1}{3}\frac{1}{t}dt$$

$$=\frac{1}{3}[\ln t]_1^2=\frac{1}{3}\ln 2$$

문제 2

(1) $\cos x=t$로 놓으면 $dt=-\sin x\,dx$이고,

$x=0$일 때 $t=1$, $x=\frac{\pi}{2}$일 때 $t=0$이므로

$$I_1=\int_0^{\frac{\pi}{2}}\cos^2 x\sin x\,dx=\int_1^0-t^2\,dt$$

$$=\left[-\frac{1}{3}t^3\right]_1^0=\frac{1}{3}$$

(2) $\sin x=t$로 놓으면 $\frac{dt}{dx}=\cos x$이고,

$x=0$ 일 때, $t=0$
$x=\pi/2$ 일 때, $t=1$ 이므로

$$I_2=\int_0^{\frac{\pi}{2}}\sin^3 x\cdot\cos x\,dx=\int_0^1 t^3\,dt=\left[\frac{1}{4}t^4\right]_1^0=\frac{1}{4}$$

문제 3

(1) $I_1=\int_1^e x\ln x dx$

$$=\left[\frac{x^2}{2}\ln x\right]_1^e-\int_1^e\frac{1}{x}\cdot\frac{x^2}{2}\,dx=\frac{e^2}{2}-\frac{1}{2}\int_1^e x\,dx$$

$$=\frac{e^2}{2}-\frac{1}{2}\left[\frac{x^2}{2}\right]_1^e=\frac{e^2}{4}+\frac{1}{4}$$

(2) $I_2 = \int_0^{\frac{\pi}{2}} x \cos x \, dx$

$= [x \sin x]_0^{\frac{\pi}{2}} - \int_0^{\frac{\pi}{2}} \sin x \, dx = \frac{\pi}{2} - [-\cos x]_0^{\frac{\pi}{2}}$

$= \frac{\pi}{2} - 1$

문제 4

(1) $x = a\tan\theta\left(-\frac{\pi}{2} < \theta \le \frac{\pi}{2}\right)$로 놓으면

$dx = a\sec^2\theta \, d\theta$

$x = -a$일 때 $\theta = -\frac{\pi}{4}$, $x = \sqrt{3}a$일 때 $\theta = \frac{\pi}{3}$.

$x^2 + a^2 = a^2\tan^2\theta + a^2 = a^2(\tan^2\theta + 1) = a^2\sec^2\theta$

$\therefore I_1 = \int_{-a}^{\sqrt{3}a} \frac{1}{x^2+a^2} dx = \int_{-\frac{\pi}{4}}^{\frac{\pi}{3}} \frac{a\sec^2\theta}{a^2\sec^2\theta} d\theta$

$= \frac{1}{a}\int_{-\frac{\pi}{4}}^{\frac{\pi}{3}} d\theta = \frac{1}{a}[\theta]_{-\frac{\pi}{4}}^{\frac{\pi}{3}} = \frac{7\pi}{12a}$

(2) $x = 3\sec\theta\left(0 \le \theta < \frac{\pi}{2}\right)$로 놓으면

$dx = 3\sec\theta\tan\theta \, d\theta$

$I_2 = \int \frac{\sqrt{x^2-9}}{x} dx$

$= \int \frac{3\tan\theta}{3\sec\theta} \cdot 3\sec\theta\tan\theta \, d\theta$

$= 3\int \tan^2\theta \, d\theta = 3\int (\sec^2\theta - 1) \, d\theta$

$= 3\tan\theta - 3\theta + C$

$= \sqrt{x^2-9} - 3\sec^{-1}\frac{x}{3} + C$

$\therefore I_2 = \int_3^6 \frac{\sqrt{x^2-9}}{x} dx$

$= \left[\sqrt{x^2-9} - 3\sec^{-1}\frac{x}{3}\right]_3^6$

$= [3\sqrt{3} - 3\sec^{-1}2] - [0 - 3\sec^{-1}1]$

$= 3\sqrt{3} - 3\frac{\pi}{3} = 3\sqrt{3} - \pi$

6.3 정적분의 응용

6.3.1 구역의 면적

문제 1

(1) 곡선 $y = x^3 - 3x^2 + 2x$의 그래프는 다음과 같다.

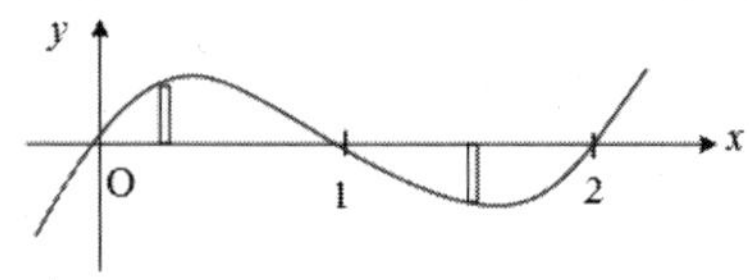

$S = \int_0^2 |x^3 - 3x^2 + 2x| dx$

$= \int_0^1 (x^3 - 3x^2 + 2x)dx - \int_1^2 (x^3 - 3x^2 + 2x)dx$

$= \left[\frac{x^4}{4} - x^3 + x^2\right]_0^1 + \left[\frac{x^4}{4} - x^3 + x^2\right]_1^2 = \frac{1}{2}$

(2) $S = \int_1^4 \sqrt{x} \, dx = \frac{2}{3}[x^{3/2}]_1^4 = \frac{2}{3}(8-1) = \frac{14}{3}$

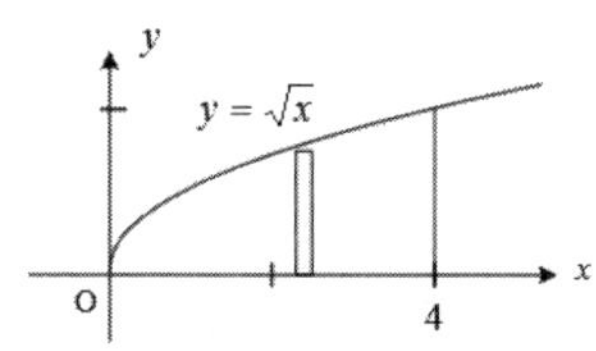

(3) $S = \int_2^6 -(x^2 - 7x + 6) \, dx = -\left[\frac{x^3}{3} - \frac{7}{2}x^2 + 6x\right]_0^1$

$= \frac{56}{3}$

(4) $S = \int_0^\pi \sin x \, dx = -[\cos x]_0^\pi = [\cos x]_\pi^0$

$= 1 - (-1) = 2$

문제 2

(1) $S = \int_{-2}^1 (y^2 + 1) \, dy = \left[\frac{y^3}{3} + y\right]_1^2 = \frac{8}{3} + 2 - \frac{4}{3} = \frac{10}{3}$

(2) $S = \int_0^3 (3y - y^2)dy = \left[\frac{3y^2}{2} \frac{y^3}{3}\right]_0^3 = \frac{9}{2}$

(3) $S = \int_1^3 (y^2 - 4y + 3) \, dy = \left[\frac{1}{3}y^3 - 2y^2 + 3y\right]_1^3 = \frac{4}{3}$

(4) $S = -\int_{-1}^0 (y - y^3) \, dy + \int_{-1}^0 (y - y^3) \, dy$

$= -\left[\frac{1}{2}y^2 - \frac{1}{4}y^4\right]_{-1}^0 + \left[\frac{1}{2}y^2 - \frac{1}{4}y^4\right]_{-1}^0$

문제 3

(1)

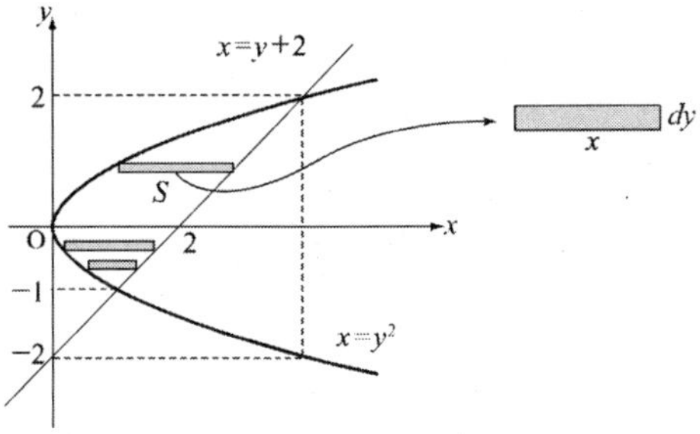

곡선과 직선의 교점의 y좌표는 $y^2=y+2$를 만족하므로, 풀면 $y=-1,\ 2$이다. y축의 구간 $-1\le y\le\ 2$에서 $y+2\ge y^2$이므로 구하는 넓이 S는

$$S=\int_{-1}^{2}\{(y+2)-y^2\}dy$$

$$=\left[\frac{1}{2}y^2+2y-\frac{1}{3}y^3\right]_{-1}^{2}=\frac{9}{2}$$

(2)

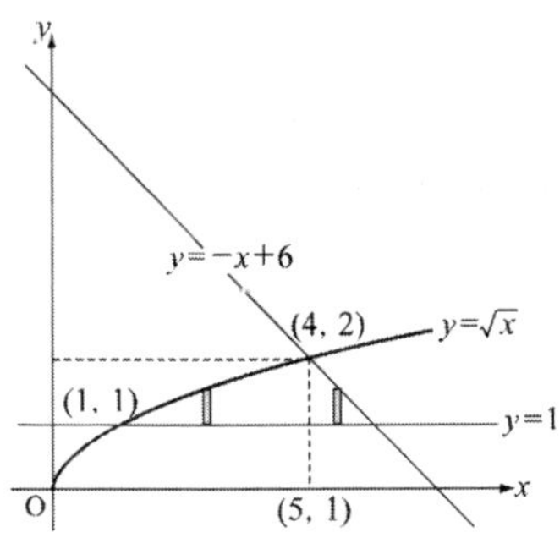

$$S=\int_1^4[\sqrt{x}-1]\,dx+\int_4^5[(-x+6)-1]\,dx$$

$$=\left[\frac{2}{3}x^{3/2}-x\right]_1^4+\left[5x-\frac{1}{2}x^2\right]_4^5$$

$$=\left(\frac{16}{3}-4\right)-\left(\frac{2}{3}-1\right)+\left(25-\frac{25}{2}\right)-(20-8)$$

$$=\frac{5}{3}+\frac{1}{2}=\frac{13}{6}$$

문제 4

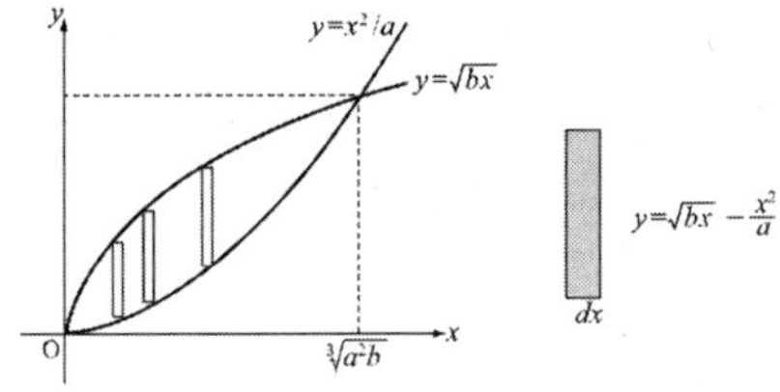

$$x^2=ay\ (a>0) \qquad \cdots ①$$

$$y^2=bx\ \ (b>0) \qquad \cdots ②$$

식 ①에서 $y=x^2/a\ (a>0)$를 구하여 ② 에 대입하면,

$$\left(\frac{x^2}{a}\right)^2=bx\ ,x^4=a^2bx\quad x=0,\ \ x=\sqrt[3]{a^2b}$$

교점의 x-좌표는 $x_1=\sqrt[3]{a^2b}$ 이다.

$$A_x=\int_0^{x_1}\left(\sqrt{bx}-\frac{1}{a}a^2\right)dx=\left[\frac{2}{3}\sqrt{b}\cdot x^{\frac{3}{2}}-\frac{1}{3a}x^3\right]_0^{x_1}$$

$$=\frac{2}{3}\sqrt{b}\cdot(a^2b)^{\frac{1}{3}\cdot\frac{3}{2}}-\frac{1}{3a}(a^2b)^{\frac{1}{3}3}$$

$$=\frac{2}{3}\sqrt{b}\cdot(a^2b)^{\frac{1}{2}}-\frac{1}{3a}(a^2b)$$

$$=\frac{2}{3}\sqrt{b}\cdot a\sqrt{b}-\frac{ab}{3}=\frac{2}{3}ab-\frac{ab}{3}=\frac{1}{3}ab$$

문제 5

$$x^2=ay\ (a>0) \qquad \cdots ①$$

$$y^2=bx\ \ (b>0) \qquad \cdots ②$$

식 ①에서 $x=y^2/b\ (b>0)$을 구하여 ②에 대입하면,

$$\left(\frac{y^2}{b}\right)^2=ay\ ,\ \ y^4=ab^2y,\ \ y=0,\ \ y=\sqrt[3]{ab^2}$$

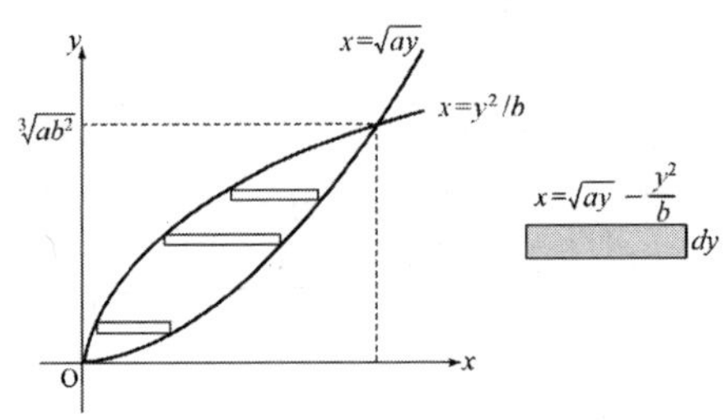

$$A_y = \int_0^{y_1}\left(\sqrt{ay}-\frac{1}{b}y^2\right)dy = \left[\frac{2}{3}\sqrt{a}\cdot y^{\frac{3}{2}} - \frac{1}{3b}y^3\right]_0^{y_1}$$

$$= \frac{2}{3}\sqrt{a}\cdot(ab^2)^{\frac{1}{3}\cdot\frac{3}{2}} - \frac{1}{3b}(ab^2)^{\frac{1}{3}3}$$

$$= \frac{2}{3}\sqrt{a}\cdot(ab^2)^{\frac{1}{2}} - \frac{1}{3b}(ab^2)$$

$$= \frac{2}{3}\sqrt{a}\cdot\sqrt{a}\,b - \frac{ab}{3} = \frac{2}{3}ab - \frac{ab}{3} = \frac{1}{3}ab$$

문제 6

(1) $A = \int_0^4 (4x - x^2)dx = \frac{32}{3}$

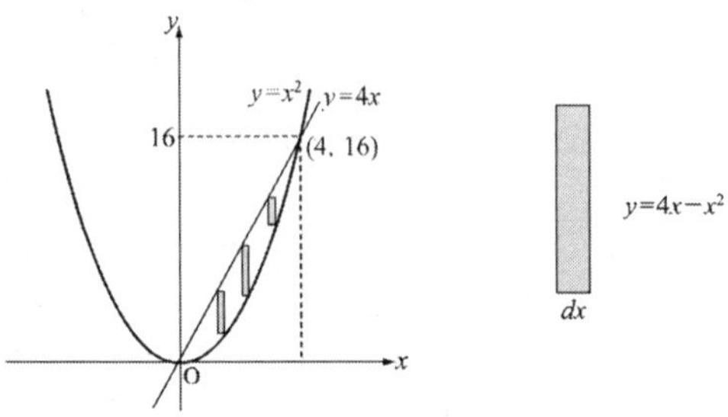

(2) $A = \int_0^{16}\left(\sqrt{y} - \frac{1}{4}y\right)dy = \frac{32}{3}$

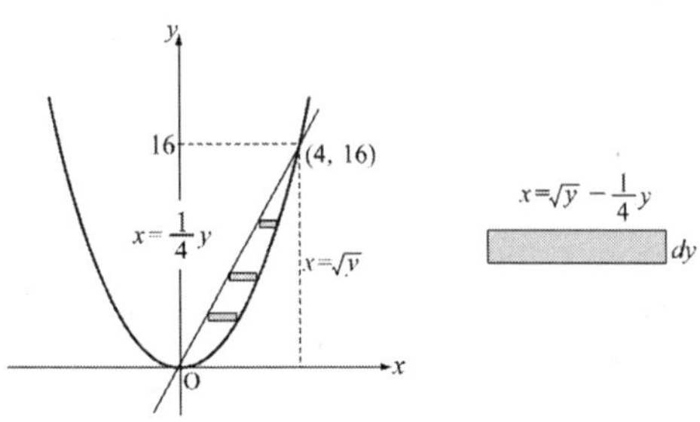

6.3.2 입체도형의 체적

문제 1

좌표가 x인 점에서 x축에 수직인 평면으로 원뿔을 자른 단면의 넓이를 $S(x)$라고 한다.

닮은 도형에서 길이의 비가 $a : b$이면, 넓이의 비는 $a^2 : b^2$이다.

$$S(x) : \pi r^2 = x^2 : h^2$$

$$\therefore\ S(x) = \frac{\pi r^2 x^2}{h^2}$$

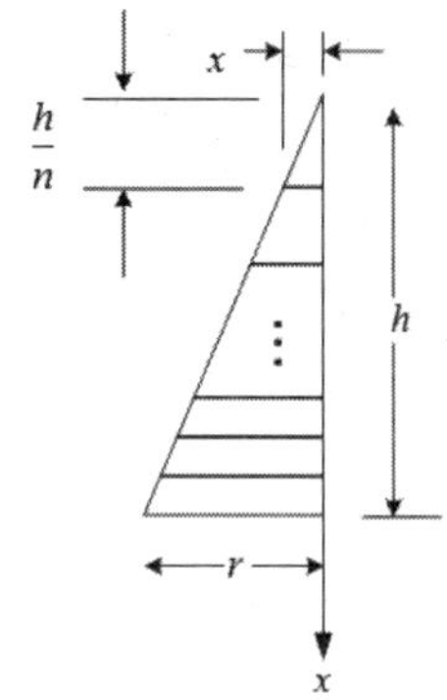

원뿔의 부피 V는

$$V_x = \int_0^h S(x)dx = \int_0^h \frac{\pi r^2 x^2}{h^2}dx$$

$$= \frac{\pi r^2}{h^2}\left[\frac{x^3}{3}\right]_0^h = \frac{1}{3}\pi r^2 h$$

문제 2

$$V = \int_0^2 \pi y^2\,dx = \int_0^2 \pi(x^2)^2\,dx = \pi\int_0^2 x^4\,dx$$

$$= \pi\left[\frac{x^5}{5}\right]_0^2 = \frac{32}{5}\pi$$

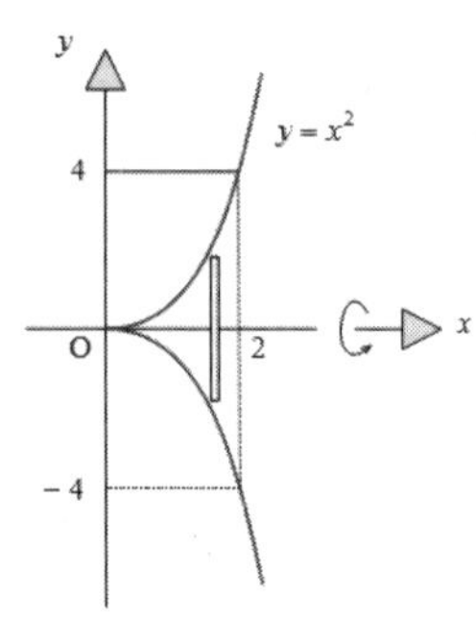

문제 3

구하는 부피 V는

$$V = \pi\int_0^1(\sqrt{x}-2)^2dx$$

$$= \pi\int_0^1(x - 4\sqrt{x} + 4)dx$$

$$= \pi\left[x^2 - \frac{8}{3}x^{\frac{3}{2}} + 4x\right]_0^1 = \pi\left(1 - \frac{8}{3} + 4\right) = \frac{7}{3}\pi$$

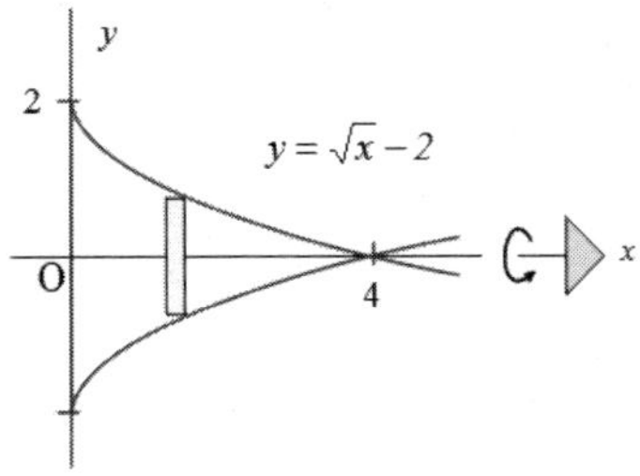

문제 4

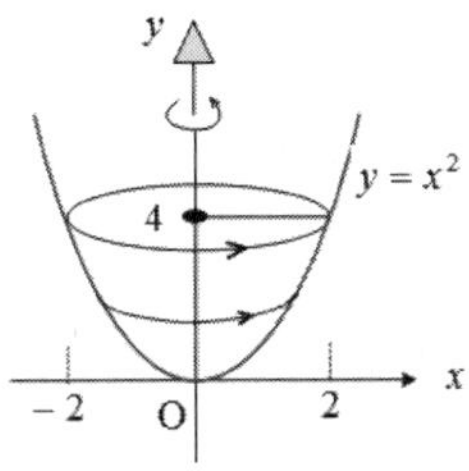

$$V=\int_0^4 \pi x^2\,dy=\int_0^4 \pi y\,dy=\pi\left[\frac{y^2}{2}\right]_0^4=8\pi$$

문제 5

$V_y=\pi\int_a^b [\,(x_2)^2-(x_1)^2]\,dy$ 를 이용한다.

$$V_y=2\pi\int_0^{\sqrt{3/2}}[\,(\sqrt{1-y^2}\,)^2-(\frac{2}{3}y^2)^2\,]\,dy$$

$$=2\pi\int_0^{\sqrt{3/2}}[\,(1-y^2)-\frac{4}{9}y^4\,]\,dy$$

$$=2\pi\left[y-\frac{y^3}{3}-\frac{4}{45}y^5\right]_0^{\sqrt{3/2}}$$

$$=2\pi\left(\frac{\sqrt{3}}{2}-\frac{\sqrt{3}}{8}-\frac{\sqrt{3}}{40}\right)$$

$$=2\pi\frac{7\sqrt{3}}{20}=\frac{7\sqrt{3}}{10}\pi$$

6.3.3 속도와 거리

문제 1

(1) 시각 $t=0$일 때의 위치가 1이므로 시각 $t=2$에서 물체의 위치는

$$x(t)=1+\int_0^2(t^2-4t+3)dt$$

$$=1+\left[\frac{1}{3}t^3-2t^2+3t\right]_0^2=1+\frac{8}{3}-8+6=\frac{5}{3}$$

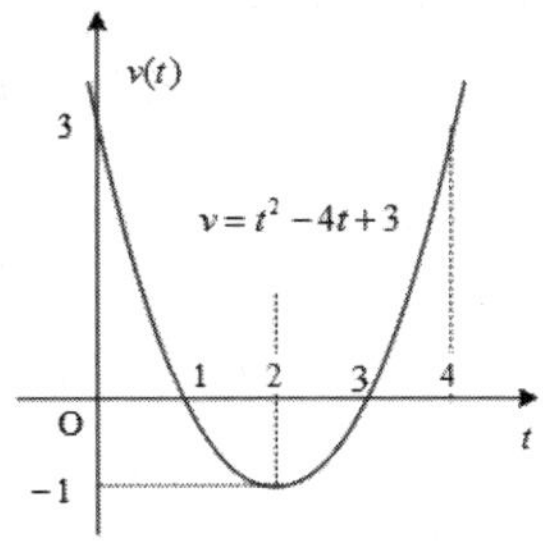

(2) 시각 $t=1$에서 $t=3$까지 물체의 위치의 변화량은

$$\int_1^3(t^2-4t+3)dt=\left[\frac{1}{3}t^3-2t^2+3t\right]_1^3=\frac{2}{3}$$

(3) 시각 $t=1$에서 $t=3$까지 물체가 움직인 거리는

$$\int_1^4|t^2-4t+3|\,dt=\int_1^3(-t^2+4t-3)dt+\int_3^4(t^2-4t+3)dt$$

$$=\left[-\frac{1}{3}t^3+2t^2-3t\right]_1^3+\left[\frac{1}{3}t^3-2t^2+3t\right]_3^4$$

$$=\frac{4}{3}$$

연습문제풀이

제1장 기초개념

1-01

(1) $81^{-\frac{3}{4}}=(3^4)^{-\frac{3}{4}}=3^{-3}=\frac{1}{3^3}=\frac{1}{27}$

(2) $(-x^{-2})^{-3}=\frac{1}{(-x^{-2})^3}=\frac{1}{-x^{-6}}=-x^6$

1-02

정수 $m,\ n,\ p,\ q$ ($n>0,\ q>0$)에 대하여 $r=\frac{m}{n},\ s=\frac{p}{q}$ 로 놓으면

(1) $a^ra^s=a^{\frac{m}{n}}a^{\frac{p}{q}}=a^{\frac{mq}{nq}}a^{\frac{np}{np}}={}^{nq}\sqrt{a^{mq}}\ {}^{nq}\sqrt{a^{nq}}$

$={}^{nq}\sqrt{a^{mq+np}}=a^{\frac{mq+np}{nq}}=a^{\frac{m}{n}+\frac{p}{q}}=a^{r+s}$

(2) $(a^r)^s=(a^{\frac{m}{n}})^{\frac{p}{q}}=({}^{n}\sqrt{a^m})^{\frac{p}{q}}={}^{q}\sqrt{({}^{n}\sqrt{a^m})^p}$

$={}^{q}\sqrt{{}^{n}\sqrt{(a^m)^p}}={}^{nq}\sqrt{a^{mp}}$

$=a^{\frac{mp}{nq}}=a^{rs}$

1-03

$\sqrt{a^3b^4}\div\sqrt[3]{a^5b}\times\sqrt[6]{a^3b^2}$

$=(a^3b^4)^{\frac{1}{2}}\div(a^5b)^{\frac{1}{3}}\times(a^3b^2)^{\frac{1}{6}}=a^{\frac{3}{2}}b^2\div a^{\frac{5}{3}}b^{\frac{1}{3}}\times a^{\frac{1}{2}}b^{\frac{1}{3}}$

$=a^{\frac{3}{2}-\frac{5}{3}+\frac{1}{2}}b^{2-\frac{1}{3}+\frac{1}{3}}=a^{\frac{1}{3}}b^2$

1-04

(1) $\frac{\sqrt[4]{324}}{\sqrt[4]{4}}=\sqrt[4]{\frac{324}{4}}=\sqrt[4]{81}=3$

(2) $\sqrt{\sqrt{5}\times\frac{5}{\sqrt[3]{5}}}=\left(5^{\frac{1}{2}}\times\frac{5}{5^{\frac{1}{3}}}\right)^{\frac{1}{2}}=\left(5^{\frac{1}{2}+1-\frac{1}{3}}\right)^{\frac{1}{2}}$

$=\left(5^{\frac{7}{6}}\right)^{\frac{1}{2}}=\sqrt[12]{5^7}$

(3) $\sqrt{9^2\cdot\sqrt{9^3\cdot\sqrt{9^4}}}=\sqrt{9^2}\times\sqrt{\sqrt{9^3}}\times\sqrt{\sqrt{\sqrt{9^4}}}$

$=9\times9^{\frac{3}{4}}\times9^{\frac{4}{8}}=9^{1+\frac{3}{4}+\frac{4}{8}}$

$=9^{\frac{9}{4}}=3^{\frac{9}{2}}=3^{4+\frac{1}{2}}=3^4\cdot\sqrt{3}$

(4) $\sqrt[4]{\sqrt[3]{4\cdot\sqrt[3]{16}}}=\sqrt[4]{\sqrt[3]{4\cdot16}}=\sqrt[4]{\sqrt[3]{4^3}}=\sqrt[4]{4}$

$=\sqrt{\sqrt{4}}=\sqrt{2}$

1-05

(1) $\log_{125}\sqrt{5}=\frac{1}{2}\log_{125}(5^3)^{1//3}=\frac{1}{2}\cdot\frac{1}{3}\cdot\log_{125}125=\frac{1}{6}$

(2) $\log_2 24-\log_2 27+2\log_2 6=\log_2\frac{24\cdot6^2}{27}=\log_2 2^5=5$

(3) $\frac{1}{2}\log_3\frac{1}{2}-\frac{3}{2}\log_3\sqrt[3]{12}+\log_3\sqrt{8}=\frac{1}{2}\log_3\frac{8}{2\cdot12}$

$=-\frac{1}{2}$

(4) $\log_x x^5-4\cdot\log_x\sqrt{x}+8\cdot\log_x\sqrt[4]{x^3}$

$=(5-4\cdot\frac{1}{2}+8\cdot\frac{3}{4})\cdot\log_x x=5-2+6=9$

1-06

(1) $u=\log_2 32+\log_{\frac{1}{2}}\frac{3}{4}+\log_4 36$

$=\log_2 2^5+\frac{\log_2\frac{3}{4}}{\log_2 2^{-1}}+\frac{\log_2 2^2\cdot3^2}{\log_2 2^2}$

$\leftarrow\log_2 2=1,\ \log_2 3$으로 분해

$=5+\frac{\log_2 3-\log_2 2^2}{-1}+\frac{2\log_2 2+2\log_2 3}{2}$

$=5-(\log_2 3-2)+(1+\log_2 3)=8$

$\therefore\ u=\log_2 8=\mathbf{3}$

(2) (분자)$=\frac{3}{2}\log2+3\log3-\frac{3}{2}\log10$

$=\frac{3}{2}(\log2+2\log3-\log10)=\frac{3}{2}\log\frac{2\times9}{10}$

$=\frac{3}{2}\log1.8$

$$\therefore v = \frac{\frac{3}{2}\log 1.8}{\log 1.8} = \frac{3}{2}$$

(3) $w = \frac{\log 3}{2\log 2} \times \frac{2\log 5}{2\log 3} \times \frac{3\log 2}{\log 5} = \frac{3}{2}$

1-07

(1) $\log_2 18 = \frac{\log_{10}18}{\log_{10}2} = \frac{\log_{10}2 + 2\log_{10}3}{\log_{10}2} = \frac{x+2y}{x}$

(2) $\log_3 100 = \frac{\log_{10}100}{\log_{10}3} = \frac{2}{\log_{10}3} = \frac{1}{y}$

1-08

(1) 거듭제곱근의 지수 2, 3, 4의 L.C.M.은 12이므로 각 수를 다같이 12제곱한다.

$$x^{12} = (\sqrt{2})^{12} = [(2)^{1/2}]^{12} = (2)^6 = 64$$
$$y^{12} = (\sqrt[3]{3})^{12} = [(3)^{1/3}]^{12} = (3)^4 = 81$$
$$z^{12} = (\sqrt[4]{5})^{12} = [5^{1/4}]^{12} = 5^3 = 125$$
$$\therefore\ \sqrt{2} < \sqrt[3]{3} < \sqrt[4]{5} \quad \therefore\ x < y < z$$

(2) $x^6 = (2^{\frac{1}{2}})^6 = 8$

$$y^6 = (\frac{3}{2})^6 = (1.5)^6 = (1.5^2)^3 = 2.25^3$$

$$z^6 = (3^{\frac{1}{3}})^6 = 9$$

$$t^6 = (\frac{\pi}{2})^6 = (\frac{3.14}{2})^6 = (1.57)^6$$

$$\therefore x < z < y < t$$

1-09

(1) $\log 1 = \log_{10} 10^0 = 0 \cdot \log_{10} 10 = 0$

(2) $\log 10 = \log_{10} 10 = 1\ \log_{10} 10 = 1$

(3) $\log 100 = \log_{10} 10^2 = 2\ \log_{10} 10 = 2$

(4) $\log 1000 = \log_{10} 10^3 = 3\ \log_{10} 10 = 3$

1-10

(1) $N = \left(\frac{1}{8}\right)^{\frac{x}{2}} = (8)^{-\frac{x}{2}} = (2^3)^{-\frac{x}{2}} = (2^x)^{-\frac{3}{2}}$

$$= (3)^{-\frac{3}{2}} = \left(\frac{1}{3}\right)^{\frac{3}{2}} = \frac{1}{(3)^{3/2}} = \frac{1}{(3)^{1+1/2}} \cdot \frac{\sqrt{3}}{9}$$

$$= \frac{1}{(3)^1 \cdot (3)^{1/2}} = \frac{1}{3\sqrt{3}} = \frac{\sqrt{3}}{9}$$

(2) $M = \frac{(a^x)^3 + (a^{-x})^3}{a^x + a^{-x}}$

$$= \frac{(a^x + a^{-x})(a^{2x} - a^x \cdot a^{-x} + a^{-2x})}{a^x + a^{-x}}$$

$$= a^{2x} - 1 + (a^{2x})^{-1} = \sqrt{2} + 1 - 1 + (\sqrt{2}+1)^{-1}$$

$$= \sqrt{2} + \frac{1}{\sqrt{2}+1} = \sqrt{2} + \sqrt{2} - 1 = 2\sqrt{2} - 1$$

제2장 수열과 급수

2-01

(1) $-1, 1, -1, 1, -1, \cdots$

$$a_1 = (-1)^1,\ a_2 = (-1)^2,\ a_3 = (-1)^3,\ \cdots$$
$$\therefore a_n = (-1)^n$$

(2) $1, -1, 1, -1, \cdots$

$$a_1 = (-1)^2,\ a_2 = (-1)^3,\ a_3 = (-1)^4,\ \cdots$$
$$\therefore a_n = (-1)^{n+1}$$

(3) $4^2,\ 5^2,\ 6^2,\ 7^2,\ \cdots$

$$a_1 = (1+3)^2,\ a_2 = (2+3)^2,\ a_3 = (3+3)^2,\ \cdots$$
$$\therefore\ a_n = (n+3)^2$$

2-02

달리 표현하면

$$12, 15, 18, , \cdots, 60 = 4 \cdot 3,\ 5 \cdot 3, 6 \cdot 3, \cdots, 20 \cdot 3,$$

따라서 구하는 항의 수는 $20 - 4 + 1 = 17$이다.

2-03

두 자리의 7의 배수를 나열하면,

$$7 \cdot 2,\ 7 \cdot 3, 7 \cdot 4,\ \cdots,\ 7 \cdot 14,$$

이다. 이 중에서 최소는 $7 \cdot 2 = 14$, 최대는 $7 \cdot 14 = 98$이다. 따라서 $7 \cdot 2 = 14$ 이상이고, $7 \cdot 14 = 98$이하인 모든 7의 배수의 합은

$$7 \cdot 2 + 7 \cdot 3 + 7 \cdot 4 + \cdots + 7 \cdot 14\ = 7(2 + 3 + 4 + \cdots + 14)$$

$$= 7\frac{13(2+14)}{2} = 728$$

이다.

2-04

(1) $1+3+5+7\cdots+99=\sum_{i=1}^{50}(2k-1)$

(2) $2+4+8+\cdots+2^{10}=\sum_{i=1}^{10}2^k$

(3) $1\cdot4+2\cdot5+3\cdot6\cdots+20\cdot23=\sum_{i=1}^{20}k(k+3)$

2-05

$$\sum_{k=1}^{n}k(k+1)=\sum_{k=1}^{n}(k^2+k)=\sum_{k=1}^{n}k^2+\sum_{k=1}^{n}k$$
$$=\frac{n(n+1)(2n+1)}{6}+\frac{n(n+1)}{2}=\frac{n(n+1)(n+2)}{3}$$

2-06

$$1^2+2^2+3^2+\cdots+10^2=\sum_{k=1}^{10}k^2$$
$$=\frac{10(10+1)(2\cdot10+1)}{6}=385$$

2-07

(1) $1\cdot2+2\cdot3+3\cdot4+\cdots+n(n+1)=\sum_{k=1}^{n}k(k+1)$

$$=\sum_{k=1}^{n}k^2+\sum_{k=1}^{n}k$$
$$=\frac{n(n+1)(2n+1)}{6}+\frac{n(n+1)}{2}$$
$$=\frac{n(n+1)(n+2)}{3}$$

(2) $S=\sum_{k=1}^{n}k^2(k-2)=\sum_{k=1}^{n}k^3-2\sum_{k=1}^{n}k^2$

$$=\left\{\frac{n(n+1)}{2}\right\}^2-2\cdot\frac{n(n+1)(2n+1)}{6}$$
$$=\frac{1}{12}n(n+1)(3n^2-5n-4)$$

2-08

(1) $S=\sum_{k=1}^{n}(k+1)(2k-1)$

$$=\frac{n(n+1)(2n-1)}{3}+\frac{n(n+1)}{2}-n$$
$$=\frac{n(4n^2+9n-1)}{6}$$

(2) $S=\sum_{k=1}^{n}(3k-2)^2=\sum_{k=1}^{n}9k^2-12k+4$

$$=9\frac{n(n+1)(2n+1)}{6}-12\frac{n(n+1)}{2}+4n$$
$$=3\frac{n(2n^2+3n+1)}{2}-\frac{12n^2+12n}{2}+\frac{8n}{2}$$
$$=\frac{3(2n^3+3n^2+n)}{2}-\frac{12n^2+12n}{2}+\frac{8n}{2}$$
$$=\frac{6n^3+9n^2+3n}{2}-\frac{12n^2+12n}{2}+\frac{8n}{2}$$
$$=\frac{6n^3-3n^2-n}{2}=\frac{n(6n^2-3n-1)}{2}$$

2-09

주어진 수열 $\{a_n\}$의 각 항의 차이를 수열 $\{b_n\}$이라 하자. 수열 $\{b_n\}$ 은

$2,\ 4,\ 8,\ 16,\ 32,\ \cdots$이므로 $b_k=2^k$

$n\geq2$일 때,

$$a_n=a_1+\sum_{k=1}^{n-1}b_k=1+\sum_{k=1}^{n-1}2^k=1+\frac{2(2^{n-1}-1)}{2-1}=2^n-1$$

$\therefore\ a_n=2^n-1\ (n\geq2)$

이 식은 $n=1$일 때도 성립하므로 주어진 수열의 일반항은 $a_n=2^n-1$

따라서 주어진 수열의 첫째항부터 제n항까지의 합 S_n은

$$S_n=\sum_{k=1}^{n}(2^k-1)=\frac{2(2^n-1)}{2-1}-n=2^{n+1}-n-2$$

2-10

제k 항이

$$\frac{1}{(2k-1)(2k+1)}=\frac{1}{2}\left(\frac{1}{2k-1}-\frac{1}{2k+1}\right)$$

이므로 구하는 수열의 합은

$$S_n=\sum_{k=1}^{n}\frac{1}{(2k-1)(2k+1)}=\frac{1}{2}\sum_{k=1}^{n}\left(\frac{1}{2k-1}-\frac{1}{2k+1}\right)$$
$$=\frac{1}{2}\left\{\left(\frac{1}{1}-\frac{1}{3}\right)+\left(\frac{1}{3}-\frac{1}{5}\right)+\left(\frac{1}{5}-\frac{1}{7}\right)+\cdots+\left(\frac{1}{2n-1}-\frac{1}{2n+1}\right)\right\}$$
$$=\frac{1}{2}\left(1-\frac{1}{2n+1}\right)=\frac{1}{2}\frac{2n}{2n+2}=\frac{n}{2n+2}$$

2-11

$\lim_{n\to\infty} a_n = \lim_{n\to\infty}\frac{2n+1}{n+1} = \lim_{n\to\infty}\frac{2+(1/n)}{1+(1/n)} = 2$, ∴ 수렴

2-12

(1) -1과 +1의 값을 교대로 가지므로 하나의 값으로 수렴하지 않는다. 따라서 발산한다.

(2) $a_n = \frac{n}{3n+1}$

$$\lim_{n\to\infty} a_n = \lim_{n\to\infty}\frac{n}{3n+1} = \lim_{n\to\infty}\frac{1}{3+(1/n)} = \frac{1}{3}$$

2-13

(1) $\sqrt{n+1}-\sqrt{n} = \frac{(\sqrt{n+1}-\sqrt{n})(\sqrt{n+1}+\sqrt{n})}{\sqrt{n+1}+\sqrt{n}}$

$$= \frac{n+1-n}{\sqrt{n+1}+\sqrt{n}} = \frac{1}{\sqrt{n+1}+\sqrt{n}}$$

$$\therefore \lim_{n\to\infty}(\sqrt{n+1}-\sqrt{n}) = \lim_{n\to\infty}\frac{1}{\sqrt{n+1}+\sqrt{n}} = 0$$

(2) 분자, 분모를 n^2으로 나누면

$$\lim_{n\to\infty}\frac{3n^2+4n-3}{n^2+3} = \lim_{n\to\infty}\frac{3+\frac{4}{n}-\frac{3}{n^2}}{1+\frac{3}{n^2}}$$

$\lim_{n\to\infty}\frac{4}{n}=0$, $\lim_{n\to\infty}\frac{3}{n^2}=0$, $\lim_{n\to\infty}\frac{3}{n^2}=0$이므로

$$= \frac{3+0-0}{1+0} = 3$$

2-14

(i) $|r|<1$일 때, $\lim_{n\to\infty} r^n = 0$(수렴)이므로,

$$\lim_{n\to\infty}\frac{1}{1+r^n} = 1$$

(ii) $r=1$일 때, $\lim_{n\to\infty} r^n = 1$(수렴)

$$\lim_{n\to\infty}\frac{1}{1+r^n} = \frac{1}{2}$$

(iii) $r=-1$일 때, 수열 $\{r^n\}$은 진동한다. (발산)

① $n=$홀수일 때 $1+r^n=0$,

② $n=$짝수일 때 $\frac{1}{1+r^n} = \frac{1}{2}$

이므로 $\left\{\frac{1}{1+r^n}\right\}$은 진동발산한다.

(iv) $|r|>1$일 때, $\lim_{n\to\infty}|r^n| = \infty$(발산)

$$\lim_{n\to\infty}\frac{1}{1+r^n} = 0$$

2-15

부분 분수로 전개하면

$$\frac{1}{k(k+1)} = \frac{1}{k} - \frac{1}{k+1}$$

이다. 주어진 무한급수의 첫째항부터 제n항까지의 부분합을 S_n이라고 하면

$$S_n = \sum_{k=1}^{n}\frac{1}{k(k+1)} = \sum_{k=1}^{n}\left(\frac{1}{k}-\frac{1}{k+1}\right)$$

$$= \frac{1}{1\cdot 2}+\frac{1}{2\cdot 3}+\frac{1}{3\cdot 4}+\cdots+\frac{1}{n(n+1)}$$

$$= (1-\frac{1}{2})+(\frac{1}{2}-\frac{1}{3})+(\frac{1}{3}-\frac{1}{4})+\cdots+(\frac{1}{n}-\frac{1}{n+1})$$

$$= 1-\frac{1}{n+1}$$

따라서

(1) $\sum_{n=1}^{\infty}\frac{1}{n(n+1)} - \lim_{n\to\infty} S_n = \lim_{n\to\infty}\left(1-\frac{1}{n+1}\right) = 1$

이므로 주어진 무한급수는 수렴한다.

(2) 합은 1이다.

2-16

$$\frac{2^n+3^n}{6^n} = \left(\frac{1}{3}\right)^n + \left(\frac{1}{2}\right)^n$$

이므로

$$S = \sum_{n=1}^{\infty}\frac{2^n+3^n}{6^n} = \sum_{n=1}^{\infty}\left(\frac{1}{3}\right)^n + \sum_{n=1}^{\infty}\left(\frac{1}{2}\right)^n$$

이다. 따라서

$$S = \frac{\frac{1}{3}}{1-\frac{1}{3}} + \frac{\frac{1}{2}}{1-\frac{1}{2}} = \frac{3}{2}$$

2-17

제n항까지의 부분합을 S_n이라고 하면

$$S_n = (\sqrt{2}-1)+(\sqrt{3}-\sqrt{2})+\cdots+(\sqrt{n+1}-\sqrt{n})$$

$$= \sqrt{n+1} - 1$$

$\lim\limits_{n\to\infty} \sqrt{n+1} = \infty$이므로

$$\lim_{n\to\infty} S_n = \lim_{n\to\infty}(\sqrt{n+1} - 1) = \infty$$

따라서 주어진 무한급수는 발산한다.

2-18

(1) 순환소수

$$0.\dot{5}1\dot{3} = 0.513513513\cdots$$

$$= 0.513 + 0.000513 + 0.000000513 +$$

$$= \frac{513}{10^3} + \frac{513}{10^6} + \frac{513}{10^9}$$

$$= \frac{513}{10^3} \cdot \frac{1}{1 - \frac{1}{10^3}} = \frac{513}{10^3 - 1} = \frac{513}{999} = \frac{19}{37}$$

(2) 순환소수

$$0.09\dot{3}5\dot{1} = 0.09 + 0.00351 + 0.00000351 +$$

$$= \frac{9}{100} + \frac{351}{10^5} + \frac{351}{10^8} + \frac{351}{10^{11}} +$$

$$= \frac{9}{100} + \frac{351}{10^5} \cdot \frac{1}{1 - \frac{1}{10^3}}$$

$$= \frac{9}{100} + \frac{351}{99900} = \frac{173}{1850}$$

제3장 함수

3-01

$f(-1) = (-1)^2 = 1,\ g(-1) = |-1| = 1$

$f(0) = (0)^2 = 0,\ g(0) = |0| = 0$

$f(1) = (1)^2 = 1,\ g(1) = |1| = 1$

을 만족하므로 $f = g$이다.

3-02

(1) 함수 $y = -2x + 7$의 정의역과 치역은 실수 전체의 집합이다.

(2) $y = |x|$ 의 정의역은 실수 전체의 집합, 치역은 $\{y \mid y \le 0$ 인 모든실수$\}$

(3) $y = 2x^2 + 4$ 의 정의역은 실수 전체의 집합, 치역은 $\{y \mid y \ge 4$ 인 모든실수$\}$

(4) 함수 $y = -\dfrac{1}{x}$의 정의역과 치역은 0을 제외한 실수 전체의 집합이다.

3-03

(1) $f(x) = [x]$

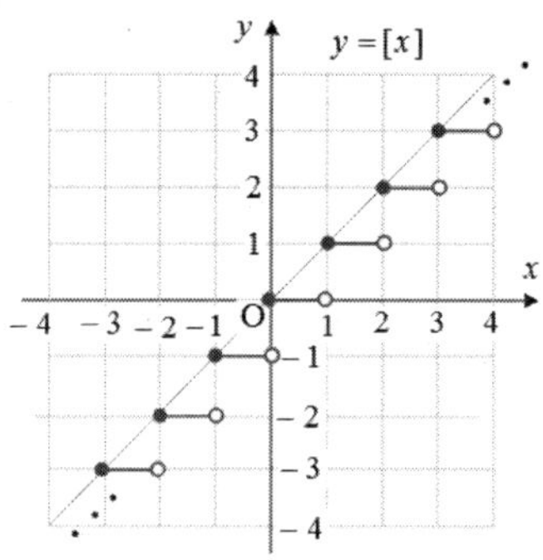

$2 \le x < 3,\ y = 2$; $1 \le x < 2,\ y = 1$;

$0 \le x < 1,\ y = 0$; $-1 \le x < 0,\ y = -1$;

$-2 \le x < -1,\ y = -2$; $-3 \le x < -2,\ y = -3$

(2) $y = [x+1]$는 $y = [x]$의 그래프를 왼쪽으로 1만큼 이동한 그래프이다.

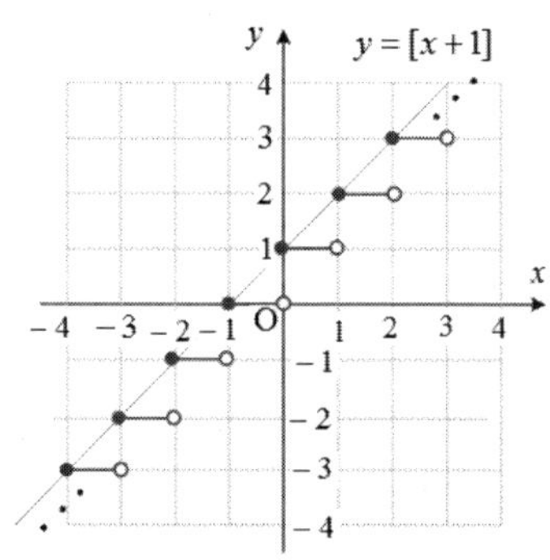

(3) $y = x - [x]$

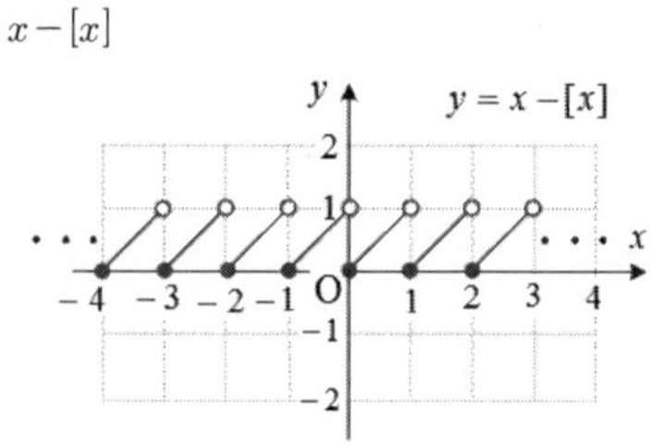

$2 \le x < 3,\ y=2$ $\quad 1 \le x < 2,\ y=1$

$0 \le x < 1,\ y=0$ $\quad -1 \le x < 0,\ y=-1$

$-2 \le x < -1,\ y=-2$ $\quad -3 \le x < -2,\ y=-3$

(4) $y=\sqrt{x-[x]}$

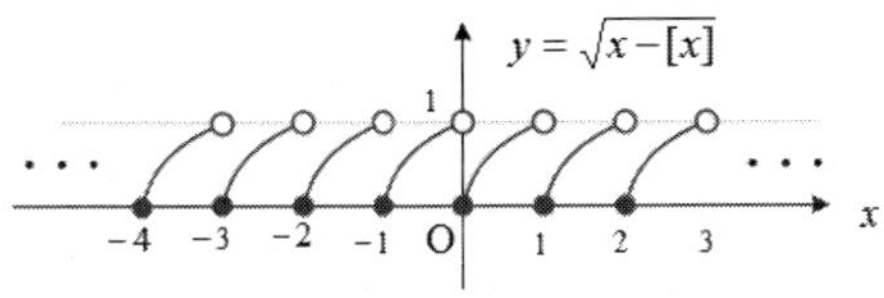

(5) $y=[-x^2+1]$

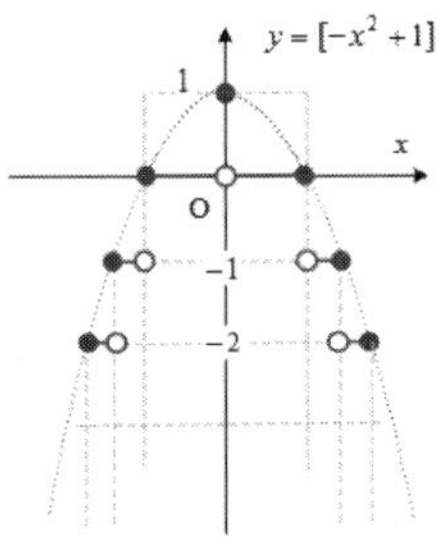

(6) $y=[\cos 2x]$

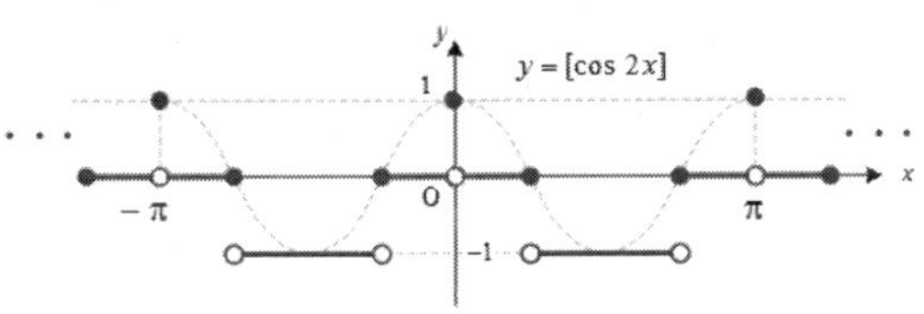

3-04

$4^x=(2^2)^x=(2^x)^2$이고 $2^{x+2}=2^x \cdot 4$이므로 $2^x=X$ $(X>0)$로 놓으면, 주어진 지수방정식은

$X^2-4X-32=0,\ (X+4)(X-8)=0$

$\therefore X=-4$ 또는 $X=8$

그런데 $X>0$이므로 $X=8$이다.

따라서 $2^x=8=2^3$에서 $x=3$

3-05

$2^x=X$로 놓으면, $4^x=(2^2)^x=(2^x)^2=X^2$이므로 주어진 지수부등식은

$X^2-6X-16 \le 0,\ (X+2)(X-8) \le 0$

$\therefore 2 \le X \le 8$

$X=3^x$이므로 $2^1 \le 2^x \le 2^3$

밑 2은 1보다 크므로 $1 \le x \le 3$

3-06

(1) $3^{2x}-12 \cdot 3^x+27 \le 0,$ $\quad 1 \le x \le 2$

(2) $4^x-6 \cdot 2^x+8<0,$ $\quad 1<x<2$

3-07

(1) $(x-1)(x+3)=2^5,\ x^2+2x-35=0$

$(x+7)(x-5)=0 \quad \therefore x=-7$ 또는 $x=5$

진수는 양수이므로 $x-1>0,\ x+3>0$에서 $x>1$

따라서 구하는 해는 $x=5$

(2) $\log_2(x+2)+\log_2(x-4)=4$

$x^2-2x-24=0 \quad \therefore x=-4, 6$ 또는 $x=6$

3-08

(1) $\log_2 x \le 3$; $0<x<8$

(2) $\log_2 x+\log_2(x-1)<0$; $1<x<\dfrac{1+\sqrt{5}}{2}$

(3) $2\log_{1/2}(x-4)>\log_{1/2}(x-2)$; $4<x<6$

(4) $\log x^2+(\log x)^2 \ge 3$; $0<x \le 0.001,\ x \ge 10$

3-09

(1) $\dfrac{\pi}{4}=\dfrac{\pi}{4}\times\dfrac{180^\circ}{\pi}=45^\circ$

(2) $\dfrac{3\pi}{2}=\dfrac{3\pi}{2}\times\dfrac{180^\circ}{\pi}=270^\circ$

(3) $\dfrac{3}{4}\pi=\dfrac{3}{4}\pi\times\dfrac{180^\circ}{\pi}=135^\circ$

(4) $-\dfrac{1}{6}\pi=-\dfrac{1}{6}\pi\times\dfrac{180^\circ}{\pi}=-30^\circ$

(5) $\dfrac{4\pi}{3}=\dfrac{4\pi}{3}\times\dfrac{180^\circ}{\pi}=240^\circ$

(6) $\dfrac{\pi}{12}=\dfrac{\pi}{12}\times\dfrac{180^\circ}{\pi}=15^\circ$

(7) $\dfrac{10\pi}{3}=\dfrac{10\pi}{3}\times\dfrac{180^\circ}{\pi}=600^\circ$

3-10

반지름의 길이를 $r$cm, 중심각의 크기를 θ라고 하면 호의 길이는 2πcm이므로

$r\theta=2\pi$ $\quad$ …… ①

넓이를 $3\pi \text{cm}^2$이므로

$$\frac{1}{2}r^2\theta = 3\pi \qquad \cdots\cdots ②$$

식 ①, ②를 연립하여 풀면 $r=3,\ \theta=\frac{2}{3}\pi$

따라서 반지름의 길이는 3㎝, 중심각의 크기는 $\frac{2}{3}\pi$이다.

3-11

각 $\frac{7}{6}\pi$를 나타내는 직선과 단위원과의 교점은 $P\left(-\frac{\sqrt{3}}{2},\ -\frac{1}{2}\right)$이다. 선분길이 $\overline{OP}=1$이므로 삼각함수의 정의에 의하여

$$\sin\theta = -\frac{1}{2},\ \cos\theta = -\frac{\sqrt{3}}{2},\ \tan\theta = \frac{\sqrt{3}}{3}$$

제4장 함수의 극한과 연속

4-01

(1) $\lim\limits_{x\to\infty}\frac{-1}{(x-1)^2} = -\infty$ (2) $\lim\limits_{x\to 0}\left\{3-\frac{1}{x^2}\right\} = -\infty$

(3) $\lim\limits_{x\to 1}\frac{1}{(x-1)^2} = \infty$ (4) $\lim\limits_{x\to\infty}\left(3-\frac{1}{x}\right) = 3$

4-02

(1) $\lim\limits_{x\to 3+0}(3x) = 9 = \lim\limits_{x\to 3-0}(3x)$

(2) $\lim\limits_{x\to 3+0}(x^2+1) = 10 = \lim\limits_{x\to 3-0}(x^2+1)$이므로

$\lim\limits_{x\to 3}x^2+1 = 10$

(3) $\lim\limits_{x\to 3+0}\frac{|x-3|}{x-3} = 1,\ \lim\limits_{x\to 3-0}\frac{|x-3|}{x-3} = -1$이므로

$\lim\limits_{x\to 3+0}\frac{|x-3|}{x-3} \neq \lim\limits_{x\to 3-0}\frac{|x-3|}{x-3}$이다.

따라서 $x\to 3$일 때, 함수 $f(x)=\frac{|x-3|}{x-3}$의 극한값은 존재하지 않는다.

4-03

(1) $\lim\limits_{x\to 4}\frac{1}{5} = \frac{1}{5}$ (2) $\lim\limits_{x\to -\infty}5 = 5$

(3) $\lim\limits_{t\to -1}|3t^3-2t^2+5t-1| = 11$

(4) $\lim\limits_{y\to 1}\frac{\sqrt{4-y^2}}{2+y} = \frac{\sqrt{3}}{3}$

4-04

(1) $x=3$일 때 함수값 $f(3)$이 정의되지 않으므로 불연속이다.

(2) $x\to 3$일 때의 극한값, 즉 $\lim\limits_{x\to 3}f(x)$가 존재하지 않으므로 불연속이다.

(3) $x=3$일 때 함수값 $f(3)=4$이고, $\lim\limits_{x\to 3}f(x)=2$이므로

$f(3) \neq \lim\limits_{x\to 3}f(x)$이므로 불연속이다.

4-05

(1) 구간 $(-\infty, 4]$에서 정의된다.

(2) 구간 $[-2, 4]$에서 존재하고 연속이다.

(3) 구간 $[-2, 4]$ 에서 최댓값과 최솟값을 가진다.

(4) 이 함수는 $x=-2$일 때, 최솟값 $-\sqrt{6}$, $x=4$일 때, 최댓값 0를 가진다.

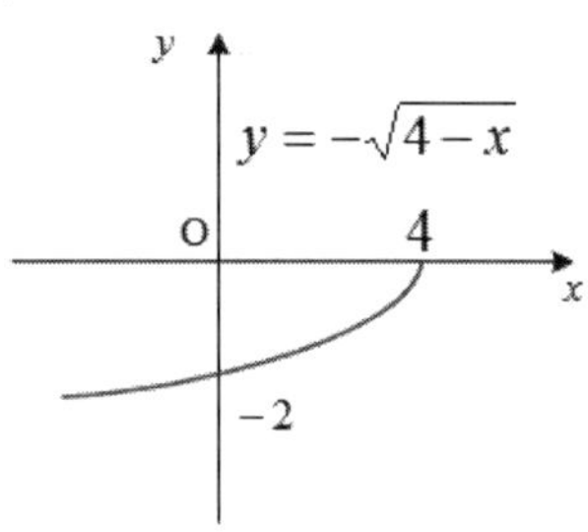

4-06

i) $|x|<1$일 때, $\lim\limits_{n\to\infty}x^{2n}=0$이므로 $f(x)=-1$

ii) $|x|>1$일 때, $\lim\limits_{n\to\infty}\frac{1}{x^{2n}}=0$이므로

$$f(x) = \lim_{n\to\infty}\frac{x^{2n}\left(1-\frac{1}{x^{2n}}\right)}{x^{2n}\left(1+\frac{1}{x^{2n}}\right)} = 1$$

iii) $x=-1$일 때, $\lim\limits_{n\to\infty}x^{2n}=1$이므로 $f(1)=0$

iv) $x=1$일 때, $\lim\limits_{n\to\infty}x^{2n}=1$이므로 $f(1)=0$

$\therefore\ x=\pm 1$에서 불연속이고 그 외의 모든 점에서 연속이다.

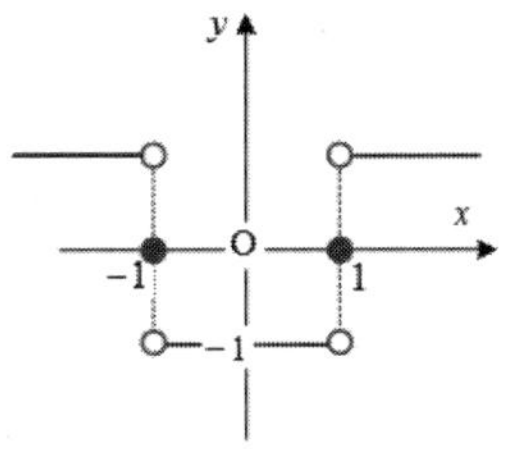

$$f(x) = \lim_{n\to\infty}\frac{x^{2n}-1}{x^{2n}+1}$$

4-07

$f(x)=x^2+2x-5$로 놓으면 $f(x)$는 구간 $[-1,\ 2]$에서 연속이고

$$f(-1)=-6<0,\ f(2)=3>0$$

중간값 정리에 의해 $f(c)=0$인 c가 열린 구간 $(-1,\ 2)$에 적어도 하나는 존재한다.

$\therefore$ 방정식 x^2+2x-5은 열린 구간 $(-1,\ 2)$에 적어도 하나의 실근을 갖는다.

4-08

(1) $f(x)+g(x)=x^2+2x-1$ 연속인 x의 범위는 $(-\infty,\ \infty)$이다.

(2) $2f(x)-g(x)=-x^2+4x+1$ 연속인 x의 범위는 $(-\infty,\ \infty)$이다.

(3) $f(x)g(x)=2x(x^2-1)$ 연속인 x의 범위는 $(-\infty,\ \infty)$이다.

(4) $\dfrac{f(x)}{g(x)}=\dfrac{2x}{x^2-1}$, $x\neq 1$일 때 연속이므로 연속인 x의 범위는 $(-\infty,\ -1)\cup(-1,\ 1)\cup(1,\ \infty)$.

4-09

(1) $t=\dfrac{1}{x}$로 놓으면, $x\to\infty$일 때, $t\to 0$

$$\mathcal{L} = \lim_{x\to\infty} x\cdot\sin\left(\frac{1}{x}\right) = \lim_{t\to 0}\frac{\sin t}{t} = \lim_{t\to 0}\cos t\ = 1$$

(2) $$\mathcal{L} = \lim_{x\to\infty}\frac{(\pi-2\cdot\tan^{-1}x)'}{(e^{3/x}-1)'} = \lim_{x\to\infty}\frac{-2\dfrac{1}{1+x^2}}{-\dfrac{3}{x^2}\cdot e^{3/x}}$$

$$= \lim_{x\to\infty}\frac{2x^2}{3(1+x^2)\cdot e^{3/x}} = \frac{2}{3}$$

(3) $\dfrac{\tan x}{x}$는 $x\to 0$일 때 $\dfrac{0}{0}$ 형태이므로 로피탈의 정리를 쓰면

$$\lim_{x\to 0}\frac{\tan x}{x} = \lim_{x\to 0}\frac{\sec^2 x}{1} = 1.$$

4-10

(1) $$\mathcal{L} = \lim_{x\to+\infty}\frac{(e^x)'}{(x^n)'} = \lim_{x\to+\infty}\frac{e^x}{nx^{n-1}}$$
$$= \lim_{x\to+\infty}\frac{e^x}{n(n-1)x^{n-2}} = \cdots = \lim_{x\to+\infty}\frac{e^x}{n!} = +\infty$$

(2) $$\mathcal{L} = \lim_{x\to 0^+}\frac{\ln(\cot x)}{\ln x} = \lim_{x\to 0^+}\frac{[\ln(\cot x)]'}{[\ln x]'}$$
$$= \lim_{x\to 0^+}\frac{\dfrac{1}{\cot x}\cdot(-\mathrm{cosec}^2 x)}{\dfrac{1}{x}} = \lim_{x\to 0^+}\frac{\dfrac{1}{\cot x}\cdot\dfrac{-1}{\sin^2 x}}{\dfrac{1}{x}}$$
$$= -\lim_{x\to 0^+}\frac{x}{\sin x\cdot\cos x} = -\lim_{x\to 0^+}\frac{x}{\sin x}\cdot\lim_{x\to 0^+}\frac{x}{\cos x} = -1$$

제5장 미분

5-01

(1) $y'=(-5x^3)'+(4x)'+(3)'=-15x^2+4$

(2) $y'=(5x^2)'-(4x)'-(3)'=10x-4$

(3) $y'=D\{(x-3)(2x-1)\}=D\{2x^2-7x+3\}=4x-7$

5-02

(1) $y'=(2x-1)'(x-3)+(2x-1)(x-3)'$
$\quad =2+(2x-1)=2x+1$

(2) $y'=x'(4x+1)+x(4x+1)'$
$\quad =(4x+1)+4x=8x+1$

(3) $y'=(x-3)'(2x-1)+(x-3)(2x-1)'$
$\quad =(2x-1)+2(x-3)=4x-7$

(4) $y'=(-5x)'(x^2+1)+(-5x)(x^2+1)'$
$\quad =(-5)(x^2+1)+(-5x)(2x) = -15x^2-5$

(5) $y'=(x^2-4x+5)'(3x+7)+(x^2-4x+5)(3x+7)'$
$\quad =(2x-4)(3x+7)+3(x^2-4x+5)=9x^2-10x-13$

(6) $y'=x'(x+1)(x+2)+x(x+1)'(x+2)$
$\qquad +x(x+1)(x+2)'$
$\quad =(x+1)(x+2)+x(x+2)+x(x+1)=3x^2+6x+2$

(7) $\{(3x+2)(2x+5)\}' = (3x+2)'(2x+5) + (3x+2)(2x+5)'$
$= 3(2x+5) + 2(3x+2) = 12x+19$

(8) $y' = (x^2-5)'(x^3+2x^2-2x) + (x^2-5)(x^3+2x^2-2x)'$

5-03

전하량 $q(t) = \frac{1}{3}t^3 - 3t^2 + 5t + 2$ [C]

이므로

$i(t) = q' = t^2 - 6t + 5$ [C]

이 식에 $t=3$를 대입하면,

$i(3) = q'(3) = 3^2 - 6 \cdot 3 + 5 = 9 - 18 + 5 = -4$ [C]

5-04

(1) $y' = \frac{\{(x^2+1)^3\}'(2x+1)^2 - (x^2+1)^3\{(2x+1)^2\}'}{(2x+1)^4}$
$= \frac{6x(x^2+1)^2(2x+1)^2 - 4(x^2+1)^3(2x+1)}{(2x+1)^4}$
$= \frac{2(x^2+1)^2(4x^2+3x-2)}{(2x+1)^3}$

(2) $y' = 3\left(x+\frac{1}{x}\right)^2\left(x+\frac{1}{x}\right)' = 3\left(x+\frac{1}{x}\right)^2\left(1-\frac{1}{x^2}\right)$

5-05

(1) $x^3+y^3-xy=0$의 양변을 x에 대해 미분하면

$(x^3)' + (y^3)' = (xy)'$

$3x^2 + 3y^2\frac{dy}{dx} = y + x\frac{dy}{dx}$

$\therefore \frac{dy}{dx} = \frac{y-3x^2}{3y^2-x}$

(2) $\sqrt{x}+\sqrt{y}-1=0$의 양변을 x에 대해 미분하면

$\frac{1}{\sqrt{x}} + \frac{1}{\sqrt{y}}\frac{dy}{dx} = 0 \qquad \therefore \frac{dy}{dx} = -\frac{\sqrt{y}}{\sqrt{x}}$

(3) $2x^2+3y^2-6=0$의 양변을 x에 대해 미분하면

$4x + 6y\frac{dy}{dx} = 0 \qquad \therefore \frac{dy}{dx} = -\frac{2x}{3y}$

(4) $x^2+3y^2-4xy=0$의 양변을 x에 대해 미분하면

$2x + 6y\frac{dy}{dx} = 4y + 4x\frac{dy}{dx}$

$(6y-4x)\frac{dy}{dx} = 4y-2x$

$\therefore \frac{dy}{dx} = \frac{2y-x}{3y-2x}$

(5) $\sqrt[3]{x^2}+\sqrt[3]{y^2}-1=0$의 양변을 x에 대해 미분하면

$\frac{1}{\sqrt[3]{x}} + \frac{1}{\sqrt[3]{y}}\frac{dy}{dx} = 0 \qquad \therefore \frac{dy}{dx} = -\frac{\sqrt[3]{y}}{\sqrt[3]{x}}$

(6) $2x + 2y\frac{dy}{dx} - y - x\frac{dy}{dx} - \frac{dy}{dx} - 0 = 0$

$2x - y + (2y-x-1)\frac{dy}{dx} = 0$

$\therefore \frac{dy}{dx} = \frac{\boldsymbol{y-2x}}{\boldsymbol{2y-x-1}}$ (단, $\boldsymbol{2y-x-1} \neq 0$)

5-06

(1) $y = -\frac{1}{2}\sqrt{9-x}$ 의 양변을 제곱하면 $4y^2 = 9-x$이므로 양변을 y에 대해 미분하면

$8y = -\frac{dx}{dy}$

$\therefore \frac{dy}{dx} = \frac{1}{\frac{dx}{dy}} = -\frac{1}{8y} = \frac{1}{4\sqrt{9-x}} \quad (x \neq 9)$

(2) $y = \sqrt{4-x^7}$ 의 양변을 제곱하면 $y^2 = 4-x^7$이므로 양변을 y에 대해 미분하면

$2y = -7x^6\frac{dx}{dy}$

$\therefore \frac{dy}{dx} = \frac{1}{\frac{dx}{dy}} = -\frac{7x^6}{2y} = -\frac{7x^6}{2\sqrt{4-x^7}} (x \neq \sqrt[7]{4})$

5-07

(1) $\frac{dx}{dt} = 2t+1, \quad \frac{dy}{dt} = -3t^2$

$\therefore \frac{dy}{dx} = \frac{dy/dt}{dx/dt} = -\frac{3t^2}{2t+1} = -\frac{3t^2}{2t+1}$

(2) $\frac{dx}{dt} = 4t, \quad \frac{dy}{dt} = 1 - \frac{1}{t^2}$

$\therefore \frac{dy}{dx} = \frac{\frac{dy}{dt}}{\frac{dx}{dt}} = \frac{1-\frac{1}{t^2}}{4t} = \frac{t^2-1}{4t^3}$

(3) $\dfrac{dx}{dt}=3,\quad \dfrac{dy}{dt}=2t+1$

$$\therefore \frac{dy}{dx}=\frac{dy/dt}{dx/dt}=\frac{2t+1}{3}$$

5-08

(1) $y'=2^{\sin x}\ln 2(\sin x)'=2^{\sin x}\ln 2\cos x$

(2) $y'=e^{x^3+x^2}(x^3+x^2)'=e^{x^3+x^2}(3x^2+2x)$

5-09

(1) $y'=\dfrac{(x^2+5)'}{(x^2+5)}=\dfrac{2x}{x^2+5}$

(2) $y'=\dfrac{(\sqrt{x^2+1})'}{\sqrt{x^2+1}}=\dfrac{}{\sqrt{x^2+1}}\dfrac{(x^2+1)'}{2\sqrt{x^2+1}}=\dfrac{x}{x^2+1}$

(3) $y'=\dfrac{(\ln x)'}{\ln x}=\dfrac{1}{\ln x}\dfrac{1}{x}$

(4) $y'=\dfrac{(2x)'}{2x}=\dfrac{1}{x}$

(5) $y'=\ln 3x+x\dfrac{3}{3x}=\ln 3x+1$

(6) $y'=2(\ln x-2x+1)(\ln x-2x+1)'$
$\quad=2(\ln x-2x+1)\left(\dfrac{1}{x}-2\right)$

5-10

(1) 양변의 절댓값에 자연 로그를 취하면

$$\ln|y|=\ln\left|\frac{(x+2)^3(x+8)^4}{(x+1)^2}\right|$$
$$=\ln|x+2|^3+\ln|x+8|^4-\ln|x+1|^2$$
$$=3\ln|x+2|+4\ln|x+8|-2\ln|x+1|$$

양변을 x에 대하여 미분하면

$$\frac{y'}{y}=\frac{3}{x+2}+\frac{4}{x+8}-\frac{2}{x+1}$$
$$\therefore\ y'=y\left(\frac{3}{x+2}+\frac{8}{x+8}-\frac{1}{x+1}\right)$$
$$=\frac{(x^2+2)^3(x+8)^4}{(x+8)^2}\left(\frac{3}{x+2}+\frac{8}{x+8}-\frac{1}{x+1}\right)$$
$$=\frac{(x^2+2)^3(x+8)^4}{(x+8)^2}$$
$$\cdot\left(\frac{3(x^2+9x+8)+8(x^2+3x+2)-(x^2+10x+16)}{(x+2)(x+8)(x+1)}\right)$$
$$=\frac{(x^2+2)^3(x+8)^4}{(x+8)^2}\cdot\frac{10x^2+41x+24}{(x+2)(x+8)(x+1)}$$
$$=\frac{(x^2+2)^2(x+8)^3}{(x+8)^2}\cdot\frac{10x^2+41x+24}{x+1}$$

(2) 양변의 자연 로그를 취하면

$$\ln|y|=\ln\left|\sqrt{\frac{(x-1)(x+3)}{(x+1)^2}}\right|$$
$$=\frac{1}{2}\{\ln|x-1|+\ln|x+3-2\ln+1|\}$$

양분을 x에 관해 미분하면

$$\frac{y'}{y}=\frac{1}{2}\left(\frac{1}{x-1}+\frac{1}{x+3}-\frac{2}{x+1}\right)$$
$$=\frac{4}{(x-1)(x+1)(x+3)}$$
$$\therefore y'=y\left\{\frac{4}{(x-1)(x+1)(x+3)}\right\}$$
$$=\frac{4}{(x+1)^2\sqrt{(x-1)(x+1)(x+3)}}$$

(3) 양변의 절댓값에 자연 로그를 취하면

$$\ln y=\ln x^{x^2+1}=(x^2+1)\ln x$$

양분을 x에 관해 미분하면

$$\frac{y'}{y}=(x^2+1)'\ln x+(x^2+1)(\ln x)'$$
$$=2x\ln x+\frac{x^2+1}{x}$$
$$y'=y\left(2x\ln x+\frac{x^2+1}{x}\right)=x^{x^{2+1}}\left(2x\ln x+\frac{x^2+1}{x}\right)$$

5-11

(1) $\dfrac{dy}{dx}=-5x^4\cdot\sin(x^5)$

(2) $\dfrac{dy}{dx}=2x^2\cdot\cos(x^3)$

(3) $y'=(\sin nx)'\cdot\cos^n x+(\sin nx)\cdot(\cos^n x)'$

$$=n\cdot\cos nx\cdot\cos^n x+(\sin nx)$$
$$\cdot(n\cos^{n-1}x\cdot(-\sin x))$$
$$=n\cdot\cos nx\cdot\cos^n x-n\cdot\sin nx$$
$$\cdot\cos^{n-1}x\cdot\sin x$$
$$=n\cdot\cos^{n-1}x\cdot(\cos nx\cdot\cos x-\sin nx\cdot\sin x)$$
$$=n\cdot\cos^{n-1}x\cdot\cos(n+1)x$$

5-12

주어진 식 $y=\arcsin(1-x)$에서 $1-x=\sin y$이다.

양변을 미분하면,

$\therefore -1 = \cos y \cdot y'$

$\therefore y' = \dfrac{-1}{\cos y}$

그런데 $\sin^2 y + \cos^2 y = 1 = (1-x)^2 + \cos^2 y$에서

$\cos y = \sqrt{1-(1-x)^2} = \sqrt{2x-x^2}$

$\therefore y' = \dfrac{-1}{\sqrt{2x-x^2}}$

5-13

(1) $y = \sqrt{x^3} = x^{\frac{3}{2}}, \quad y' = \dfrac{3}{2}x^{\frac{1}{2}}$

$\therefore y'' = \dfrac{3}{2} \cdot \dfrac{1}{2}x^{-\frac{1}{2}} = \dfrac{3}{4\sqrt{x}}$

(2) $y' = \dfrac{-(x^2+1)'}{(x^2+1)^2} = \dfrac{-2x}{(x^2+1)^2}$ 이므로

$y'' = \dfrac{(-2x)'(x^2+1)^2 - (-2x)\{(x^2+1)^2\}'}{(x^2+1)^4}$

$= \dfrac{-2(x^2+1)^2 + 8x^2(x^2+1)}{(x^2+1)^4} = \dfrac{6x^2-2}{(x^2+1)^3}$

(3) $y' = 4x - \dfrac{2}{x^3}, \ y'' = 4 + \dfrac{6}{x^4},$

(4) $y = 2x^3 + 7x^2 + 5, \ y' = 6x^2 + 14x, \ y'' = 12x + 14$

(5) $y = x^2(x^2+8) = x^4 + 8x^2, \ y' = 4x^3 + 16x,$

$y'' = 12x^2 + 16$

(6) $y = x^3(x+2)^2$

$y' = x^3 \cdot 2(x+2) + 3x^2(x+2)^2$

$= x^2(x+2) \cdot [2x + 3(x+2)] = x^2(x+2) \cdot [5x+6]$

$y'' = Dx^2(x+2) \cdot [5x+6] = 4x(5x^2+12x+6)$

5-14

(1) 식 $x^2 + y^2 = 4$의 양변을 x로 미분하면

$2x + 2yy' = 0, \quad y' = -\dfrac{x}{y} \ (y \neq 0)$

점 $P(\sqrt{3}, 1)$에서의 접선의 기울기는

$y'(P) = -\dfrac{\sqrt{3}}{1} = -\sqrt{3}$

이므로 접선의 방정식은

$y - 1 = -\sqrt{3}(x - \sqrt{3})$, 즉 $\sqrt{3}x + y = 4$이다.

(2) 음함수의 미분법을 이용하여 $x^3 + y^3 - 9xy = 0$의 양변을 x에 대하여 미분하면

$3x^2 + 3y^2y' - 9y - 9xy' = 0$

$y' = \dfrac{x^2 - 3y}{3x - y^2}$

점 (2, 4)에서의 접선의 기울기는 $\dfrac{4}{5}$이므로 접선의 방정식은 $y - 4 = \dfrac{4}{5}(x-2)$

$\therefore y = \dfrac{4}{5}x + \dfrac{12}{5}$

5-15

$y' = 2x - 3$

접점의 좌표를 $(t, t^2 - 3t + 4)$라 하면 $\cdots (1)$

$y'(t) = 2t - 3 = 5 \qquad \therefore t = 4$

이것을 (1)에 대입하면 접점의 좌표는 (4, 8)이므로 접선의 방정식은

$y - 8 = 5(x-4) \qquad \therefore y = 5x - 12$

5-16

(1) $y = 2x^2 - 7$; (2, 1)

$y = 8x - 15, \ x + 8y - 10 = 0$

(2) $y = -x^2 + 2x + 5$; (0, 5)

$y = 2x + 5, \ x + 2y - 10 = 0$

(3) $y = x^2 + x + 1$; (1, 3)

$y = 3x, \ x + 3y - 10 = 0$

(4) $y = (x-1)^2$; (1, 0)

$y = 0, \ x = 1$

5-17

$f(x) = -x^2 + 4x$는 닫힌 구간 [0, 4]에서 연속이고, 열린 구간 (0, 4)에서 미분가능하다.

$f(0) = f(4) = 0$이므로 롤의 정리에 의하여 $f'(c) = 0$인 c가 열린 구간 (0, 4)에서 존재한다.

$f'(c) = -2c + 4 = 0 \qquad \therefore c = 2$

5-18

(1) $f(x)=x^3-x$에 대하여 닫힌 구간 [0, 3]에서 평균값의 정리를 만족하는 c의 값을 구하면 $f'(x)=3x^2-1$ 이므로 $f'(c)=3c-1$

$$\frac{3^2-(-1)^2}{3-(-1)}=2c$$

로부터 $2=2c$

$\therefore\ c=1$

(2) $f(x)=\sqrt{x-1}$ 에 대하여 닫힌 구간 [2, 10]에서 평균값의 정리를 만족하는 c의 값을 구하면

$f'(x)=\dfrac{1}{2\sqrt{x-1}}$ 이므로 $f'(c)=\dfrac{1}{2\sqrt{c-1}}$

$\dfrac{3-1}{10-2}=\dfrac{1}{2\sqrt{c-1}}$ 로부터 $c-1=4$

$\therefore\ c=5$

5-19

(a) (0, 0)

$$f'(0)=\lim_{\Delta x\to 0}\frac{f(0+\Delta x)-f(0)}{\Delta x}$$
$$=\lim_{\Delta x\to 0}\frac{(0^2+0\cdot\Delta x+\Delta x^2)-0^2}{\Delta x}$$
$$=\lim_{\Delta x\to 0}\frac{\Delta x^2}{\Delta x}$$
$$=\lim_{\Delta x\to 0}\Delta x=0$$

(b) (1, 1)

$$f'(1)=\lim_{\Delta x\to 0}\frac{f(1+\Delta x)-f(1)}{\Delta x}$$
$$=\lim_{\Delta x\to 0}\frac{(1^2+2\cdot 1\cdot\Delta x+\Delta x^2)-1^2}{\Delta x}$$
$$=\lim_{\Delta x\to 0}\frac{2\Delta x+\Delta x^2}{\Delta x}=2$$

(c) (−5, 25)

$$f'(-5)=\lim_{\Delta x\to 0}\frac{f(-5+\Delta x)-f(-5)}{\Delta x}$$
$$=\lim_{\Delta x\to 0}\frac{(-5)^2+2(-5)\Delta x+(\Delta x)^2-f(-5)}{\Delta x}$$
$$=\lim_{\Delta x\to 0}\frac{\{(-5)^2+2(-5)\Delta x+(\Delta x)^2\}-(-5)^2}{\Delta x}$$
$$=\lim_{\Delta x\to 0}\frac{+2(-5)\Delta x+(\Delta x)^2}{\Delta x}=-10$$

5-20

$$f'(1)=\lim_{x\to 1}\frac{f(x)-f(1)}{x-1}=\lim_{x\to 1}\frac{(-x^2)-(-1)}{x-1}$$
$$=\lim_{x\to 1}\frac{-(x+1)(x-1)}{x-1}=-2$$

이므로,

$\therefore$ 기울기는 -2

5-21

(1) $f'(x)=3x^2-6x$

$f'(x)=0$에서 $x=0,\ 2$

x	⋯	0	⋯	2	⋯
$f'(x)$	+	0	−	0	+
$f(x)$	↗		↘		↗

(2) $f'(x)=12x^3+12x$

$f'(x)=-12x(x^2-1)=0$ 에서 $x=-1,\ 0,\ 1$

x	⋯	−1	⋯	0	⋯	1	⋯
$f'(x)$	+	0	−	0	+	0	−
$f(x)$	↗		↘		↗		↘

(3) $f'(x)=3x^2-3$

$f'(x)=0$에서 $x=-1,\ 1$

x	⋯	−1	⋯	1	⋯
$f'(x)$	+	0	−	0	+
$f(x)$	↗		↘		↗

(4) $f'(x)=-12x^3-12x^2$

$f'(x)=0$에서 $x=-1,\ 0$

x	⋯	−1	⋯	0	⋯
$f'(x)$	+	0	−	0	+
$f(x)$	↗		↘		↗

5-22

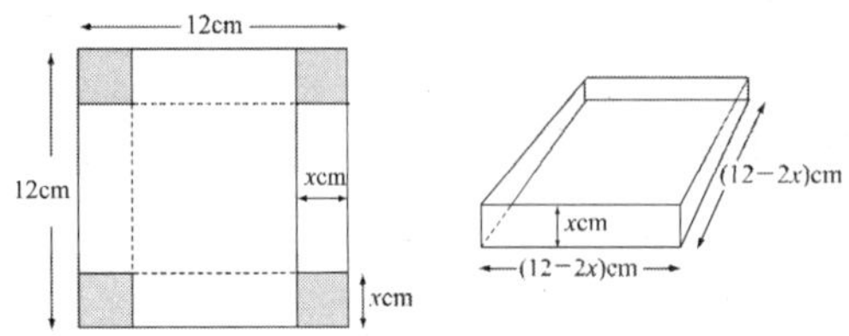

그림과 같이 잘라 내서 버리는 정사각형의 한 변 길이를 x cm라고 하면

$$0<x<6$$

상자의 부피를 y cm^{3}라고 하자.

$$y=x(12-2x)^2$$

$$\therefore\ y'=(12-2x)^2+2x(12-2x)\cdot(-2)$$

$$=12(x-2)(x-6)$$

$y'=0$에서 $x=2,\ 6$

길이의 제한 조건 $0<x<6$에서 부피 y의 값의 증감표는 다음과 같다.

x	0	$\cdots$	2	$\cdots$	6
$f'(x)$		+	0	−	
$f(x)$		↗	128	↘	

따라서 잘라내는 정사각형의 한변의 길이를 $x=2$cm일 때 부프가 길이 $0<x<6$의 범위에서 y는 최댓값을 가진다.

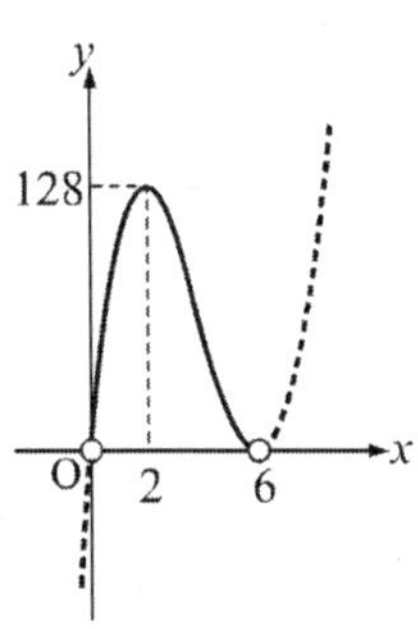

5-24

(a) $S=\dfrac{\sqrt{3}}{4}x^2,\quad \dfrac{dS}{dt}=\dfrac{\sqrt{3}}{2}x$

(b) $\left.\dfrac{dS}{dt}\right]_{x=\sqrt{2}}=\dfrac{\sqrt{3}}{2}\cdot\sqrt{2}=\sqrt{\dfrac{3}{2}}$

5-25

반지름 r은 매초 0.1 cm의 비율로 증가하고 있다.

$$\Leftrightarrow\quad \frac{dr}{dt}=0.1\ \text{cm/sec}$$

(a) $S=4\pi r^2$ cm^{2}을 t에 관해서 미분하면

$$\frac{dS}{dt}=\frac{dS}{dr}\cdot\frac{dr}{dt}=(8\pi r\ \text{cm})\cdot(0.1\,\text{cm/sec})$$

$$=0.8\pi r\ \ \text{cm}^2/\text{sec}$$

(b) 반지름 $r=10$을 대입하면,

$$\frac{dS}{dt}=0.8\pi(10)=8\pi\ \ \text{cm}^2/\text{sec}$$

5-26

각 순간마다 액체의 체적변화율은 dV/dt, 높이 변화율은 dh/dt이다.

(a) 구하려는 물리량은, 수면 높이 $h=20$cm일 때의 수면의 높이 변화율 즉,

$$\left[\frac{dh}{dt}\right]_{h=20}$$

이다. 물의 부피는

$$V=\frac{1}{3}\pi r^2h \qquad \cdots\cdots ①$$

이다. 문제에서

$$\frac{dV}{dt}=-3$$

이다. 여기서 (−) 부호는 시간에 따라 부피가 감소한다는 뜻이다. 식 ①을 시간 t로 미분하면, 우변에서 dr/dt항을 얻게 되는데, dr/dt에 관한 직접적인 정보가 없기 때문에 식 ①에서 변수 r를 소거한 후에 미분해야 한다.

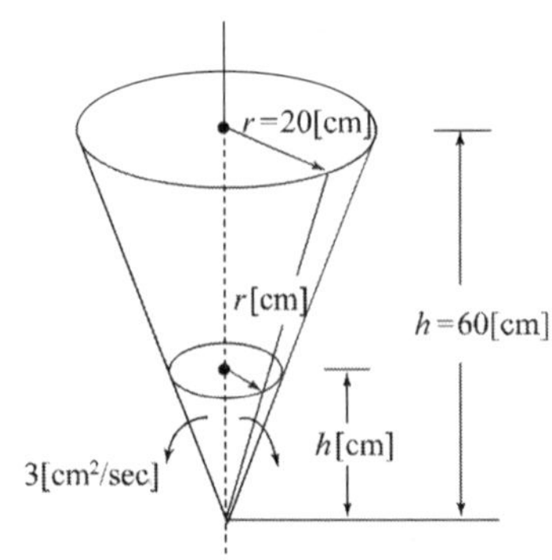

그림에서

$$\frac{r}{h}=\frac{20}{60},\ \ r=\frac{1}{3}h \qquad \cdots\cdots ②$$

이므로 ②를 ①에 대입하면,

$$V=\frac{1}{3}\pi\left(\frac{1}{3}h\right)^2 h=\frac{1}{27}\pi h^3 \qquad \cdots\cdots ③$$

양변을 t로 미분하면,

$$\frac{dV}{dt}=\frac{1}{27}\pi\left(3h^2\frac{dh}{dt}\right),$$

정리하면

$$\frac{dh}{dt}=9\frac{1}{\pi h^2}\frac{dV}{dt}$$

이 식에

$$h=20,\ \frac{dV}{dt}=-3$$

를 대입하면,

$$\frac{dh}{dt}=9\frac{1}{\pi(20)^2}(-3)=-2.15\cdot 10^{-2}\ [\mathrm{m/sec}]$$

(b) $V=\frac{1}{3}\pi r^2 h=\frac{1}{3}\pi r^2(3r)=\pi r^3$

양변을 t로 미분하면,

$$\frac{dV}{dt}=\pi\left(3r^2\frac{dr}{dt}\right),$$

정리하면

$$\frac{dr}{dt}=\frac{1}{3\pi r^2}\frac{dV}{dt}$$

이 식에

$$r=\frac{1}{3}20=\frac{20}{3},\ \frac{dV}{dt}=-3$$

를 대입하면,

$$\frac{dr}{dt}=\frac{1}{3\pi r^2}\frac{dV}{dt}=\frac{1}{3\pi\left(\frac{20}{3}\right)^2}(-3)$$
$$=-7.07\cdot 10^{-2}\ \mathrm{m/s}$$

이다.

제 6 장

6-01

(1) $\int(3x-5)\,dx=\int 3x\,dx-\int 5\,dx$
$=3\int x\,dx-5\int dx=3\cdot\frac{1}{2}x^2-5x+C$

(2) $\int(2s-1)(s-4)\,ds=\int 2s^2ds-\int 9s\,ds+\int 4ds$
$=2\int s^2ds-9\int s\,ds+\int 4ds$
$=3\cdot\frac{1}{3}s^3-\frac{9}{2}s^2+4s+C$

(3) $\int(2t^2-2)\,dt=\int 2t^2dt-\int 2dt$
$=2\int t^2dt-2\int dt=2\cdot\frac{1}{3}t^3-2t+C$

(4) $\int h(3h^2+1)\,dh=\int 3h^3dh+\int h\,dh$
$=3\int h^3dh+\int h\,dh=3\cdot\frac{1}{4}h^4+\frac{1}{2}h^2+C$

(5) $\int(x^2-x+1)(x^2+x+1)dx$
$=\int(x^4+x^2+1)dx=\frac{1}{5}x^5+\frac{1}{3}x^3+x+C$

(6) $\int(2t+2)^2dt=\int(4t^2+8t+4)d$
$=\frac{4}{3}t^3+4t^2+4t+C$

(7) $\int(x^2+3x)dx=\frac{1}{3}x^3+\frac{3}{2}x^2+C$

(8) $\int(2x^2+1)dx=\frac{2}{3}x^3+x+C$

(9) $\int(2x+1)^4dx=\frac{1}{5}(2x+1)^5\cdot\frac{1}{2}+C$
$=\frac{1}{10}(2x+1)^5+C$

(10) $\int(2y+1)(4y-3)dy=\int(8y^2-2y-3)dy$
$=\frac{8}{3}x^3-y^2-3y+C$

6-02

(1) $u^2+1=x$라면, $2u\,du=dx$

$$I=\int\frac{1}{x}\frac{1}{2}dx=\frac{1}{2}\int\frac{dx}{x}$$

$$=\frac{1}{2}\ln x+C=\frac{1}{2}\ln|u^2+1|+C$$

$$=\frac{1}{2}\ln(u^2+1)+C$$

(2) $\ln y = x$라면, $dx = \frac{1}{y}dy$

$$I = \int \frac{dy}{y\ln y} = \int \frac{\frac{1}{y}}{\ln y}dy$$

$$= \int \frac{dx}{x} = \ln|x| + C = \ln|\ln y| + C$$

(3) $t^2 = u$라면, $2t\,dt = du$

$$\therefore I = \int e^u \cdot \frac{1}{2}du = \frac{1}{2}e^u + C$$

$$\therefore I = \int t^{-1} \cdot \frac{1}{a}dt = \frac{1}{a}\int \frac{1}{t}dt$$

$$= \frac{1}{a}\ln|t| + C = \frac{1}{a}\ln|ax+b| + C$$

6-03

(1) $f(x) = \frac{1}{x^2-x-6} = \frac{1}{(x-3)(x+2)}$
$= \frac{A}{x-3} + \frac{B}{x+2}$

$A = \left.\frac{1}{x+2}\right|_{x=3} = 1/5,\quad B = \left.\frac{1}{x-3}\right|_{x=-2} = -1/5$

$$\therefore f(x) = \frac{1}{x^2-x-6} = \frac{1}{(x-3)(x+2)} = \frac{1/5}{x-3} + \frac{1/5}{x+2}$$

(2) $f(x) = \frac{1}{x^2+7x+10} = \frac{1}{(x+2)(x+5)}$
$= \frac{A}{x+2} + \frac{B}{x+5}$

$A = \left.\frac{1}{x+5}\right|_{x=-2} = \frac{1}{3}$,

$B = \left.\frac{1}{x+2}\right|_{x=-5} = -\frac{1}{3}$

$$\therefore f(x) = \frac{1}{x^2+7x+10} = \frac{1}{(x+2)(x+5)}$$
$$= \frac{1/3}{x+2} + \frac{-1/3}{x+5}$$

(3) $f(x) = \frac{-5}{2x^2+7x+3} = \frac{-5}{(x+3)(2x+1)}$
$= \frac{A}{(x+3)} + \frac{B}{(2x+1)}$

$A = \left.\frac{-5}{2x+1}\right|_{x=-3} = 1$,

$B = \left.\frac{-5}{x+3}\right|_{x=-1/2} = \frac{-5}{5/2} = -2$

$$\therefore f(x) = \frac{-5}{2x^2+7x+3} = \frac{-5}{(x+3)(2x+1)}$$
$$= \frac{1}{(x+3)} + \frac{-2}{(2x+1)}$$

(4) $f(x) = \frac{4x+5}{x(x+1)(2x+4)} = \frac{A_1}{x} + \frac{A_2}{x+1} + \frac{A_3}{x+2}$

$A_1 = \left.\frac{4x+5}{(x+1)(2x+4)}\right|_{x=0} = \frac{5}{1\cdot 4} = \frac{5}{4}$

$A_2 = \left.\frac{4x+5}{x(2x+4)}\right|_{x=-1} = \frac{4(-1)+5}{(-1)(-2+4)} = \frac{1}{-2}$

$A_3 = \left.\frac{4x+5}{x(x+1)}\right|_{x=-2} = \frac{4(-2)+5}{(-2)(-2+1)} = \frac{-3}{-2} = \frac{3}{2}$

$$\therefore f(x) = \frac{4x+5}{x(x+1)(2x+4)} = \frac{5}{4}\frac{1}{x} - \frac{1}{2}\frac{1}{x+1} + \frac{3}{2}\frac{1}{x+2}$$

6-04

(1) $I = \int \frac{1}{x(x-1)}dx = \log\left|\frac{x-1}{x}\right| + C$

(2) $I = \int \frac{x}{(x+1)(x+2)}dx = \log\left|\frac{(x+2)^2}{x+1}\right| + C$

(3) $I = \int \frac{x^2-2}{x(x^2-1)}dx = \log\frac{x^2}{\sqrt{|x^2-1|}} + C$

(4) $I = \int \frac{1}{2x^2+x-1}dx = \frac{1}{3}\log\left|\frac{2x-1}{x+1}\right| + C$

6-05

(1) $I = \int \frac{2x^2+x+3}{2x+3}dx = \int\left(x-1+\frac{6}{2x+3}\right)dx$
$= x^2 - x + 3\cdot\ln|2x+1| + C$

(2) $I = \int \frac{x}{(x^2+3)^3}dx$

$x^2+3 = t,\ 2x\,dx = dt$

$$\therefore I = \int \frac{1}{t^3}\frac{1}{2}dt = \frac{1}{2}\int t^{-3}dt$$
$$= \frac{1}{2}\cdot\frac{1}{-2}\cdot t^{-2} + C = \frac{1}{4}\frac{1}{(x^2+3)^2} + C$$

(3) $I = \int\left(\frac{1}{x-3} + \frac{1}{x+2}\right)dx = \ln|x-3| + \ln|x+2| + C$

$= \ln|(x-3)(x+2)| + C$

(4) $I = \int \frac{1}{x^2-x-6}dx = \int \frac{1}{(x-3)(x+2)}dx$
$= \frac{1}{5}\int \frac{1}{(x-3)} + \frac{-1}{(x+2)}dx$

$$=\frac{1}{5}[\ln|x-3|-\ln|x+2|]+C=\frac{1}{5}\ln\left|\frac{x-3}{x+2}\right|+C$$

6-06

(1) $ax+b=t,\ adx=dt$

$$I=\int \sin t\cdot\frac{1}{a}dt=-\frac{1}{a}\cos t+C$$

$$=-\frac{1}{a}\cos(ax+b)+C$$

(2) $ax+b=t,\ adx+dt$

$$I=\int \cos t\cdot\frac{1}{a}dt=\frac{1}{a}\sin(ax+b)+C$$

(3) $ax+b=t,\ adx=dt$

$$I=\int \tan t\cdot\frac{1}{a}dt=\frac{1}{a}\int\frac{\sin t}{\cos t}dt$$

$$=-\frac{1}{a}\int\frac{-\sin t}{\cos t}dt=-\frac{1}{a}\ln|\cos t|+C$$

$$=\frac{1}{a}\cdot\ln|\cos t|^{-1}+C=\frac{1}{a}\ln|\sec t|+C$$

$$=\frac{1}{a}\ln|\sec(ax+b)|+C$$

6-07

그림과 같이 원뿔의 높이를 n등분하고, 밑면과 평한 평면으로 원뿔을 자른다.

자른 단면의 반지름의 길이는 위에서부터 차례로

$$\frac{r}{n},\ \frac{2r}{n},\ \frac{3r}{n},\ \cdots,\ \frac{(n-1)r}{n}$$

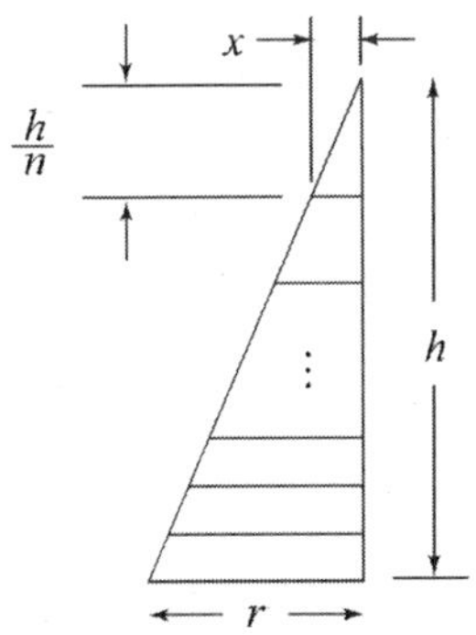

각 단면을 밑면으로 하고, $\frac{h}{n}$를 높이로 하는 $(n-1)$개의 원기둥의 부피의 합을 V_n이라고 하면

$$V_n=\frac{h}{n}\left[\pi\left(\frac{r}{n}\right)^2+\pi\left(\frac{2r}{n}\right)^2+\pi\left(\frac{3r}{n}\right)^2+\cdots+\pi\left\{\frac{(n-1)r}{n}\right\}^2\right]$$

$$=\frac{\pi r^2h}{n^3}\{1^2+2^2+3^2+\cdots+(n-1)^2\}$$

$$=\frac{\pi r^2h}{n^3}\cdot\frac{(n-1)n(2n-1)}{6}$$

$$=\frac{1}{6}\pi r^2h\left(1-\frac{1}{n}\right)\left(2-\frac{1}{n}\right)$$

따라서 구하는 원뿔의 부피 V는

$$V=\lim_{n\to\infty}V_n$$

$$=\lim_{n\to\infty}\frac{1}{6}\pi r^2h\left(1-\frac{1}{n}\right)\left(2-\frac{1}{n}\right)=\frac{1}{3}\pi r^2h$$

6-08

(1) $\displaystyle\lim_{n\to\infty}\sum_{k=1}^{n}\left(3+\frac{2k}{n}\right)^2\cdot\frac{2}{n}=\int_3^5 xdx$

$$=\left[\frac{1}{2}x^2\right]_3^5=\frac{1}{2}(25-9)=8$$

(2) $\displaystyle\lim_{n\to\infty}\sum_{k=1}^{n}\left(\frac{3k}{n}\right)^2\cdot\frac{1}{n}=\int_0^1(3x)^2dx=\left[3x^3\right]_0^1=3$

6-09

(1) $\displaystyle S=\int_{-2}^{1}(-x^2-x+2)dx$

$$=\left[-\frac{1}{3}x^3-\frac{1}{2}x^2+2x\right]_{-2}^{1}=\frac{7}{6}-\left(-\frac{10}{3}\right)=\frac{9}{2}$$

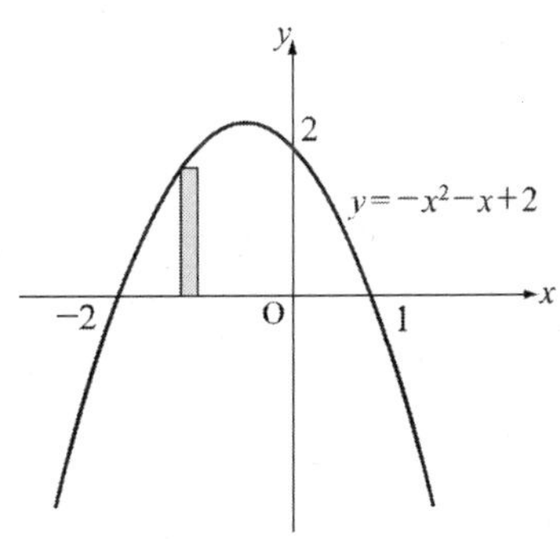

(2) $\displaystyle\int_{-1}^{2}x^2dx=\left[\frac{1}{3}x^3\right]_{-1}^{2}=\frac{8}{3}-\left(-\frac{1}{3}\right)=3$

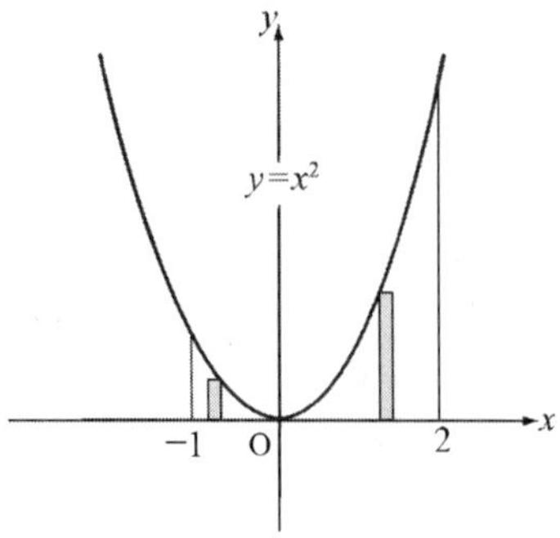

(3) $-\int_0^1 (x^2-x)dx = \int_0^1(-x^2+x)dx$
$= \left[-\frac{1}{3}x^3+\frac{1}{2}x^2\right]_0^1 = \frac{1}{6}$

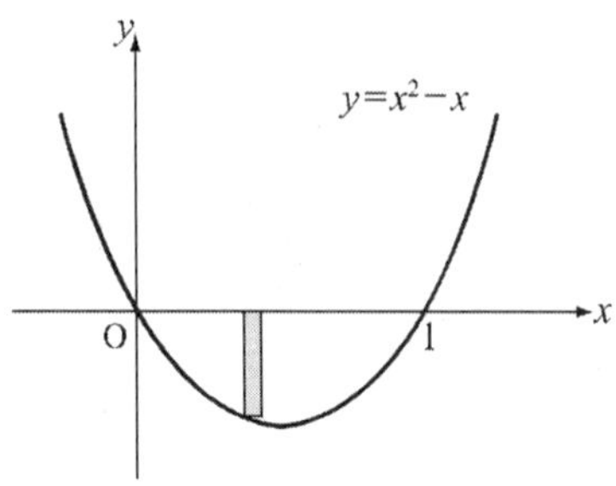

(4) $-\int_{-4}^0 \left(\frac{1}{2}x^2-8\right)dx = -\left[\frac{1}{6}x^3-8x\right]_{-4}^0 = \frac{64}{3}$

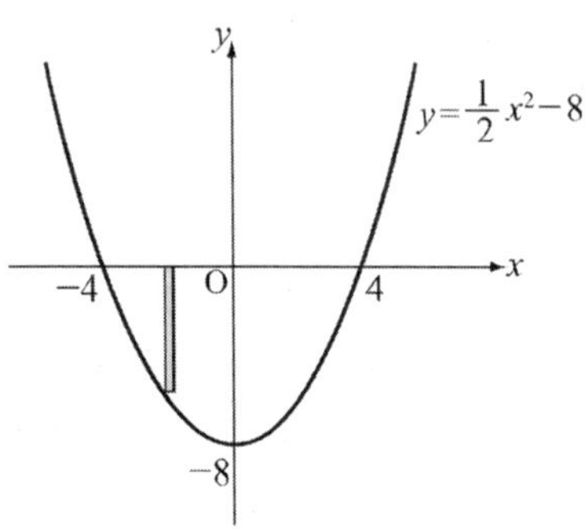

6-10

(1) 교점의 x좌표는 방정식 $x^2-3=2x$의 해, $x=3$ 또는-1이다. $-1 \le x \le 3$에서 직선이 곡선 보다 위쪽에 있으므로 $2x \ge x^2-3$

$S = \int_{-1}^3 \{2x-(x^2-3)\}dx = \left[x^2-\frac{x^3}{3}+3x\right]_{-1}^3 = \frac{32}{3}$

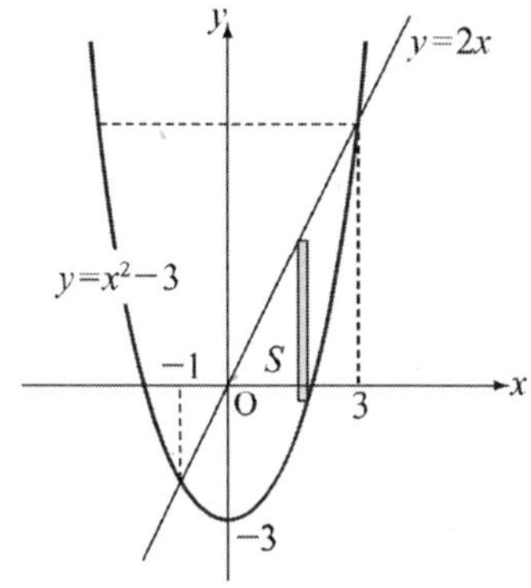

(2) 주어진 곡선과 직선의 교점의 x좌표는

$x^2-2x-1=x-1$에서 $x=0,\ x=3$

구간 $0 \le x \le 3$ 에서 $x-1 \ge x^2-2x-1$이므로 구하는 넓이 S는

$S = \int_0^3 \{(x-1)-(x^2-2x-1)\}dx$

$= \int_0^3(-x^2+3x)dx = \left[-\frac{1}{3}x^3+\frac{3}{2}x^2\right]_0^3 = \frac{9}{2}$

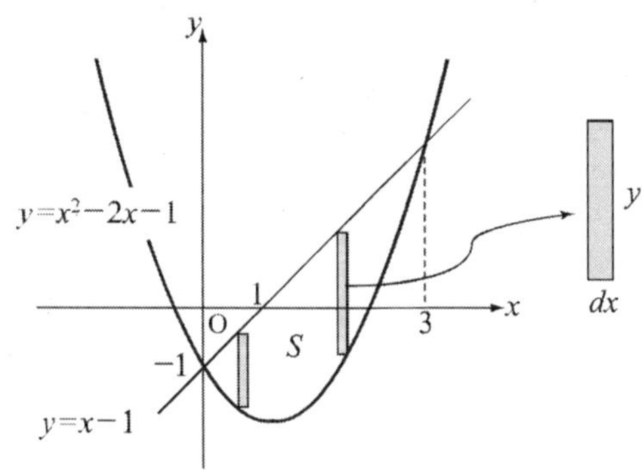

(3) $\int_{-1}^2 \{y+2)-y^2\}dy = \left[\frac{1}{2}y^2+2y-\frac{1}{3}y^3\right]_{-1}^2 = \frac{9}{2}$

(4) $\int_0^4 \{\sqrt{x}-0\}dx = \left[\frac{2}{3}x^{3/2}\right]_0^4 = \frac{2}{3}\cdot 8 = \frac{16}{3}$

6-11

원점을 중심으로 하고, 반지름의 길이가 r인 원 $x^2+y^2=r^2$을 x축(또는 y축)의 둘레로 회전시켜서 얻는 회전체의 부피이다.

$V_x = \int_{-r}^r \pi y^2\,dx = \pi\int_{-r}^r (r^2-x^2)\,dx$

$$= 2\pi \int_0^r (r^2 - x^2)\,dx = 2\pi \left[r^2 x - \frac{1}{3}x^3 \right]_0^r$$

$$= \frac{4}{3}\pi r^3$$

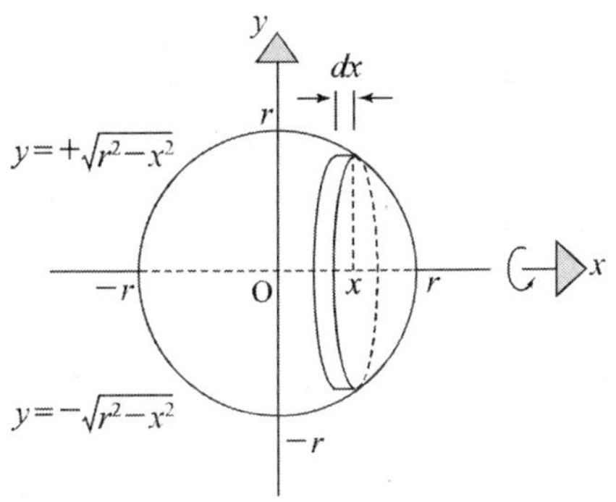

6-12

원의 방정식을 y에 대하여 풀면

$$y-2=\pm\sqrt{1-x^2},\ y=2\pm\sqrt{1-x^2}$$

이다. 주어진 회전체의 부피 V는; 위쪽의 호 $y=2+\sqrt{1-x^2}$을 x축의 둘레로 회전시켜서 얻는 회전체의 부피에서 아래쪽의 호 $y=2-\sqrt{1-x^2}$을 x축의 둘레로 회전시켜서 얻는 회전체의 부피를 뺀다.

$$V=\pi\int_{-1}^{1}(2+\sqrt{1-x^2})^2dx-\pi\int_{-1}^{1}(2-\sqrt{1-x^2})^2dx$$

$$=\pi\int_{-1}^{1}\{(2+\sqrt{1-x^2})^2-(2-\sqrt{1-x^2})^2\}dx$$

$$=8\pi\int_{-1}^{1}\sqrt{1-x^2}\,dx$$

적분 $\int_{-1}^{1}\sqrt{1-x^2}\,dx$는 반지름의 길이가 1인 원의 넓이의 $\frac{1}{2}$과 같으므로

$$V=8\pi\cdot\frac{1}{2}\pi=4\pi^2$$

6-13

주어진 직선의 방정식을 x에 대하여 풀면

$$\frac{1}{2}x=-y+3,\ \therefore\ x=-2y+6$$

따라서 구하는 부피 V는

$$V_y=\pi\int_2^3 x^2dy=\pi\int_2^3(-2y+6)^2dy$$

$$=\pi\int_2^3(4y^2-24y+36)dy$$

$$=\pi\left[\frac{4}{3}y^3-12y^2+36y\right]_0^3=\pi[36-108+108]_0^3$$

$$=36\pi$$

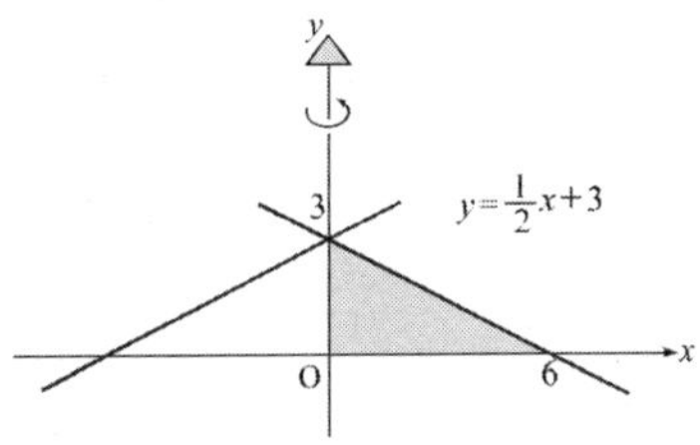

6-14

(1) $\int_0^4(t^2-2t)dt=\left[\frac{1}{3}t^3-t^2\right]_0^4=\frac{16}{3}$

(2) $\int_1^2(t^2-2t)dt=\left[\frac{1}{3}t^3-t^2\right]_1^2=-\frac{2}{3}$

(3) $\int_0^4|t^2-2t|dt=\int_0^2(-t^2+2t)dt+\int_2^4(t^2-2t)dt$

$$=\left[-\frac{1}{3}t^3+t^2\right]_0^2+\left[\frac{1}{3}t^3-t^2\right]_2^4=\frac{4}{3}+\frac{20}{3}=8$$

6-15

(1) $\int_0^3(12-3t^2)dt=[12t-t^3]_0^3=36-27=9$

(2) $v(t)=-3(t+2)(t-2)$에서

$0\le t\le 2$일 때, $v(t)\ge 0$

$2\le t\le 3$일 때, $v(t)\le 0$

$$s=\int_0^3|v(t)|dt=\int_0^3|12-3t^2|dt$$

$$=\int_0^2(12-3t^2)dt+\int_2^3(3t^2-12)dt$$

$$=[12t-t^3]_0^2+[t^3-12t]_2^3=23$$

참고자료

이 책을 엮기 위해 참고한 교과서의 일부를 나열하면 다음과 같다.

01.	Anton H.	Calculus: A New Horizon, Combined, 6th ed.	Wiley	1998
02.	Ayres F. Mendelson E.	Schaum's Outline of Calculus, 6th Edition:	McGraw-Hill	2012
03.	Briggs W., et al.	Calculus: Early Transcendentals, 1st ed.	Addison W.	2010
04	Bronson Richard	Matrix Method, An Introduction, 2nd ed.	Academic	1991
05.	Demana F., et al.	Calculus: Graphical, Numerical, and Algebraic	Addison W.	1999
06.	Elliot E.	Calculus (College Review)	Barron's	2005
07.	Johnson and Kiokemeister	Calculus with Analytic Geometry, 6th ed	Allyn and Bacon;	1978
08.	Finney R.L., et al.	Calculus: Graphical, Numerical, Algebraic	Prentice Hall	2006
09.	Finney R.L., et al.	Graphical, Numerical, Algebraic, 3rd ed.	Prentice Hall	2006
10.	Forseth K. R, et al.	Pre-Calculus For Dummies, 1st ed.	For Dummies	2008
11.	Hughes,H.D. et a.l	Calculus: Single Variable, 5th ed.	Wiley; 5 ed.	2008
12.	Kelley W.M.	The Complete Idiot's Guide to Calculus, 2nd ed.	Alpha	2006
13.	Kline M.	Calculus: An Intuitive and Physical Approach, 2nd ed.	Dover	1998
14.	Kreyszig, Erwin	Advanced Engineering Mathematics, 10 ed.	John Wiley Sons, Inc	2011
15.	Larson R.,	Calculus: Early Transcendental Functions, 5th ed.	Brooks Cole	2010
16.	Larson. R Edward B.	Calculus, 10th ed.	Brooks Cole	2010
17.	Larson. R, et al.	Calculus, 8th ed.	Brooks Cole	2005
18.	Mendelson E.	Schaum's 3,000 Solved Problems in Calculus, 1st ed.	McGraw-Hill	2009
19.	N. Hugh	Calculus: A Complete Introduction	Teach Yourself	2013
20.	Rogawski J.	Calculus, 1st ed.	W. H. Freeman	2007
21.	Ryan M.	Calculus Essentials For Dummies	For Dummies	2005
22.	Silverman, R. A.	Essential Calculus with Applications	Dover	1989
23.	Spivak M.	Calculus, 4th ed.	Publish or Perish	2008
24.	Stewart J.	Calculus: Early Transcendentals, 6th ed.	Brooks Cole	2007
25.	Stewart J.	Single Variable Calculus: Early Transcendentals, 7th ed.	Brooks Cole	2011

26.	Stewart J.	Calculus: 8th ed.	Brooks Cole	2015
27	Swokowski E. Olinick M.	Calculus, 6th ed.	Brooks Cole	1996
28.	Thomas G. B.,	Thomas' Calculus, Early Transcendentals, 11th ed.	Addison W.	2007
29	Thompson S. P. Gardner M.	Calculus Made Easy	St. Martin's	1998
30.	Donald W. Trim	Calculus and Analytic Geometry	Addison W.	1983
31.	Widder, D. V.	Advanced Calculus, 2nd ed.	Dover	1989
32.	권희대 외	미분적분학	청문각	2012
33.	김성숙	미분적분학을 위한 기초수학 1, 2	경문사	2007
34.	김원석 외	미분적분학	경문사	1997
35.	김한두 외	기초 미분적분학	북스힐	2010
36.	미분적분학교 재편찬위원회	미분적분학	북스힐	2000
37.	박규홍 외	고등학교 수학 II	교학사	2003
38	박규홍 외	고등학교 미분과 적분	교학사	2002
39.	박두일 외	고등학교 수학 II	교학사	2001
40.	엄기홍	미분적분학 원리와 응용	진샘미디어	2010
41.	엄기홍	알기쉽게 풀어쓴 대학수학	한맥	2014
42.	임재훈 외	고등학교 미분과 적분	두산동아	2002
43.	이준열 외	고등학교 미적분과 통계기본	천재교육	2009
44.	정광식 외	수학 II	동아서적	2003
45.	최용준 외	고등학교 미분과 적분	천재교육	2002
46.	황석근 외	미적분과 통계기본	교학사	2009
47.	황선욱 외	고등학교 수학	신사고	2009

찾아보기

INDEX

엄기홍

학력	• BS: 한양대학교 전자공학과 • MS: Dept. of Electrical & Computer Engineering, Polytechnic Institute of Engineering, NYU (New York University), New York, USA • Ph.D: Dept. of Electrical & Computer Engineering, New Jersey Institute of Technology (NJIT), New Jersey, USA
경력	• TA, RA, and Lecturer at NJIT (New Jersey, USA) • Researcher at RS Microwave Company Inc. (New Jersey, USA) • Researcher at Physics Department, Princeton University (New Jersey, USA) • Adjunct Professor at NJIT (New Jersey, USA) • 한국중견기업연합회 심사위원 • 한국도로공사 심사위원 (IT분야) • 한국산업인력관리공단 출제위원 (분야 : 발송배전기술사) • 강남대, 상명대, 한양대 강사 • 현재 한세대학교 IT 학부 교수 (한국서부발전 연구과제 진행 중)

저자와의
협의에 의해
인지 생략

알기쉽게 풀어쓴
대학수학

2판 1쇄 2018년 9월 5일

저 자 엄기홍
발행인 송광헌
발행처 복두출판사
주 소 서울특별시 영등포구 경인로82길 3-4
센터플러스 807호 (우) 07371
전 화 02-2164-2580
FAX 02-2164-2584
등 록 1993. 11. 22. 제 10-902 호

정가 : 22,000원
ISBN : 979-11-5906-442-5 93410

한국과학기술출판협회 회원사